UNDERSTANDING MODERN STATISTICS WITH APPLICATIONS

현대 통계학의 이해와 응용

- R 활용 -

이외숙 · 임용빈 · 소병수 · 이은경 지음

자유아카데미

머리말

과학기술이 발전하고 사회가 점점 복잡해져 감에 따라, 과학적 현상과 사회적 현상을 기록하는 통계 수치 또한 풍부해져 가고 복잡해져 가고 있다. 현대 사회의 다양한 분야에서 창출되는 복잡하고 다양한 통계 수치들에 대한 이해는 현대 사회와 과학 기술을 이해하는 데 필수적인 사항이다. 그러나 이들 수치는 때로는 언뜻 서로 모순되어 보이기도 하고, 때로는 그 의미의 해석이 혼동되는 경우들을 보여 주기도 한다. 따라서 이런 통계 수치들을 제대로 인식하고 그 의미를 이해하기 위해서는, 그 밑바탕이 되는 통계학의 개념을 잘 파악하고 있어야 한다. 또한 스스로 과학적 현상이나 사회적 현상에 관한 자료를 요약 정리하고자 하는 경우에도 자료의 통계 처리를 위한 기본적인 통계 기법에 대해 잘 이해하고 있어야만 할 것이다.

이 책은 통계학을 처음 접하는 이들을 대상으로 하고 있으며, 대학교 1학년 학생들에게 1년간 강의하는 것을 기초로 구성되어 있다. 기초에 해당하는 통계학이라도 수리적 이론 전개를 피할 수는 없으나 되도록 평이하게 서술하였고, 제시되어 있는 많은 예제를 통하여 통계학의 기본 개념을 쉽게 이해할 수 있도록 하였다. 또한 누구나 무료로 사용할 수는 있으나 사용에 있어 진입장벽이 높은 통계 분석용 도구인 R의 활용법을 첨가하여 기본적인 프로그램 작성과 결과의 해석을 통한 통계자료분석방법을 익힐 수 있도록 하였다.

언뜻 어렵고 복잡해 보이는 이론이나 수식이라도, 잘 살펴보면 사실 매우 간단한 지식들이 직관적이며 합리적인 방법에 따라 결합되어 표현된 것이라는 것을 잊지 말고, 이 책에서 설명하는 내용을 차근차근 공부하여 통계학의 기본 개념을 잘 파악하게 되기를 바란다.

2014년 2월

저자 일동

차례

01 개요

02 자료의 기술

03 확률

04 이산확률변수와 확률분포

05 연속확률변수와 연속확률분포

06 결합확률분포

07 표본추출과 표본분포

08 점추정

09 일표본에 대한 구간추정

10 일표본에 대한 가설검정

11 이표본에 대한 통계추론

12 실험계획법과 분산분석

13 회귀분석

CHAPTER 01

개요

1.1 통계학이란 무엇인가

통계(statistics)의 원리는 이해하지 못해도 일상생활에서 통계학이라는 용어를 접해 보지 못한 사람은 드물 것이다. 물가지수, 주식시세의 변동, 정당의 선호도, 후보의 지지율, 철강 생산량, 일인당 평균 국민소득 등과 같이 신문지상에 흔히 나오는 수치들이 바로 통계 절차를 거쳐 나온 값이다.

통계학에서는 기본적으로 결과를 확실히 예측할 수 없는 불확실한 상황을 다룬다. 1에다 1을 더하면 2가 되는 등의 확실한 사실은 통계학의 대상이 되지 않는다. 새로 개발한 항생제가 기존의 항생제보다 효능이 우월한지, 또는 서울시의 가구당 승용차 보유 대수의 추이 등 현재로서는 불확실하고 실험이나 조사를 하여도 오차가 생기는 것을 배제하지 못하는 상황을 기술, 분석하는 학문이 통계학이다. 통계학은 알고 싶은 현상에 대한 자료를 수집하여 정리하여 요약하는 과학적 방법이며, 자료에 담김 정보를 이용하여 여러 가지의 결론을 도출해 내는 도구라고 할 수 있다.

애초에 삼라만상에 대한 의문이 있다. 초능력은 존재하는가? 한국인 중 흡연자의 비율은? 전 세계의 자동차는 모두 몇 대인가? 등등. 이렇게 제기된 의문에 대하여 통계학을 이용하여 답하려면, 우선 다음 세 가지의 새로운 질문을 생각해 보아야 한다.

- 대답할 가치가 있는 질문인가?
- 가치가 있다면, 정보가 될 만한 자료를 구할 수 있는가?
- 자료를 보는 '그럴듯한' 방법, 또는 '그럴듯한' 자료분석법이 있는가?

여기서, '그럴듯한'이란 모호한 의미의 낱말을 사용하였지만, 한 가지 분명한 사실은 '주어진 자료에 대한 유일하고 적합한 자료분석법은 없다'는 것이다.

애초의 질문이 대답할 가치가 있는 질문이었다고 할 때, 그 다음 질문은 쓸만한 자료가 과연 있느냐는 것이다. 아마도 문헌을 살펴보면 제기된 질문에 대답하기에 적당한 자료를 발견할 수도 있다. 하지만 과거로부터 축적된 자료는 언제나 의심의 대상이 되어야 한다. 이러한 과거의 자료가 과연 오늘날에도 합당할까? 왜냐하면, 과학 및 기술의 발전은 과거의 자료, 과거의 아이디어, 과거의 모델을 의심하는 데에서 비롯되기 때문이다. 과거에 개발된 어떠한 과학의 모델도 이런 류의 의심에서 조금이라도 상처받지 않고 살아남은 예가 없다.

여하튼 과거의 자료가 쓸만하지 않다면, 필연적으로 새로운 자료를 얻어야 한다. 사회과학 분야에서는 모든 상황이 시간의 흐름에 따라 언제나 비결정적인 방법으로 변화한다고 보고 있다. 자연과학 분야에서도 사물을 바라보는 새로운 방법이 거의 매일 개발되고 있다. 그렇다면 도대체 어떤 식으로 자료를 얻어야 합리적이고 객관적인 통계적 결론을 내릴 수 있을까?

사회과학 분야에서 제기되는 질문에 대답하려면, 통계조사(survey)가 선행되어야 한다. 그렇다면 통계조사는 어떻게 계획하여야 하나? 통계조사를 하는 가장 좋은 방법이 있을까? 그런 것은 존재하지 않는다. 만일 우리가 조사하고 싶은 집단에 대하여 잘 알고 있다면, 그 집단의 특성을 가장 잘 요약할 수 있는 통계 수치를 얻을 수 있는 기준을 설정할 수도 있고, 최상의 조사를 계획할 수도 있다. 그러나 이것은 전혀 쓸모없는 논의에 지나지 않는다. 왜냐하면, 조사하고 싶은 집단에 대하여 잘 알고 있다면 통계조사는 할 필요도 없기 때문이다.

물리과학이나 생물과학 등과 같은 자연과학 분야에서는 이른바 비교실험(comparative experiment)이라 불리는 통계실험을 하여 통계자료를 얻는다. 예를 들어, 양계장에서 복합 사료를 닭에게 주는데, 어떤 비율로 영양소를 배합할 때 최상의 효과를 얻을 수 있겠는가 하는 류의 연구이다. 이러한 실험에서도, 통계조사의 경우와 마찬가지로 어떠한 변화 유형이 감지될지 미리 알 수는 없다. 따라서 여기서도 중요한 것은 어떤 식으로 실험을 계획해야 가장 쓸모있는 정보를 얻을 수 있느냐 하는 것에 대한 판단을 내려야 한다는 점이다.

어느 경우든 주요한 사실 하나는, 객관적인 통계적 결론을 내리려면 자료의 수집 단계에서부터 조사원이나 연구원, 또는 통계학자의 주관적인 판단이 배제되어야 한다는 점이다. 통계방법론의 근간이 되는 랜덤화(randomization)의 개념은 자료에 대한 주관적 간섭을 피하여 객관적 결론을 유도하려는 원리로서, 랜덤화되지 않은 통계조사나 통계실험의 자료는 통계분석의 대상이 되지 않는다.

이러한 논의를 고려하여 제기된 질문에 대답하기에 적절하다고 판단되는 자료를 얻었다고 가정하자. 합리적인 통계학도라면 일단 자료를 보려고, 또는 다른 말로, 자료를 해석하고자 시도할 것이다. 자료를 보는 어떤 확실한 논리적인 방법이 있을까? 물론 없다. 어떤 이는 그래프를 그려보기도 하고, 또 다른 이는 좀 더 진보된 분석 기법을 사용하여 자료의 변화 유형을 간단히 설명해 보려 애쓸 수도 있다. 그러나 앞에서도 언급했듯이 주어진 자료에 대한 유일하고 가장 적절한 자료분석법은 존재하지 않는다. 간단한 예를 들어 보자.

예 1.1 100명이 소속된 집단이 있다. 그중에 99명의 연간 소득이 300만 원이고, 나머지 한 명은 연간 100억 원을 번다고 가정하자. 이런 집단의 소득 대푯값을 어떻게 계산해야 할까? 만일 흔히 하는 대로 평균(mean)으로 이 집단의 소득을 대표하게 한다면, 단위를 100만 원으로 잡을 때 평균소득은 다음과 같이 계산된다.

$$\text{평균소득} = \frac{99 \times 3 + 1 \times 10000}{100} = 102.97(\text{백만원})$$

따라서 이 집단의 연평균소득은 약 1억 원이라는 결론에 이르게 된다. 이 수치는 계산상 전혀 틀린 데는 없으나, 99명의 사람은 터무니없는 대푯값이라 하겠고, 나머지 한 사람은 왜 이렇게 소득이 낮을까 하고 고개를 갸우뚱할 것이다. 이런 현상은 평균의 정의 자체에서 파생되는 문제로서, 대부분의 값과 동떨어진 관측값이 포함된 집단에서 대푯값으로 평균을 선택하는 것은 올바른 통계학의 적용이 아님을 보여 준다. 통계학은 총체적인 현상을 요약하는 학문이지, 개별적인 현상을 다루는 학문이 아니다. 단 1명의 자료 때문에 현상과 어긋나는 결과를 얻게 된다면 그러한 통계분석은 지양되어야 한다. 이 경우에는 그럴듯한 대푯값으로 평균 대신 중앙값(median)을 사용하여, 이 집단의 소득 대푯값은 300만 원이라고 주장하는 것이 합리적이다. 물론 이 예는 극단적인 예이지만, 자료를 구하자마자 무조건 교과서에 나온 대로 평균이나 분산 등을 구하는 것이 반드시 현명한 접근 방법이 아니라는 것을 보여 준다. 참고로, 구미 각국에서는 소득 대푯값에 관한한 항상 중앙값을 기본 지표로 삼고 있다. ■

예 1.1에서 알 수 있는 한 가지 사실은, 우리가 어떠한 자료분석법을 사용하든 수집된 자료를 잘 요약할 수 있는 정보를 줄 수 있다면 그것이 좋은 통계분석이라는 점이다. 그러나 '좋은 통계분석이다', '아니다'를 판단하는 것은 그리 간단한 작업이 아니며, 이러한 점을 이해하고 습득하여 실제 자료분석에 이용할 수 있는 능력을 배양하고자 여러분이 통계학을 공부하는 것이다.

이상의 논의를 종합하면, 통계학적 문제의 해결 방식은 확실히 예측할 수 없는 현상에 대하여 자료를 수집하고, 수집된 자료에 담긴 정보를 해석하는 절차라고 할 수 있다. 따라서 통계학은 간단히 다음과 같이 정의할 수 있다.

> 통계학은 자료를 수집하고 해석하는 학문이다.

1.2 모집단과 표본

1.1절에서 해설한 바, 통계학은 기본적으로 자료수집(data collection)과 자료해석(data analysis)의 두 부분으로 나누어진다. 이 절에서는 자료수집에 관련된 몇 가지 중요한 통계학의 개념에 대하여 알아보겠다.

통계분석을 위하여 자료수집을 할 때 다음과 같은 피할 수 없는 문제점이 발생되기 마련이다.

- 분석 대상이 되는 모든 자료를 전부 수집한다는 것은 현실적으로 불가능한 경우가 대부분이다.
- 수집된 자료에는 반드시 오차가 수반된다.

예를 들어, 정부시책에 대한 국민들의 선호도를 조사하여 정책에 반영하고자 하는 경우를 생각하여 보자. 미성년자를 포함할 필요는 없으므로 조사 대상을 투표권이 있는 국민들로 한정하여 이들 중 정부시책을 지지하는 사람의 비율을 조사하려 한다. 그러나 이들 모두에 대하여 조사를 한다는 것은 현실적으로 매우 어려운 일이다. 현시점에서의 조사 대상을 완전히 파악하려 정책에 대한 찬반을 물을 수도 있지만, 그러는 사이 사망하는 사람, 새로 투표권을 획득하는 사람이 생겨날 것이고, 완전한 조사에는 방대한 비용과 시간이 소모된다. 게다가 완전한 조사를 하였더라도, 기록하는 과정에서의 실수, 솔직하지 않은 대답 등 오차가 있게 마련이다. 이런 류의 통계조사에서는 보통 약 몇 백 명에서 몇 천 명 정도의 사람을 멋대로 골라서 찬반 여부를 물어본 후, 이 일부분의 자료분석 결과로 전체 조사 대상의 찬반 비율을 대표하게 한다. 조사 대상 중 일부를 선택하여 얻은 결과와 전부를 활용하여 얻을 수 있는 결과는 분명히 일치하지 않는다. 예컨대, 진짜 찬성 비율이 0.4라 하자. 물론 우리 현실적으로 이 값을 전혀 모르고 있고, 또 영원히 알 수도 없다. 선택된 자료로부터의 결과로는 이 비율이 0.4와 가까운 값으로 나올 수도 있고, 엉뚱하게 0.8로 나타날 수도 있다. 그러나, 여러분들이 앞으로 배울 여러 통계학의 기법들을 잘 사용하면, 엉뚱한 값이 튀어나올 확률을 최소화하면서 분석을 할 수 있다. 요컨대, 통계조사의 핵심은 비용과 시간을 절감하면서 조사 대상을 잘 대표할 수 있는 일부의 자료를 선택하여 분석하는 데 있다.

이 예에서 볼 수 있듯이, 투표권이 있는 국민 전체와 같은 고려되는 조사 대상 전부를 모집단(population)이라고 하며, 이 중에서 선택된 일부를 표본(sample)이라 한다.

모집단에 포함된 구성원의 총수는 무한히 많은 경우도 있고, 유한한 경우도 있다. 투표권이 있는 사람들의 총수는 정확히 몇 명인지는 몰라도 유한함을 알 수 있다. 고강도 금속을 제련할 때 강도가 가장 높게 나올 수 있는 온도를 찾는다면, 이때의 모집단은 가능한 모든 온도가 될 것이고, 따라서 무한 모집단이 된다.

통계학에서 근본적으로 추구하는 것은, 표본을 추출하여 모집단의 특성을 추론하는 것이다. 모집단의 특성, 변화 유형을 우리는 전혀 알지 못한다. 통계학을 이용하여 우리가 할 수 있는 것은 표본을 추출하고, 추출된 표본으로부터의 결과를 기초로 모집단의 특성을 근사시키는 것이다. 따라서 모집단을 잘 대표할 수 있는 표본을 추출하는 것이 일차적으로 중요하다. 표본추출법에도 여러 종류의 기법이 있으며, 상황에 따라 적용되는 방식이 가지가지이다. 표본추출법에 대하여는 본격적인 표본론 교재를 참고하라.

1.3 기술통계와 통계추론

자료의 해석, 혹은 통계분석 분야는 두 개의 큰 가지로 나누어진다. 하나는 자료의 기술(description)에 관한 기술통계, 또 다른 하나는 자료로부터 모집단의 특성을 추정 및 검정하는 통계추론(statistical inferences)이다.

자료의 기술, 즉 자료의 정리 및 요약이 중점적인 목표가 되는 경우는 주로 모집단 전체를 조사할 수 있을 때이다. 예를 들어, 서울시의 가구당 연간 소득의 추이를 알고 싶다면, 여기에 관한 자료는 이미 국세청 컴퓨터에 들어가 있으므로 굳이 표본을 추출할 필요가 없다. 이런 경우, 주된 관심사는 자료를 정리하고 요약하여 일목요연하게 기술하는 것이다. 기술통계에서는 대부분 표, 그래프 등을 이용하여 분석

결과를 제시한다.

자료기술 기법은 크게 나누어, 막대그래프, 파이그림 등 그래프를 이용하는 기법과 평균, 분산, 중앙값 등 수치화된 기술통계량을 사용하는 기법이 있다. 물론 이 두 가지 기법은 독립적인 것은 아니고 상호 보완적이라고 할 수 있다. 이 두 기법을 종합한 상자그림이라 불리는 기술통계 기법도 있다.

통계추론이 필요한 경우는 모집단의 일부만이 가용할 때이다. 이때는 모집단을 대표하는 표본을 추출하여 표본이 추출된 모집단에 관한 결론을 끌어낸다. 물론 이런 과정에서도 표본자료의 정리, 요약, 기술이 필요하다.

통계추론의 요체는 제3장에서 공부할 확률의 개념이다. 한 가지 예를 들어 보자. 홍길동 씨가 국회의원에 출마하면서 당선은 떼어 놓은 당상이라고 호언을 했다고 하자. 미심쩍은 통계학자가 그 지역구의 전화번호 중 20개를 골라 전화를 걸어 홍길동 씨에게 투표할지를 물었더니 아무도 홍길동 씨를 찍겠다는 사람이 없었다고 하자. 만일 홍길동 씨의 주장이 사실이라면 상식적으로 최소한 열 명 이상은 그를 찍겠다고 대답을 했어야 한다. 물론 다른 20명에게 전화를 하면 결과가 다소 다르게 나올 수는 있지만, 지역구민을 대표할 수 있도록 잘 선택된 표본이라면 그럴 확률은 거의 없다고 예측할 수 있다. 따라서 우리는 수집된 자료에 의거하건대 홍길동 씨는 당선될 확률이 거의 없다고 결론 내린다.

그러나 20명 중 아홉 명이 홍길동 씨에게 표를 던지겠다고 응답한다면 어떻게 결론을 내려야 하나? 과반수가 못 되므로 여전히 당선될 가망이 없다고 판정해야 할까? 여덟 명이 홍길동 씨를 지지한다고 하면 어떻게 될까? 도대체 어느 선에서 홍길동 씨가 낙선할 것이라고 예측할 수 있을까? 반대로 20명 중 11명이 홍길동 씨를 지지한다고 응답한다면 우리는 홍길동 씨가 당선된다고 판단할 수 있을까? 한두 명 정도는 오차라고 인정한다면 20명 중 11명의 지지는 안전한 결론을 내리기에는 불안한 지지도라고 생각할 수도 있지 않는가? 그렇다면, 도대체 몇 명 이상이 지지한다고 해야 당선이 된다는 결론을 내릴 수 있는 것일까?

이런 질문에 답하려면 반드시 특정한 표본 결과를 얻을 확률을 알아야만 한다. 이 확률을 알아야 수집된 자료의 결과에 따라 홍길동 씨의 당락 여부에 관한 통계적 결론을 내릴 수 있는 것이다. 확률은 추정을 하기 위한 기본 도구임을 유의하라.

1.4 통계학에서 컴퓨터의 역할

통계학에서 컴퓨터의 역할은 나날이 증대되고 있다. 수집된 자료의 수가 적으면 손으로 계산할 수도 있지만, 통계분석 시 태반의 경우 손으로 직접 계산은 거의 불가능하다. 게다가 개인용 컴퓨터의 보급이 확산되면서 컴퓨터를 이용하여 손쉽게 자료처리를 할 수 있게 되었다.

특히 컴퓨터를 이용하면 다음과 같은 일을 효율적으로 처리할 수 있다.

- 대량의 자료입력
- 빠른 처리 속도
- 계산의 정확도
- 비용의 절감

일반적으로 통계분석을 스스로 수행하려면, 반드시 컴퓨터 사용법에 대하여 어느 정도의 지식을 갖추어야 한다. 그러나 여기에서 컴퓨터 사용법을 알아야 한다는 말은 C, C++ 등과 같은 컴퓨터 언어에 숙달되어야 한다는 뜻은 아니다. 앞으로 많은 통계분석 기법을 배우겠지만, 자료를 수집하여 적절한 분석 기법을 선택한 후 그때마다 프로그램을 새로 작성해서 자료분석을 해야 한다면 그와 같은 시간 낭비도 없을 것이다.

요즈음에는 어느 기관이나 전문적으로 수집된 자료를 통계 처리하고 분석해주는 범용 통계 패키지 프로그램(statistical package program)이 최소한 하나는 설치되어 있다. 이런 류의 프로그램은 존재하는 거의 모든 통계분석 기법을 총망라하여 지원하며, 자료의 입력과 분석 결과의 출력이 표준화되어 있으므로 사용하기가 무척 편리하다.

이러한 패키지 프로그램으로는 MINITAB, SAS(Statistical Analysis System), BMD(Biomedical Computer Programs), SPSS(Statistical Package for the Social Sciences) 등이 있다. 또한 최근 공개 소프트웨어로 제공되고 있는 R(www.r-project.org)은 단순한 통계 처리를 위한 소프트웨어라기보다는 통계 계산과 그래픽을 위한 언어이자 환경으로 패키지 프로그램들보다는 이용에 있어서 진입장벽이 높은 편이다. 이러한 문제점을 도와주기 위해 패키지 프로그램들과 비슷한 방식으로 이용할 수 있도록 GUI 형태의 패키지인 Rcmdr도 개발되어 있다. 본 교재에서는 간단한 명령어를 이용하여 예제를 풀어 볼 수 있도록 각 장의 마지막 절에 '컴퓨터 활용'을 제공하고 있다. 부록 A.1에서는 R의 기초를 위한 기본 명령어와 자료 입출력 등에 관한 내용을 제공하고 있다.

1.5 통계학의 응용

영어로 통계학을 뜻하는 statistics는 국가, 또는 나라를 뜻하는 라틴어 status에서 파생되었다. 19세기까지만 하여도 통계학은 대체로 한 나라의 인구, 경제, 정치 상황을 기술하는 데 쓰였다. 작금에도 이런 류의 통계학의 응용은 헤아릴 수 없이 많다.

초기의 통계학은 단순히 자료를 모으고 간단한 수치를 계산하는 방법에 불과하였지만, 효율적으로 자료를 모으고 분석하는 기법의 진보에 따라 지금은 거의 모든 학문에 통계 이론이 등장하게 되었다.

인문사회과학, 자연과학, 공학 등 응용 분야에 따라 파생된 대표적인 통계학의 새로운 분야로는 다음을 꼽을 수 있다.

- 생물통계(biostatistics)
- 경제통계(econometrics)
- 경영통계(business statistics)
- 공업통계(engineering statistics)
- 보건통계(medical statistics)
- 인구통계(demography)
- 심리통계(psychometry)

이들은 해당 분야와 통계학이 결합되어 창조된 새로운 분야들이며, 이들 이외에도 거의 모든 학문 분야에서 통계학의 원리를 이용하고 있다.

통계학을 어느 학문 분야에 응용하든 기본 개념은 동일하다. 단지 응용 분야에 따라 강조되는 통계 기법이 다를 뿐이다. 통계학을 지배하는 원리와 개념을 잘 이해하면 어떤 분야에서 나온 자료이건 자료를 해석하고 통계적 결론을 내리는 데 큰 어려움은 없을 것이다.

CHAPTER 02

자료의 기술

기술통계학에서는 요약 측도를 계산해서 자료를 보여 주거나 시각적 기법을 이용하는 두 가지 방법이 주로 사용된다. 2.1절과 2.2절에서는 평균, 중앙값, 분산, 표준편차 등 흔히 쓰이는 측도를 소개하며, 2.3절에서는 도수표, 파이도, 막대그래프, 히스토그램, 상자그림 등의 시각적 기법을 소개한다.

2.1 자료의 중심에 관한 측도

그래프를 이용한 자료의 기술은 편리하나, 통계추론에 사용할 수 없다. 그래프는 분석자 좋을 대로 그릴 수 있고, 가장 그럴듯한 그래프가 무엇인지도 모르기 때문에 그래프만을 사용하여 통계조사 결과를 비교할 수 없다. 따라서 자료를 두어 가지의 수치로 대표할 수 있는 측도를 정의하여 사용하게 되는데, 가장 많이 사용되는 두 가지의 기술측도는 자료의 중심(center)에 대한 측도와 자료의 퍼짐(dispersion)에 대한 측도이다. 즉 자료분포의 중심점과 그 중심점을 기준으로 자료가 어떤 식으로 퍼져 있는가를 기술하는 데 사용되는 측도이다.

이 절에서는 여러 가지 자료의 중심을 재는 측도에 대하여 알아본다. 그리고 별다른 언급이 없는 한, 표본으로서 n개의 관측 x_1, x_2, $\cdots$, x_n이 수집된다고 가정한다.

평균(mean, average), 또는 **산술평균**(arithmetic mean)은 관측값들의 합은 총관측수로 나눈 것이다. 평균은 $\overline{x}$로 표기하며 계산공식은 다음과 같다.

$$\bar{x} = \sum_{i=1}^{n} x_i / n$$

예제 2.1 다음은 기초통계학 강좌의 시험 결과이다. 평균 점수를 구하여라.

100, 100, 90, 90, 90, 80, 80, 80, 80, 70

풀이 모두 열 개의 점수가 있으므로 $n = 10$이다. 따라서 평균은

$$\bar{x} = \frac{100+100+90+90+90+80+80+80+80+70}{10} = 86$$

■

예제 2.1과 같은 상황에서 평균을 계산하는 더 간단한 방법이 있다. 주어진 자료를 보면, 100점이 둘, 90점이 셋, 80점이 넷, 70점이 하나이다. 이것을 정리하면 다음과 같은 도수표를 얻는다.

점수	도수
100	2
90	3
80	4
70	1

이 도수표를 기초로 평균을 구해 보자.

$$\bar{x} = \frac{100\times 2 + 90\times 3 + 80\times 4 + 70\times 1}{2+3+4+1} = 86$$

이상과 같이 관측된 점수의 도수를 고려하여 계산하는 평균을 특히 **가중평균**(weighted average)이라 한다. $x_1, x_2, \cdots, x_n$는 서로 다른 값을 갖는 관측들이다. 관측 x_i의 도수를 f_i라 하자. 이때 총관측수 $n = f_1 + f_2 + \cdots + f_k$이다. x_i들의 가중평균(weighted average)의 계산공식은 다음과 같다.

$$\bar{x} = \sum_{i=1}^{n} x_i f_i / n$$

다음에는 최빈값과 중앙값에 대하여 알아보자. **최빈값**(mode)은 글자 그대로 가장 빈번하게 나타나는 관측값이며, **중앙값**(median)은 관측값들을 크기 순서로 나열했을 때 가장 중앙에 위치한 관측값이다. 관측의 총수 n이 홀수이면 유일한 중앙값을

얻는다. n이 짝수이면 중심이 두 개 나오는데, 이 두 값의 평균을 중앙값으로 정의한다.

최빈값은 흔히 인기도의 측도로서 사용된다. 예를 들어 소비자가 가장 많이 찾는 세탁기, 가장 지지도가 높은 정치 지도자 등은 전부 최빈값을 찾는 것이다. 하나의 자료에 최빈값은 둘 이상 있을 수 있다. 그리고 평균이나 중앙값과는 달리 최빈값은 질적자료에도 적용할 수 있다.

중앙값은 보통 관측의 개수가 상당히 많을 때, 이러한 관측값들의 중심점을 찾을 때 사용한다. 제1장의 예에서 볼 수 있듯이 평균은 대부분의 관측값들보다 아주 크거나, 또는 아주 작은 한두 개의 관측값의 영향을 많이 받는다. 이런 악영향을 배제하려 할 때 주로 중앙값이 사용되며, 임금, 소득에 관한 자료의 측도로서 널리 사용한다.

예제 2.2 15마리의 닭의 무게(단위 $= g$)를 재었다. 최빈값을 구하여라.

962,	1005,	1033,	980,	965
1030,	975,	989,	955,	1005
1000,	970,	1042,	1005,	995

풀이 1005가 세 번, 그 외는 모두 한 번씩 나타나므로, 최빈값은 1005.

■

예제 2.3 다음 열 개 숫자의 중앙값을 구하여라.

95, 86, 78, 90, 62, 73, 89, 92, 84, 76

풀이 우선 크기 순서로 숫자들을 정리해야 한다. 오름차순이든 내림차순이든 상관없다.

62 73 76 78 **84** **86** 89 90 92 95

$n = 10$으로 짝수이므로 자료의 중심은 왼쪽으로부터 다섯 번째의 관측값 84와 오른쪽으로부터 다섯 번째의 관측값 86의 두 개이다. 따라서 중앙값은 이 두 관측값의 평균을 취하여 구한다.

$$\text{중앙값} = \frac{84 + 86}{2} = 85$$

■

예제 2.4 예제 2.3의 자료에 새로운 관측값 100이 추가되면 중앙값은 얼마일까?

풀이 이 경우에 $n = 11$이므로 홀수이다. 따라서 중앙값은 왼쪽으로부터 여섯 번째의 관측값인 동시에 오른쪽으로부터도 여섯 번째의 관측값인 86이다.

62 73 76 78 84 **86** 89 90 92 95 100 ■

위의 두 예에서 짐작할 수 있지만, 총관측수가 n이고 관측값들을 크기 순서로 정리했을 때, n이 홀수이면 중앙값은 $(n+1)/2$번째 관측값이며, n이 짝수이면, 중앙값은 $(n/2)$번째 관측값과 $(n/2)+1$번째 관측값의 평균이다. 따라서 중앙값을 기준으로 자료 내의 적어도 50%의 관측값은 중앙값 이상의 값을 갖고, 또 동시에 적어도 50%의 관측값은 중앙값 이하의 값을 갖는다.

중앙값과 최빈값은 평균과 달리 극단적인 관측값, 즉 다른 대부분의 관측값들과 비교하여 비정상적으로 크거나 작은 한두 개의 관측값들의 영향을 받지 않는다. 그러나 예제 1.1에서도 제시하였듯이 평균은 극단적인 관측값들에 아주 예민하게 영향을 받아 그 값이 쉽게 변화하는 단점이 있다. 이러한 예민성을 감소시키기 위하여 제안된 두 가지의 새로운 평균 계산법이 있다.

(1) g–g 절단평균(trimmed mean) $\bar{x}_t$

① 자료를 순서화한다.

② 가장 작은 관측값 g개를 제거한다. 또 가장 큰 관측값 g개를 제거한다.

③ 나머지 $(n-2g)$개 관측값들의 평균을 계산한다.

(2) g–g 윈저화평균(Winsorized mean) $\bar{x}_w$

① 자료를 순서화한다.

② 가장 작은 관측값 g개를 $(g+1)$번째 관측값으로 대치한다. 또 가장 큰 관측값 g개를 $(n-g)$번째 관측값으로 대치한다. 여기서 g는 상수로, $n > 2g$를 만족해야 한다.

③ 수정된 n개 관측값들의 평균을 계산한다.

절단평균은 최소 및 최대 관측값들을 자료에서 제거한 후 구하는 평균이기 때문에 극단적인 관측값들의 영향을 줄일 수 있다. 그러나 절단화의 단점은 원래 수집된 자료의 총수가 줄어든다는 데 있다. 윈저화평균은 극단적인 관측값들의 영향을 줄이는 면에서는 절단평균과 같으나, 총관측수를 그대로 유지시킬 수 있다는 장점이 있다. 이런 류의 극단적인 관측값들의 영향을 덜 받도록 고안된 통계량들을 **로버스트**

통계량(robust statistic)이라고 부른다.

그렇다면 주어진 자료에서 양극단의 값 몇 개를 제거하거나 변형해야 할까? 이 문제는 쉽게 대답하기 어렵다. g-g 절단평균이나 g-g 윈저화평균에서 g값의 결정은 자료의 분포를 보고 결정해야 하며, g값을 결정하는 보편적인 규칙은 사실상 없다. 본 교재에서는 변형되는 관측값의 개수, 즉 g를 기준으로 절단평균과 윈저화평균을 정의하였지만, 때에 따라 변형된 관측의 퍼센티지를 기준으로 정의하기도 한다. 예를 들어 10% 절단평균은 양극단에서 각각 10%씩의 관측들을 제거하고 나머지 80%의 자료를 기초로 계산한 평균을 의미한다. 윈저화 평균도 비슷하게 정의될 수 있다.

예제 2.5 다음 자료에 대하여 1-1 절단평균과 2-2 윈저화평균을 계산하여라.

1, 100, 120, 121, 123, 124, 130, 140, 10000, 200000

풀이 주어진 자료는 이미 순서화되어 있다. 1-1 절단평균을 계산하려면, 자료의 양 끝에서 관측값 하나씩을 제거한다. 따라서 1-1 절단된 자료는 다음과 같다.

100, 120, 121, 123, 124, 130, 140, 10000

따라서, 1-1 절단평균은 다음과 같이 계산한다.

$$\bar{x}_t = \frac{100+120+121+123+124+130+140+10000}{8} = 1357.25$$

2-2 윈저화평균을 계산하려면, 세 번째로 작은 값 120을 가장 작은 두 값 1과 100에 대치하고, 세 번째로 큰 값 140을 가장 큰 두 값 10000과 200000 대신 사용한다. 따라서 원래의 자료는 다음과 같이 변형된다.

120, 120, 120, 121, 123, 124, 130, 140, 140, 140

따라서, 2-2 윈저화평균은 다음과 같이 계산한다.

$$\bar{x}_w = \frac{120+120+120+121+123+124+130+140+140+140}{10}$$
$$= 127.8$$

■

2.2 자료의 퍼짐에 관한 측도

자료를 기술할 때, 중심에 대한 측도를 계산하는 것만으로는 충분하지 않다. 그림 2.1을 보자. 이 그림에서는 두 자료의 분포를 부드러운 곡선으로 나타냈는데, 두 분포 모두 중심은 같다. 그러나 중심에서 퍼져 있는 상태는 분명히 다르다. 이와 같은 두 자료분포를 차별화하려면 중심에 대한 측도 외에 퍼짐의 측도가 요구된다. 특히 우리의 관심은 자료가 중심에서 어느 정도나 퍼져 있는가를 재는 데 있다. 자료 중심에서 얼마나 퍼져 있는가에 대한 측도로 많이 사용되는 것은 표준편차, 사분위범위 등이다.

가장 초보적인 퍼짐의 측도는 **범위(range)**이다.

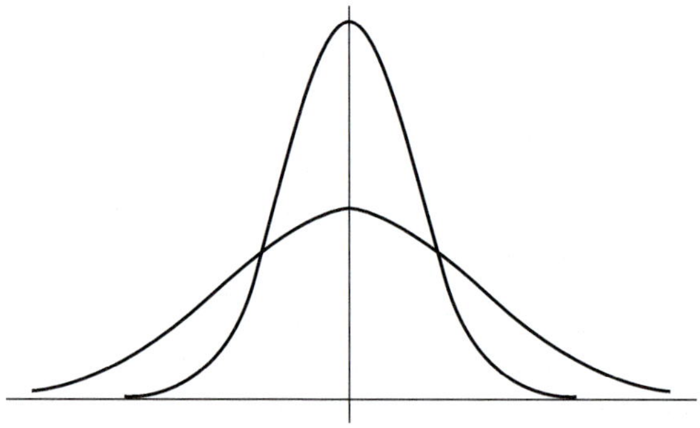

그림 2.1

범위 = (가장 큰 관측값) − (가장 작은 관측값) = 최댓값 − 최솟값

범위의 계산은 간단하지만, 자료의 중심으로부터의 퍼짐에 대한 정보는 거의 알 수 없다는 단점이 있어 실용성은 제한된다. 예제 2.5에서 원래 자료의 범위는 200000−1=199999이고, 2-2 윈저화된 자료의 범위는 140−120=20이다. 이와 같이 양 극단점의 차이만을 아는 것은 자료를 해석할 때 별 도움이 되지 않는다.

두 번째로 소개하는 퍼짐의 측도인 사분위범위는 방금 소개한 범위와 흡사하나, 사분위범위를 이해하려면 백분위값(percentile)의 개념을 알아야 한다.

100p분위 백분위값(percentile)

작은 것부터 큰 순서로 정리된 n개의 관측값들에서, 100p번째 백분위값은 적어도 100p%의 관측값들이 이 값 이하이며, 또 적어도 100(1−p)%의 관측값들이 이 값 이상인 값으로 정의한다.

위의 정의에서 p는 0 이상 1 이하의 값이다. 그리고 특히 25의 배수가 되는 백분위값들을 **사분위값(quartile)**이라 부른다. 제2사분위값은 다름이 아니라 중앙값이다. 결국 중앙값은 50번째 백분위값인 동시에 제2사분위값이다.

- 제1사분위값 Q1 = 25번째 백분위값
- 제2사분위값 Q2 = 50번째 백분위값
- 제3사분위값 Q3 = 75번째 백분위값

예제 2.6 예제 2.5의 자료에서 사분위값들을 구하여라.

1, 100, 120, 121, 123, 124, 130, 140, 10000, 200000

풀이 모두 열 개의 관측이 있다. 제1사분위값을 구하려면, Q_1 이하인 관측들의 수가 최소한 $10 \times 0.25 = 2.5$가 되어야 하며, 또 Q_1 이상인 관측들의 수가 최소한 $10 \times 0.75 = 7.5$가 되어야 한다. 이 조건을 만족하는 관측은 120이다. 즉 자신을 포함해서 왼쪽으로 세 개의 관측, 오른쪽으로 여덟 개의 관측이 있는 관측값은 120뿐이다. 비슷하게 제2사분위값을 구하려면, Q_2 이하인 관측들의 수가 최소한 $10 \times 0.5 = 5$가 되어야 하며, 또 Q_2 이상인 관측들의 수가 최소한 $10 \times 0.5 = 5$가 되어야 한다. 이 조건을 만족하는 관측은 모두 두 개로서, 다섯 번째나 여섯 번째의 관측, 즉 123과 124이다. 이런 경우에는 편의상 두 값의 평균을 취하며, 따라서 제2사분위값, 즉 중앙값은 123.5이다. 제3사분위값은 140이다. ■

2.3절에서 소개하는 상자그림에서 사용되는 퍼짐성의 측도인 **사분위범위(interquartile range; IQR)**는 사분위값을 이용하여 고안된 것이다. 범위는 극단적인 관측값에 큰 영향을 받지만, 사분위범위는 그렇지 않다.

$$\text{사분위범위(IQR)} = Q_3 - Q_1$$

예제 2.5에서 사분위범위는 예제 2.6의 결과로부터 IQR=140−120=20이다. 사분위범위는 두 자료의 관측값들을 상호 비교하는 데에는 쓸모가 있지만, 단일 자료의 관측값에 대한 퍼짐성의 측도로서는 부족하다.

다음에는 가장 실용성이 높은 퍼짐성의 측도인 표준편차를 소개한다. 중심 측도로 가장 많이 사용되는 것은 평균이다. 따라서, 평균을 자료의 기준점으로 삼아 퍼짐성의 측도를 고안해 보자. 관측값들이 자료의 중심, 즉 평균으로부터 퍼져 있는 정도는 결국 각 관측값들의 평균으로부터의 편차(deviation)를 고려하면 쉽게 요약할 수 있다. 다음의 두 자료를 보자.

- 자료 1 : 1, 2, 100, 198, 199
- 자료 2 : 98, 99, 100, 101, 102

두 자료의 평균은 둘 다 100이다. 그러나 각 관측이 평균 100으로부터 퍼져 있는 상태는 아주 다르다. 각 자료에 대하여 관측값들의 편차를 계산하면 다음과 같다.

- 자료 1 : −99, −98, 0, 98, 99
- 자료 2 : −2, −1, 0, 1, 2

편차의 절댓값을 생각하면, 자료 1의 편차는 대부분 자료 2의 편차보다 훨씬 크다. 그렇다면, 이 편차를 어떤 식으로 요약해야 쓸모있는 퍼짐성의 측도가 될까? 편차의 평균을 퍼짐성의 측도로 사용할 수 있을까? 그것은 불가능하다. 편차의 합은 언제나 0이기 때문이다. 왜냐하면, n개의 관측 x_1, x_2, ⋯, x_n에서 i번째 관측의 편차는 $(x_i - \overline{x})$로 정의되며, 따라서 편차의 합은 다음과 같이 항상 0이 되기 때문이다.

$$\sum_{i=1}^{n}(x_i - \overline{x}) = \sum_{i=1}^{n}x_i - n\overline{x} = n\overline{x} - n\overline{x} = 0$$

이런 문제점을 피하는 한 가지 방법은 음수의 편차값을 양수로 만드는 것이다. 간단히 음수를 양수로 바꾸는 연산으로는 절댓값을 취하는 것과 제곱을 취하는 방법이 있을 것이다. 그러나 절댓값을 취한 편차들의 연산은 몇 가지 불편한 점이 있기 때문에 일반적으로 편차제곱을 취하고, 편차제곱(squared deviation)들의 평균값을 퍼짐성의 기본 측도로 사용한다. 지금까지 언급된 용어들을 정리해 보자.

- 관측 : x_1, x_2, ⋯, x_n
- 편차 : $x_1 - \overline{x}$, $x_2 - \overline{x}$, ⋯, $x_n - \overline{x}$
- 제곱편차 : $(x_1 - \overline{x})^2$, $(x_2 - \overline{x})^2$, ⋯, $(x_n - \overline{x})^2$
- 제곱편차합 : $\sum_{i=1}^{n}(x_i - \overline{x})^2$

그리고 평균을 구할 때 관측값들의 합을 관측의 개수 n으로 나누듯, 제곱편차합을 (n−1)로 나눈 값을 **분산**(variance)이라 한다. 분산은 결국 관측값을 제곱하여 얻게 되므로, 분산의 단위는 관측 단위의 제곱이 된다. 서로 단위가 다르면 상호 비교가 곤란하므로 언제나 분산의 제곱근을 취하여 통계분석을 하는데, 이 분산의 제곱근을 특히 **표준편차**(standard deviation)라 한다. 예를 들어 키를 잴 때, 평균은 172cm, 분산은 16cm^{2}이라고 기술하는 것은 별 의미가 없고, 대신 평균은 172cm, 표준편차는 4cm라 기술하는 것이 합당하다는 뜻이다.

- 분산(variance) $s^2 = \sum_{i=1}^{n}(x_i - \bar{x})^2/(n-1)$
- 표준편차(standard deviation) $s = \sqrt{s^2}$

분산의 공식은 다시 다음과 같이 쓸 수 있으며, 손으로 계산할 때는 이 공식이 더 편리하다. 이 공식과 앞의 공식이 과연 일치하는지 스스로 확인해 보라.

$$s^2 = \frac{\sum_{i=1}^{n} x_i^{\,2} - n\bar{x}^2}{n-1}$$

예제 2.7 다음 다섯 숫자의 분산과 표준편차를 구하여라.

5, 4, 3, 1, 3

풀이 이 자료의 평균은 3.2이다. 따라서 분산은 다음과 같이 계산한다.

$$s^2 = \frac{(5-3.2)^2 + (4-3.2)^2 + (3-3.2)^2 + (1-3.2)^2 + (3-3.2)^2}{5-1} = 2.2$$

물론 분산을 다음과 같이 계산해도 같은 결과를 얻는다.

$$s^2 = \frac{(5^2 + 4^2 + 3^2 + 1^2 + 3^2) - 5(3.2)^2}{4} = 2.2$$

표준편차는 다음과 같다.

$$s = \sqrt{2.2} = 1.48$$

■

자료를 수집하다 보면, 관측값들을 수정하거나 단위를 바꿔야 하는 경우가 때때로 생긴다. 예를 들어, 닭의 무게를 잴 때 닭이 저울 위에서 가만히 있지 않으므로 사람이 안고 저울 위에 올라간다면, 재는 사람의 무게를 눈금에서 일률적으로 빼야 한다. 파운드로 측정된 자료를 그램으로 바꾸려면, 원래의 값에 453.6을 곱해야 할 것이다. 이러한 변환을 한다면 평균과 분산, 또 표준편차에는 어떤 영향을 미칠까?

원래의 관측을 x_i라 하자. 일반적으로 변환된 관측 y_i는

$$y_i = ax_i + b$$

와 같이 표기할 수 있다. 여기서 a와 b는 상수이다. 다음 관계를 살펴보자.

$$\Sigma yi = \Sigma(ax_i + b) = \Sigma ax_i = \Sigma b = a\Sigma x_i + nb$$

따라서, 변환된 관측 y_i들의 평균 $\overline{y}$는 다음과 같이 표현된다.

$$\overline{y} = \frac{\Sigma y_i}{n} = \frac{a\sum x_i + nb}{n} = a\overline{x} + b$$

그리고 편차제곱에 대해서는 다음 관계가 성립한다.

$$(y_i - \overline{y})^2 = [ax_i + b - (a\overline{x} - b)]^2 = a^2(x_i - \overline{x})^2$$

따라서, 변환된 관측들의 분산 s_y^2은 원래 관측값들의 분산 s_x^2와 다음과 같은 관계를 보여 준다.

$$s_{y^2} = \frac{\sum(y_i - \overline{x})^2}{n-1} = \frac{a^2\sum(x_i - \overline{x})^2}{n-1} = a^2 s_x^2$$

$y_i = ax_i + b$이면

① $\overline{y} = a\overline{x} + b$ ② $s_y^2 = a^2 s_x^2$ ③ $s_y = |a| s_x$

2.3 자료의 종류와 그에 따른 시각화 방법

수집되는 자료는 언제나 양적자료(quantitative data)와 질적자료(qualitative data)로 구분할 수 있다. 양적자료는 길이, 무게, 온도, 압력, 수명 등 측정장치를

표 2.1 직원의 학력에 대한 도수표

최종학력	도수	비율(%)
박사	501	37.2
석사	683	50.8
학사	94	7.0
고등학교 이하	67	5.0
합계	1345	100.0

통해 읽은 수치로 된 측정자료(measurement data)를 뜻한다. 반면에 질적자료는 표 2.1과 같은 범주형 자료를 뜻한다. 이러한 질적자료는 주로 사회과학 분야에서 수집되는데, 이를테면 '통일을 바란다, '바라지 않는다, '모르겠다' 등과 같은 문항 중 하나를 선택하는 따위의 설문조사에서 수집된 자료들이다. 또한 품질관리 분야에서 생산된 공산품을 합격품, 불합격품으로 분류한 자료도 역시 질적자료에 해당한다. 자료의 종류에 따라 시각적으로 표현하는 방법을 살펴보자.

2.3.1 질적자료의 시각화

한 연구기관에서 모든 직원들의 학력에 관한 자료를 수집한다고 하자. 이때 분석변수는 직원들의 학력이 된다. 모두 1,345명의 사원을 학력에 따라 분류한 결과가 표 2.1에 주어져 있다. 학력 변수의 범주는 표 2.1에서 보는 바와 같이 박사, 석사, 학사, 고등학교 이하의 네 가지이다. 이와 같은 자료를 질적자료 또는 범주형 자료라고 한다. 분석자에 따라서 고등학교 이하와 같은 범주를 좀 더 세분하여 고등학교, 중학교, 초등학교, 무학 등으로 만들 수도 있겠지만 완벽을 기하기 위하여 지나치게 많은 범주를 나열하는 것은 오히려 일목요연하게 수집된 자료를 정리하는 데 방해가 되는 경우가 종종 있다. 표 2.1의 자료에서는 고등학교 이하의 학력을 가진 사람이 5%밖에 되지 않으므로 이 범주를 세분한다는 것은 아무 의미도 없다. 학력별 직원수와 같이 하나의 범주에 속하는 관측들의 총수를 도수(frequency), 또는 빈도라 한다.

표 2.1로 정리된 자료는 막대그림(bar chart)나 파이도(pie chart)를 이용하여 시각적으로 나타낼 수 있다. 그림 2.2(a)는 직원의 학력에 대한 도수표를 막대그림으로 나타낸 것이다. 막대그림에도 여러 가지 변종이 있다. 그림 2.2(a)와 같은 수평 막대그림 외에, 수직 막대그림을 그릴 수도 있고, 도수 대신 대응되는 비율을 사용할 수 있다. 그림 2.2(b)는 파이도를 나타낸다.

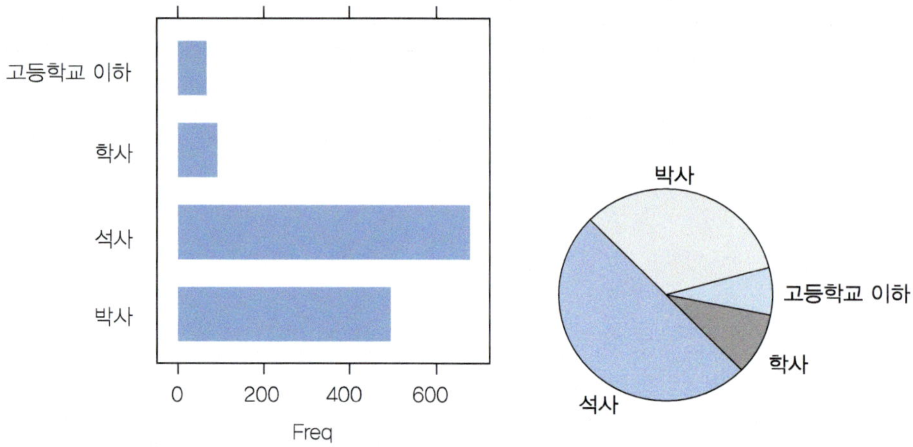

그림 2.2 (a) 막대그림 (b) 파이그림

2.3.2 양적자료

표 2.2의 자료는 새로운 배합사료로 키운 100마리의 병아리들에 대한 8주 후의 몸무게 증가를 측정한 자료이다. 물론 이 자료는 양적자료이다. 표 2.2에 수록된 관측값들은 어떻게 정리해야 체중 증가의 변화 추이를 일목요연하게 볼 수 있을까? 이 자료에서 최댓값은 4.9이고 최솟값은 3.6이다. 그러나 우리가 아무리 이 표를 잘 살펴보아도 측정값들이 어떤 식으로 3.6에서 4.9 사이에 분포하는지 그 분포의 형태를 쉽게 알 도리가 없다. 대부분의 측정값이 3.6에 치우쳐 있는가, 아니면 4.9에 치우쳐 있는가? 혹은 3.6부터 4.9 사이의 구간(interval)에 골고루 분포되어 있는가?

이런 질문에 답하려면 자료의 분포를 살펴보아야 한다. 양적자료의 분포를 살펴보는 방법은 히스토그램을 이용하는 방법이다. 우선 자료가 취할 수 있는 값의 범위(range)인 3.6부터 4.9까지를 적당한 개수의 계급구간(class interval)으로 나누어

표 2.2 병아리의 체중 증가 자료(단위: pound)

3.7	4.2	4.7	4.0	4.9	4.3	4.0	4.2	4.7	4.1
4.2	3.8	4.2	4.2	3.8	4.7	3.9	4.7	4.1	4.9
4.4	4.2	4.2	4.0	4.3	4.1	4.5	3.8	4.8	4.3
4.4	4.4	4.8	4.5	4.3	4.0	4.3	4.5	4.1	4.4
4.3	4.6	4.5	4.4	3.9	4.6	3.8	4.0	4.3	4.4
4.2	3.9	3.6	4.1	3.8	4.4	4.1	4.2	4.7	4.3
4.4	4.3	4.1	4.0	4.7	4.6	4.3	4.1	4.2	4.6
4.8	4.5	4.3	4.0	3.9	4.4	4.2	4.0	4.1	4.5
4.4	3.9	4.2	4.6	4.2	4.4	4.4	4.1	4.8	4.0
4.9	4.8	3.9	3.8	4.0	4.9	4.5	4.7	4.4	4.6

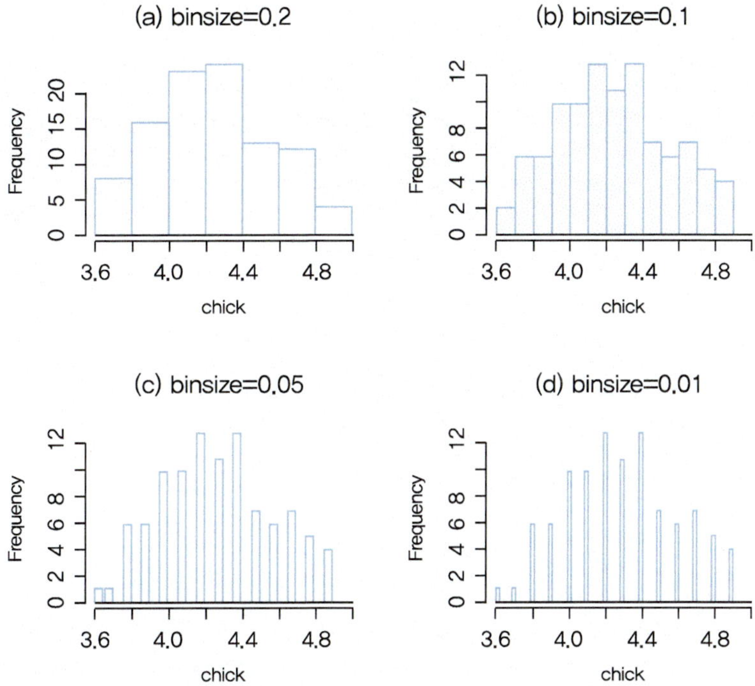

그림 2.3 히스토그램 (a)계급구간=0.2, (b)계급구간=0.1, (c)계급구간=0.05, (d)계급구간=0.01

야 한다. 계급구간의 넓이(binsize)에 따라 히스토그램의 모양도 달라지게 된다. 그림 2.3은 병아리의 체중 증가 자료에 대한 히스토그램으로 계급구간을 다양하게 하여 표현한 것이다.

그림 2.4는 **줄기와 잎 그림**(stem-and-leaf display)으로 탐색자료분석(exploratory data analysis) 분야에서 개발된 자료기술 기법이다. 줄기와 잎 그림은 상당히 잘 고안된 기법으로, 새로운 유형의 분포도로 간주할 수 있다. 이 그림에서는 관측값들

```
The decimal point is 1 digit(s) to the left of the |

  36 | 00
  38 | 000000000000
  40 | 00000000000000000000
  42 | 000000000000000000000000
  44 | 00000000000000000000
  46 | 0000000000000
  48 | 000000000
```

그림 2.4 줄기와 잎 그림

표 2.3 점수들

843	560	792	668	637	707	522	953	592	752
621	991	503	719	495	404	370	184	470	832
918	550	437	499	272	656	802	1068	830	448
270	171	858	336	585	521	794	860	444	411
201	453	250	112	322	346	212	758	306	1000
737	638	305	527	592	436	607	265	482	409
818	441	451	640	351	925	322	869	1248	572
570	618	480	792	709	766	574	390	629	1005
514	559	289	439	739	578	494	616	487	548

의 범위, 분포의 모양, 지중도 등의 정보를 한꺼번에 표현할 수 있다. 탐색자료분석에서는 관측값을 점수(score)라 부르기도 한다.

정량자료를 시각화하는 또 하나의 방법은 상자그림이다. **상자그림(boxplot)**은 줄기와 잎 그림에 함축된 정보를 토대로 중심과 퍼짐성에 대한 몇 가지 측도를 병합하여 만들며, 주로 분포의 대칭성, 분포의 양 꼬리 부분의 집중도, 대부분의 관측값들과 동떨어진 값을 갖는 관측인 이상점들의 유무 등을 탐색할 때 많이 사용된다. 줄기와 잎 그림과 마찬가지로 상자그림도 탐색자료분석 분야에서 개발된 기법이다.

상자그림을 그리기 위하여는 자료를 순서화하고 자료들에 대한 아래 사분위값(lower quartile)과 위 사분위값(upper quartile), 그리고 중앙값(median)을 구해야 한다. 그리고 최댓값과 최솟값도 함께 구한다. 상자그림은 아래 사분위값 Q_1과 위 사분위값 Q_3을 네모난 상자로 연결한 다음 중앙값 M에서 수직선을 긋고, 최댓값과 최솟값을 상자와 점선으로 연결하여 완성한다.

상자그림(boxplot)을 그리는 법

① 아래 사분위값 Q_1과 위 사분위값 Q_3을 네모난 상자로 연결한다.
② 중앙값 M에서 수직선을 긋는다.
③ 최댓값과 최솟값을 상자와 점선으로 연결한다.

그림 2.5는 표 2.3의 자료를 이용하여 그린 상자그림이다. 최댓값과 최솟값을 상자와 연결하는 선을 구레나룻(whisker)이라 부른다. 그림 2.4은 가장 간단한 형식의 상자그림이지만 다음과 같은 정보를 쉽게 읽을 수 있다.

① 중앙값과 사분위값의 위치
② 사분위범위
③ 가장 큰 값과 가장 작은 값

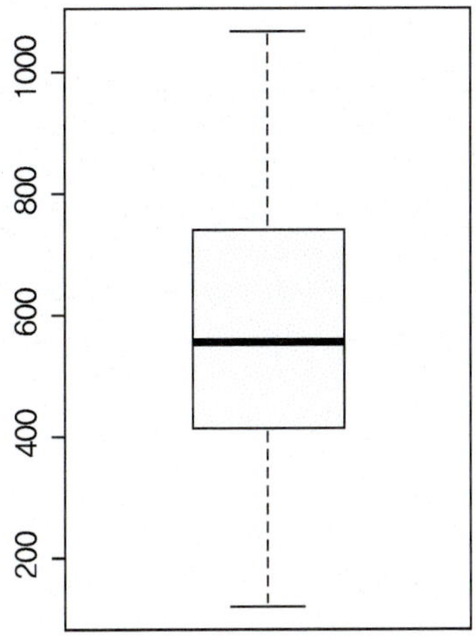

그림 2.5 상자그림

④ 점수 분포의 대칭성, 또는 비대칭성

즉, 우리가 원래의 자료를 본적이 없더라도 그림 2.10을 보면 다음과 같은 사실을 간파할 수 있다.

$M \approx 560$

$Q_1 \approx 440$

$Q_3 \approx 740$

$IQR \approx 740 - 440 = 300$

$최솟값 \approx 110$

$최댓값 \approx 1240$

그리고 중앙값이 아래 사분위값에 치우쳐 있으므로 중앙값 아래쪽으로 점수들의 집중도가 크다고 판단할 수 있으며, 아래쪽의 구레나룻이 윗쪽보다 짧으므로 분포의 형태가 왼쪽은 급경사, 오른쪽은 완만한 경사를 이루는 비대칭 분포임을 알 수 있다.

상자그림을 이용하여 이상점의 유무를 판정할 수도 있는데, 이와 같이 하려면 어느 지점부터 이상점이라 판정할 수 있는지 기준이 되는 경계점을 결정하여야 한다. 이상점(outlier)은 대부분의 점수들과 동떨어진 값을 갖는 관측으로, 이상점의 값은 대부분의 점수들에 비하여 상대적으로 아주 작거나 아주 클 수 있음을 상기하라. 일반적으로 상자그림에서 이상점을 탐지할 때는 IQR 값을 기초로 하며, 상자 양 끝에서 1.5배의 IQR 범위 밖에 위치하는 점수들을 이상점으로 분류한다. 이상점을 탐지하는 상자그림을 그리는 구체적인 방법은 다음과 같다.

- 이상점을 탐지하는 상자그림

① 전과 마찬가지로 Q_1과 Q_3를 네모난 상자로 연결한 다음 중앙값 M에서 수직선을 긋는다.

② IQR를 계산한다.

③ 아래 울타리(lower fence) $Q_1 - 1.5 \times \text{IQR}$와 위 울타리(upper fence) $Q_3 + 1.5 \times \text{IQR}$를 구한다. 이 두 울타리 밖에 위치하는 점수들이 있다면, 그런 점수들을 이상점으로 판정한다.

④ 이상점이 아닌 점수들 중 최솟값을 Q_1과 점선으로 연결하고, 또, 최댓값을 Q_3와 점선으로 연결한다. 울타리를 벗어나는 점수들이 있다면, 그들은 개별적으로 × 표시를 한다.

2.4 컴퓨터 활용

이 절에서는 기술통계 기법을 R을 이용하여 구현하는 한 가지 예를 든다. 표 2.4는 여러 정유회사에서 생산하는 자동차용 취발유의 옥탄가(octane rating)를 잰 자료이다. 이 자료를 R을 이용하여 2.1절과 2.2절에서 설명한 통계량들을 계산하고 2.3.2절에서 설명한 양적자료의 시각화를 하는 방법은 다음과 같다.

표 2.4 자동차용 휘발유의 옥탄가 자료

88.5	87.7	83.4	86.7	87.5	91.5	88.6	100.3	95.6	93.3
94.7	91.1	91.0	94.2	87.8	89.9	88.2	87.6	84.3	86.7
88.2	90.8	88.3	98.8	94.2	92.7	93.2	91.0	90.3	93.4
88.5	90.1	89.2	88.3	85.3	87.9	88.6	90.9	89.0	96.1
93.3	91.8	92.3	90.4	90.1	93.0	88.7	89.9	89.8	89.6
87.4	88.9	91.2	89.3	94.4	92.7	91.8	91.6	90.4	91.1
92.6	89.8	90.6	91.1	90.4	89.3	89.7	90.3	91.6	93.7
92.7	92.2	92.2	91.2	91.0	92.2	90.0	90.7		

```
> car<-c(88.5,87.7,83.4,86.7,87.5,91.5,88.6,100.3,95.6,93.3,94.7,91.1,91.0,
+          94.2,87.8,89.9,88.2,87.6,84.3,86.7,88.2,90.8,88.3,98.8,94.2,92.7,
+          93.2,91.0,90.3,93.4,88.5,90.1,89.2,88.3,85.3,87.9,88.6,90.9,89.0,
+          96.1,93.3,91.8,92.3,90.4,90.1,93.0,88.7,89.9,89.8,89.6,87.4,88.9,
+          91.2,89.3,94.4,92.7,91.8,91.6,90.4,91.1,92.6,89.8,90.6,91.1,90.4,
+          89.3,89.7,90.3,91.6,93.7,92.7,92.2,92.2,91.2,91.0,92.2,90.0,90.7)
```

```
> summary(car)
   Min. 1st Qu.  Median    Mean 3rd Qu.    Max. 
  83.40   88.75   90.50   90.67   92.20  100.30 
> mean(car) # 평균
[1] 90.67179
> median(car) # 중앙값
[1] 90.5
> range(car) # range
[1]  83.4 100.3
> quantile(car,probs=0.25) # Q1
  25% 
88.75 
> quantile(car,probs=0.5) # Q2
 50% 
90.5 
> quantile(car,probs=0.75) # Q3
 75% 
92.2 
> sd(car) # 표준편차
[1] 2.824885
> var(car) # 분산
[1] 7.979973
>
> X11()
> hist(car)
```

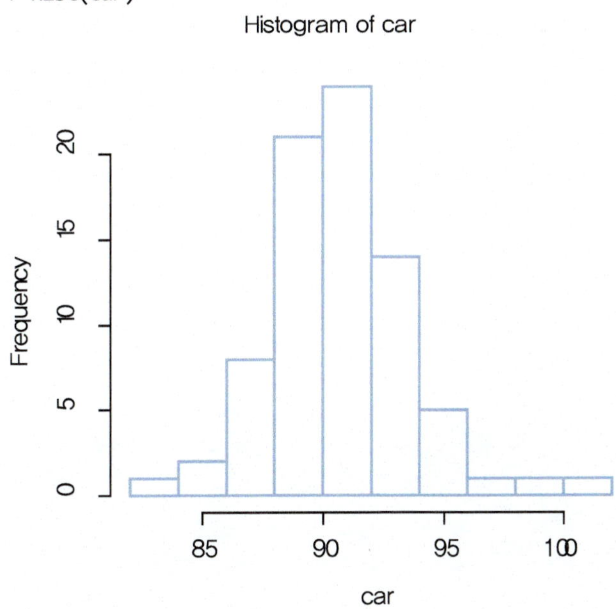

```
> stem(car)

  The decimal point is at the |

   82 | 4
   84 | 33
   86 | 77456789
   88 | 22335566790233678899
   90 | 0113344467890001112256688
   92 | 22236777023347
   94 | 22476
   96 | 1
   98 | 8
  100 | 3

> X11()
> boxplot(car)
```

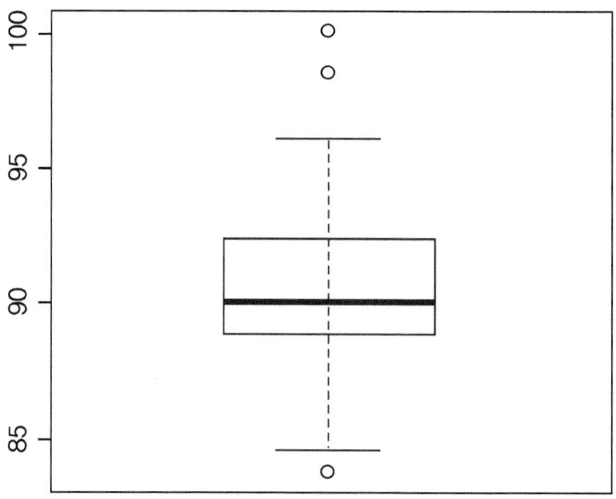

CHAPTER 03

확률

앞에서는 통계실험이나 조사를 통하여 얻어진 자료를 어떻게 요약, 정리하며 또 자료들의 분포특성을 나타낼 수 있는 값에는 어떠한 것들이 있는지에 대하여 알아보았다. 현대 통계학에서는 좀 더 나아가 조사 대상 중의 일부분만을 조사하여 얻은 자료를 바탕으로 어떻게 조사 대상 전체에 대한 결론을 내릴 수 있는가에 관심을 갖는다. 예를 들어 선거 때가 되면 접하게 되는 어느 당의 후보가 당선될 것인가를 미리 판단하고자 할 때 총유권자의 극히 일부분에 해당하는 유권자에 대한 여론조사 혹은 출구조사 결과를 분석하여 당선자를 예측하는 것이다. 살인사건의 용의자가 검거되었다. 수사기관은 용의자가 진짜 범인일 확률은 0.7 정도로 확신하고 있다. 그런데 범인은 용의자와 같은 왼손잡이라는 새로운 증거가 발견되었다. 전체 인구의 10%가 왼손잡이라면 새로운 증거가 발견된 것이 용의자가 범인일 확률에 영향을 주는가? 새로운 생명보험 상품을 개발하여 보험금을 책정하고자 한다. 특정 사람을 놓고 내년에 이 사람이 사망할 확률이 얼마인가를 답하기는 어렵겠지만 20세 여성 10만 명을 관찰하여 이 중에서 1년 동안 사망하는 사람수를 예측하는 것은 그리 어렵지 않으며 이러한 자료는 보험료 책정에 반영될 것이다.

이와 같은 문제 해결을 위한 이론을 전개해 나가는데 가장 기본이 되는 개념이 확률이다. 또한 확률의 개념은 계량경제학이나 경영, 산업공학, 의학 또는 금융, 보험 분야에 이르기까지 여러 학문 분야의 연구에 밑바탕이 되고 있다. 3장에서는 확률에 대한 정의와 그의 기본 성질들을 알아보자.

3.1 표본공간과 사상

확률에 대한 개념을 파악하기 위하여 먼저 표본공간과 사상에 대하여 알아보자. 새로운 신약과 이의 암치료 효과를 알기 위한 임상실험과 같이 계획적인 실험 연구를 할 때나 경제적 지위와 학업성취도의 관계 연구를 위한 사회적 조사 연구를 할 때 아니면 단순히 세 개의 동전을 던져 결과를 보고 승패를 가리는 게임을 할 때 우선 가능한 결과들이 무엇인지를 생각하게 된다. 통계적 실험이나 조사를 통하여 나올 수 있는 가능한 모든 결과들의 모임을 **표본공간**(sample space)이라 하고 S로 표기하자.

예 3.1 한 개의 주사위를 던져 윗면에 나타나는 눈의 수를 관찰할 때 $S=\{1,2,3,4,5,6\}$이다. 한 가정의 자녀수를 기록할 때 넉넉잡아 100명 이내라 가정하면 $S=\{0,1,2,\cdots,99,100\}$이 된다.

예 3.2 한 개의 동전을 앞면이 나올 때까지 던질 때 나타나는 모든 가능한 결과는 앞면을 H, 뒷면을 T라 표현하면 $S=\{H, TH, TTH, TTTH, TTTTH,\cdots\}$. 이때 앞면을 얻을 때까지 던진 횟수로 그 결과를 기록한다면 $S=\{1,2,3,\cdots\}$와 같다.

예 3.3 특정 회사에서 만든 전구의 수명(시간)을 관찰할 때 $S=\{t \mid t \geq 0\}$. 또한 인간의 수명을 150살 이내로 보면 $S=\{\ t\ :\ 0 \leq t \leq 150\}$ (단위 : 년)이라 할 수 있다.

예 3.4 특정 집단에 속한 개개인의 키와 몸무게를 재어 기록할 때 $S=\{(x,y): x \geq 0, y \geq 0\}$. 또한 서울 서대문구 대현동에 있는 각 가정에서 가족수와 보유한 컴퓨터 대수를 조사하면 $S=\{(x,y): x=1,2,\cdots,\ y=0,1,2,\cdots\}$와 같이 둘 수 있다.

위의 예 3.1, 예 3.2에서와 같이 유한이거나 하나, 둘, 셋 ……과 같이 셀 수 있는 만큼의 무한 원소(가산 무한)로 이루어진 표본공간을 이산표본공간(discrete sample space)이라 하고 예 3.3과 같이 실수상의 구간을 포함하는 형태로 나타내어지는 표본공간을 연속표본공간(continuous sample space)이라고 한다. 표본공간 S의 부분집합을 사상 또는 **사건**(event)이라고 하고 $A, B, C,\cdots$ 등의 기호를 사용하여 나타낸다. 특히 통계실험이나 조사에서 나타날 수 없는 결과도 하나의 사상으로 보아 공사상(empty)이라 하고 기호 $\varnothing$ 로 나타낸다. 또 한 개의 원소로 이루어진 사상을 근원사상(elementary event) 또는 단순사상(simple event)이라고 부른다.

정의

통계적 실험이나 조사를 통하여 나올 수 있는 가능한 모든 결과들의 모임을 표본공간(sample space)이라 하고 기호로는 S로 나타낸다. 표본공간 S의 부분집합을 사상 또는 사건(event)이라고 하고 $A, B, C, \cdots$ 등의 기호를 사용하여 나타낸다.

사상 A의 한 원소가 관측되면 사상 A가 일어났다고 하고 여러 사상들 사이의 연산 관계는 집합 기호를 사용하여 나타낸다. 즉 사상 A와 사상 B가 동시에 일어나는 사상을 가리킬 때에는 $A \cap B$로 표시하고 $A \cup B$는 A 또는 B가 일어나는 사상, A^c는 A의 여사상이라 하고 A가 일어나지 않는 사상을 가리킨다. 또한 $A \cap B = \varnothing$ 이면 A와 B는 **서로 배반사상**(mutually exclusive or disjoint)이라고 한다. 사상 $A_1, A_2, \cdots, A_n$ $(n \geqq 3)$가 서로 배반사상이라 함은 임의의 i, j $(i \neq j)$ 에 대해서 $A_i \cap A_j = \varnothing$ 이 될 때를 가리킨다. 사상들의 자유로운 표현을 위해서는 집합기호나 집합끼리의 연산 등에 익숙할 필요가 있다.

예 3.5 예 3.1의 경우 근원사상은 $\{1\}, \{2\}, \{3\}, \{4\}, \{5\}, \{6\}$ 이고 짝수의 눈이 나오는 사상을 A라 하면 $A = \{2, 4, 6\}$, 4 이상의 눈이 나오는 사상을 B라 하면 $B = \{4,5,6\}$, 7의 눈이 나오는 사상을 C라 하면 $C = \phi$이다. 또한 $A \cup B = \{2,4,5,6\}$, $A \cap B = \{4,6\}$, $A^c = \{1,3,5\}$가 된다.

예 3.6 예 3.3의 전구의 수명의 경우에는 음이 아닌 실수 하나 하나가 근원사상이 되며 수명 1000시간 이상인 사상을 A라 하면 $A = \{t \mid t \geq 1000\}$이 된다.

3.2 계수기법

표본공간 S가 $n(S)$개의 원소로 이루어져 있고 S의 각 근원사상이 일어날 확률이 동등할 때 사상 A가 일어날 확률 $P(A)$는 A에 들어 있는 원소의 수를 $n(A)$라 하면 다음과 같이 표현된다.

$$P(A) = \frac{n(A)}{n(S)}$$

따라서 일어날 확률이 동등한 유한 모집단에서 사상 A가 일어날 확률을 구하는 문제는 S나 A의 원소의 개수를 세는 문제가 된다. S나 A의 원소의 개수가 적거나 표현이 간단할 때는 모든 원소를 일일이 나열하며 세는 것이 가능하지만 대부분의 경우 이러한 방법은 불가능하거나 매우 비효율적이다. 따라서 원소의 개수를 세는 효율적인 방법을 알아보자.

이 절의 내용은 대부분 잘 알고 있다고 생각되나, 다시 한 번 정리한다는 마음으로 읽어 두자.

3.2.1 순서쌍에서의 곱법칙

표본공간 S의 원소가 순서쌍으로 되어 있을 때 S의 원소의 개수를 세는 방법을 알아보자. 순서쌍이라 함은 (a,b)와 (b,a)가 서로 다름을 의미한다. 예를 들어 A 지역에서 B 지역을 거쳐 C 지역으로 갈 때 가능한 교통수단을 S라 하면 $A \to B$ 는 버스, $B \to C$ 는 지하철에 해당하는 S의 원소는 (버스, 지하철)이 되며 이는 (지하철, 버스)와는 다른 것이다.

순서쌍에서 첫 번째 원소의 가짓수는 n_1이고, 두 번째 원소의 가짓수는 n_2이면 순서쌍의 총개수는 $n_1 \times n_2$가 될 것이다. 예를 들어 주사위를 두 번 연속해서 던졌을 때 얻을 수 있는 모든 순서쌍의 수는 $6 \times 6 = 36$이다.

주사위를 연속해서 5번 던졌을 때 나타나는 결과의 총가짓수는 얼마인가?라는 문제처럼 셋 이상의 원소들이 순서대로 나열되어 있을 때 이의 개수는 어떻게 셀까? 이는 순서쌍의 개수 세는 문제를 일반화한 것으로 다음과 같이 구할 수 있다.

기본셈법칙(Basic Counting Rule)

k개의 원소로 이루어진 순서쌍 집합 (k-tuples)에서 첫 번째 원소는 n_1 가지, 두 번째 원소는 n_2 가지,... k 번째 원소는 n_k 가지를 각각 선택을 할 수 있다면 가능한 순서쌍의 개수는 각 가짓수의 곱인 $n_1 n_2 \cdots n_k$이다.

예제 3.1 내과의와 신경외과의의 진료를 동시에 필요로 하는 환자가 있다. 이 환자가 살고 있는 지역에 두 종류의 의사를 모두 갖춘 병원은 두 군데뿐이고 각각에는 세 명의 내과의와 두 명의 신경외과의가 있다. 한 병원에서 두 가지 진료를 모두 마치고자 할 때 이 환자가 의사를 선택할 수 있는 방법은 총 몇 가지인가?

풀이 이와 같은 문제는 다음과 같이 나무 그림(tree diagram)을 그려보면 명확하다.

그림 3.1 나무그림

병원을 선택하는 방법 2가지, 각 병원에서 내과의를 선택하는 방법 3가지, 각 내과의에 신경외과의를 선택하는 방법은 2가지씩 있으므로 총 (2)(3)(2)=12가지 선택방법이 있는 셈이다. ■

위의 예제 3.1에서 병원을 따지지 않고 의사를 고른다면, 즉 내과의는 A 병원에서 그리고 신경외과의는 B 병원에서 고를 수 있다면 총 (6)(4)=24가지의 선택이 가능하며, 진료 받는 순서까지 고려한다면 24(2)=48가지의 선택 방법이 있다.

예제 3.2 4자리로 구성된 핀 번호(PINs)가 있다. 컴퓨터에 의해 핀 번호가 자동 할당된다면 몇 가지나 가능한가? 단 첫 자리는 0이 아니다. 또한 서로 다른 숫자로 구성된 핀 번호는 몇 가지인가?

풀이 첫 자리에 올 수 있는 숫자는 9가지, 두 번째, 세 번째, 네 번째는 각 10가지씩이므로 구하는 가지 수는 $9\times10\times10\times10=9000$가지. 네 숫자가 모두 다르다면 가능한 가지 수는 $9\times9\times8\times7=4536$이다. ■

3.2.2. 순열(permutation)과 조합(combination)

주사위를 연속해서 5번을 던진다면 매 회 $\{1,2,3,4,5,6\}$ 중의 하나가 나올 것이다. 이는 1에서 6까지 쓰여 있는 카드에서 한 장씩 뽑되, 일단 뽑아본 다음 숫자만 기록한 뒤 다시 제자리에 돌려놓고 다시 뽑기를 반복할 때 나오는 결과와 같다. 그러나 일단 뽑은 카드를 제자리에 되돌려 놓지 않는다면(without replacement) 가능한 모든 결과는 전자의 경우와는 다를 것이다.

세 문자 a,b,c로 만들 수 있는 순서를 생각한 서로 다른 배열은 몇 가지인가? 가능한 결과를 직접 나열해 보면 abc, acb, bac, bca, cab, cba의 6가지임을 알 수 있다. 이러한 각 배열을 **순열**(permutation)이라 한다. 3개의 원소를 갖는 집합의 가능한 순열은 6가지이다. 이는 순열의 첫 번째 대상은 3개 중 어느 것이나 가능하고 두 번째 대상은 나머지 두 개 중 하나를 택할 수 있으며 세 번째는 남은 하나를 택해야 하므로 이 들의 곱인 $3\times2\times1=6$가지가 된다.

일반적으로 서로 다른 n가지 대상으로 만들 수 있는 순열의 수는 다음과 같다.

$$n\times(n-1)\times\ldots\times3\times2\times1=n!$$

이때 $0!=1$이라 정의한다.

예제 3.3 한 학생이 10권의 책을 책꽂이에 배열하려고 한다. 이 중에는 통계학 책이 4권, 수학 책이 3권, 역사 책이 2권, 국어 책이 1권이다. 같은 과목의 책은 나란히 함께 배열하기를 원한다면 서로 다르게 배열할 수 있는 총가짓수는 몇 가지인가?

풀이 처음 통계학 책, 그 다음 수학 책, 역사 책, 국어 책 순서로 배열할 수 있는 방법의 수는 $4!\times3!\times2!\times1!$이다. 그리고 과목들의 순서를 생각하면 가능한 방법은 $4!$가지이다. 따라서 10권의 책을 배열할 수 있는 총가짓수는 $4!\times4!\times3!\times2!\times1=6912$이다. ■

예제 3.4 문자들 $PEPPER$을 사용하여 구성할 수 있는 서로 다른 문자 배열은 몇 가지인가?

풀이 3개의 P문자와 2개의 E문자가 서로 구별이 가능할 때 문자 $P_1E_1P_2P_3E_2R$의 순열은 $6!$개이다. 가능한 순열 안에서 P문자는 P문자끼리 E문자는 E문자끼리 교환하면 그 결과는 같다. 즉 $6!$ 중에 $3!\times2!$가지의 순열들은 모두 같다. 그러므로 문자들 $PEPPER$로 만들 수 있는 가능한 문자 배열은 $6!/(3!\times2!)=60$가지이다. ■

n개의 서로 다른 원소들이 있다. 이 중에서 k개를 선택하는 방법이 몇 가지나 있는가? 이때 선택된 k개의 순서까지 고려하면 **순열**(permutation)이라 하고 ${}_nP_k$로 쓰며 순서를 고려하지 않을 때는 **조합**(combination)이라 하고 ${}_nC_k$ 또는 $\binom{n}{k}$로 쓴다. n개의 원소를 가진 집합에서 k개의 서로 다른 원소를 택할 수 있는 방법의 수

를 결정해 보자. 예를 들어 5개의 문자 A, B, C, D, E로부터 서로 다른 세 개의 문자를 택하는 방법의 수는 얼마인가? 먼저 첫 번째 문자를 택하는 방법은 5가지이고, 두 번째 문자를 택하는 방법은 4가지이고, 마지막 세 번째 문자를 택하는 방법은 3가지이다. 배열순서가 다른 것은 다른 방법으로 본다면 모두 $5\times4\times3$가지의 방법이 있다. 그러나 A, B, C로 만들 수 있는 모든 순열은 3!=6가지이므로 나열 순서를 고려하지 않는다면 5문자에서 3문자를 뽑는 서로 다른 방법은 $\frac{5.4.3}{3!}=10$이다.

일반적으로 n개의 서로 다른 원소에서 k개를 선택하는 방법은 순서까지 고려한다면 ${}_nP_k=n(n-1)(n-2)\ldots(n-k+1)$이 되나, 순서를 고려하지 않는다면 이를 $k!$로 나누어야 하므로 ${}_nC_k={}_nP_k/k!$ 이다.

예 3.7 15명으로 구성된 야구팀에서 9명을 선발하여 9명의 타순을 정하려고 한다. 가능한 가짓수는 15명에서 9명을 골라 일렬로 늘어놓는 가짓수와 같으므로 구하는 답은 다음과 같다.

${}_{15}P_9=15\cdot14\cdots8\cdot7=1{,}816{,}214{,}400$가지이다.

다음이 성립한다.

(1) ${}_nP_k=n(n-1)(n-2)\cdots(n-k+1)=\frac{n!}{(n-k)!}$

(2) ${}_nC_k=\frac{{}_nP_k}{k!}=\frac{n!}{k!(n-k)!}$

(3) ${}_nC_0=1$

$(x+y)^n=\sum_{k=0}^{n}\binom{n}{k}x^k\,y^{n-k}$이다. 이를 이항 전개식이라 하고 $\binom{n}{k}$를 **이항계수**라고 부른다. 또한 다음을 다항전개식이라 하고 $\binom{n}{k_1,k_2,\cdots,k_r}$을 **다항계수**라고 부른다.

$$(x_1+x_2+\cdots+x_r)^n=\sum_{\substack{0\le k_1,k_2,\cdots k_r\le n\\ n=k_1+k_2+\cdots+k_r.}}\binom{n}{k_1,k_2,\cdots,k_r}x_1^{k_1}\,x_2^{k_2}\cdots\,x_r^{k_r}.$$

다항계수(multinomial coeffiecient)

n개의 서로 다른 원소를 크기가 각각 $k_1, k_2, \cdots, k_r$인 r가지의 서로 다른 그룹으로 나누는 가짓수는 다음과 같다(각 그룹이 서로 구별된다).

$$\binom{n}{k_1, k_2, \cdots, k_r} = \frac{n!}{k_1! k_2! \cdots k_r!}, \quad k_1 + k_2 + \cdots + k_r = n$$

위의 다항계수는 총 n개에서 먼저 k_1가지를 먼저 뽑고 나머지 $(n-k_1)$에서 k_2개 뽑고.... 를 반복하여 얻을 수 있다. 즉 다음이 성립한다.

$$\binom{n}{k_1, k_2, \cdots, k_r} = \binom{n}{k_1}\binom{n-k_1}{k_2}\binom{n-k_1-k_2}{k_3}\cdots\binom{n-k_1-\cdots-k_{r-1}}{k_r}$$

예제 3.5 20명의 학생으로 구성된 클래스가 있다. 20명을 5명씩 4팀으로 나누어 같은 과제(team project)를 주고자 한다. 나누는 방법은? 이때 과제가 서로 다르다면 몇 가지 방법으로 나눌 수 있는가?

풀이 20명을 5명씩 4팀으로 나누는 가짓수는 $\binom{20}{5,5,5,5}$이다. 이때 각 그룹은 서로 구별이 된다. 따라서 같은 과제를 부여한다면 팀을 구별할 필요가 없으므로 이를 다시 4! 로 나누어야 한다. 즉 구하는 가짓수는 $\binom{20}{5,5,5,5} \times \frac{1}{4!}$이다. 과제가 서로 다르다면 팀을 구별하게 되므로 $\binom{20}{5,5,5,5}$이 된다. ■

예제 3.6 12개의 IT 기업 중에서 3개의 기업에, 그리고 8개의 바이오관련 벤처 기업 중 2개의 기업에 각각 같은 금액을 나누어 투자하려고 한다. 몇 가지 방법이 있는가?

풀이 3개의 IT 기업을 선택하는 방법의 수는 $\binom{12}{3}$이고 2개의 바이오관련 벤처 기업을 선택하는 방법은 $\binom{8}{2}$ 이다. 따라서 투자처를 선택하는 총가짓수는 $\binom{12}{3}\binom{8}{2} = 6,160$이다. 이때 투자 금액이 서로 다르다면 총 투자 방법은 $6160 \times 5! = 739,200$가지가 된다. ■

예 3.8 로또 복권은 45개의 숫자 중에서 6개의 숫자를 선택한다. 당첨번호에는 6개의 숫자와 하나의 보너스 번호가 있다. 6개의 숫자가 모두 일치하면 1등, 6개 중 5개의 숫자가 일치하고 남은 번호가 보너스 번호와 일치하면 2등, 6개 중 5개의 숫자만 일치하면 3등이다. 이때 1등이 될 확률은 $1/\binom{45}{6} = 1/8,145,060$, 2등이 될 확률은 $1/1,357,510$, 3등이 될 확률은 $1/35,724$임을 확인해 보라.

3.3 확률의 정의와 성질

불확실한 사상이 일어날 가능성에 대한 수치적 측도로서의 확률은 고전적인 이론을 집대성한 라플라스(1749~1827)에 의한 정의로부터 근대 통계학의 주춧돌이라 할 수 있는 콜모고로프(1903~1987)의 공리적 정의로 발전되었다. 확률의 개념을 명확히 하기 위하여 여러 가지 확률의 정의에 대해 알아보자.

사상 A에 대하여 A가 일어날 확률을 $P(A)$로 나타내기로 하자. 한 개의 동전을 두 번 연속해서 던져 나오는 결과를 관찰할 때 모든 실현 결과는 $S=\{HH, HT, TH, TT\}$이며 S의 각 원소가 일어날 확률은 모두 같으므로

$$P(\{HH\}) = P(\{HT\}) = P(\{TH\}) = P(\{TT\}) = \frac{1}{4}$$

따라서 사상 A를 두 면이 같은 사상이라 하면 $A=\{HH, TT\}$이 되고 A가 일어날 확률을 $P(A)$로 나타내면 다음과 같다.

$$P(A) = \frac{n(A)}{n(S)} = \frac{2}{4} = \frac{1}{2}$$

이와 같이 표본공간 S가 유한인 $n(S)$개의 원소로 이루어져 있고, 각각의 근원사상이 일어날 확률이 같을 때 사상 A의 원소의 개수를 $n(A)$라 하면 사상 A가 일어날 확률 $P(A)=n(A)/n(S)$으로 정의된다. 이러한 정의는 라플라스에 의해 제시되었으며 이를 고전적 확률이라 부른다. 이러한 확률을 구하기 위해서는 3.2절에서 공부한 계수기법이 중요한 역할을 하겠다.

한편 각각의 근원사상이 동등한 확률로 일어난다는 것을 가정하기 어려운 경우는 어떠한가? 경우에 따라 동등하게 일어나는지의 여부를 객관적으로 판단하는 근거도 명확하지 않다. 생산 과정에서 불량품이 발생할 확률이나 어느 특정 지역의 출생아 중 남아가 태어날 확률 등이 그 예가 되겠다. 다음은 1965~1974년에 걸친 출생 성비에 관한 자료이다(미국자료).

년	남아 출생수	전체 출생수	남아출생비율
1965	1,927,054	3,760,358	0.51247
1965~1969	9,219,202	17,989,361	0.51248
1965~1974	17,857,857	34,832,051	0.51268

남아출생비율은 0.5 정도로 알고 있으나 위의 자료에 의하면 이보다 약간 높은 0.51 정도라 말할 수 있다. 이와 같이 통계적 조사나 동일 조건 아래서 통계적 실험을 반복하여 얻어진 상대도수를 이용하여 확률을 정의할 수 있다. 즉 n회 반복실험에서 A 사상이 k번 일어났다면 상대도수는 $r_n(A)=k/n$이다. 이때 $r_n(A)$는 n이 증가함에 따라 변하며, n이 충분히 크면 아래의 그림 3.2에서 보는 것과 같이 어떤 특정한 수에 가까워진다. 이때 이 극한값을 A가 일어날 확률 $P(A)$로 보는 것이다. 그러나 이 경우에도 극한의 개념이 들어가기 때문에 "극한의 존재성"이라는 쉽지 않은 문제가 제기 되고 더불어 반복 측정을 할 수 있는 경우에만 적용할 수 있다는 문제점이 있다.

위의 극한을 이용한 확률의 정의나 고전적 확률의 정의는 연속표본공간에서는 적용하기 어렵다. 예를 들어 (0, 1) 구간에서 임의의 한 점을 선택한다고 하자. (0, 1) 사이에는 셀 수 없는 만큼(비가산)의 점들이 있고 각 점은 선택될 확률이 모두 같다. 따라서 임의의 한 점이 선택될 확률은 0이 된다. 이는 위의 이산표본공간에서와 같은 방법으로 확률을 할당하는 것이 불가능함을 보여 준다. 반면 (0, 1/2) 위의 점이 선택될 확률은 1/2, (1/3, 1/2) 사이의 점이 선택될 확률은 1/6 등은 자연스럽게 얻어진다. 일반적으로 어느 영역 R 안의 모든 점에서 동등하게 일어나고 $A \subset R$일 때는 A가 일어날 확률은

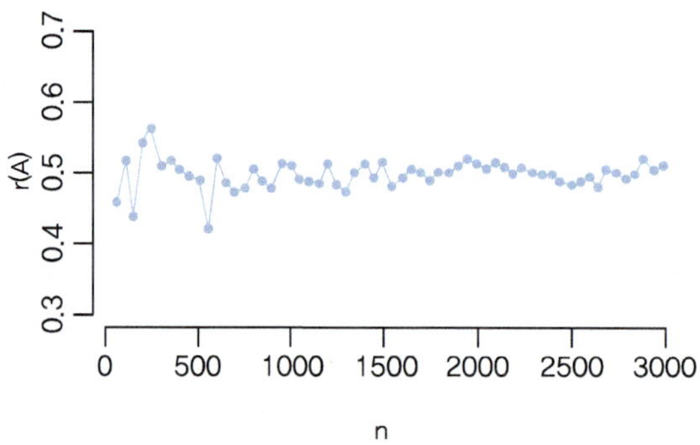

simulation을 이용한 앞면 나올 확률의 상대도수 추이

그림 3.2 상대도수의 변화

$$P(A) = \frac{m(A)}{m(R)}$$

와 같이 정의할 수 있으며 여기서 $m(A)$, $m(R)$은 각각 A와 R의 측도, 즉 길이, 면적, 체적 등을 가리킨다. 면적과 체적을 구하는 문제는 적분문제와 관련이 있으므로 확률을 구하는 문제가 적분과 관련됨을 짐작할 수 있다.

예제 3.7 중심으로부터 반경 5cm, 10cm, 20cm의 세 영역으로 구분된 다트판이 있다. 반경 5cm에서 10cm 사이를 맞출 확률은 얼마인가? 단 다트판의 각 점들은 맞출 확률이 모두 같다.

풀이 다트판 위의 점들은 맞출 확률이 모두 같으므로 어떤 영역 위의 점을 맞출 확률은 면적에 비례한다고 할 수 있다. 전체 면적은 $(20)^2\pi$이고 5cm에서 10cm 사이의 면적은 $(10)^2\pi - 5^2\pi = 75\pi$. 따라서 구하는 확률은 75/400이 된다. ■

만일 (0, 1) 사이의 각 점이 선택될 확률이 동일하지 않은 경우에는 어떻게 될까? 다음 예제를 보자.

예제 3.8 (0, 1) 사이에서 한 점을 선택하고자 한다. 이때 $(0, \frac{1}{4})$ 사이에 있는 점들은 서로 뽑힐 확률이 같고 또한 $(\frac{1}{4}, 1)$ 사이의 점들도 서로 뽑힐 확률이 같으나 $(0, \frac{1}{4})$에 있는 한 점은 $(\frac{1}{4}, 1)$에 있는 점에 비해 뽑힐 확률이 2배이다. 선택된 점이 $(\frac{1}{4}, \frac{1}{2})$ 사이에 있을 확률을 구하여라.

풀이 전체 확률이 1이어야 하므로 선택된 점이 $(0, \frac{1}{4})$에 있는 점일 확률은 0.4, $(\frac{1}{4}, 1)$ 사이의 점일 확률은 0.6이 된다. 따라서 구하는 확률은 $0.6 \times \frac{1}{3} = 0.2$이다. ■

위에서 제안된 여러 가지 확률의 정의를 이용하더라도 실제 문제에서 주어진 사상에 대한 확률을 일일이 구하는 것이 곤란한 경우가 있다. 또 관심의 대상이 개개의 사상에 대한 확률을 구하는 것보다는 사상과 사상 간의 확률의 상대적 관계를 찾는 데 있는 경우가 많다. 따라서 위의 여러 가지 확률의 정의를 다 포함할 수 있도록 확률의 기본 성질에서 적당한 것들을 뽑아 공리를 정하고, 그 밖의 성질들을 이 공리로부터 유도할 수 있게 하면 확률과 관련된 다양한 문제를 보다 쉽게 해결할 수 있다.

이러한 목적으로 콜모고로프(1933)에 의해 정의된 공리적 확률은 다음과 같다.

정의(공리적 확률)

표본공간 S와 그의 부분집합들로 이루어진 각각의 사상에서 정의된 실수값 함수 P가 아래의 세 가지 공리을 모두 만족하면 확률이라고 한다.

- 공리1: 임의의 사상 A에 대하여 $0 \le P(A) \le 1$
- 공리2: $P(S)=1$
- 공리3: $A_1, A_2, A_3, \cdots$가 서로 배반인 사상들의 열일 때

$$P(\bigcup_{i=1}^{\infty} A_i) = \sum_{i=1}^{\infty} P(A_i)$$

앞에서 설명한 고전적 확률이나 극한 또는 측도를 이용한 확률의 정의는 모두 위의 확률의 공리적 정의의 특수한 예가 됨을 쉽게 확인할 수 있다. 즉 $S=\{s_1, s_2, s_3, \cdots\}$인 이산표본공간에서 $p_i \geq 0$, $\sum p_i = 1$를 만족하는 실수열 $p_1, p_2, p_3, \cdots$에 대하여 $P(\{s_i\}) = p_i$, S의 부분집합 A에서 $P(A) = \sum_{\{i:\, s_i \in A\}} p_i$라 하면 이렇게 정의된 함수 P는 공리적 확률의 세 가지 공리를 모두 만족한다.

확률의 공리적 정의로부터 유도되는 확률의 여러 가지 성질을 정리하면 다음과 같다. 이는 우리가 가지고 있는 "가능성의 측도"로서의 상식적인 확률의 개념과 일치함을 볼 수 있다.

확률의 성질

(1) $P(\varnothing)=0$

(2) 서로 배반인 사상 $A_1, A_2, \cdots, A_n$에 대하여

$$P(A_1 \cup A_2 \cup \cdots \cup A_n) = P(A_1) + P(A_2) + \cdots + P(A_n)$$

(3) $P(A \cup B) = P(A) + P(B) - P(A \cap B)$

(4) $P(A^c) = 1 - P(A)$

(5) $A \subset B$이면 $P(A) \le P(B)$

먼저 $P(\varnothing)=0$이 됨을 증명하여 보자.

즉 $A_1 = S$, $A_2 = A_3 = \cdots = \varnothing$이라 두면 $A_1, A_2, \cdots$는 서로 배반사상이 되고 위의 공리3을 이용하면 $P(S) = P(S) + P(\varnothing) + P(\varnothing) + \cdots$이 된다. 이때 $P(S)=1$

이므로 $P(\varnothing)=0$이다.

또 $A_1, A_2, \cdots, A_n$이 서로 배반사상이면 $A_{n+1}=A_{n+2}=\cdots=\varnothing$라 두고 다시 공리3과 $P(\varnothing)=0$을 이용하면 다음을 얻는다.

$$P(A_1 \cup A_2 \cup \cdots \cup A_n) = P(A_1) + P(A_2) + \cdots + P(A_n)$$

(3)~(5)의 증명은 연습문제에서 해 보자.

예제 3.9 세 사상 A, B, C에 대하여 다음관계가 성립함을 벤다이어그램을 이용하여 설명해 보아라.

$$P(A \cup B \cup C) = P(A) + P(B) + P(C) - P(A \cap B) - P(B \cap C) - P(A \cap C) + P(A \cap B \cap C)$$

풀이

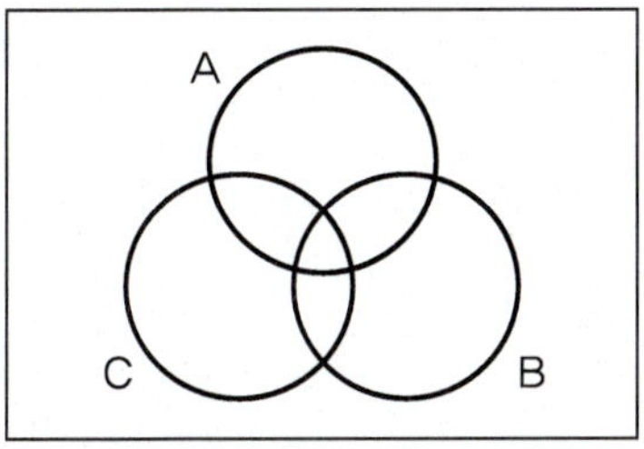

그림 3.3 벤다이어그램

위 그림에서 $P(A \cup B \cup C)$를 구하기 위해 먼저 $P(A), P(B), P(C)$를 더해 주면 $A \cap B$, $B \cap C, A \cap C$의 일부분이 두 번씩 계산되므로 각각의 확률을 빼주고 그러면 다시 $A \cap B \cap C$이 한 번도 계산되지 못하는 결과가 되므로 $P(A \cap B \cap C)$를 더해 주면 된다. ■

예제 3.10 10개의 제품 중에 4개의 불량품이 들어 있다. 이 중에서 3개를 임의로 꺼낼 때 적어도 1개의 불량품이 들어 있을 확률을 구하여라.

풀이 불량품이 하나도 들어 있지 않을 사상을 A라 하자. 10개에서 3개를 꺼내는 총가짓수는 $\binom{10}{3}$, 6개에서 3개를 꺼내는 총가짓수는 $\binom{6}{3}$이므로

$$P(A) = \frac{\binom{6}{3}}{\binom{10}{3}} = \frac{6 \times 5 \times 4}{10 \times 9 \times 8} = \frac{1}{6}$$

따라서 적어도 하나의 불량품이 들어 있을 확률은 다음과 같다.

$$P(A^c) = 1 - P(A) = 1 - \frac{1}{6} = \frac{5}{6}.$$ ■

예 3.9 6개 문항이 있는 ○, × 문제에서 각 문항마다 임의로 ○, ×를 선택한다면 3개 이상 맞을 확률을 여사상을 이용하여 구하여 보자. 3개 이상 맞는 사상을 A, 모두 틀리는 사상을 B, 1개만 맞는 사상을 C, 2개만 맞는 사상을 D라 하면, $A = S-(B \cup C \cup D)$이고 B, C, D는 서로 배반사상이며 $P(B) = 1/2^6$, $P(C) = \binom{6}{1}(1/2^6)$, $P(D) = \binom{6}{2}(1/2^6)$이므로 구하는 확률은 다음과 같다.

$$P(A) = 1 - (P(B) + P(C) + P(D)) = \frac{42}{64}$$

확률과 밀접한 관계가 있는 용어로 오즈(odds)가 있다. 이는 원래 도박에서 많이 쓰던 용어로 예를 들어 어떤 사건이 일어날 확률이 p이면 그 사건이 일어날 오즈는 p 대 $1-p$라고 말한다. 즉 사상 A에 대한 (호의적인)오즈는 다음과 같이 정의된다.

$$\text{사상 } A \text{의 오즈} = \frac{P(A)}{1-P(A)} \text{ 또는 } P(A) \text{ 대 } 1-P(A)$$

어떤 사상에 호의적인 오즈가 a대 b라면 이는 그 사상이 일어날 확률이 $\frac{a}{a+b}$라는 뜻이다.

3.4 조건부 확률과 사상의 독립

국민 건강검진 센터에서는 50세 이상의 여성은 1-2년에 한 번씩 유방암 검사를 할 것을 추천한다. 종양이 암이냐 아니냐를 결정하는 최선의 방법은 조직검사이나 이를 모든 여성에게 시술하기는 어렵다. 따라서 매모그램(mammogram)이라는 유방암검진용 X선 촬영을 하게 된다. 음성의 매모그램진단을 받은 환자 10만 명 중 20명이 2년 내에 암진단을 받았고 10명의 양성 매모그램 환자 중 1명이 2년 안에 유방암진단을 받았다. 매모그램이 유방암 진단의 스크리닝테스트(screening test)로서 효과가 있다고 말할 수 있는가? 양성 진단을 받은 사람이 음성 진단을 받은 사람에 비해 유방암에 걸릴 확률이 몇 배나 높은가?

위의 문제에서와 같이 한 사상이 일어났다는 조건의 유,무에 따라 다른 사상이 일어날 확률이 달라질 수 있다. 간단한 예를 들어보자. 두 개의 생산라인 I, II에서 만든 마이크로 칩 100개가 든 상자가 있다고 하자. 이들 칩의 일부는 불량품이고 각 칩마다 어느 생산라인에서 만든 제품인지가 표시되어 있다. 100개의 칩이 들어 있는 상자에서 칩을 하나씩 꺼내어 어느 라인에서 만든 것인지와 불량여부를 조사하여 다음과 같이 정리하였다.

불량/정상 \ 생산라인	I	II	계
불량품	15	5	20
정상품	45	35	80
계	60	40	100

A를 선택한 칩이 불량인 사상이라 하고 B를 라인 I에서 만들어진 사상이라 할 때 라인 I에서 만들어진 칩이 불량일 확률, 즉 B 조건 아래서 A가 일어날 확률은

$$\frac{n(A \cap B)}{n(B)} = \frac{15}{60} = \frac{1}{4}.$$

이는 B를 전체 집합으로 보았을 때 $A \cap B$가 일어날 확률과 같으며, 이를 다시 쓰면

$$\frac{n(A \cap B)}{n(B)} = \frac{n(A \cap B)/n(S)}{n(B)/n(S)} = \frac{P(A \cap B)}{P(B)}$$

이다. 즉 B 조건 아래서 A가 일어날 확률은 $P(A \cap B)$의 $P(B)$에 대한 비율과 같다.

이와 같은 확률을 B가 주어졌을 때의 A의 조건부 확률(conditional probability of A given B)이라고 하고 기호로는 $P(A|B)$로 나타낸다.

정의(조건부확률)

B 사상이 일어났다는 조건 아래서 A 사상이 일어날 **조건부확률** $P(A|B)$는 $P(B) > 0$ 일 때 다음과 같이 정의된다.

$$P(A|B) = \frac{P(A \cap B)}{P(B)}$$

예제 3.11 앞에서 언급한 음성의 매모그램 진단을 받은 환자 10만 명 중 20명이 2년 내에 암 진단을 받았고 10명의 양성 매모그램 환자 중 1명이 2년 안에 유방암 진단을 받았다. 유방암인 사상을 A, 매모그램 결과가 양성인 사상을 B라 할 때 양성결과일 때의 2년 내 암 발생 비율과 음성일 때의 암발생 비율, 그리고 양성 진단을 받은 사람이 음성 진단을 받은 사람에 비해 유방암에 걸릴 확률이 몇 배나 높은가?

풀이 매모그램 결과 양성일 때의 유방암 발생 비율은 $P(A|B) = 1/10 = 0.1$, 음성일 때의 유방암 발생 확률은 $P(A|B^c) = 20/100,000 = 0.0002$이다.

B 조건 아래서 A 사상의 **상대적 위험도**(relative risk of A given B)는 $P(A|B)/P(A|B^c)$ 와 같이 정의된다. 따라서 검사결과가 양성일 때에 유방암에 걸릴 상대적 위험도는

$$P(A|B)/P(A|B^c) = 0.1/0.0002 = 500$$

즉 검사결과 양성인 여성은 음성인 사람에 비해 2년 안에 유방암에 걸릴 확률이 500배에 달한다. 따라서 매모그램은 유방암 진단을 위한 스크리닝테스트로서 유용하다고 할 수 있다. ■

$P(A) > 0$, $P(B) > 0$이면 조건부 확률의 정의로부터 다음을 얻는다.

$$P(A \cap B) = P(A)P(B|A) = P(B)P(A|B)$$

위의 관계식을 확률의 **곱의 법칙**(multiplication rule)이라 하고 이는 세 개 이상의 사상에도 확장시킬 수 있다. 예를 들면 A, B, C 세 사상에 대하여 $P(A \cap B) > 0$이면

$$P(A \cap B \cap C) = P(A)P(B|A)P(C|A \cap B)$$

일반적으로 다음이 성립한다.

확률의 곱법칙

$$P(A_1 \cap A_2 \cap \cdots \cap A_n) = P(A_1)P(A_2|A_1) \cdots P(A_n|A_1 \cap A_2 \cap \cdots \cap A_{n-1})$$

예제 3.12 60명의 학생 중 5명을 임의로 뽑아 대표단을 만들기 위해 5개의 당첨 카드가 들어있는 60개의 카드 중에서 한 사람씩 차례로 뽑는다고 하자. 처음 두 사람은 대표단에 소속되고 세 번째 뽑은 사람은 들어가지 않을 확률을 구하여라.

풀이 S_1, S_2, F를 각각 첫 번째, 두 번째 사람이 대표단에 들어가고 세 번째 사람은

들어가지 않을 사상이라 하면 구하는 확률은

$$P(S_1 \cap S_2 \cap F) = P(S_1)P(S_2|S_1)P(F|S_1 \cap S_2) = \frac{5}{60} \times \frac{4}{59} \times \frac{55}{58} = \frac{55}{10266}$$ ■

위의 예제 3.11에서는 $P(S_2) = 5/60$, $P(S_2 \mid S_1) = 4/49$, $P(S_2|S_1^c) = 5/49$이다. 즉 S_2의 확률, S_1이 일어났을 때의 S_2의 확률, S_1이 일어나지 않았을 때의 S_2의 확률이 모두 다르다. 그러나 이와는 달리 사상 B가 일어났다는 조건이 사상 A가 일어날 확률에 전혀 영향을 주지 못할 때가 있다. 다음 예를 보자.

예제 3.13 한 개의 주사위를 연속해서 두 번 던질 때 처음 결과가 짝수인 사상을 A, 두 눈의 합이 짝수일 사상을 B라 할 때 $P(A|B)$, $P(B|A)$를 구하여라.

풀이 $P(A) = 1/2$, $P(B) = 1/2$이고

$$\begin{aligned} P(A \cap B) &= P\{(2,2),(2,4),(2,6),(4,2),(4,4),(4,6),(6,2),(6,4),(6,6)\} \\ &= \frac{9}{36} = \frac{1}{4}. \end{aligned}$$

따라서

$$P(A|B) = \frac{1/4}{1/2} = P(A), \qquad P(B|A) = \frac{1/4}{1/2} = P(B).$$ ■

위의 예제 3.13에서와 같이 $P(A|B) = P(A)$ 또는 $P(B|A) = P(B)$이 성립하는 경우가 있다. 이때 $P(A|B) = \dfrac{P(A \cap B)}{P(B)}$이므로 $P(A \cap B) = P(A)P(B)$가 된다.

두 사상 A, B에 대하여 $P(A \cap B) = P(A)P(B)$가 성립하면 A, B는 **서로 독립**(mutually independent)이라고 한다. 서로 독립이 아닌 두 사상은 **종속사상**(dependent events)이라고 한다.

A, B가 서로 독립이고 $P(A) > 0, P(B) > 0$이면 $P(A|B) = P(A)$, $P(B|A) = P(B)$임을 알 수 있다.

정의(두 사상의 독립)

사상 A와 사상 B에 대하여 다음 관계가 성립하면 A, B는 서로 독립(independent)인 사상이라 한다.

$$P(A \cap B) = P(A)P(B)$$

두 사상 A, B가 "서로 독립이다"와 "서로 배반사상이다" 사이에는 다음과 같은 관계가 있다. A, B가 배반사상이면서 동시에 독립인 사상이 되기 위해서는 다음이 성립해야 한다.

$$0 = P(A \cap B) = P(A)P(B)$$

따라서 A, B 중 적어도 한 사상에 대한 확률은 0이어야 한다. 그러므로 $P(A) > 0$, $P(B) > 0$일 때 A, B가 서로 독립이면 배반사상이 될 수 없고, 배반사상이면 독립인 사상이 될 수 없다.

또한 복원추출의 경우는 첫 번째와 두 번째 뽑히는 것이 서로 독립이 되고 비복원추출의 경우에는 독립이 아니다.

예제 3.14 한 개의 동전을 차례로 두 번 던져 A를 첫 번째가 앞 면, B를 두 번째가 앞 면, C를 두 면이 모두 같은 사상을 나타낸다고 하자. 이때 $P(A \cap B)$, $P(B \cap C)$, $P(A \cap C)$와 $P(A \cap B \cap C)$를 구하여라.

풀이 표본공간 $S = \{HH, HT, TH, TT\}$라 하면 $A = \{HT, HH\}$, $B = \{TH, HH\}$, $C = \{HH, TT\}$이고 $A \cap B = B \cap C = A \cap C = A \cap B \cap C = \{HH\}$므로

$$P(A \cap B) = P(B \cap C) = P(A \cap C) = P(A \cap B \cap C) = 1/4$$ ■

위의 예 3.14에서 $P(A \cap B) = 1/4$이고 $P(A) = P(B) = 1/2$이므로 $P(A \cap B) = P(A)P(B)$. 즉 A, B는 서로 독립인 사상이다. 마찬가지로 B와 C, A와 C도 서로 독립이다. 그러나

$$P((A \cap B) \cap C) = 1/4 \neq 1/4 \times 1/2 = P(A \cap B)P(C)$$

이와 같이 세 사상 A, B, C 중 어느 두 사상을 택하여도 서로 독립이다 라는 사실이 $A \cap B$, C의 독립성을 보장하지는 못한다. 마찬가지로 $P(A \cap B \cap C) = P(A)P(B)P(C)$가 성립한다는 사실이 $P(A \cap B) = P(A)P(B)$를 보장하지 못한다. 따라서 세 개 이상의 사상에 대한 독립성은 다음과 같이 정의한다.

$A_1, A_2, \cdots, A_n$ $(n \geq 3)$ 세 개 이상의 사상이 다음 관계를 모두 만족할 때 독립이라고 한다.

(1) $P(A_{i_1} \cap A_{i_2}) = P(A_{i_1})P(A_{i_2})$, $\qquad 1 \leq i_1 < i_2 \leq n$

(2) $P(A_{i_1} \cap A_{i_2} \cap A_{i_3}) = P(A_{i_1})P(A_{i_2})P(A_{i_3}), \quad 1 \le i_1 < i_2 < i_3 \le n$

$\vdots$

(3) $P(A_1 \cap A_2 \cap \cdots \cap A_n) = P(A_1)P(A_2) \cdots P(A_n)$

이를 다음과 같이 간단히 기술할 수 있다.

정의 (세 개 이상의 사상의 독립)

$A_1, A_2, \cdots, A_n$이 다음 조건을 만족하면 서로 독립(mutually independent)이라고 한다. 임의의 k, $1 \leqq k \leqq n$, $\{i_1, i_2, \cdots, i_k\} \subset \{1, 2, \cdots, n\}$에 대해서 다음이 성립한다.

$$P(A_{i_1} \cap A_{i_2} \cap \cdots \cap A_{i_k}) = P(A_{i_1})P(A_{i_2}) \cdots P(A_{i_k})$$

사상 $B_1, B_2, \cdots, B_n$에서 $B_i \cap B_j = \varnothing\ (i \neq j)$이고 $B_1 \cup B_2 \cup \cdots \cup B_n = S$ 이면 $B_1, B_2, \cdots, B_n$을 S의 분할(partition)이라고 한다. 또한 $B_1, B_2, \cdots, B_n$이 표본공간 S의 분할이면 임의의 사상 A에 대하여 $A \cap B_1$, $A \cap B_2, \cdots, A \cap B_n$ 은 A의 분할이 된다. 따라서 $P(B_i) > 0\ (i = 1, 2, \cdots, n)$이면 다음이 성립한다.

$$\begin{aligned} P(A) &= P[(A \cap B_1) \cup (A \cap B_2) \cup \cdots \cup (A \cap B_n)] \\ &= P(A \cap B_1) + P(A \cap B_2) + \cdots + P(A \cap B_n) \\ &= P(B_1)P(A|B_1) + P(B_2)P(A|B_2) + \cdots + P(B_n)P(A|B_n) \end{aligned}$$

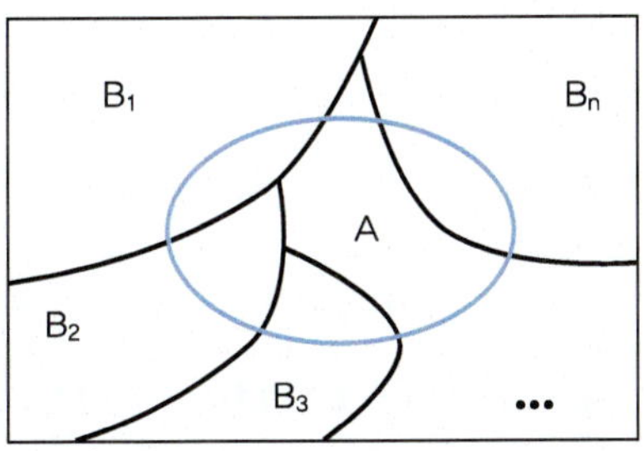

그림 3.4 S의 분할 $\{B_i\}$에 의한 A의 분할

총확률(total probability)

$B_1, B_2, \cdots, B_n$이 S의 분할이고 $P(B_i) > 0 (i = 1, 2, \cdots, n)$이면 다음이 성립한다.

$$P(A) = \sum_{i=1}^{n} P(A \cap B_i) = \sum_{i=1}^{n} P(B_i)P(A|B_i)$$

예 3.10 위의 예제 3.11에서 여성의 약 7%가 양성 매모그램 결과가 나온다면 여성의 몇 %가 2년 내에 유방암에 걸리게 되나? 이는 위의 총활률공식을 사용하여 구할 수 있다.

$$\begin{aligned} P(A) &= P(B)P(A|B) + P(B^c)P(A|B^c) \\ &= 0.1 \times 0.07 + 0.0002 \times 0.93 = 0.00719 \end{aligned}$$

따라서 위 결과를 종합하면 임의의 여성이 유방암에 걸릴 확률은 0.00719, 양성 매모그램 여성의 경우는 0.1, 음성 매모그램 여성은 0.0002가 된다.

예제 3.15 혈액검사가 어느 질병에 걸려 있을 때 이를 발견하는 데 95%의 효과가 있다고 하자. 그러나 이 검사는 건강한 사람에게도 약 1% 정도의 잘못된 양성 반응을 보인다. 만일 인구의 0.5%가 실제로 이 질병에 걸려 있다면, 검사 결과가 양성인 사람이 실제로 이 질병에 걸려 있을 확률은 얼마일까?

풀이 D를 검사 받은 사람이 질병에 걸려 있는 사건, E를 검사 결과가 양성인 사건이라 하면 구하는 확률은 $P(D|E)$가 된다. 여기서 D^c는 D의 여집합, 즉 검사받은 사람이 질병에 걸려 있지 않은 사건이라 하면 주어진 확률은 다음과 같다.

$$P(D) = 0.005$$

$$P(D^c) = 1 - P(D) = 0.995$$

$$P(E|D) = 0.95$$

$$P(E|D^c) = 0.01$$

그런데 $P(D \mid E)$는 조건부 확률의 정의에 의해 $P(D \cap E)/P(E)$이 되나 분자, 분모에 바로 값을 대입할 수 없는 상황이므로 다음과 같이 변형하여 보자.

(1) $P(D \cap E) = P(E|D)P(D)$

(2) $P(E) = P(E \cap D) + P(E \cap D^c) = P(D)P(E|D) + P(D^c)P(E|D^c)$

따라서 다음이 성립한다.

$$\begin{aligned} P(D|E) &= \frac{P(D \cap E)}{P(E)} \\ &= \frac{P(D)P(E \mid D)}{P(D)P(E|D) + P(D^c)P(E|D^c)} \end{aligned}$$

따라서 구하는 확률은

$$P(D|E) = \frac{0.95(0.005)}{0.95(0.005)+0.01(0.995)}$$
$$= 0.323$$

이다. ■

위와 같은 형태의 식을 **베이즈 공식**(Bayes' Rule)이라 부른다. 이는 D 또는 D^c가 주어진 상태에서의 E의 조건부 확률을 쉽게 구할 수 있으면 이를 이용하여 E가 주어졌을 때의 D의 조건부 확률을 구하는 데 유용하다.

베이즈 공식

사상 $B_1, B_2, \cdots, B_n$ 이 표본공간 S의 분할이고 $P(B_i)>0,\ P(A)>0$이면

$$P(B_k|A) = \frac{P(B_k)P(A|B_k)}{\sum_{i=1}^{n} P(B_i)P(A|B_i)},\quad k=1,\ 2,\ 3,\ \cdots, n$$

베이즈 공식에서 $B_1, B_2, \cdots, B_n$을 n가지의 원인이라고 할 때 $P(B_1),\ P(B_2),\ \cdots,\ P(B_n)$은 각 원인이 일어날 확률로 **사전확률**(prior probability)이라고 하고 $P(B_i|A)$은 A가 관측된 후 그 원인이 B_i에 있을 가능성을 나타낸 값으로 **사후확률**(posterior probability)이라 부른다.

위의 예제 3.14에서 구한 확률은 양성반응을 보인 사람의 약 32%만이 실제 질병을 가지고 있다는 것을 의미한다. 혈액검사에 대해서 어느 정도 믿음을 갖고 있는 사람들은 이 수치가 훨씬 높으리라 기대했을 것이다. 이 결과를 다음과 같이 생각해 보자. 실제로 전체 인구의 0.5%가 질병에 걸려 있으므로 1000명을 임의로 뽑아 검사한다면 평균 5명이 질병에 걸려 있을 것이다. 질병에 걸려 있는 사람의 95%가 양성반응을 보이므로 질병에 걸린 5명 중에서 $(0.95)(5)=4.75$명이 양성반응을 보일 것이다. 한편 건강한 995명 중에 양성반응을 보이는 사람수는 $(995)(0.01)=9.95$이다. 즉 이 검사에 의해 질병에 걸렸다고 판단되는 사람 중에는 9.95명의 건강한 사람이 들어 있다. 그러므로 양성반응을 얻은 사람 중에 실제 질병에 걸려 있는 사람의 비율은 다음과 같다.

$$\frac{4.75}{4.75+9.95}=\frac{475}{1470}$$
$$=0.323$$

보험기간 중에 교통사고를 일으키거나 교통법규를 위반하여 벌점이 올라가면 다음 해의 보험료가 올라가게 된다. 왜냐하면 교통사고를 일으킬 확률이 그만큼 높아지기 때문이다. 다음 예제는 이를 베이즈 공식을 이용하여 보여 준다.

예제 3.16 ○○ 자동차 보험회사는 나이나 성별, 과거의 기록 등을 참고하여 가입자를 사고 성향이 높은 그룹과 그렇지 않은 두 그룹으로 분류한다. 사고성향이 높은 그룹에 들어가는 가입자가 1년 동안 사고를 일으킬 확률은 0.02, 사고 성향이 아닌 그룹에 들어가는 가입자가 1년 동안 사고를 일으킬 확률은 0.005이다. 전체 대상자의 20%가 사고 성향으로 분류된다고 할 때 다음을 구하여라.

(1) 새로운 가입자가 가입한 첫 번째 해에 사고를 일으킬 확률
(2) 첫 번째 해에 사고를 일으킨 가입자가 두 번째 해에 다시 사고를 일으킬 확률

풀이 가입자가 사고 성향에 속하는 사상을 E, 그렇지 않을 사상을 E^c이라 두고 가입 첫해에 사고를 일으키는 사상을 A_1이라 두면 다음이 성립한다.

(1) $P(A_1)=P(E)P(A_1|E)+P(E^c)P(A_1|E^c)$
$\quad = 0.2(0.02)+0.8(0.005)=0.008$

(2) 두 번째 해에 사고를 일으키는 사상을 A_2라 두면 구하는 확률은 $P(A_2|A_1)$이 된다.

조건부 확률의 정의를 이용하면 다음 관계를 얻는다.

$$P(A_2|A_1)=\frac{P(A_1\cap A_2)}{P(A_1)}$$

$$\begin{aligned}P(A_1\cap A_2)&=P(E)P(A_1\cap A_2|E)+P(E^c)P(A_1\cap A_2|E^c)\\&=P(E)P(A_1|E)P(A_2|A_1\cap E)+P(E^c)P(A_1|E^c)P(A_2|A_1\cap E^c)\\&=0.2(0.02)(0.02)+0.8(0.005)(0.005)=0.0001\end{aligned}$$

따라서 구하는 답은 다음과 같다.

$$P(A_2|A_1)=\frac{P(A_1\cap A_2)}{P(A_1)}=\frac{0.0001}{0.008}=0.0125$$

첫 번째 해에 사고를 일으킨 가입자가 사고 성향에 드는 사람일 확률 $P(E|A_1)=0.5$가 되고 이를 이용하여 $P(A_2|A_1)=0.5(0.02)+0.5(0.005)=0.0125$와 같이 구할 수도 있다. ■

예제 3.17 I_1, I_2, I_3 각 기종에 의해 생산되는 제품의 양은 각각 전 생산량의 50%, 30%, 20%이고 I_1, I_2, I_3 세 기종에 의해 만들어진 제품의 불량률은 각각 1%, 2%, 3%이라고 한다. 임의의 한 불량품이 I_1 기종에서 만들어졌을 확률을 구하여라.

풀이 B_1, B_2, B_3을 각각 I_1, I_2, I_3에 의해 만들어지는 사상이라 하고 A를 불량품일 사상이라 하면 구하는 확률은 $P(B_1|A)$이 된다. 베이즈 정리에 의해 다음을 얻는다.

$$P(B_1|A)=\frac{P(B_1)P(A|B_1)}{\sum_{i=1}^{3}P(B_i)P(A|B_i)}$$

$$=\frac{0.5\times 0.01}{0.5\times 0.01\times 0.3\times 0.02+0.2\times 0.03}$$

$$=\frac{0.005}{0.017}=\frac{5}{17}$$

■

연습문제

3.1 등식 $(A \cup B)^c = A^c \cap B^c$이 성립함을 벤다이어그램을 이용하여 보여라.

3.2 $(x+y+z)^5$을 전개하여라.

3.3 STATISTICS로 만들 수 있는 서로 다른 문자배열은 몇 가지인가?

3.4 한국인 4명, 미국인 3명, 중국인 5명을 일렬로 앉히려고 한다. 만약 같은 나라 사람끼리 서로 옆자리에 앉도록 좌석을 배치하려고 한다면 좌석을 배치하는 방법에는 총 몇 가지가 있는가?

3.5 8명의 친구가 있는 사람이 있다. 이 사람이 친구 8명 중 5명을 자기 생일잔치에 초대하고자 한다. 8명의 친구 중 2명은 사이가 좋지 않아 함께 오지 않는다면 초대할 수 있는 방법은 몇 가지인가? 또한 8명의 친구 중 2명의 친구가 항상 붙어 다닌다면 초대할 수 있는 방법은 몇 가지인가?

3.6 김씨네와 이씨네는 모두 딸이 두 명, 아들이 한 명 있다. 어느 날 이씨 부인은 여섯 명의 아이들 중에서 두 명에게 선물을 주기 위하여 아이들 이름을 각각 종이에 쓰고 바구니에 넣은 후 임의로 두 개를 뽑았다.

(1) 상을 받을 두 명의 아이가 같은 집안에서 나올 확률은?

(2) 두 명이 모두 여자 아이일 확률은?

3.7 어떤 시험에서 학생들은 10문제 중 7문제를 선택하여 풀도록 되어 있다.

(1) 학생이 선택할 수 있는 방법은 몇 가지인가?

(2) 만일 처음 5문제 중에서 적어도 3문제를 풀어야 한다면 학생이 선택할 수 있는 방법은 몇 가지인가?

3.8 n개의 동전을 r $(n \geq r)$명의 친구에게 나누어 주고자 한다.

(1) 1인당 적어도 한 개 이상씩 나누어주는 방법은 몇 가지인가?

(2) 하나도 갖지 못하는 경우도 있을 때 나누는 총가짓수는?

3.9 $A \subset B$ 이면 $P(A) \leq P(B)$임을 증명하여라.
또한 $P(A \cup B) = P(A) + P(B) - P(A \cap B)$임을 증명하여라.

3.10 $P(A \cap B) = 0.3$, $P(B) = 0.6$이라 할 때 $P(A|B)$를 구하여라.

$P(A)=0.5$이면 A와 B는 독립사상인가?

3.11 A와 B가 서로 독립사상일 때 A와 B^c 그리고 A^c와 B^c 도 서로 독립인 사상이 됨을 증명하여라.

3.12 A와 B는 서로 독립사상이고 B와 C는 서로 배반사상이고 $P(A)=0.5$, $P(B)=0.3$, $P(C)=0.1$일 때 다음을 구하여라.

(1) B 또는 C가 일어날 확률

(2) A와 B 중 적어도 하나가 일어날 확률

(3) B가 일어나지 않을 확률

(4) 3개의 사상이 모두 일어날 확률

3.13 세 개의 단자가 병렬로 연결된 전기 회로가 있다. 각 단자는 서로 독립적이며 각 단자가 열려 있을 확률은 0.01이라면 이 회로에 전류를 흘려보냈을 때 전류가 흐를 확률은? 만일 직렬로 연결되었다면 어떠한가?

3.14 현준이와 현미는 두 개의 주사위를 번갈아 던지는 놀이를 하고 있다. 눈의 합이 처음으로 7 이상 나오는 사람이 이긴다고 하자. 이 놀이에서 이기기 위해서는 처음에 던진 사람이 유리한가를 확률을 계산하여 판단하여라.

3.15 한 실험실에서 쥐들에게 적당한 양의 자극제를 주사했을 때 60%가 공격적 행동을 했다. 실험자는 3마리의 쥐에게 차례로 자극제를 주사하고 각 경우마다 공격적인 행동이 나타나는지의 여부를 관찰하려고 한다. 각 쥐의 행동은 서로 독립적이라고 가정하자.

(1) 이 실험의 표본공간을 모두 찾아라.

(2) 각 근원사상에 대한 확률은 얼마인가?

(3) 두 마리 이상의 쥐가 공격적인 행동을 보일 확률을 구하여라.

(4) 정확히 두 마리의 쥐가 공격적인 행동을 보일 확률을 구하여라.

3.16 어떤 핵발전소에 있는 방사능 누출 방지 기계의 고장률은 0.002이다. 이 발전소에서는 더욱 안전을 기하기 위해 이 기계의 고장을 감지해 낼뿐만 아니라 비상 시에 방사능 누출을 완전히 정지시키는 특별 감지 기계를 고안했다. 이 특별 감지 기계의 고장률은 0.03이다. 이 발전소에서 방사능 누출 위험의 확률을 계산하여라.

3.17 보험회사는 사람들을 사고 위험률이 낮은 사람, 보통인 사람, 높은 사람의 세 부류로 나누는데 이들이 차지하는 비율은 각각 20%, 50%, 30%이다. 또한,

그들의 자료에 의하면 각 부류의 사람들이 1년 동안 사고를 낼 확률은 각각 0.05, 0.15, 0.30이다. 한 보험 가입자가 1년 동안 사고를 일으키지 않았다면, 그가 사고 위험률이 낮은 그룹에 속하는 사람일 확률을 구하여라.

3.18 한 쌍의 공정한 주사위를 던지는 시행을 독립적으로 실시한다. 이때 실험의 결과는 두 주사위의 눈의 합이라 하자. 7의 결과가 나타나기 전에 5의 결과가 먼저 나타날 확률은 구하여라.

3.19 60세의 비흡연 남성 환자가 만성기침과 종종 나타나는 무호흡증 증상으로 병원을 찾았다. 이 경우 환자는 정상이거나, 폐암 또는 사르코이도시스(유육종증, 림프절, 폐, 뼈, 피부에 육종같은 것이 생김)일 수 있으며 이는 폐조직검사를 통하여 확진할 수 있다. 사상 A를 증상이 있다라 하고 B_1 = 정상상태, B_2 = 폐암 , B_3 = 사르코이도시스를 나타낸다고 하자. 60세 남성에서 다음 분포를 얻었다.

$$P(B_1) = 0.99, P(B_2) = 0.001, P(B_3) = 0.009,$$
$$P(A|B_1) = 0.001,\ P(A|B_2) = 0.9,\ P(A|B_3) = 0.9$$

이때 증상이 있는 남성이 정상일 확률을 구하여라. 폐암에 걸렸을 확률은 얼마인가?

3.20 밤길 교통사고가 발생하였다. 다행히 목격자가 나타나 사고 차량은 흰색이라 진술하였다. 하지만 흰색이 아닌 회색일 가능성이 제기되었고 같은 조건 아래에서 정상 시력을 갖은 사람이 회색 차량을 흰색으로 잘못 판단할 확률이 20%이고 흰색과 회색 차량의 비율이 85 : 15 라면 목격자가 차량색깔을 제대로 판단했을 가능성은 얼마나 될까? (단, 흰색 차는 흰색이라 판단한다.)

CHAPTER 04

이산확률변수와 확률분포

3장에서는 통계적 실험이나 조사를 통하여 얻을 수 있는 결과들의 모임인 표본공간과 그의 부분집합에 확률을 정의하였다. 예를 들어 두 개의 주사위를 던져서 나온 눈의 합이 7이 되면 이기는 게임을 한다고 하자. 두 주사위를 던져 나온 결과를 S라 할 때 $S = \{(1,1),(1,2),\cdots(6,5),(6,6)\}$으로 모두 36개의 원소로 이루어졌다. 우리가 관심 있는 것은 2, 3, ⋯, 12인 두 눈의 합이다. 따라서 S의 각 원소가 갖는 확률값 1/36 보다는 두 눈의 합인 2, 3, ⋯, 12 각각이 갖는 확률값에 더 관심을 갖게 된다. 즉 합이 2일 확률은 1/36, 합이 3일 확률은 2/36, ⋯ 합이 7일 확률은 1/6, ⋯ 합이 12일 확률은 1/36 등이다. 현 정권의 경제정책에 대해 의견을 묻는다고 하자. 결과를 {강력히 지지, 지지, 무관심, 반대, 강력히 반대} 등 다섯 가지에서 하나를 선택하도록 한다면 주어진 다섯 가지가 표본공간을 이룬다. 이 경우에 다섯 가지 결과에 각각 1, 2, ⋯, 5의 값을 대응시킨다면 우리는 얻은 결과를 실수를 이용하여 나타낼 수 있게 되고 이는 여러 측면에서 다루거나 표현하기 쉽게 된다. 4장에서는 시행의 결과 얻은 표본공간을 우리의 관심에 따라 적절한 실수의 부분집합으로 옮겨 놓는 함수에 관하여 알아보고자 한다. 이산확률변수와 확률분포, 확률질량함수, 분포함수 등을 정의 하고 기댓값과 분산의 정의와 의미 등을 알아본다. 또한, 이산확률분포 중에서 우리 주위에서 흔히 접하게 되고 동시에 통계이론을 전개해 나가는데 빈번히 등장하는 대표적인 분포인 베르누이 분포, 이항분포, 초기하분포, 기하분포, 포아송 분포 등에 대해서 알아본다.

4.1 확률변수와 확률분포

통계적 조사나 실험을 통하여 얻어진 자료들은 키, 몸무게, 콜레스테롤 수치 또는 제품의 생산량, 매출액 등과 같이 정량적인(quantitative) 값을 갖는 경우도 있지만, 특정정책에 대한 선호도를 {좋다, 그저 그렇다, 싫다, 모르겠다} 중에서 하나를 선택해 나타내거나 뒷면을 얻을 때까지 동전을 계속해서 던지는 실험에서의 결과가 $\{T,\ HT,\ HTT,\ HHHT,\ \cdots\}$ 이 되는 것과 같이 정성적(qualitative)인 경우도 있다.

표본공간이 정성적인 경우에는 어떤 사상에 대한 확률을 계산한다든가 할 때에 사상을 나타내는 표현 방법이 매우 복잡하거나 때로는 불가능하기도 하다. 또한 확률과 관련된 문제를 각각의 표본공간에서 개별적으로 다루지 않고 확률을 포함한 표본공간이 갖고 있는 모든 정보를 실수 위로 옮겨놓고 주어진 문제를 실수 위에서 해결하면 공통적인 접근방법을 이용할 수 있을 것이다. 따라서 아래의 예에서와 같이 표본공간의 각 원소를 실수값에 대응시키고 표본공간의 각 원소가 갖고 있는 확률값을 대응되는 실수에 주는 방법을 생각해 보자.

예 4.1 2개의 동전을 던져서 얻은 결과는 $\{HH,\ HT,\ TH,\ TT\}$ 이다.

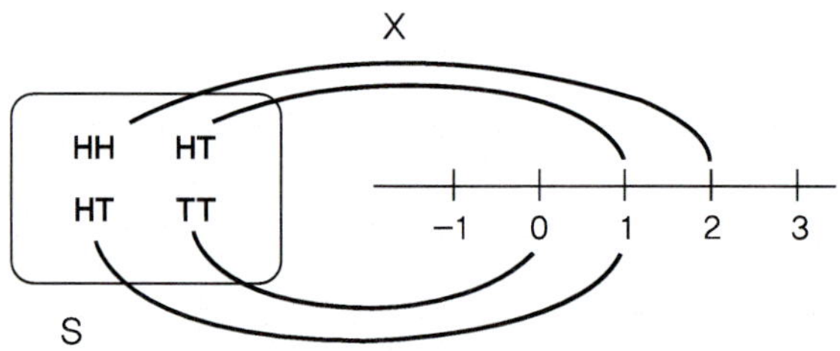

그림 4.1 확률변수

그림 4.1과 같이 $X(\{HH\})=2$, $X(\{HT\})=X(\{TH\})=1$, $X(\{TT\})=0$ 라 두면 함수 X는 2개의 동전을 던졌을 때의 앞면의 수를 나타낸다고 할 수 있으며 $X=0$, $X=2$일 확률은 각각 1/4이 되고 $X=1$일 확률은 1/2이 된다.

또 같은 표본공간에서 $Y(\{HT\})=Y(\{TH\})=0$, $Y(\{HH\})=Y(\{TT\})=1$로 정의하면 함수 Y는 2개의 동전을 던졌을 때 두 면이 같으면 1, 다르면 0으로 표현한 것이 되며 $Y=0$, $Y=1$이 될 확률은 각각 1/2이 된다.

위의 X, Y 는 각각 표본공간 S 를 정의구역으로 하는 실수값 함수이며 S 위의 확률을 실수 위의 확률로 대응시켜 준다. 이와 같이 표본공간 S를 정의구역으로 하는 실수값 함수 X 또는 Y를 **확률변수**(random variable)라고 한다. 즉 확률변수 X는 $X: S \to R$ 인 함수이다. 같은 표본공간이라 하더라도 어떠한 확률변수를 택하느냐에 따라 실수 위에서의 확률이 달라지며 목적에 따라 적당한 확률변수를 정의한다.

예 4.2 각 면에 1, 2, 3, 4라고 쓰인 정사면체를 두 번 던져 나온 수를 기록하면 다음과 같다.

$$\begin{aligned} S &= \{(1,1),(1,2),(1,3),(1,4),(2,1),\cdots,(4,4)\} \\ &= \{(x,y) \mid x, y = 1,2,3,4\} \end{aligned}$$

이때 $X = x+y$, $Y = \max(x,y)$라 하면 X가 갖는 값은 $2,3,\cdots,7,8$이 되고 Y가 갖는 값은 $1,2,3,4$가 된다.

일반적으로 확률변수는 X, Y, Z 등의 문자를 사용하여 나타내고 확률변수가 갖는 값은 x, y, a, b 등의 알파벳 소문자를 사용하여 나타낸다. 또 실수의 부분집합 A에 대하여 $P(\{s \in S \mid X(s) \in A\})$를 간단히 $P(X \in A)$로 나타낸다. 위의 예 4.1에서 $X=1$일 확률은 $P(\{s \in S \mid X(s)=1\})$을 의미하며 이는 간단히 $P(X=1)$로 쓰고 $P(X=1) = P(\{HT, TH\}) = 1/2$이 된다.

표본공간 S 위에서 확률변수 X가 정의되면 임의의 실수 a, b에 대하여 $P(a < X \leq b)$ 또는 $P(X=a)$ 등을 계산할 수 있으며 따라서 실수의 부분집합 A에 확률$P(X \in A)$ 를 대응시킬 수 있다. 이러한 대응관계를 확률변수 X의 **확률분포**(probability distribution) 또는 간단히 **분포**(distribution)라고 한다.

정의(확률변수와 확률분포)
표본공간 위에서 정의된 실수값 함수 X를 확률변수라 하며 실수의 부분집합 A에 대해 확률 $P(X \in A)$를 대응시키는 관계를 확률변수 X의 확률분포라고 한다.

예 4.3 세 개의 동전을 던졌을 때 얻는 앞면의 개수를 X 라 할 때 $x=0,\ 1,\ 2,\ 3$에서의 $P(X=x)$값을 구하면 다음과 같다.

표본공간 $S = \{HHH, HHT, HTH, THH, TTH, THT, HTT, TTT\}$이고

$$\{X=0\} = \{TTT\},\ \{X=1\} = \{HTT, THT, TTH\}.$$
$$\{X=2\} = \{HHT, HTH, THH\},\ \{X=3\} = \{HHH\}.$$

따라서 $P(X=0)=P(X=3)=1/8$, $P(X=1)=P(X=2)=3/8$이다.

예 4.4 위의 예 4.2에서 X가 갖는 각각의 값 2, 3, 4, 5, 6, 7, 8에서 확률을 구하면 다음과 같다.

$$P(X=2)=P(X=8)=\frac{1}{16}$$

$$P(X=3)=P(X=7)=\frac{2}{16}$$

$$P(X=4)=P(X=6)=\frac{3}{16}$$

$$P(X=5)=\frac{4}{16}$$

예 4.5 전구의 수명에 대해 조사한다고 하자. 수명은 양의 값을 가지므로 표본공간은 $S=\{x \in R \mid x \geq 0\}$으로 둘 수 있다. 이때 확률변수 $X: S \to R$은 표본공간 $S=R^+$ 이므로 항등함수 $X(x)=x$로 정의하면 확률변수가 된다. 이 경우에는 $X=x$ 가 될 확률 $P(X=x)$ 값은 0으로 보는 것이 타당하다. $0<a<b$인 임의의 a, b에 대하여 $P((a,b))$인 확률을 생각할 수 있다.

예 4.6 은행에 가서 서비스를 받을 때까지 기다리는 시간을 X라 하자. 운이 좋으면 기다리는 시간 없이 바로 서비스를 받을 수 있으므로 $P(X=0)>0$로 가정할 수 있다. 또한 $x>0$인 실수 x에 대하여 $P(X=x)=0$이라 가정할 수 있다.

위 예들에서 본 바와 같이 확률변수가 취하는 값(치역)은 이산값일 수도 있고 연속값을 갖기도 한다. 확률변수가 갖는 값이 이산값, 즉 하나, 둘, 셋, … 셀 수 있는 유한개이거나 가산 무한개(countably infinite)로 이루어졌을 때 이러한 확률변수를 **이산확률변수(discrete random variable)**라고 부른다. X가 가산개의 값을 갖느냐 비가산개의 값을 갖느냐에 따라 확률과 관련된 문제를 다루는 방법에 차이가 있으므로 이 두 경우를 분리하여 소개하고자 한다. 4장에서는 가산개의 값을 갖는 확률변수를 다루고자 한다. 연속확률변수와 관련된 문제는 5장에서 자세히 다루도록 한다.

X가 이산확률변수이면 X가 갖는 값들을 하나씩 나열해 놓을 수 있으며 이들은

일반적으로 $x_1, x_2, x_3, \ldots$와 같이 나타낸다. 이때 $x_1, x_2, x_3, \ldots$ 각각에 대하여 $P(X=x_1)$, $P(X=x_2)$, $\cdots$를 대응시킬 수 있다. 이처럼 x_i에 $P(X=x_i)$값을 대응시키고 그 밖의 점에는 0을 대응시키는 함수를 X의 **확률질량함수**(probability mass function)라고 부른다.

정의

X가 이산확률변수일 때 X의 확률질량함수(probability mass function) $p_X(x)$는 실수값 함수로서 다음과 같이 정의된다.

$$p_X(x) = P(X=x)$$

확률질량함수는 확률값을 나타내므로 $p_X(x) \ge 0$이다. 혼돈의 우려가 없는 경우에는 확률변수 X를 생략하고 $p(x)$라 나타내기도 한다.

이산확률변수 X는 $p_X(x) > 0$인 x가 가산개이므로 다음이 성립하는 x_1, x_2, x_3, $\cdots$가 존재한다.

$$p_X(x_i) \ge 0, \quad \sum_{i=1}^{\infty} p_X(x_i) = 1.$$

$x_1, x_2, x_3, \cdots$ 이외의 x에서는 $p_X(x)=0$가 된다. 또한 $P(a < X \le b) = \sum_{\{i : a < x_i \le b\}} p_X(x_i)$이다.

일반적으로 실수의 부분집합 A에 대하여 $\{X \in A\}$일 확률은 다음과 같다.

$$P(X \in A) = \sum_{x_i \in A} p_X(x_i)$$

따라서 이산확률변수 X의 확률분포는 X의 확률질량함수 $p_X(x)$에 의해 결정되어짐을 알 수 있다.

예제 4.1 어느 공장에서 만들어낸 15개의 완제품 중에서 생산과정의 이상으로 5개가 불량품이 되었다. 이 15개의 제품 중 3개를 임의로 뽑을 때 나오는 불량품의 개수를 X라 하고 X의 분포를 구하여라.

풀이 X가 취할 수 있는 값은 0, 1, 2, 3이고 X가 이산확률변수일 때는 X의 분포가 X의 확률질량함수에 의해 결정되므로 X의 분포를 구하는 것은 X의 확률질량함수

를 구하는 것과 같다. 따라서

$$P(X=0)=p_X(0)=\frac{\binom{10}{3}}{\binom{15}{3}}=\frac{10\times 9\times 8}{15\times 14\times 13}=\frac{120}{455}=\frac{24}{91}$$

$$P(X=1)=p_X(1)=\frac{\binom{10}{2}\binom{5}{1}}{\binom{15}{3}}=\frac{10\times 9\times 5}{15\times 14\times 13}=\frac{225}{455}=\frac{45}{91}$$

$$P(X=2)=p_X(2)=\frac{\binom{10}{1}\times\binom{5}{2}}{\binom{15}{3}}=\frac{10\times 5\times 4}{15\times 14\times 13}=\frac{200}{455}=\frac{20}{91}$$

$$P(X=3)=p_X(3)=\frac{\binom{5}{3}}{\binom{15}{3}}=\frac{5\times 4\times 3}{15\times 14\times 13}=\frac{60}{455}=\frac{2}{91}$$

이를 정리하여 다음과 같이 표로 나타낼 수 있다.

X의 확률분포표

x	0	1	2	3
$p_X(x)$	$\frac{24}{91}$	$\frac{45}{91}$	$\frac{20}{91}$	$\frac{2}{91}$

■

이산확률변수의 분포상태를 한눈에 알아보기 위하여 위와 같은 확률분포표를 만들거나 그래프를 이용하여 나타낸다. 다음 그래프는 예제 4.1에서의 X의 확률분포를 확률막대 그래프로 그린 것이다.

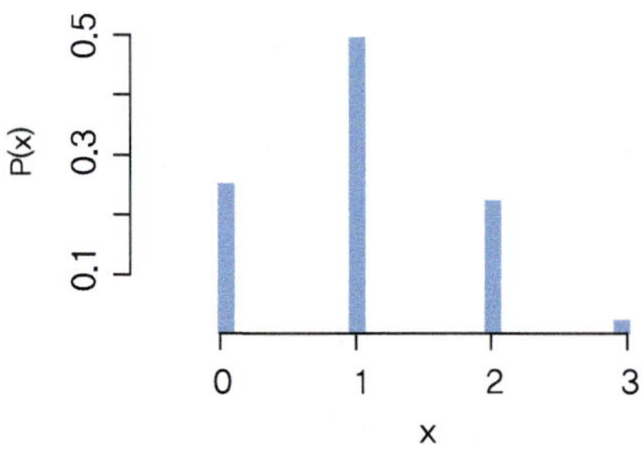

그림 4.2 확률막대그래프

예제 4.2 원숭이를 이용한 실험을 한다. 한 번의 실험에서 긍정적인 반응을 얻을 확률이 1/3 이라고 한다. 긍정적인 반응을 얻을 때까지 이 실험을 계속하고 X를 총실험횟수라고 할 때 X의 분포를 구하여라.

풀이 X가 갖는 값 x는 1, 2, 3,... 이 되고, $\{X=x\}$는 처음부터 $x-1$번째까지는 실패하고 x번째에서 처음으로 성공하는 사상을 나타내므로

$$P(X=x) = (\frac{2}{3})^{x-1}\frac{1}{3}.$$

따라서 확률질량함수는 다음과 같다.

$$p_X(x) = \begin{cases} (\frac{2}{3})^{x-1}\frac{1}{3} & x = 1,\ 2,\ 3,\ \cdots \\ 0 & \text{그 밖에서} \end{cases} \tag{4.1}$$

■

X가 취하는 값이 무한개이거나 유한개라도 그 수가 많을 때에는 확률분포표나 그래프보다는 예제 4.2에서와 같이 확률질량함수를 식 (4.1)과 같은 형태로 표현하는 것이 편리하다.

예 4.7 $p(x) = \dfrac{2^x e^{-2}}{x!}$, $x = 0, 1, 2, \cdots$ 이면 $p(x)$는 어떤 확률변수의 확률질량함수가 된다. 왜냐하면 $p(x) \ge 0$이고 $\sum_{x=0}^{\infty} \dfrac{2^x e^{-2}}{x!} = e^{-2}\sum_{x=0}^{\infty}\dfrac{2^x}{x!} = e^{-2}e^2 = 1$이 성립하기 때문이다.

확률변수 X의 분포와 관련된 또 하나의 중요한 함수로 **누적분포함수**(cumulative distribution function) 또는 간단히 **분포함수**(distribution funtion)를 들 수 있다. 임의의 실수 x에 대하여 $F_X(x) = P(X \le x)$로 정의된 함수 $F_X(\cdot)$를 확률변수 X의 (누적)분포함수라고 한다. $F_X(x)$는 간단히 $F(x)$로 쓰기도 한다. X가 x_1, x_2, $\cdots$ 값을 갖는 이산확률변수이면 X의 분포함수와 확률질량함수는 다음의 관계가 있다.

$$F_X(x) = \sum_{\{i : x_i \leqq x\}} p_X(x_i)$$

즉 확률질량함수를 합하여 분포함수를 얻을 수 있고 반면 분포함수의 차로서 확률질량함수를 얻을 수 있다. 즉 $x_1 < x_2 < x_3 < \cdots$ 일 때 $p_X(x_i) = F_X(x_i) - F_X(x_{i-1})$ 이 성립한다.

예 4.8 동전을 연속 3회 던져 나온 앞면의 수를 X라 할 때 X의 확률질량함수 및 분포함수는 다음과 같다.

$$p_X(0) = p_X(3) = 1/8, \quad p_X(1) = p_X(2) = 3/8$$

$$F_X(x) = \begin{cases} 0 & x < 0 \\ 1/8 & 0 \leqq x < 1 \\ 1/2 & 1 \leqq x < 2 \\ 7/8 & 2 \leqq x < 3 \\ 1 & x \geqq 3 \end{cases}$$

위의 확률질량함수 $p_X(x)$와 분포함수 $F_X(x)$의 그래프를 그려보면 다음과 같다.

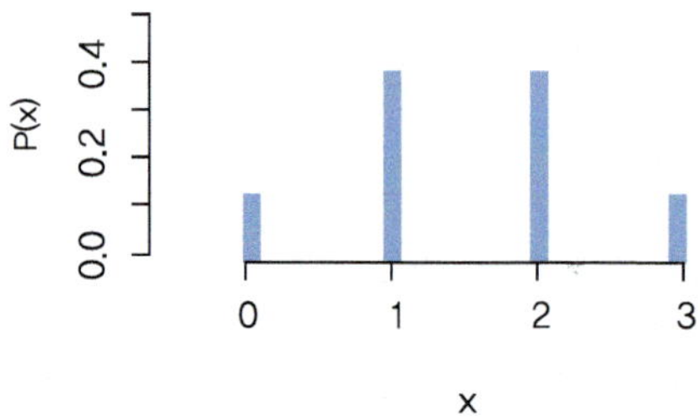

그림 4.3(a) 확률질량함수 $p_X(x)$ 의 그래프

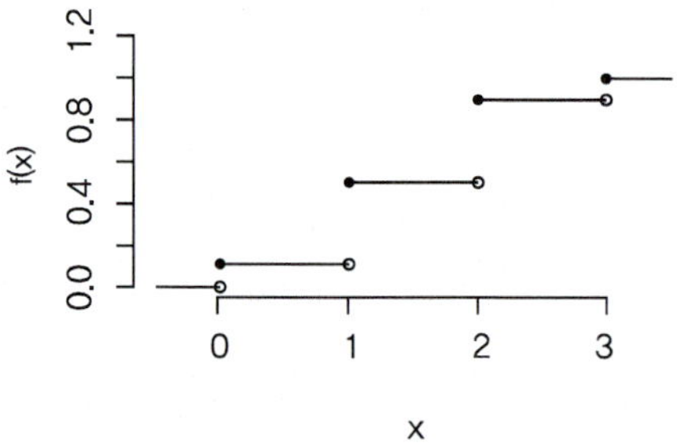

그림 4.3(b) 분포함수 $F_X(x)$ 의 그래프

이산확률변수의 분포함수 $F(x)$의 그래프는 0에서 1 사이의 값을 가지며 유지-점프(stay-jump) 를 반복하는 계단함수 모양을 하고 점프가 일어나는 지점에서의 점프의 크기는 바로 그 점에서의 확률에 해당한다. 따라서 분포함수를 아는 것은 확률질량함수를 아는 것과 같다. 분포함수는 비감소함수(nondecreasing function)이고 오른쪽 연속함수(right continuous function)이며 마이너스 무한대에서는 0, 플러스 무한대에서는 1의 값을 가짐을 관찰해 보아라.

예제 4.3 X의 확률질량함수가 다음과 같이 주어졌을 때 $F(x)$를 구하고 $p(x)$와 $F(x)$의 그래프를 그려라.

$$p(x) = \left(\frac{1}{4}\right)^x \left(\frac{3}{4}\right), \qquad x = 0, 1, 2, \cdots$$

풀이 임의의 실수 x에 대하여 다음이 성립한다.

$$F(x) = P(X \leqq x) = \sum_{0 \leqq n \leqq x} (\frac{1}{4})^n \frac{3}{4}$$
$$= 1 - (\frac{1}{4})^{[x+1]}$$

여기서 n은 정수이고 $[x]$는 x를 넘지 않는 최대 정수를 나타낸다.

확률질량함수 $p(x)$와 누적분포함수 $F(x)$의 그래프는 아래와 같다.

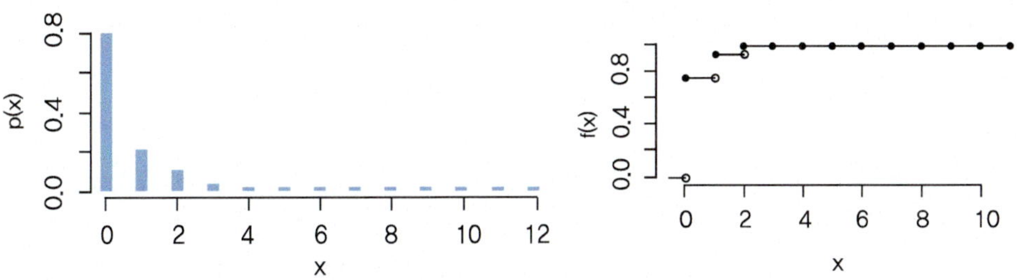

그림 4.4 확률질량함수와 누적분포함수 그래프

4.2 기댓값과 분산

요즈음에는 공공기관에서 발행하는 복권이 여러 가지 있다. 공공 예산을 확보하기 위하여 세금을 걷지 않고 복권을 발행하여 판매액과 당첨금의 차액만큼의 기금을 적립하는 것이다. 이러한 복권을 사고 싶다면 어떤 복권이 상대적으로 유리한지 알아볼 필요가 있다. 물론 복권을 살 때는 기대금액을 고려하기보다는 1등 당첨금에 더 많은 관심을 가질 것이다. 예를 들면 1000원을 주고 연속된 세 자리 숫자를 받는 간단한 복권이 있다. 매주 임의로 세 자리 숫자를 뽑고 내가 선택한 숫자와 맞으면 50만원의 당첨금을 받는다. 3자리 숫자의 개수는 000부터 999까지 1000개이므로 당첨될 확률은 1/1000이다. 즉, 1000번 베팅해서 한번 이기는 게임이며 이기면 50만원을 받는다. 1000장을 다 샀다면 그 중 한 장은 분명 당첨되므로 100만원을 지불하고 50만원을 받게 된다. 1000원을 지불하고 한 장을 샀다면 50만원 아니면 0원을 받게 될 텐데 이때의 평균 기대금액은 다음과 같다.

$$500{,}000 \times \frac{1}{1000} + 0 \times \frac{999}{1000} = 500(\text{원})$$

결국 1000원을 내고 산 복권에 대한 기대금액은 500원이다.

1장의 자료의 정리에서 본 바와 같이 확률분포의 중심이나 퍼져있는 정도를 나타내는 방법을 기억해 보자. 서울의 특정지역에서 10가구를 임의로 뽑아 가족수를 조사하였더니 1, 2, 2, 2, 2, 3, 3, 4, 4, 5가 되었다. 평균 가구당 가족수를 계산하면 다음과 같다.

$$\begin{aligned}
&\{1+2(4)+3(2)+4(2)+5\}/10 \\
&= 1(0.1)+2(0.4)+3(0.2)+4(0.2)+5(0.1) \\
&= 2.8
\end{aligned}$$

여기서 가구당 가족수를 X라 두면 X는 다음과 같은 분포를 갖는다.

$$p_X(1) = p_X(5) = 0.1, \quad p_X(2) = 0.4, \quad p_X(3) = p_X(4) = 0.2$$

이때 가구당 평균 가족수는 $\sum_{x=1}^{5} x\, p_X(x)$와 같다.

일반적으로 이산확률변수 X의 평균은 $\sum_x x\, p_X(x)$로 나타내어진다. X의 평균의 기하학적 의미는 X가 갖는 값 x에 대하여 $p_X(x)$ 값을 그 점에서의 질량이라 생각하고 수직선 위에서 무게 중심을 찾는 것과 같다. $p_X(x)$를 확률질량함수라 부르는 것도 여기서 비롯된다.

확률변수 X의 평균을 X의 기댓값(expected value 또는 expectation)이라 하고 기호로는 $E(X)$로 나타낸다. 특히 조사대상 전체, 즉 모집단의 평균을 나타낼 때는 μ_X, 모집단에서 추출한 표본들의 평균을 나타낼 때 $\overline{X}$를 사용하는 것이 일반적이다.

정의(이산확률변수의 기댓값)

이산확률변수 X의 확률질량함수를 $p_X(x)$라 하면 X의 기댓값 $E(X)$는 다음과 같이 정의된다.

$$E(X) = \sum_x x\, p_X(x)$$

예 4.9 주사위를 던져서 나오는 눈의 수만큼의 점수를 얻는다면 한번 던졌을 때 평균 몇 점을 얻을 것을 기대할 수 있는가? 먼저 X의 분포를 구하여 보면 $p_X(x) = \frac{1}{6}$, $x = 1, 2, \cdots, 6$. 따라서

$$E(X) = \sum_{x=1}^{6} x\, p_X(x) = \frac{1}{6}(1+2+3+4+5+6) = \frac{21}{6} = 3.5(\text{점})$$

예제 4.4 앞면을 얻을 때까지 동전을 던지기를 계속할 때 총 던진 횟수를 X라 하고 X의 기댓값을 구하여라.

풀이 X의 확률질량함수를 구하면 다음과 같다.

$$p_X(x) = \left(\frac{1}{2}\right)^x, \quad x = 1, 2, \cdots$$

따라서 기댓값을 계산하면 다음을 얻는다.

$$E(X) = \sum_{x=1}^{\infty} x \left(\frac{1}{2}\right)^x = 2.$$ ■

다음으로 X의 함수로 이루어진 확률변수 $Y = g(X)$의 기댓값을 구하는 문제에 대해 알아보자.

먼저 X의 확률분포표가 아래와 같이 주어졌을 때 X의 함수인 $Y = (X-2)^2$의 기댓값을 두 가지 방법으로 구하여 보자.

표 4.1 X의 확률분포표

x	0	1	2	3	4
$p_X(x)$	$\frac{1}{16}$	$\frac{4}{16}$	$\frac{6}{16}$	$\frac{4}{16}$	$\frac{1}{16}$

먼저 Y의 확률분포표를 만들고 $y\, p_Y(y)$를 구하면 다음과 같다.

$y = (x-2)^2$	0	1	4	합계
$p_Y(y)$	$\frac{6}{16}$	$\frac{8}{16}$	$\frac{2}{16}$	1
$y\, p_Y(y)$	0	$\frac{8}{16}$	$\frac{8}{16}$	1

따라서 $E(Y)=E(X-2)^2=1$이 된다.

다음으로 각각의 x값에 대한 $(x-2)^2 p_X(x)$를 구하고 모두 더하면 위의 $E(X-2)^2$ 값과 일치된 값을 얻을 수 있다.

x	0	1	2	3	4	합계
$p_X(x)$	$\frac{1}{16}$	$\frac{4}{16}$	$\frac{6}{16}$	$\frac{4}{16}$	$\frac{1}{16}$	1
$(x-2)^2$	4	1	0	1	4	
$(x-2)^2\, p_X(x)$	$\frac{4}{16}$	$\frac{4}{16}$	0	$\frac{4}{16}$	$\frac{4}{16}$	1

즉, $E(X-2)^2=\sum_{x=0}^{4}(x-2)^2\, p_X(x)$이 성립함을 확인할 수 있다.

예 4.10 이산확률변수 X의 확률질량함수가 다음과 같이 주어졌을 때 $Y=X^2$의 확률질량함수를 구하여라.

x	−3	−2	−1	0	1	2	3
$p_X(x)$	0.15	0.1	0.2	0.1	0.15	0.2	0.1

$Y=X^2$ 이 갖는 값은 $0,1,4,9$이므로 각각에 대하여 값을 계산하면 다음과 같다.

$P(Y=0)=P(X=0)=0.1$

$P(Y=1)=P(X=1)+P(X=-1)=0.35$

$P(Y=4)=P(X=2)+P(X=-2)=0.3$

$P(Y=9)=P(X=3)+P(X=-3)=0.25$

즉 $p_Y(0)=0.1,\ p_Y(1)=0.35,\ p_Y(4)=0.3,\ p_Y(9)=0.25$이다.

여기서 Y의 분포를 이용하여 구한 $E(Y)$와 $\sum x^2\, p_X(x)$ 값이 일치함을 확인해 보자.

일반적으로 다음이 성립한다.

> X의 확률질량함수가 $p_X(x)$이고 $Y=g(X)$일 때 Y의 기댓값은 다음과 같다.
>
> $$E(Y)=E(g(X))=\sum g(x)\, p_X(x) \tag{4.2}$$
>
> 특히 $g(x)=ax+b$ (a, b는 상수)이면 $E(aX+b)=aE(X)+b$가 된다.

다음이 성립한다.

$$
\begin{aligned}
E(aX+b) &= \sum(ax+b)p_X(x) \\
&= a\sum x\, p_X(x) + b\sum p_X(x) \\
&= aE(X)+b
\end{aligned}
$$

예 4.11 X의 분포가 표 4.1과 같을 때 $Y=(X-2)^2+(X-3)+1$의 기댓값을 구하면 다음과 같다. 식 (4.2)를 이용하면 $E(Y)=E(X-2)^2+E(X-3)+1$과 같고 $E(X-2)^2=1$, $E(X)=2$이므로 $E(Y)=1+2-3+1=1$이 된다. 여기서 $Y=(X-2)^2+(X-3)+1=X^2-3X+2$이고 따라서 $E(Y)=E(X^2)-3E(X)+2$를 이용하여 구할 수도 있다.

X가 이산값을 취할 때 $E(X)=\sum xp_X(x)$는 X의 확률분포의 중심을 나타낸다. 그리고 $|x-E(X)|$은 x의 $E(X)$에 대한 편차를 나타내며 편차 제곱의 평균값 $\sum(x-E(X))^2 p_X(x)$은 X가 갖는 값들이 $E(X)$를 중심으로 어느 정도 퍼져 있는지를 나타내는 척도가 된다. 이를 X의 **분산**(variance)이라고 하고 기호로는 $Var(X)$로 나타내며 $Var(X) \ge 0$이다. X 값의 단위가 cm일 때 $Var(X)$의 단위는 cm^2가 되어 일치하지 않으므로 X와 일치된 단위를 갖는 값을 얻기 위하여 $Var(X)$의 양의 제곱근을 택한다. 이 값을 X의 **표준편차**(standard deviation)라고 하고 기호로는 $s.d(X)$라고 쓴다. 또한 모분산이라 부르는 모집단의 분산을 가리킬 때에는 $Var(X)$ 대신 σ^2 또는 σ_X^2으로 나타내며 마찬가지로 모표준편차는 σ 또는 σ_X를 사용하여 나타낸다.

그림 4.5는 평균은 4로 같은 값을 가지나 퍼짐의 정도가 다른 두 분포를 비교하여 본 것이다.

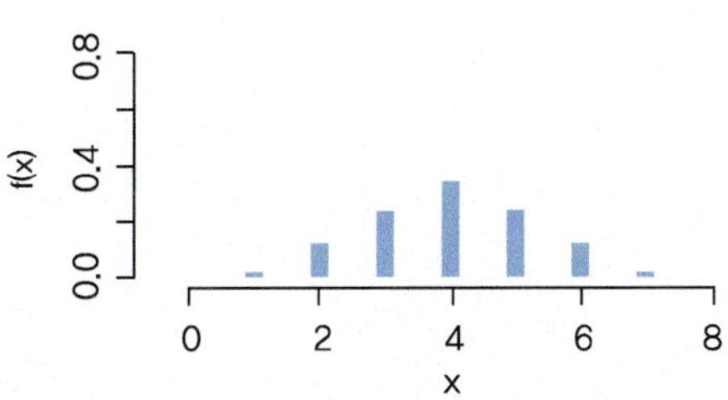

그림 4.5(a) 평균 4, 분산 1.3

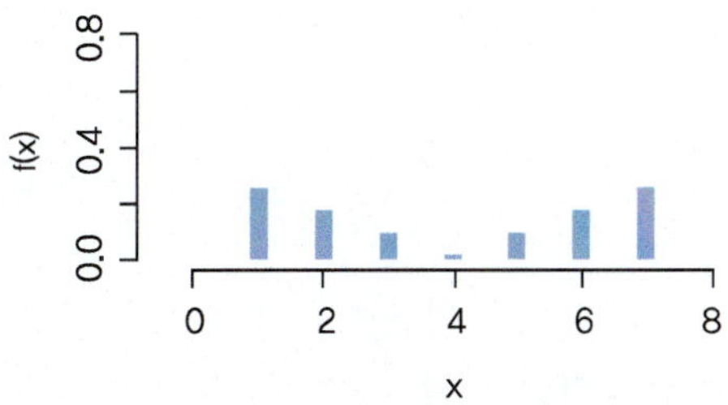

그림 4.5(b) 평균 4, 분산 6

정의

확률변수 X의 분산과 표준편차는 다음과 같이 정의된다.

$$Var(X) = E(X - E(X))^2$$
$$s.d(X) = \sqrt{Var(X)}$$

$Var(X)$를 계산할 때 다음 관계를 이용하면 편리하다.

$$\begin{aligned} Var(X) = E(X - E(X))^2 &= E\left(X^2 - 2E(X)X + (E(X))^2\right) \\ &= E(X^2) - 2E(X)E(X) + (E(X))^2 \\ &= E(X^2) - (E(X))^2 \end{aligned}$$

예제 4.5 ○○마트에서 일주일 동안 팔리는 A 상표의 오디오시스템의 개수 X는 다음과 같은 분포를 가지고 있다. X의 분산과 표준편차를 구하여라.

x	0	1	2	3	4	5
$p_X(x)$	0.1	0.1	0.2	0.3	0.2	0.1

풀이

$$E(X) = \sum x p_X(x) = 2.7$$
$$E(X^2) = \sum x^2 p_X(x) = (0.1)(0 + 1 + 8 + 27 + 32 + 25) = 9.3$$

따라서

$$\begin{aligned} Var(X) &= E(X^2) - (E(X))^2 \\ &= 9.3 - (2.7)^2 = 2.01 \\ s.d(X) &= \sqrt{Var(X)} \\ &= 1.418 \end{aligned}$$

■

분산과 표준편차에 대하여 다음이 성립함을 쉽게 확인할 수 있다.

$$Var(aX + b) = a^2\, Var(X), \qquad s.d(aX + b) = |a| s.d(X) \qquad (a, b\text{는 상수})$$

임의의 확률변수 X를 다음과 같이 변형하면 Z는 평균 0, 분산 1로 표준화된 확률변수가 된다.

$$Z = \frac{X - E(X)}{s.d(X)}$$

이러한 변형을 확률변수의 **표준화**(standardize)라고 한다.

지금까지 X의 확률분포가 주어졌을 때 $E(X)$, $Var(X)$ 구하는 방법을 알아보았다. 역으로 $E(X)$, $Var(X)$를 안다고 하여 X의 분포가 결정되지는 않는다. 그러나 다음 부등식을 이용하면 $P(|X - E(X)| \geq \alpha)$의 상한을 구할 수 있다. 즉 X가 이산확률변수이면 임의의 상수 $\alpha > 0$에 대하여 다음 관계가 성립한다.

$$\begin{aligned} Var(X) &= \sum_x (x - E(X))^2 p_X(x) \\ &\geq \sum_{\{x:\ |x - E(X)| \geq \alpha\}} (x - E(X))^2 p_X(x) \\ &\geq \alpha^2 \sum_{\{x : |x - E(X)| \geq \alpha\}} p_X(x) \\ &= \alpha^2\ P(|X - E(X)| \geq \alpha) \end{aligned}$$

즉, 다음을 얻는다.

$$P(|X - E(X)| \geq \alpha) \leq \frac{Var(X)}{\alpha^2}$$

위의 부등식을 **체비셰프 부등식**(Chebyshev's inequality)이라고 부른다.

체비셰프 부등식

확률변수 X와 임의의 상수 $\alpha > 0$에 대하여 다음 부등식이 성립한다.

$$P(|X - E(X)| \geq \alpha) \leq \frac{Var(X)}{\alpha^2}$$

어떤 분포에서는 위 식 우변의 상한이 실제 확률값과 일치하므로(예를 찾아 보자) 분포에 대한 가정 없이 상한을 더 낮출 수 없으며 때로는 우변 값이 1보다 큰 값이 되어 의미 없는 식이 되기도 한다. 체비셰프 부등식의 강점은 확률의 상한이 X의 분포와는 상관없이 X의 평균과 분산에 의해서 결정된다는 것이다.

예제 4.6 X의 평균을 μ, 표준편차를 σ라 할 때 체비셰프의 부등식을 이용하여 다음식의 상한 또는 하한을 구하여라.

$$P(|X-\mu| \geq 2\sigma), \quad P(|X-\mu| < 3\sigma)$$

풀이 체비셰프 부등식을 이용하면 $P(|X-\mu| \geq 2\sigma) \leq \dfrac{Var(X)}{(2\sigma)^2} = \dfrac{\sigma^2}{4\sigma^2} = \dfrac{1}{4}$이 된다. 또한,

$$P(|X-\mu| < 3\sigma) = 1 - P(|X-\mu| \geq 3\sigma)$$

이고

$$P(|X-\mu| \geq 3\sigma) \leq \frac{Var(X)}{(3\sigma)^2} = \frac{1}{9}$$

이므로 구하는 확률의 하한은 $P(|X-\mu| < 3\sigma) \geq \dfrac{8}{9}$이다. ■

4.3 여러 가지 이산확률분포

4.3.1 베르누이 시행과 베르누이 확률분포

반복할 수 있는 확률실험이나 관측을 시도하는 것을 **시행**(trial)이라 한다. 특히 동전을 던졌을 때의 앞면과 뒷면, 제품검사에서의 합격과 불합격 또는 병아리의 성별 검사에서 암, 수 등과 같이 한 시행에서 가능한 모든 결과가 2가지이며, 이 중 하나만 일어나게 되는 시행이 있다. 이러한 시행을 스위스의 수학자 James Bernoulli(1654–1705)의 이름을 따서 **베르누이 시행**이라 부른다. 베르누이 시행의 두 가지 결과는 일반적으로 성공(success)과 실패(faiulre)로 나타낸다.

정의(베르누이 시행)

다음 세 조건을 만족하는 통계적 실험의 반복실험을 베르누이 시행이라고 한다.

(1) 각 시행의 결과는 가능한 2가지 결과인 성공 또는 실패 중 하나만 나온다.

(2) 각 시행에서의 성공률은 같다.

(3) 각 시행은 서로 독립적이다.

예 4.12 15개의 제품 중 5개의 제품이 불량품인 로트가 있다. 여기서 임의로 한 제품을 뽑아 양, 불량을 조사한 다음 되돌려 놓고 다시 이 로트에서 두 번째 제품을 임의로 추출하여 양, 불량을 조사하는 식의 복원추출을 계속한다고 하자. 이때 뽑은 제품이 불

량인 사상을 A라 하면 각각의 추출은 서로 독립이고 $P(A)=5/15$ 인 베르누이 시행이 된다.

예 4.13 예 4.12와 같은 상황에서 일단 뽑은 제품은 검사한 후 다시 제 자리에 돌려놓지 않는 비복원추출을 계속한다고 하자. 이때 i 번째 추출에서 불량품이 나오는 사상을 A_i라 하면 다음이 성립한다.

$$P(A_2|A_1)=\frac{4}{14},\quad P(A_2|A_1^c)=\frac{5}{14}$$

이는 첫 번째 추출과 두 번째 추출이 서로 독립이 아님을 의미한다. 따라서 비복원추출은 베르누이 시행이 될 수 없다. 한편,

$$\begin{aligned}
&P(A_1)=\frac{5}{15}=\frac{1}{3}\\
&P(A_2)=P(A_1)P(A_2|A_1)+P(A_1^c)P(A_2|A_1^c)=\frac{5}{15}\times\frac{4}{14}+\frac{10}{15}\times\frac{5}{14}=\frac{2}{21}+\frac{5}{21}=\frac{1}{3}\\
&\qquad\ =P(A_3)=P(A_4)=\cdots
\end{aligned}$$

이므로 각각의 추출에서 불량품이 나올 확률은 모두 같다.

예 4.14 N개로 이루어진 모집단에 M개의 불량품이 들어 있다. 이 모집단에서 n개의 제품을 차례로 비복원추출로 뽑아 검사하는 경우 A_i를 i 번째 추출에서 불량품을 얻는 사상이라 하면 $P(A_2|A_1)=\dfrac{M-1}{N-1}\neq\dfrac{M}{N}=P(A_2)$이 성립한다. 이때 N이 상당히 크면 두 값은 매우 근사한 값이 되므로 모집단의 크기가 크고 표본의 수 n이 작을 때에는 비복원 추출을 성공률 $p=\dfrac{M}{N}$인 베르누이 시행으로 간주하여 근삿값을 구할 수 있다.

일반적으로 베르누이 시행에서 표본공간을 $S=\{s,f\}$, 성공할 확률을 $P(\{s\})=p$, 실패할 확률을 $P(\{f\})=1-p$로 나타낸다. 또 $X(s)=1$, $X(f)=0$인 확률변수를 **베르누이 확률변수**라고 하고 베르누이 확률변수 X의 분포를 **베르누이 확률분포**라고 한다. 즉,

$$P(X=1)=p, \qquad P(X=0)=1-p$$

베르누이 확률변수 X의 평균과 분산은 각각 다음과 같다.

$$E(X)=1\times p+0\times q=p$$
$$\begin{aligned}Var(X)&=E(X^2)-(E(X))^2\\&=p-p^2=p(1-p)\end{aligned}$$

성공률 p인 베르누이 확률변수 X의 확률질량함수 및 평균, 분산은 다음과 같다.

$$p_X(0)=1-p, \quad p_X(1)=p$$
$$E(X)=p, \quad Var(X)=p(1-p)$$

여러 가지 중요한 이산분포는 베르누이 시행을 기반으로 하여 설명할 수 있다. 앞으로 공부할 이항분포, 포아송 분포, 기하분포 등이 그것이다.

4.3.2 이항분포

성공할 확률이 p인 베르누이 시행을 n회 반복했을 때 성공횟수를 X라고 하자. 이때 X의 확률분포를 시행횟수 n, 성공확률 p를 갖는 **이항분포**(binomial distribution)라고 한다. X가 취하는 값 $0, 1, 2, \cdots, n$ 각각에 대하여 $P(X=x)$를 구하는 공식을 찾아보자.

예를 들어 $n=4$인 경우를 생각하여 보자. 이때의 가능한 경우의 수는 $2^4=16$이 되고 첫 번째, 네 번째 시행에서 성공하고 두 번째, 세 번째 시행에서 실패한 것을 $sffs$ 형태로 나타낸다면 다음과 같은 표를 얻는다.

X의 값	0	1	2	3	4
	$ffff$	$sfff$ $fsff$ $ffsf$ $fffs$	$ssff$ $sfsf$ $sffs$ $fssf$ $fsfs$ $ffss$	$sssf$ $ssfs$ $sfss$ $fsss$	$ssss$
각 결과의 확률 $(q=1-p)$	q^4	pq^3	p^2q^2	p^3q	p^4
경우의 수	$\binom{4}{0}=1$	$\binom{4}{1}=4$	$\binom{4}{2}=6$	$\binom{4}{3}=4$	$\binom{4}{4}=1$

$X=2$가 되는 각 결과의 확률은 p^2q^2이고 이때의 경우의 수는 4 자리에서 s가 들어갈 두 자리를 고르는 가지 수와 같으므로 $\binom{4}{2}=6$이 되어 $P(X=2)=6p^2q^2$이 된다.

따라서 $n=4$일 때 성공횟수 X의 확률질량함수를 구하면 다음과 같다.

$$p_X(x)=\binom{4}{x}p^x\,q^{4-x}, \quad x=0,1,2,3,4$$

일반적으로 n회의 베르누이 시행중에 x회 성공했다면 $(n-x)$회 실패한 것이 되고 이러한 경우의 수는 $\binom{n}{x}$ 가지이며 각 경우의 확률은 p^xq^{n-x}이다. 따라서 다음이 성립한다.

$$P(X=x)=\binom{n}{x}p^x\,q^{n-x}, \quad x=0,\ 1,\ 2,\cdots,\ n$$

확률변수 X가 시행횟수 n, 성공률 p인 이항분포를 따를 때 이를 간단히 $X\sim B(n,p)$라 쓴다.

이항전개식이 다음과 같음을 상기하자.

$$(p+q)^n=\binom{n}{0}q^n+\binom{n}{1}pq^{n-1}+\cdots+\binom{n}{x}p^xq^{n-x}+\cdots+\binom{n}{n}p^n$$

이항분포에서의 두 모수 n과 p가 분포형태에 어떠한 영향을 주는지를 알아보기 위하여 $n=10,100$, $p=0.2$, 0.5, 0.8 각각에서의 확률막대 그래프를 그려보자.

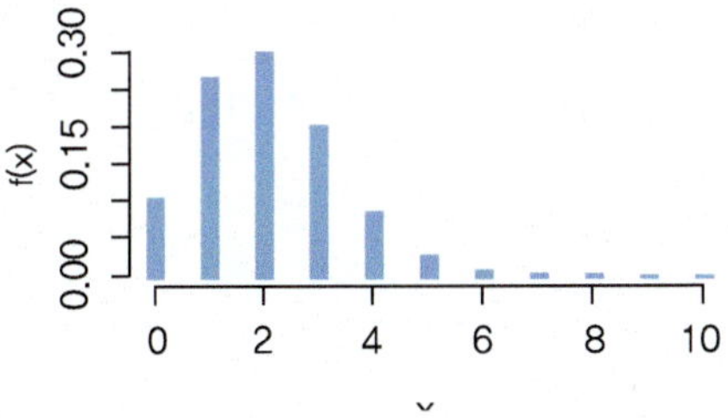

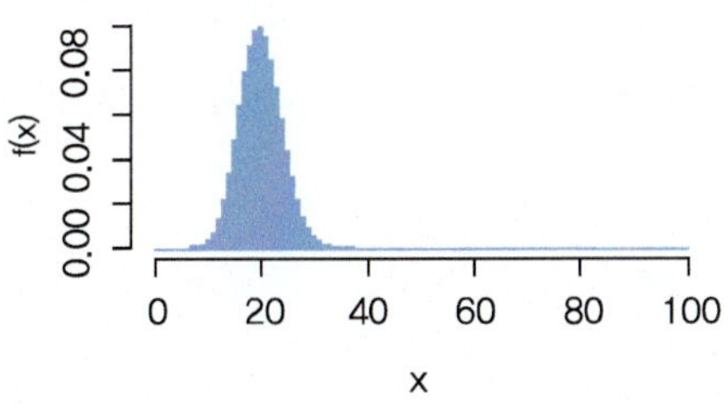

그림 4.6 (a) n=10, p=0.2 (b) n=100, p=0.2

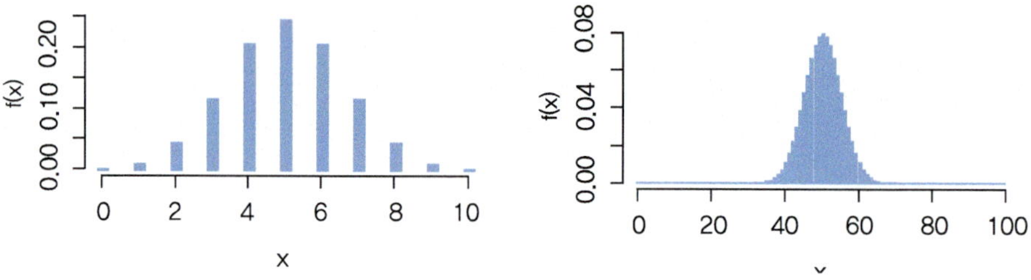

그림 4.7 (a) n=10, p=0.5 (b) n=100, p=0.5

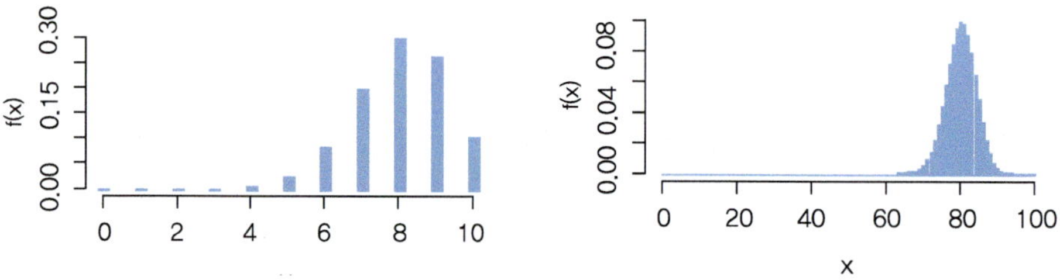

그림 4.8 (a) n=10, p=0.8 (b) n=100, p=0.8

위 그림에서 보는 바와 같이 $p=0.5$일 때는 그 모양이 대칭이고 $p=0.2<0.5$일 때는 왼쪽으로, $p=0.8>0.5$일 때는 오른쪽으로 기울어진 모양이 된다. 확률질량함수 $p_X(x)$가 x_0에서 최댓값을 갖는다면 $x<x_0$인 x에서는 x가 증가함에 따라 $p_X(x)$도 증가하고 $x>x_0$인 x에서는 x가 증가함에 따라 $p_X(x)$값은 감소한다. 실제로 $x_0=[(n+1)p]$에서 확률값이 최대가 된다. n이 충분히 클 때의 분포형태에 대해서는 다음 장에서 다루기로 한다.

예제 4.7 어떤 공장에서 생산되는 제품의 불량률은 5%라고 한다. 이 공장에서 생산되는 제품 중 10개를 임의 추출했을 때 불량품의 수 X의 분포를 구하여라. 또 $P(X=3)$을 구하여라.

풀이 X는 $n=10, p=0.05$인 이항분포를 하므로

$$P(X=x)=\binom{10}{x}(0.05)^x(0.95)^{10-x}, \qquad x=0,1,2,\cdots,10$$

$$P(X=3)=\binom{10}{3}(0.05)^3(0.95)^7$$

$$=0.0105$$

■

이항분포에서 n이 어느 정도 이상 커지면 어떤 사상의 확률을 직접 계산한다는 것이 거의 불가능하므로 누적이항분포표를 이용하거나 컴퓨터 통계패키지를 이용하면 된다.

그림 4.9의 PDF는 확률질량(밀도)함수로서 주어진 값에 대응하는 확률을 구하라는 명령어이다. dbinom 함수에 size=10, prob=0.05를 지정하면 $X \sim B(10,0.05)$에서 $X=3$에 해당하는 확률을 구하여 출력시킨다.

```
> dbinom(x=3,size=10,prob=0.05)
[1] 0.01047506
```

그림 4.9 이항확률 계산

또한 그림 4.10과 같이 누적분포함수를 의미하는 pbinorm 명령어를 사용하면 누적확률값을 구할 수 있다. 부명령어에서는 dbinorm와 마찬가지로 size=15, prob=0.3을 지정한다. 아래 값은 $X \sim B(15,0.3)$에서 $P(X \leq 3)$을 출력한 것이다.

```
> pbinom(q=3,size=15,prob=0.3)
[1] 0.2968679
```

그림 4.10 누적이항확률 계산

6번 동전 던지기를 했을 때 얻는 앞면의 수의 기댓값은 3이다. 이는 시행횟수 6, 성공률 p=0.5인 이항분포에서 $np = 6 \times 0.5 = 3$과 일치한다. 일반적인 이항분포의 평균이나 분산은 다음과 같다.

$$
\begin{aligned}
E(X) &= \sum_{x=0}^{n} x \binom{n}{x} p^{x}(1-p)^{n-x} \\
&= \sum_{x=1}^{n} \frac{n!}{(x-1)!(n-x)!} p^{x}(1-p)^{n-x} \\
&= np \sum_{x=0}^{n-1} \binom{n-1}{x} p^{x}(1-p)^{n-1-x} \\
&= np
\end{aligned}
$$

같은 방법으로 계산하면 $E(X(X-1)) = n(n-1)p^2$을 구할 수 있고 $E(X^2) = n(n-1)p^2 + np$이 되므로 $Var(X) = E(X^2) - (E(X))^2$을 이용하면 $Var(X) = npq$

가 됨을 쉽게 보일 수 있다.

> **이항분포의 확률질량함수, 평균 및 분산**
> $X \sim B(n,p)$ 이면 다음이 성립한다.
> $$P(X=x) = \binom{n}{x} p^x q^{n-x}, \quad x = 0,1,2,\cdot\cdot\cdot,n$$
> $$E(X) = np, \quad Var(X) = npq$$

이항분포의 평균과 분산을 베르누이 확률변수를 이용하여 구할 수도 있다. $X_1, X_2, \cdots, X_n$을 서로 독립이고 성공률이 p인 베르누이 확률변수라 하고 $X = X_1 + X_2 + \cdots + X_n$이라 두면 X는 n번 시행에서의 성공횟수를 나타내고 따라서 $X \sim B(n,p)$가 성립된다. 여기서 서로 독립인 확률변수의 합에 대한 평균과 분산은 다음과 같다.

$$E(X) = E(X_1) + E(X_2) + \cdots + E(X_n) = np$$

$$Var(X) = Var(X_1) + Var(X_2) + \cdots + Var(X_n) = npq$$

이와 관련된 내용은 6장의 결합분포에서 자세히 다루게 된다.

4.3.3 초기하분포

총 N개의 제품 중에 M개의 불량품이 들어 있는 집단에서 n개를 임의로 뽑을 때 n개 속에 들어 있는 불량품의 개수를 X라 하자. 이러한 상황을 그림으로 나타내면 다음과 같다.

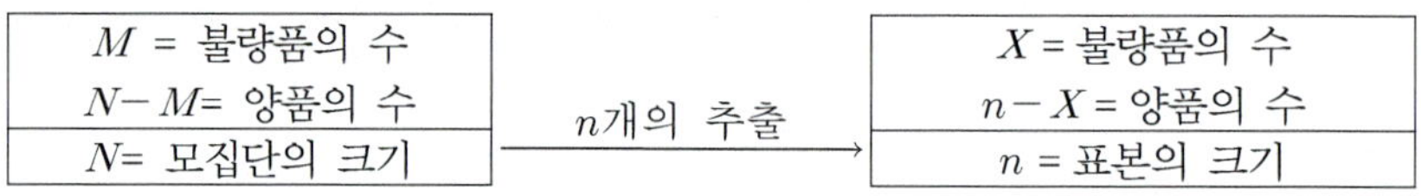

$X = x$라면 M개의 불량품에서 x개 뽑고 $N-M$개의 양품 중에서 $n-x$개를 뽑는 것이 되므로 다음이 성립한다.

$$P(X=x) = \frac{\binom{M}{x}\binom{N-M}{n-x}}{\binom{N}{n}}, \quad x = 0,1,2,\cdots,n \quad x \le M, \; n-x \le N-M$$

이와 같은 확률변수 X가 갖는 분포를 초기하분포(hypergeometric distribution)라고 하고 간단히 $X \sim HG(N,M,n)$으로 나타내기도 한다.

예제 4.8 5개의 붉은 공과 3개의 검은 공이 들어 있는 주머니에서 임의로 2개의 공을 꺼냈을 때, X를 붉은 공의 개수라 하고 X의 분포와 기댓값을 구하여라.

풀이 X는 N=8, M=5, n=2 인 초기하분포를 한다. 따라서 $X=0,1,2$에서의 확률을 구하면 다음과 같다.

$$P(X=0)=\frac{\binom{5}{0}\binom{3}{2}}{\binom{8}{2}}=\frac{3}{28},\ P(X=1)=\frac{\binom{5}{1}\binom{3}{1}}{\binom{8}{2}}=\frac{15}{28},\ P(X=2)=\frac{\binom{5}{2}\binom{3}{0}}{\binom{8}{2}}=\frac{5}{14}$$

따라서 평균은 다음과 같다.

$$E(X)=0\times\frac{3}{28}+1\times\frac{15}{28}+2\times\frac{5}{14}=\frac{35}{28}$$ ■

X가 위와 같은 초기하분포를 따를 때, $p=\frac{M}{N}$라고 하면 $E(X)=np$, 즉 이항분포에서의 평균과 같은 꼴이 된다. 일반적으로 N개의 모집단에서 n개를 추출한다는 것은 비복원추출을 n번 시행하는 것과 같다. 따라서 X_i를 i번째 추출에서 속성 A를 갖는 것이 나오면 1, 그렇지 않으면 0라 두면 $X=X_1+X_2+\cdots+X_n$이고 $P(X_i=1)=p,\ P(X_i=0)=1-p$이므로 다음이 성립한다.

$$E(X)=E(X_1)+E(X_2)+\cdots+E(X_n)=np$$

그러나 예 4.14에서 본 바와 같이 $X_1,X_2,\cdots,X_n$들은 서로 독립이 아니므로 $Var(X)$는 이항분포와는 다르며 실제로 초기하분포의 분산은 이항분포의 분산에 $\frac{N-n}{N-1}$ 곱한 값 즉 $Var(X)=\frac{N-n}{N-1}npq$이 된다.

정리하면 다음과 같다.

초기하분포의 확률질량함수와 평균, 분산

$X\sim HG(N,M,n)$이면 다음이 성립한다.

$$P(X=x)=\frac{\binom{M}{x}\binom{N-M}{n-x}}{\binom{N}{n}},\quad x=0,1,2,\cdots,n\quad x\leq M,\ n-x\leq N-M$$

$$E(X)=np$$

$$Var(X)=\frac{N-n}{N-1}npq,\quad p=\frac{M}{N},\quad q=1-p$$

모집단의 크기 N이 매우 크고 N에 비해 n이 상대적으로 작으면 초기하분포는 $p=\dfrac{M}{N}$인 이항분포에 근사하게 된다(연습문제). 즉,

$$\frac{\binom{M}{x}\binom{N-M}{n-x}}{\binom{N}{n}} \approx \binom{n}{x}p^{x}(1-p)^{n-x}, \; p=\frac{M}{N}$$

따라서 크기가 큰 유한 모집단에서의 비복원추출에 관한 문제는 초기하분포가 적당한 조건 아래서 이항분포로 근사함을 이용하여 여러 가지 확률의 근삿값을 보다 편리하게 구할 수 있다.

4.3.4 기하분포, 음이항분포

베르누이 시행과 관계되는 또 하나의 분포로 기하분포를 들 수 있다. 베르누이 시행을 n번 반복하여 얻은 성공 횟수가 이항분포를 따름을 보았다. 이때 시행횟수 n을 고정시키지 않고 첫 번째 성공을 거둘 때까지 반복할 때, 총 시행횟수를 X라 두면 이 확률변수 X가 갖는 분포가 **기하분포(geometric distribution)**이다. 이때 X가 갖는 값은 $1,2,3,\cdots$이고 $X=x$ 이면 $x-1$번 실패를 거듭한 뒤 x번째 시행에서 성공했음을 의미하므로 성공률을 p라 하면 다음이 성립한다.

$$P(X=x)=(1-p)^{x-1}p, \quad x=1,2,3,\cdots$$

X가 성공률 p인 기하분포를 따르면 이를 간단히 $X\sim \mathrm{G}(\mathrm{p})$로 쓴다.

$X\sim \mathrm{G}(\mathrm{p})$ $(0<p<1)$이면 $\sum_{x=1}^{\infty}x(1-p)^{x}=\dfrac{1-p}{p^{2}}$이 성립함을 이용하여 평균과 분산을 구할 수 있다.

$$E(X)=\sum_{x=1}^{\infty}x(1-p)^{x-1}p=\frac{p}{1-p}\sum_{x=1}^{\infty}x(1-p)^{x}=\left(\frac{p}{1-p}\right)\left(\frac{1-p}{p^{2}}\right)=\frac{1}{p}$$

또한

$$E(X^2) = \sum_{x=1}^{\infty} x^2 (1-p)^{x-1} p = -p \sum_{x=1}^{\infty} x \ \frac{d}{dp}(1-p)^x$$

$$= -p \frac{d}{dp} \sum_{x=1}^{\infty} x(1-p)^x$$

$$= -p \frac{d}{dp}\left(\frac{1-p}{p^2}\right)$$

$$= \frac{2-p}{p^2}$$

따라서 $Var(X) = \dfrac{2-p}{p^2} - \dfrac{1}{p^2} = \dfrac{1-p}{p^2}$

예제 4.9 어떤 실험을 한 번 하는 데 드는 비용은 10만원이다. 이 실험이 성공할 확률은 0.2이고 성공할 때까지 이 실험을 반복한다고 할 때 실험에 드는 총비용을 얼마로 예상하면 될까? 이때 각 시행은 서로 독립이다.

풀이 X를 성공할 때까지의 총 실험횟수라 하면 X는 성공률 $p = 0.2$인 기하분포를 갖는다. 따라서

$$P(X = x) = (0.8)^{x-1}(0.2), \qquad x = 1, 2, 3, \cdots$$

이때 Y를 성공할 때까지의 총비용이라 하면 $Y = 10X$이므로

$$E(Y) = 10E(X) = 10 \times \frac{1}{0.2} = 50(\text{만원})$$ ■

기하분포의 확률질량함수와 평균 및 분산

$X \sim \mathrm{G(p)}$이면 다음이 성립한다.

$$P(X = x) = (1-p)^{x-1}p, \quad x = 1, 2, 3, \cdots$$

$$E(X) = \frac{1}{p}, \qquad Var(X) = \frac{1-p}{p^2}$$

성공률 p인 베르누이 시행에서 r번째 성공을 얻을 때까지의 총시행횟수를 Y라 할 때 $Y = x$라 함은 처음 $x-1$번 까지 $r-1$번의 성공이 있어야 하고 마지막 x번째 시행에서 성공을 거두어야 한다. 따라서 확률질량함수는 다음과 같다.

$$P(Y=x)=\binom{x-1}{r-1}p^r(1-p)^{x-r}, \qquad x=r,r+1,\cdots$$

Y의 평균과 분산은 각각 기하분포의 평균과 분산의 r배가 된다. 이유를 생각해 보아라.

$$E(Y)=\frac{r}{p}, \quad Var(Y)=\frac{r(1-p)}{p^2}$$

이러한 Y의 분포를 모수 r,p를 갖는 **음이항분포**(negative binomial distribution)라 한다.

4.3.5 포아송 분포

우리 주위에서 흔히 접하게 되는 현상들을 잘 설명하는 모형이 될 뿐만 아니라 이항분포의 근사분포로써도 중요한 역할을 하는 새로운 분포를 소개하고자 한다.

이항분포에서 평균 $np=m$을 일정하게 두고 $n\to\infty$ 이면 $x=0,1,2,3\cdots$ 에 대하여 다음과 같이 변형시킬 수 있다.

$$\binom{n}{x}p^x(1-p)^{n-x}=\frac{n(n-1)\cdot\cdot\cdot(n-x+1)}{x!}(\frac{m}{n})^x(1-\frac{m}{n})^{n-x}$$

$$=1\ (1-\frac{1}{n})\cdots(1-\frac{x-1}{n})\ \frac{m^x}{x!}(1-\frac{m}{n})^n(1-\frac{m}{n})^{-x}$$

여기서 $n\to\infty$가 되면 $\frac{m}{n}\to 0$이고 $(1-\frac{m}{n})^n\to e^{-m}$이므로 n이 충분히 클 때 다음이 성립한다.

$$\binom{n}{x}p^x(1-p)^{n-x}\approx\frac{e^{-m}m^x}{x!}$$

따라서 p가 작고 n이 충분히 큰 이항분포를 따르는 확률변수 X에 대하여 다음이 성립한다.

$$P(X=x)\ \approx\ \frac{e^{-m}m^x}{x!}, \qquad x=0,1,2,\cdots,\ m=np$$

이와 같은 근사분포를 모수(parameter)가 m인 **포아송 분포**(Poisson distribution)

라고 하고 간단히 $X \sim Poi(m)$이라고 표현한다.

e^x 함수에 대하여 $e^x = \sum_{n=0}^{\infty} \frac{x^n}{n!}$과 $\lim_{n \to \infty}(1 + \frac{x}{n})^n = e^x$가 성립함을 상기하여라.

포아송 분포의 모수 m이 분포형태에 어떠한 영향을 주는지를 알아보기 위하여 $m = \frac{1}{2}, 1,\ 4$ 각각에서의 확률 막대 그래프를 그려보면 다음과 같다.

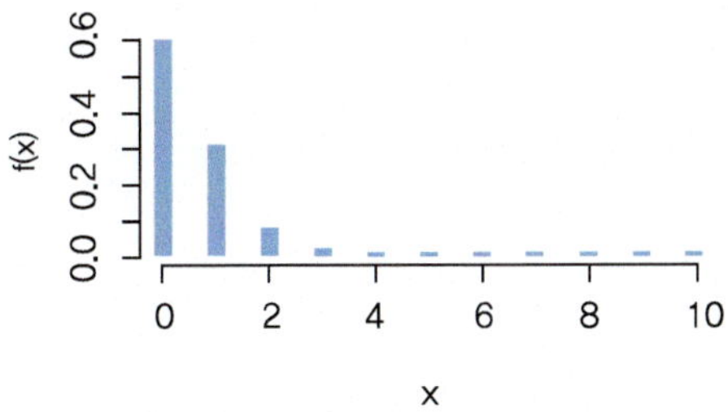

그림 4.11 (a) m=1/2인 포아송 분포의 확률막대 그래프

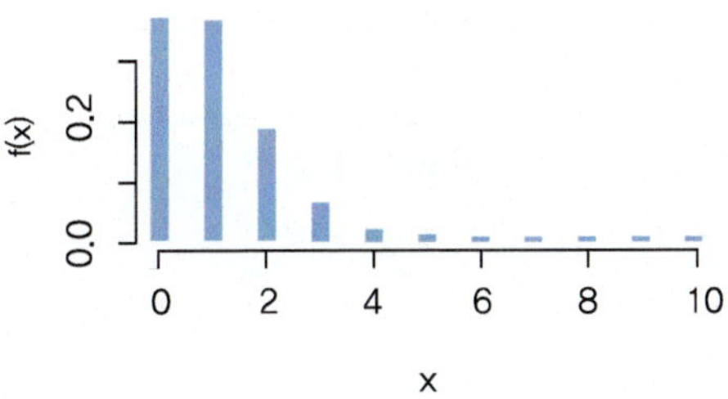

그림 4.11 (b) m=1인 포아송 분포의 확률막대 그래프

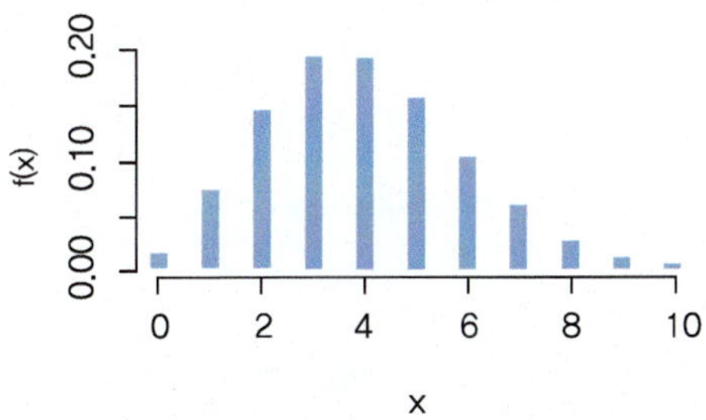

그림 4.11 (c) m=4인 포아송 분포의 확률막대 그래프

이항분포와 포아송 분포가 얼마만큼 근접하는지를 알아보기 위하여 $m = np = 2$일 때 여러 가지 n과 p값에 대한 두 분포의 확률을 비교하여 표로 만들어 보면 다음

과 같다.

표 4.2 이항분포와 포아송 분포의 비교

	n	p	$P(X=0)$	$P(X=4)$
이항분포	10	0.2	0.1074	0.0881
	20	0.1	0.1216	0.0898
	50	0.04	0.1299	0.0902
	100	0.02	0.1326	0.0902
$m=2$인 포아송 분포			0.1353	0.0902

$X \sim Poi(m)$이면 $E(X)=Var(X)=m$이 됨을 다음과 같이 증명할 수 있다.

$$E(X)=\sum_{x=0}^{\infty} x\,\frac{e^{-m}m^x}{x!}=e^{-m}\,m\sum_{x=1}^{\infty}\frac{m^{x-1}}{(x-1)!}=m$$

분산이 m이 됨은 연습문제에서 해 보도록 하자.

포아송 분포에 대해 정리하면 다음과 같다.

포아송 분포의 확률질량함수 평균과 분산

$X \sim Poi(m)$일 때 다음이 성립한다.

$$P(X=x)=\frac{e^{-m}m^x}{x!}, \qquad x=0,1,2,3,\cdots$$

$$E(X)=Var(X)=m$$

예제 4.10 지난 10년 동안의 조사에 의하면 우리나라 인구의 약 4%에 해당하는 사람이 색약이었다. 올해의 상황을 알아보기 위하여 200명을 임의로 조사하고자 한다. 올해에도 지난 10년 동안의 수준이 그대로 유지된다고 가정하면 200명 중 5명 이하가 색약일 확률은 얼마인가?

풀이 X를 200명 중 색약인 사람수라 하면 X는 $n=200$, $p=0.04$인 이항분포를 따르게 되므로 구하는 확률은 다음과 같다.

$$P(X\le 5)=\sum_{x=0}^{5}\binom{200}{x}(0.04)^x(0.96)^{200-x}$$

여기서 위 확률을 직접 계산하는 것은 어려우며 이를 R을 이용해서 구하면 다음과 같다.

```
> pbinom(q=5,size=200,prob=0.04)
[1] 0.1856497
```

이때 n이 크고 p가 작은 점을 고려하여 $m=200\times 0.04=8$인 포아송 근사를 이용하면 다음과 같다.

$$P(X\leq 5)\approx \sum_{x=0}^{5}\frac{e^{-8}8^{x}}{x!}=0.191$$ ■

포아송 분포에서의 확률도 이항분포에서와 같이 직접 계산하거나 표를 이용하지 않고 R을 이용하면 쉽게 구할 수 있다. 아래 그림 4.12, 그림 4.13에서는 X가 모수 m =7인 포아송 분포를 할 때의 $P(X=3)$값과, $m=7$인 포아송 분포에서의 $P(X\leq 7)$값을 각각 출력한 것이다.

```
> dpois(x=3,lambda=7)
[1] 0.05212925
```

그림 4.12 포아송확률 계산

```
> ppois(q=7,lambda=7)
[1] 0.5987138
```

그림 4.13 누적포아송확률 계산

$n=200$, $p=0.04$인 이항분포를 갖는 X에서 $P(X\leq 5)$의 포아송 근삿값을 R을 이용하여 구하면 다음과 같다.

```
> ppois(q=5,lambda=8)
[1] 0.1912361
```

그림 4.14 누적포아송확률 계산

예제 4.11 500명의 직원이 근무하는 회사가 있다. 이 회사의 하루 결근자 수를 X라 할 때 X는 평균 2.5인 포아송 분포를 따른다고 한다. 이때 $P(2\leq X\leq 3)$, $P(X\geq 5)$을 구하여라.

풀이 $X \sim Poi(2.5)$이므로 R을 이용하여 다음을 얻을 수 있다.

$$\begin{aligned} P(2 \le X \le 3) &= P(X \le 3) - P(X \le 1) \\ &= 0.758 - 0.287 \\ &= 0.471 \end{aligned}$$

$$\begin{aligned} P(X \ge 5) &= 1 - P(X \le 4) \\ &= 1 - 0.891 \\ &= 0.109 \end{aligned}$$

■

포아송 분포는 표본의 크기 n이 매우 크고 동시에 출현 확률 p가 매우 작은 경우의 출현 빈도수를 구하는 데 적합한 분포이다. 예를 들어 제품의 각 로트에 있는 불량품의 개수, 단위 길이마다의 직물의 흠, 일정 시간 내에 잘못 걸려오는 전화의 횟수, 일정 용기 내에 있는 세균의 수 등은 모두 포아송 분포를 한다. 즉 일정 시간 또는 일정 공간 안에서 매우 드물게 일어나는 사건의 수를 나타내는 분포로 포아송 분포가 적합하다.

일반적으로 포아송 분포를 적용하기 위해서는 다음의 세 가지 조건을 만족해야 한다.

(1) 서로 겹치지 않는 시간이나 공간 안에서 일어나는 사건의 횟수는 서로 독립이다.
(2) 짧은 시간이나 작은 공간에서 둘 또는 그 이상의 사건이 일어날 확률은 0이라 가정할 수 있다.
(3) 단위 시간이나 단위 공간에서의 사건의 평균 출현 횟수는 일정하고 이는 시간이나 공간에 따라 변하지 않는다.

오타수, 일정지역의 100세 이상 노인 수, 지진 발생 건수, 특정 지역에서 발생한 교통사고 건수 등이 위에서 제시한 세 가지 조건을 만족하는지 생각해 보라.

연습문제

4.1 앞면이 나올 확률이 1/4인 동전을 뒷면을 얻을 때까지 연속해서 던진다고 한다. 뒷면이 나올 때까지 얻은 앞면의 수를 X라 할 때 X의 분포를 구하여라.

4.2 새로 개발된 약이 부작용을 일으킬 확률이 5%라고 한다. 13명의 환자에 투약했을 때

(1) 한 명도 부작용을 일으키지 않을 확률은 얼마인가?

(2) 3명 이상 부작용을 일으킬 확률은 얼마인가?

4.3 새로운 디자인의 가구와 종전의 것과의 선호도를 조사하고자 한다. 18명을 임의로 뽑아 조사한 결과 새 제품을 더 선호하는 사람이 13명이었다. 두 제품 사이에 특별한 선호도가 없다고 가정할 때 18명 중 13명이 새 제품을 선호할 확률은 얼마인가? 선호도에 대해 어떠한 판단을 내릴 수 있겠는가?

4.4 포아송분포에서 다음을 구하여라.

(1) m=4일 때 $P(X=3)$, $P(X \leq 5)$.

(2) m=0.2일 때 $P(X=0)$, $P(X>1)$.

(3) m=3일 때 $P(2 \leq X \leq 7)$.

4.5 어떤 대학 신입생의 5%가 IQ 130 이상이라고 한다. 이 대학 신입생 중 100명을 임의로 선택하고 X를 이 중에서 IQ 130 이상인 학생수라 할 때 $P(X \geq 3)$, $P(X=2)$를 이항분포와 포아송 분포를 이용하여 각각 구하고 두 값들을 비교하여라.

4.6 $X \sim Poi(m)$일 때 $E(X(X-1))$을 계산하고 이를 이용하여 $Var(X)=m$이 됨을 보여라.

4.7 경험에 의하면 어느 회사 교환실에 1분 동안 평균 4통의 전화가 걸려 온다. 이 교환실에서 1분 동안 최대 8통까지 다룰 수가 있다면, 걸려오는 전화를 모두 다 처리할 수 없는 확률은 얼마인가?

4.8 5명의 남자와 5명의 여자를 어떤 시험의 점수에 따라 순위를 정한다. 성적에 동점은 없으며 모든 10! 가지의 가능한 순위들이 나타날 가능성이 모두

동일하다고 하자. X를 여자가 획득한 최고 순위라 할 때 $P(X=i)$, $i=1,2,\cdots,10$를 구하여라.

4.9 $X \sim HG(N,M,n)$일 때 $p=\dfrac{M}{N}$라 두고 $N\to\infty$를 취하면 X의 분포는 $B(n,p)$로 근사함을 보여라.

4.10 X의 분포함수가 다음과 같이 주어졌다.

$$F(x)=\begin{cases} 0 & x<0 \\ 1/2 & 0 \leqq x < 1 \\ 3/5 & 1 \leqq x < 2 \\ 4/5 & 2 \leqq x < 3 \\ 9/10 & 3 \leqq x < 3.5 \\ 1 & x \geqq 3.5 \end{cases}$$

(1) $F(x)$의 그래프를 그려라.

(2) X의 확률질량함수를 구하여라.

(3) 분포함수를 이용하여 $P(1/2 \leq X < 5/2)$를 구하여라.

(4) $E(X)$, $Var(X)$를 계산하여라.

4.11 비행기가 비행을 할 때 엔진들이 고장이 날 확률은 서로 독립적으로 $q=1-p$이다. 만일 정상적인 비행을 위해서 엔진의 과반수가 작동되어야 한다면, 3개의 엔진으로 구성된 비행기보다 5개의 엔진으로 구성된 비행기가 더 안전할 p값은 얼마인가?

4.12 20개씩 포장되어 있는 기계부품을 구입하려 한다. 그는 20개 중에서 무작위로 4개를 선택하여 모두 양품이면 구입한다. 만약 포장되어 있는 20개의 각 제품은 독립적으로 불량일 확률이 0.1이라 할 때, 포장 제품을 구입하지 않을 확률은 얼마인가?

4.13 프로야구 구단 OB의 수위타자가 게임에 출전하여 안타를 치는 횟수와 확률을 조사한 결과 다음과 같다.

$$p_X(0)=0.1,\quad p_X(1)=0.4,\quad p_X(2)=0.3,\quad p_X(3)=0.2$$

(1) X의 기대치와 분산은 얼마인가?

(2) 게임에 출전하면 기본으로 50만원을 받고 안타를 칠 때마다 20만원의 보너스를 받는다면 이 선수의 게임당 수입의 평균과 표준편차를 구하여라.

4.14 A 도시를 순찰하는 순찰차는 시간당 평균 5회의 호출을 받는다. 1시간 동안 받는 호출수를 X라 할 때 X를 설명하는 가장 적절한 분포는 무엇인가? 이때 1시간 동안 3회 이하의 호출을 받을 확률을 구하여라.

4.15 $X \sim B(n,p)$ 일 때 다음에 답하여라.

(1) $\dfrac{P(X=i)}{P(X=i-1)} = \dfrac{(n-i+1)p}{i(1-p)}$ 임을 보여라.

(2) $P(X=i)$은 $i=[(n+1)p]$일 때 최댓값을 갖는다. 이를 보여라. 여기서 $[x]$ 는 x를 넘지 않는 최대정수를 뜻한다.

(3) $X \sim B(10, \frac{1}{2})$일 때 $P(X=i)$가 최댓값을 갖는 i를 구하여라.

4.16 $X \sim G(p)$일 때 $P(X>n)$를 구하여라. 또한 $n>0$일 때 $P(X>m+n \mid X>m)$를 구하여라.

4.17 $X \sim Poi(m)$일 때 다음에 답하여라.

(1) $P(X=i+1) = \dfrac{m}{i+1}P(X=i)$를 증명하여라.

(2) $m=2$이고 $e^{-2}=0.1353$일 때 (1)을 이용하여 $P(X=3)$의 근삿값을 구하여라.

4.18 불량률이 1%인 제품을 생산 하고 있다. 200개의 제품 중에서 2개 이상의 불량품이 나올 확률의 근삿값을 포아송 분포를 이용하여 구하여라.

4.19 성공률 p인 베르누이 시행을 반복하고 있다. 확률변수 X를 적어도 한 번의 성공과 적어도 한 번의 실패가 있기까지의 총시행횟수라 할 때 X의 분포와 $E(X)$, $Var(X)$를 구하여라.

4.20 한 페이지에 2,000자의 글자가 있다. 각 글자가 오자가 될 확률은 0.001이다. 각 글자의 오자 여부는 서로 독립이라고 하고 X를 오자수라 할 때 다음을 계산하여라.

(1) X의 분포를 구하여라.

(2) X의 근사분포로 적당한 포아송 분포를 찾아라.

(3) 오자수가 5자 이상 될 확률을 (1)의 분포와 (2)의 분포를 이용해서 각각 구하고 비교해 보아라.

CHAPTER 05

연속확률변수와 연속확률분포

4장에서는 확률변수 X가 취할 수 있는 값이 x_1, x_2, x_3, $\cdots$ 처럼 하나씩 늘어놓는 것이 가능한 이산확률변수와 그의 분포, 기댓값, 분산 등에 대해 알아보았다. 이번에는 가능한 값들의 집합이 셀 수 없을 정도로 많은 비가산개인 경우를 생각하여 보자. 이런 종류의 확률변수로는 키, 몸무게, 온도, 혈압, 세포의 수명 등을 꼽을 수 있다. 예컨대, 은행에서 서비스를 받을 때까지 기다리는 시간을 확률변수 X라 하자. X는 시간을 나타내는 값이므로 $(0,\infty)$에 있는 값을 가질 것이다. 그러나 임의의 $x \in (0,\infty)$에 대하여 $P(X=x)=0$, 예를 들어 $X=5$, 즉 5분을 기다릴 확률을 구하자면 이는 0으로 보는 것이 타당해 보인다. 이러한 확률변수를 연속확률변수라 한다. 구간을 포함하는 비가산 무한개의 값을 갖는 확률변수에서의 분포는 이산확률변수에서와 같이 X가 갖는 값에 확률을 부여하는 방법으로 다룰 수 없다. 또한 기다리는 시간이 0일 확률이 0보다 클 때, 즉 $P(X=0)>0$이라 가정할 수 있으면 이는 이산확률변수도 아니고 연속확률변수도 아닌 또 다른 제3의 형태의 확률변수라 할 수 있다. 5장에서는 확률변수 X가 갖는 값이 구간을 포함하고 있으며 특정점이 선택될 확률은 모두 0이 되는 연속확률변수와 그의 분포 및 여러 가지 확률적 성질에 대해 알아보자.

5.1 연속확률변수

취할 수 있는 값이 실수 구간 내의 한 점인 확률변수에 대해 알아보자. 우리가 계기를 이용하여 측정하는 자료값들은 대부분 연속확률변수에 해당한다. 키나 몸무게, 콜레스테롤 수치, 혈압, 기계의 수명, 기다린 시간 등이 예가 되겠다. 연속확률변수의 분포는 어떻게 설명할 수 있을까? 먼저 4장에서 다루었던 다양한 모수를 갖는 이항분포의 확률질량함수를 살펴보자.

예 5.1 $B(n, 1/2)$의 확률그래프를 $n=10$, $n=50$, $n=100$일 때 각각에 대하여 확률막대그래프를 그려보면 다음과 같은 모양이 된다. 마지막 그림은 $B(200, 0.5)$의 확률질량함수 그래프와 이를 부드럽게 연결한 그래프이다.

연속확률변수의 확률그래프는 그림 5.1(d)와 같이 대부분 매끄러운 곡선 모양을 갖는다. 이와 같은 곡선 형태를 상대도수분포의 극한으로 생각하면 연속확률변수의 성질을 이해하기 쉽다.

다음은 일반적인 자료의 그래프를 보자. 그림 5.2(a)는 백 명의 다섯 살 된 여자 아이들을 랜덤추출하여 계급구간을 5로 잡아 그린 상대도수히스토그램이다. 여기서 측정 단위는 cm이다. 이러한 상대도수히스토그램에서 막대들의 면적의 합은 1이 되도록 하자. 예를 들어, 키가 102.5cm보다 작은 확률을 구하려면, 왼쪽으로부터 세 개의 막대가 대표하는 상대도수값들을 더하면 된다. 그림 5.2(b)는 모두 천 명의 아

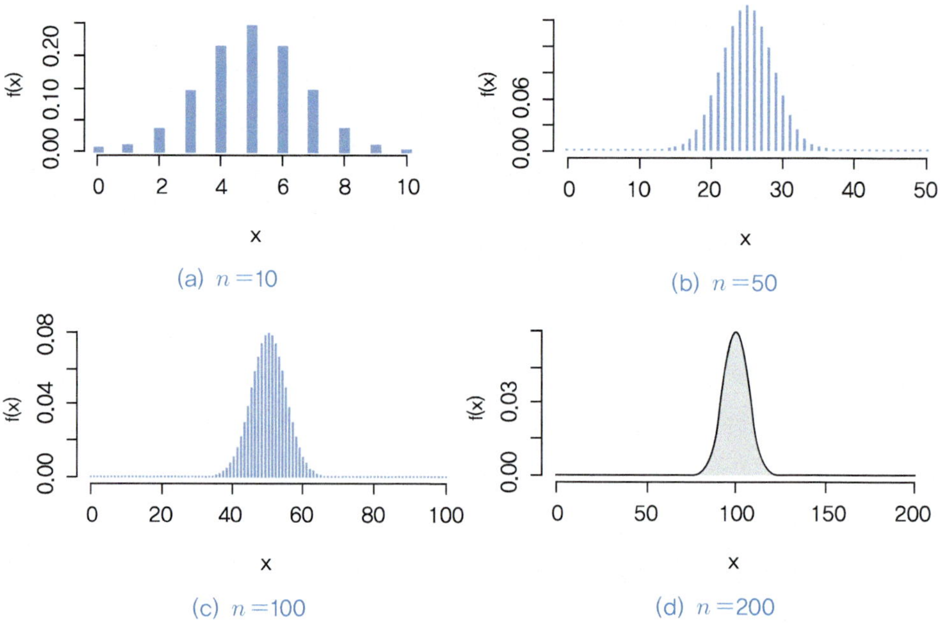

(a) $n=10$ (b) $n=50$ (c) $n=100$ (d) $n=200$

그림 5.1 $B(n, \frac{1}{2})$, $n=10, 50, 100, 200$에서의 확률 막대 그래프

이들을 확률 추출하여 계급구간을 1로 잡아 그린 상대도수히스토그램이다. 백 명을 추출하여 그릴 때와 비교하여 천 명을 추출하였을 때는 좀 더 분포 형태가 잘 나타난다. 이런 식으로 표본 크기를 무한정 늘리고 계급구간의 길이를 계속 축소시키면서 상대도수분포를 그래프로 그려 보면 그림 5.2(c)와 같이 매끄러운 곡선 형태의 그래프를 얻게 될 것이다.

이상에서 전개한 개념적인 실험을 토대로 알 수 있는 사실 두 가지는, 그림 5.2(c)와 같은 연속확률변수의 분포에서, 그래프 내의 총면적은 반드시 1이 되며, 서로 다른 두 점 a와 b 사이의 확률은 두 점 사이의 그래프 밑의 면적이 된다는 것이다. 예를 들어 그림 5.2(c)에서 키가 110cm 이상 120m 이하일 확률은 음영으로 표시된 부분의 면적이다. 만일 우리가 그래프의 함수식을 안다면 간단히 적분을 하여 그 값을 구할 수 있을 것이다.

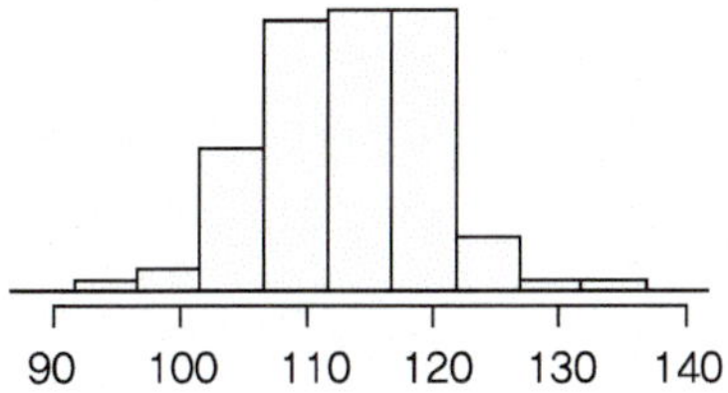

그림 5.2 (a) 100명에 대한 도수분포(계급구간의 길이 = 5cm)

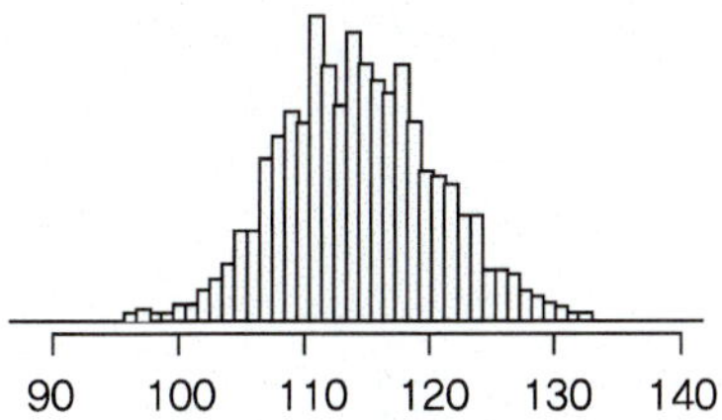

그림 5.2 (b) 1,000명에 대한 도수분포(계급구간의 길이 = 1cm)

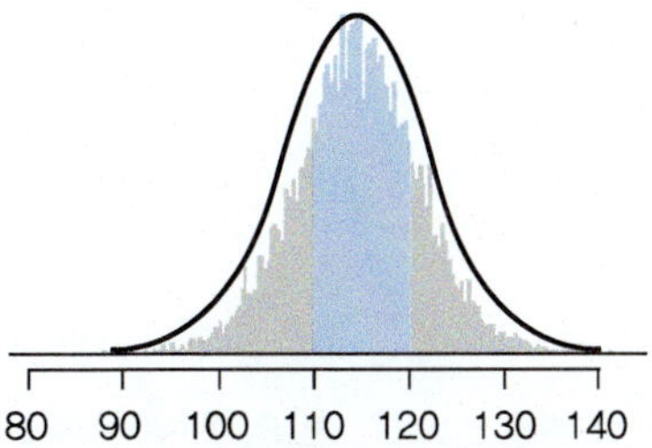

그림 5.2 (c) 상대도수분포의 극한형으로 본 확률밀도함수의 그래프

확률변수 X가 기본적으로 실수의 구간에서 값을 취하고 또한 다음의 세 조건을

만족하는 실수값 함수 $f(x)$가 존재할 때 X를 **연속확률변수**(continuous random variable)라 부른다.

$$(1)\ f(x) \geq 0 \qquad (2)\ \int_{-\infty}^{\infty} f(x)dx = 1 \qquad (3)\ P(a \leq X < b) = \int_a^b f(x)dx$$

이때 $f(x)$를 확률변수 X의 **확률밀도함수**(probability density function)라 부른다. 결국 확률밀도함수는 연속확률변수 X의 확률분포를 나타내는 함수이다.

위의 성질 (3)은 $a \leq X < b$일 확률은 확률밀도함수 $f(x)$를 a에서 b까지 적분한 값과 같다는 것을 의미한다. 일반적으로 X가 실수의 부분집합 A에 들어갈 확률은 다음과 같다.

$$P(X \in A) = \int_A f(x)\, dx$$

따라서 연속확률변수 X의 확률분포는 X의 확률밀도함수 $f(x)$에 의해 결정된다.

이산확률변수에서 $p_X(a) = P(X = a)$, 즉 $p_X(a)$값은 $X = a$가 될 확률로 정의되었던 것과는 달리 연속확률밀도함수 $f(a)$는 $X = a$에서의 확률의 변화율을 가리킨다. 즉 다음 관계가 성립한다.

$$P(a \leq X < a + \Delta x) = \int_a^{a+\Delta x} f(x)\, dx \quad = \quad f(x_1)\Delta x, \quad a < x_1 < a + \Delta x$$

이때 $\Delta x \to 0$이면 $x_1 \to a$이므로

$$\lim_{\Delta x \to 0} \frac{P(a \leq X < a + \Delta x)}{\Delta x} = \lim_{\Delta x \to 0} f(x_1) = f(a)$$

또한 다음이 성립한다.

$$P(X = a) = \lim_{\Delta x \to 0} P(a \leq X < a + \Delta x) = \lim_{\Delta x \to 0} f(x_1)\Delta x = 0$$

이산확률변수의 경우에는 한 점에서 0보다 큰 확률을 가질 수 있었다. 그러나 연속확률변수의 확률은 그래프 밑의 면적이며, 한 점 x의 너비는 0이므로 x에서의 높이 $f(x)$가 0보다 크더라도 그 둘을 곱하면 결과는 언제나 0이 된다. 따라서 연속확률변수에서는 다음 관계가 성립한다.

$$P(X < a) = P(X \le a)$$

$$P(X > b) = P(X \ge b)$$

$$P(a < X < b) = P(a \le X < b) = P(a < X \le b) = P(a \le X \le b)$$

예제 5.1 확률밀도함수 $f(x)$가 다음과 같이 주어졌다.

$$f(x) = \begin{cases} k(1-x^2), & -1 \le x \le 1 \\ 0, & \text{그 밖에서} \end{cases}$$

(1) k값을 결정하여라.

(2) (1)에서 결정한 k값을 이용하여 $P(-3 \le X \le 1/2)$을 구하여라.

풀이 확률밀도함수의 정의로부터

$$\begin{aligned} 1 = \int_{-\infty}^{\infty} f(x)\,dx &= \int_{-\infty}^{-1} f(x)\,dx + \int_{-1}^{1} f(x)\,dx + \int_{1}^{\infty} f(x)\,dx \\ &= k\int_{-1}^{1} (1-x^2)\,dx \\ &= \frac{4}{3}k. \end{aligned}$$

따라서 $k = \dfrac{3}{4}$이며 구하는 확률은 다음과 같다.

$$\begin{aligned} P(-3 \le X \le 1/2) &= P(-3 \le X < 1/2) \\ &= \int_{-3}^{1/2} f(x)\,dx \\ &= \frac{3}{4}\int_{-1}^{1/2} (1-x^2)\,dx \\ &= \frac{27}{32} \end{aligned}$$

■

이산확률변수와 마찬가지로 연속확률변수 X의 누적분포함수 $F(x)$는 임의의 실수 x에 대하여 다음과 같이 정의된다.

$$F(x) = P(X \le x) = \int_{-\infty}^{x} f(y)\,dy \tag{5.1}$$

식 (5.1)에서 보는 바와 같이 연속확률변수의 분포함수 $F(x)$는 연속함수이고, $F(x)$와 확률밀도함수 $f(x)$와의 관계를 살펴보면 $F(x)$는 $f(x)$를 적분함으로써 얻을 수 있고 $f(x)$는 $F(x)$를 미분함으로써 얻을 수 있다는 것을 알 수 있다.

또한 임의의 실수 a, b에 대한 $P(a < X \le b)$ 값을 분포함수 $F(x)$를 이용하여 나타내면 다음과 같다.

$$\begin{aligned} P(a < X \le b) &= P(X \le b) - P(X \le a) \\ &= F(b) - F(a) \end{aligned}$$

예제 5.2 X의 확률밀도함수 $f(x)$가 다음과 같이 주어졌다.

$$f(x) = \begin{cases} \frac{1}{2}, & 0 < x < 2 \\ 0, & \text{그 밖에서} \end{cases}$$

이때 X의 분포함수 $F(x)$를 구하고 그 그래프를 그려라.

풀이 $0 < x < 2$인 x에 대한 $F(x)$값은 아래의 빗금친 부분의 면적에 해당하므로 $F(x) = \frac{1}{2}x$, $0 < x < 2$이 되며 그의 그래프는 아래의 오른쪽 그림이다.

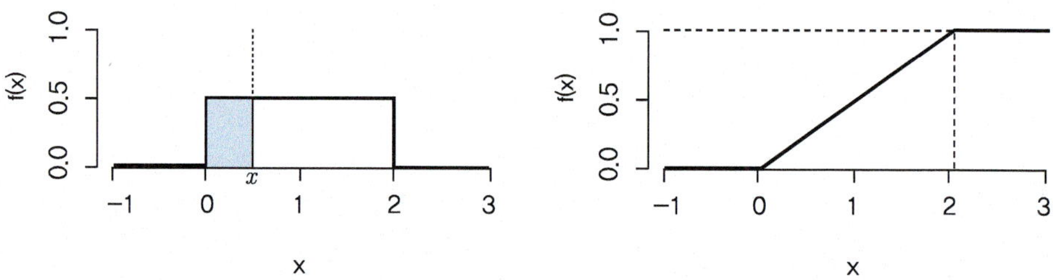

그림 5.3 (a) X의 확률밀도함수 (b) X의 분포함수

이때 $P(1 < X < 3/2) = F(3/2) - F(1) = (1/2)(3/2) - (1/2)1 = 3/4 - 1/2 = 1/4$과 같이 얻을 수 있다. ■

예제 5.3 예제 5.1의 X에 대한 누적분포함수를 구하여라.

풀이 X의 확률밀도함수는 다음과 같다.

$$f(x) = \begin{cases} \frac{3}{4}(1 - x^2), & -1 \le x \le 1 \\ 0, & \text{그 밖에서} \end{cases}$$

$-1 \leq x \leq 1$에서 분포함수를 구하면 다음과 같다.

$$\begin{aligned} F(x) &= \int_{-\infty}^{x} \frac{3}{4}(1-y^2)\, dy \\ &= \int_{-1}^{x} \frac{3}{4}(1-y^2)\, dy \\ &= \frac{3}{4}y - \frac{1}{4}y^3 \Big]_{-1}^{x} \\ &= \frac{3}{4}x - \frac{1}{4}x^3 - (-\frac{3}{4} + \frac{1}{4}) \\ &= \frac{1}{2} + \frac{3}{4}x - \frac{1}{4}x^3 \end{aligned}$$

따라서 다음이 성립한다.

$$F(x) = \begin{cases} 0, & x < -1 \\ \frac{1}{2} + \frac{3}{4}x - \frac{1}{4}x^3, & -1 \leq x < 1 \\ 1, & x \geq 1 \end{cases}$$

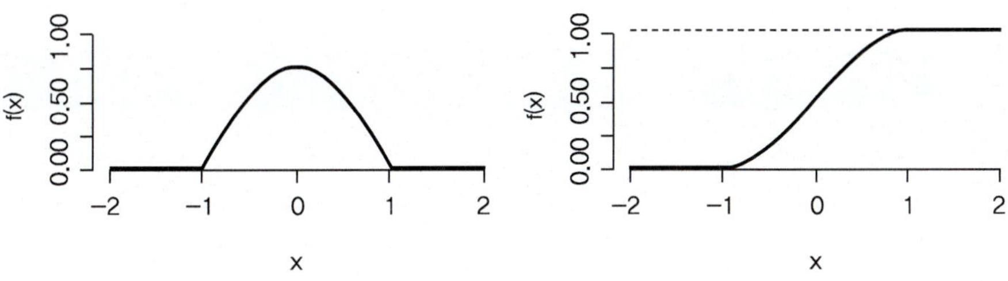

그림 5.4 (a) f(x)의 그래프 (b) F(x)의 그래프

■

이산확률변수의 분포함수는 $P(X = x_i) > 0$인 x_i에서 점프가 일어나는 계단함수였던 것에 반해 연속확률변수의 분포함수는 연속함수가 됨을 위의 예제들을 통해 알 수가 있다.

이산확률변수와 마찬가지로 연속확률변수에 대하여도 평균, 분산, 표준편차 등을 계산할 수 있으며, 해석도 동일하다.

연속확률변수 X의 확률밀도함수를 $f(x)$라 할 때 다음관계가 성립한다.

(1) $E(X) = \int_{-\infty}^{\infty} x f(x)\, dx$

(2) X의 함수 $g(X)$에 대하여 $E(g(X)) = \int_{-\infty}^{\infty} g(x) f(x)\, dx$

(3) $Var(X) = \int_{-\infty}^{\infty} (x - E(X))^2 f(x)\, dx$

예제 5.4 X의 확률밀도함수 $f(x) = \frac{1}{8} + \frac{3}{8}x,\ 0 \le x \le 2$일 때 X의 기댓값과 분산을 구하여라.

풀이 $E(X) = \int_0^2 x\left(\frac{1}{8} + \frac{3}{8}x\right) dx = \frac{1}{8}\frac{1}{2}x^2 + \frac{3}{8}\frac{1}{3}x^3 \Big]_0^2 = \frac{5}{4}$

같은 방법으로 $E(X^2) = \frac{11}{6}$, $Var(X) = \frac{11}{6} - \left(\frac{5}{4}\right)^2 = \frac{13}{48}$이다. ■

5.2 정규분포

연속확률변수의 예로 들었던 측정에는 반드시 오차가 수반된다. 키를 예로 들면, 어떤 사람의 키가 정확히 170cm라고 가정하자. 이 사람의 키를 열 번 재었다고 할 때, 열 번 잰 결과가 반드시 동일하지 않을 것이고, 또 단 한 번이라도 170cm라는 측정치가 나올 지도 전혀 보장 못한다. 단지 우리가 기대할 수 있는 것은, 정밀한 자를 사용하였다면, 대부분의 측정치들은 170cm에 상당히 가까울 것이라는 점이다. 아주 동떨어진 측정치가 나올 가능성도 배제할 수 없지만, 그러한 확률은 아주 작을 것이다. 이런 유형의 분포를 우리는 흔히 오차분포, 또는 정규분포라 한다. 통계학에서 가장 많이 사용되고 가장 중요한 연속확률변수의 확률분포가 바로 이 절에서 소개하는 정규분포이다.

정규분포(normal distribution)는 생김새가 종을 엎어 놓은 것과 비슷하여 '종 모양의 분포'라고도 불린다. 통계학의 초창기에는 어떤 자료이건 그 분포가 종 모양이 아니면 자료수집에 문제가 있었다고 생각했다. 이런 착상에서 종 모양의 정상적인 분포를 정규분포라 부르게 되었다. 정규분포의 함수식은 가우스(Gauss)가 측정치의 오차에 대한 확률분포로서 수리적으로 유도하였으며, 그의 논문에서도 정규분포를

'오차의 정규 법칙(normal law of errors)'이란 용어로 표현하였다. 저자에 따라서는 정규분포를 **가우스 분포**(Gaussian distribution), 또는 **오차분포**(error distribution)라고 한다. 실상 그림 5.1(d)는 대표적인 정규분포의 형태이다.

정규분포가 통계학 이론에서 많이 쓰이는 가장 큰 이유는, 원래의 모집단 분포가 무엇이든 표본평균 $\overline{X}=\sum_{i=1}^{n} X_i/n$의 분포는 표본 크기 n의 증가에 따라 정규분포로 근접하기 때문이다. 그리고 모집단의 분포를 정규분포라 가정하면 통계분석 자체가 상당히 간편해진다. 물론 모집단의 분포가 정확히 정규분포라는 보장은 전혀 없으나, 허용할 수 있는 오차 수준 이내에서 정규분포 가정을 할 수 있으면, 그렇게 하는 것이 유리하다. 현재 광범위하게 쓰이는 통계분석 기법들은 거의 정규분포를 가정하고 있다. 그러나 한 가지 유의할 점은, 덮어놓고 모집단의 분포를 정규분포로 가정하는 것은 올바른 통계학의 적용이 아니라는 것이다. 실제로 얻는 자료들의 분포를 정규분포로 가정하는 것이 어려운 경우가 많이 있다. 이러한 경우에도 적당한 변수 변환을 통하여 정규분포로 근사시킬 수 있는 경우가 많고 또한 아직까지는 정규분포가 통계추정 기법에서는 중심적인 역할을 하고 있고 정규분포의 응용 범위가 넓으므로 정규분포의 제반 성질을 잘 익혀놓아야 한다.

정규분포의 모수는 평균 μ와 분산 σ^2의 두 개이며, μ와 σ^2의 값에 따라 정규분포의 모양이 결정된다. 정규분포의 확률밀도함수는 다음과 같이 주어진다.

정규분포의 확률밀도함수

$$f(x)=\frac{1}{\sqrt{2\pi}\,\sigma}\exp\left\{\frac{-(x-\mu)^2}{2\sigma^2}\right\}, \qquad -\infty < x < \infty$$

확률밀도함수의 공식에서, π는 원주율로 약 3.1415927의 값을 갖는 상수이며, exp는 지수함수의 부호로서 단순히 e로 표기하기도 하며 그 값은 약 2.7182818인 상수이다. 따라서 정규분포에서는 평균 μ 분산 σ^2의 두 값만 명시하면 분포형이 결정된다.

정규분포의 흥미 있는 성질 하나는 분포의 평균과 분산이 바로 분포의 모수인 점이다. 저자에 따라서는 정규분포의 모수로 평균 μ와 표준편차 σ를 선택하기도 하나, 분산이나 표준편차의 값은 0보다 크고, 표준편차의 제곱이 분산인 점을 감안하면 어느 쪽을 사용하여도 무방하다. 앞으로 이 책에서는 평균 μ 분산 σ^2를 갖는 정규분포를 $N(\mu,\ \sigma^2)$로 표기한다. 예를 들어 평균이 0이고 분산이 1인 정규분포는 $N(0,1)$로, 평균이 −200, 분산이 25^2 인 정규분포는 $N(-200,\ 25^2)$로 표기한다.

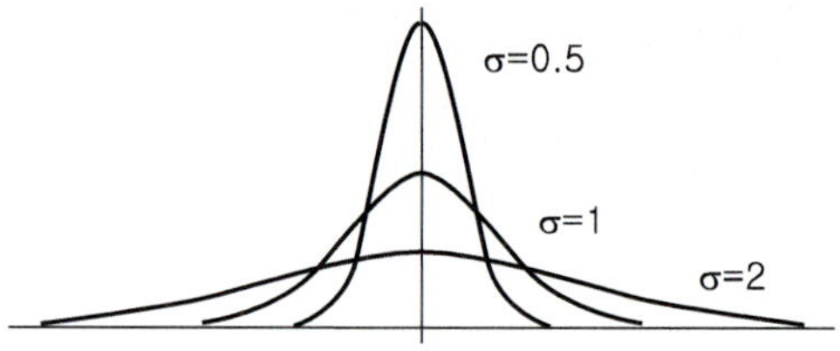

그림 5.5 평균이 같고 분산이 다를 때

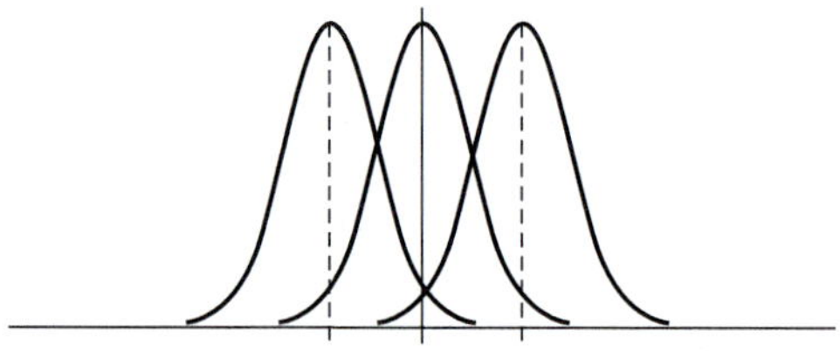

그림 5.6 분산이 같고 평균이 다를 때

특히 $\mu=0$이고 $\sigma^2=1$인 정규분포, 즉 $N(0,1)$ 분포를 **표준정규분포**(standard normal distribution)라 하고 관례적으로 Z로 표기한다.

정규분포의 모양은 평균과 분산값에 따라 달라지는 데, 곡선의 변화 형태가 그림 5.5와 5.6에 도시되어 있다. 그림 5.5는 평균은 동일하지만 분산이 다른 세 정규분포를 비교한 그림이다. 분산 값이 작을수록 분포가 평균 축에 집중된다. 그림 5.6은 평균값이 다르고 분산이 같은 경우이다. 세 분포 모두 곡선의 모양은 같지만 평균값에 따라 중심축의 위치가 이동한다.

그림에서 보이는 대로 정규분포의 모양은 모수 μ를 축으로 언제나 좌우 대칭이다. 일반적으로 $X\sim N(\mu,\sigma^2)$인 정규분포에서는 다음과 같은 확률표현이 가능하다.

$$P(\mu-\sigma<X<\mu+\sigma)=0.683$$

$$P(\mu-2\sigma<X<\mu+2\sigma)=0.954$$

$$P(\mu-3\sigma<X<\mu+3\sigma)=0.997$$

$$P(X>\mu)=P(X<\mu)=0.5$$

여기서, $X\sim N(\mu,\sigma^2)$는 확률변수 X가 평균 μ, 표준편차 σ의 정규분포를 따름을 의미한다. 가장 상단의 확률식은 μ를 중심으로 하여 좌우로 σ만큼 벌어진 구간의 확률이 0.683임을 나타낸다. 그 다음의 두 확률식도 비슷하게 해석하면 되며, 그림 5.6에 이러한 확률식을 도시하였다.

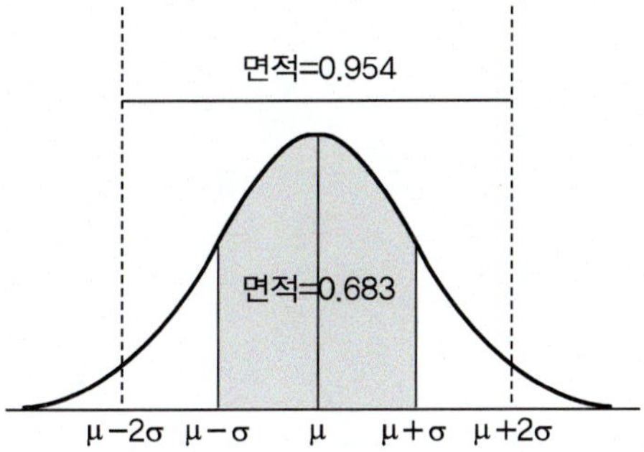

그림 5.7 표준편차 단위의 구간 확률

정규분포는 대체로 평균 μ에서 3σ 거리 이상 떨어지면, 곡선이 거의 0에 근접한다. 그렇다고 함수값이 0이 되지는 않으며 $f(x)>0,\ \forall x \in (-\infty, \infty)$임을 유의하라.

예 5.2 평균이 3이고 표준편차가 2인 정규분포 $N(3, 2^2)$을 따르는 확률변수 X에 대하여 다음이 성립한다.

$$P(3-2<X<3+2)=P(1<X<5)=0.683$$

$$P(3-4<X<3+4)=P(-1<X<7)=0.954$$

$$P(3-6<X<3+6)=P(-3<X<9)=0.997$$

일반적으로 평균 μ와 표준편차 σ를 갖는 정규분포 $N(\mu, \sigma^2)$를 따르는 확률변수 X에 대하여, 임의의 두 점 a와 b 사이 구간의 확률은 어떻게 구해야 할까? 확률밀도함수식에 주어진 μ와 σ의 값을 대입하여 a에서 b까지의 정적분을 매번 구하여 확률을 구해야 한다면 지극히 불편할 것이다. 이는 다음 성질을 이용하여 해결할 수 있다.

정규분포를 선형변환하면 다시 정규분포가 된다. 다음 관계가 성립한다.

> $X \sim N(\mu, \sigma^2)$일 때 $Y=aX+b \quad (a \neq 0)$이면 $Y \sim N(a\mu+b,\ a^2\sigma^2)$이 된다.

여기서 Y의 평균은 $a\mu+b$이고 분산은 $a^2\sigma^2$임은 분포와는 상관없이 언제나 성립한다.

표준정규분포가 중요한 이유는, 어떠한 정규분포의 확률도 대응되는 표준정규분포의 확률 표현으로 바꾼 뒤, 표준정규분포표를 이용하여 쉽게 원하는 확률값을 얻을 수 있기 때문이다. 표준정규분포의 확률표는 어느 통계학 교재에도 부록으로 수록되어 있다. 일반적인 정규분포를 표준화하면 표준정규분포가 된다. 확률변수 $X \sim N(\mu, \sigma^2)$일 때 다음과 같이 표준화된 확률변수 Z는 $N(0, 1)$분포를 따른다.

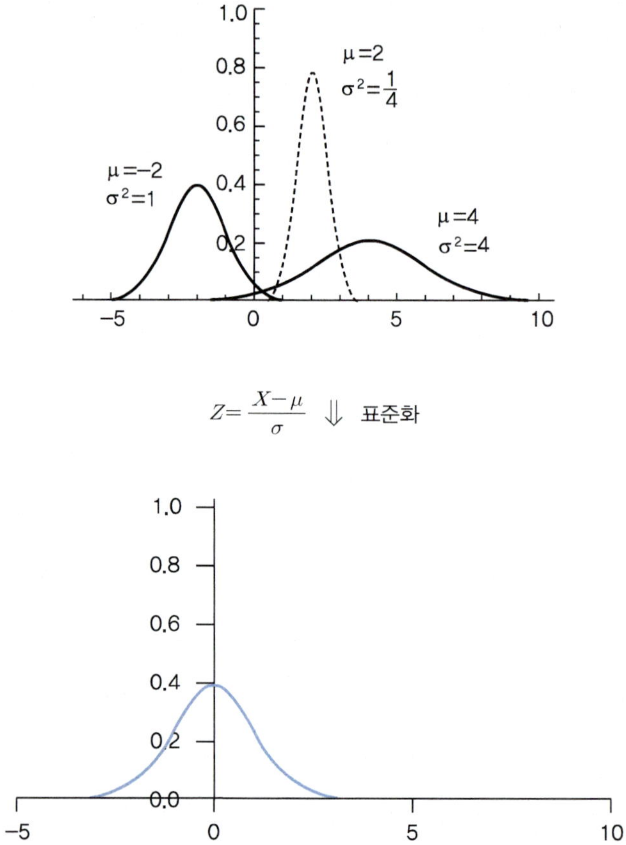

그림 5.8 표준정규분포로의 표준화

$$Z = \frac{X - \mu}{\sigma}$$

표준정규분포의 그래프는 그림 5.8과 같다.

부록에 삽입한 표준정규분포표를 이용하여 임의의 정규분포의 확률을 구하는 방법에 대하여 공부해 보자. 확률표에 주어진 값은 주어진 점 z로부터 왼쪽 부분 그래프 밑의 면적이다.

저자에 따라서는 $P(0 < Z < z)$의 값이 수록된 확률표를 쓰기도 하며, 드물기는 하나 $P(Z > z)$값으로 확률표를 만들기도 한다. 이런 경우에 확률표를 사용하려면 위에 주어진 확률 구하는 식들이 적절히 수정되어야 한다. 이 책에 수록된 확률표의 형식이 많이 쓰이는 편이다.

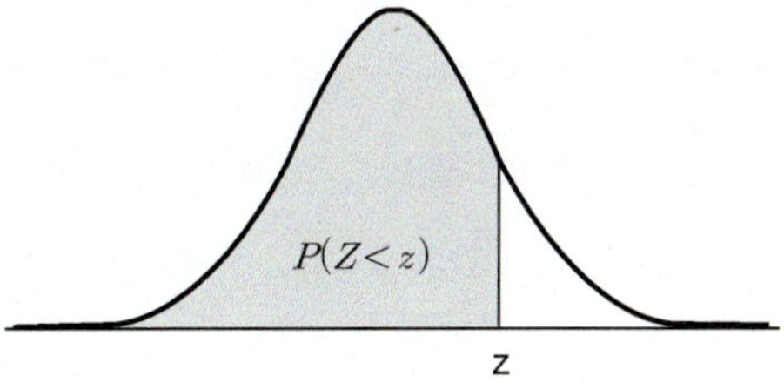

그림 5.9 $P(Z<z)=z$로부터 왼쪽의 면적

표준정규분포에서 확률표를 이용할 수 있도록 관계를 정리하면 다음과 같다.

$$P(a<Z<b)=P(Z<b)-P(Z<a)$$

$$P(Z>a)=1-P(Z<a)$$

$$P(Z<0)=0.5$$

$$P(Z<-z)=1-P(Z<z)$$

두 번째와 네 번째 관계식은 표준정규분포의 대칭성에서 기인한다. 다시 임의의 정규분포 $N(\mu,\sigma^2)$에서 구간 (a,b)의 확률을 구하는 문제로 돌아가자. 확률변수 X가 $N(\mu,\sigma^2)$일 때 표준화 변수 $Z=(X-\mu)/\sigma$ 는 $N(0,1)$이 된다는 사실을 이용하면, $P(a<X<b)$는 다음과 같이 Z에 대한 확률로 표현된다.

$$\begin{aligned} P(a<X<b) &= P(a-\mu < X-\mu < b-\mu) \\ &= P\left(\frac{a-\mu}{\sigma} < \frac{X-\mu}{\sigma} < \frac{b-\mu}{\sigma}\right) \\ &= P\left(\frac{a-\mu}{\sigma} < Z < \frac{b-\mu}{\sigma}\right) \end{aligned}$$

결국, 정규분포 $N(\mu,\sigma^2)$에서 구간 (a,b)의 확률은 표준정규분포에서의 구간 $\left(\frac{a-\mu}{\sigma}, \frac{b-\mu}{\sigma}\right)$의 확률을 구하는 문제로 귀착된다. 이러한 확률은 물론 부록의 표준정규분포표로부터 계산할 수 있다. 부등호가 하나만 존재하는 경우도 위와 흡사한 연산을 거쳐 다음과 같이 표현된다. $P(X<b)=P(Z<\frac{b-\mu}{\sigma})$ 또는 $P(X>a)=P\left(Z>\frac{a-\mu}{\sigma}\right)$. 또한 X는 연속확률변수이므로 부등식의 등호의 유무는 확률값에 영향을 주지 않음을 상기하라.

예제 5.5 전구의 수명을 확률변수 X라 하고 $X \sim N(750, 80^2)$일 때 전구 수명이 750시간 이상, 그리고 830시간 이하 지속될 확률을 정규분포의 확률표를 이용하여 구하여라.

풀이 이 문제를 확률 표현으로 바꾸면, $P(750 \leq X \leq 830)$의 값을 구하라는 것이다. 표준정규분포의 확률표를 이용하여 이 확률을 계산하려면, 먼저 확률변수 X를 표준화 변수 Z로 변환하여 표현해야 한다. 즉,

$$
\begin{aligned}
& P(750 \leq X \leq 830) \\
&= P\left(\frac{750-750}{80} \leq \frac{x-750}{80} \leq \frac{830-750}{80}\right) \\
&= P(0 \leq Z \leq 1) \\
&= P(Z \leq 1) - P(Z < 0) \\
&= 0.8413 - 0.5 \\
&= 0.3413
\end{aligned}
$$

따라서 구하는 확률은 0.3413이며, 그림 5.10의 그늘진 부분의 면적이다.

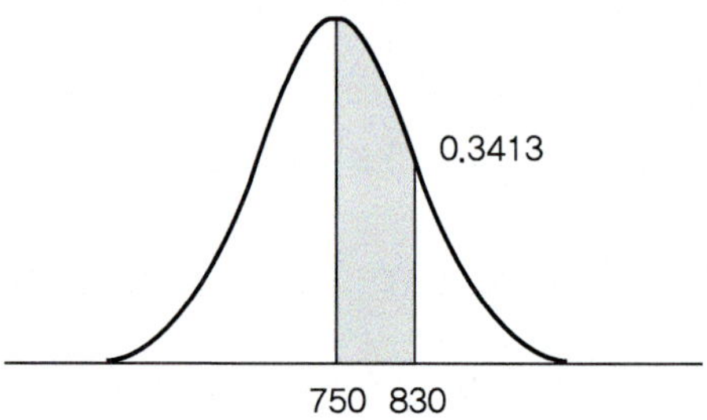

그림 5.10 전구 수명이 750시간 이상, 830시간 이하일 확률

위의 예제에서 가정한 정규분포 $N(750, 80^2)$에서 $P(X < 830)$을 R을 이용하여 구해보자.

```
> pnorm(q=830,mean=750,sd=80)
[1] 0.8413447
```

$P(X < x) = 0.05$가 되는 분위수 x값을 구하는 방법은 다음과 같다.

```
> qnorm(p=0.05,mean=750,sd=80)
[1] 618.4117
```

예제 5.6 위 예제 5.5의 전구의 수명 X에 대하여 다음의 확률 관계를 만족하는 a와 b를 구하여라.

$$P(a < X < b) = 0.6826$$

여기서 a와 b는 평균값 750에서 좌우로 같은 거리만큼 떨어져 있다. 즉,

$$750 - a = b - 750$$

풀이 이런 유형의 문제는 앞으로 공부할 신뢰구간과 더불어 많이 등장한다. 먼저, 주어진 관계식은 다음과 같이 쓸 수 있다.

$$P\left(\frac{a-750}{80} < \frac{X-750}{80} < \frac{b-750}{80}\right) = 0.6826$$

a와 b가 확률변수 X의 평균 750으로부터 같은 거리에 있으므로, 표준화해도 동일한 성질을 갖는다. 즉, 표준화된 $(a-750)/80$과 $(b-750)/80$은 확률변수 Z의 평균 0으로부터 같은 거리에 있는 값들이다. 이 두 값을 다음과 같이 표기하자.

$$P(-z < Z < z) = 0.6826$$

이제 남은 일은 확률표에서 0.3174를 주는 값 z를 구한 후, 다시 확률변수 X에 관한 표현으로 바꾸면 된다. 위의 표현은 다음과 동일하다.

$$1 - P(Z < -z \text{ 또는 } Z > z) = 0.6826$$

$P(Z < -z$ 또는 $Z > z)$는 두 배의 $P(Z < -z)$와 같으므로,

$$P(Z < -z) = 0.3174/2 = 0.1587$$

이 되며, 확률표에서 0.1587을 주는 z의 값은 -1이므로 $z = 1$이 된다. 즉 $(b-750)/80 = 1$과 같으므로, $b = 830$, $a = 670$이다. 따라서 다음이 성립한다.

$$P(670 < X < 830) = 0.6826$$

■

예제 5.7 베타카로틴은 암을 예방하는 물질로 추정된다. 한국인의 일상 식단에서 베타카로틴의 섭취량은 정규분포를 따르며 평균 8.34, 표준편차 1(단위 $\ln IU$)이다.

(1) 베타카로틴 섭취량이 2000 IU 이하일 비율은 얼마인가?

(2) 어떤 연구 결과에 의하면 베카카로틴 섭취가 10,000 IU 이상이면 암을 예방할 수도 있다고 한다. 10,000 IU 이상의 베타카로틴을 섭취하는 비율은 얼마인가?

풀이 X를 베타카로틴 섭취량이라 하고 $Y=\ln X$라 두자. $\ln 2000 = 7.60$, $\ln 10000 = 9.21$을 이용하면 다음과 같다.

$$(1)\ P(X \le 2000) = P(Y \le 7.60) = P\left(\frac{Y-8.34}{1} \le \frac{7.60-8.34}{1}\right)$$
$$= P(Z \le -0.74)$$

$$(2)\ P(X \ge 10000) = P(Y \ge 9.21) = P(Y-8.34 \ge 9.21-8.34)$$
$$= P(Z \ge 0.87)$$

■

정규분포에서는 다음 관계가 성립한다.

$X_1 \sim N(\mu_1, \sigma_1^2)$, $X_2 \sim N(\mu_2, \sigma_2^2)$이고, X_1과 X_2가 서로 독립이면 다음이 성립한다.

$$X_1 \pm X_2 \sim N(\mu_1 \pm \mu_2,\ \sigma_1^2 + \sigma_2^2) \quad \text{(부호 동순)}$$

예를 들어 $X \sim N(0,1)$이고 $Y \sim N(1,4)$이며 X와 Y가 서로 독립인 확률변수일 때 $X+Y \sim N(1,5)$, $X-Y \sim N(-1,5)$가 된다.

5.3 정규분포의 확인(Q-Q plot)

정규분포는 통계분석을 위하여 매우 중요한 분포이며 대부분의 통계분석에서 모집단의 분포로 가정하곤 한다. 이는 실제로 모집단의 분포가 정규분포로 가정했을 때 무리가 없는 경우가 많으며 또한 정규분포로 가정하면 이론적 전개가 비교적 쉬워지기 때문이다. 그러나 올바른 통계적 결과를 유도해 내기 위해서는 모집단의 분포가 정규분포라 가정할 수 있는지를 먼저 판단해야 한다.

다음은 가장 영향력 있는 여성 50인의 나이를 조사하여 얻은 표이다(포춘지 게재, 2002년 자료). 이 자료들이 정규분포를 한다고 가정하는 것이 적절한지 판단하고자 한다. 가장 직관적인 방법은 히스토그램이나 dot plot 또는 줄기-잎 그림 등을 그려

보는 것이다. 그 외에 어떠한 방법들이 있는지 알아보자.

표 5.1 가장 영향력 있는 여성 50인의 나이

48	46	46	46	44	49	53	49	40	48	52	50	58	55	50
47	46	53	58	41	53	53	44	58	52	44	52	52	50	49
48	48	46	41	59	52	42	53	44	63	53	37	45	71	49
53	44	48	56	49										

먼저 줄기-잎 그림을 보면 다음과 같다.

1	3	7
10	4	011244444
(17)	4	56666678888899999
23	5	000222223333333
8	5	568889
2	6	3
1	6	
1	7	1

그림 5.11 줄기-잎 그림 N=50, 잎 단위=1.0

또한 다음 그림은 히스토그램과 이의 정규근사곡선을 그린 것이다.

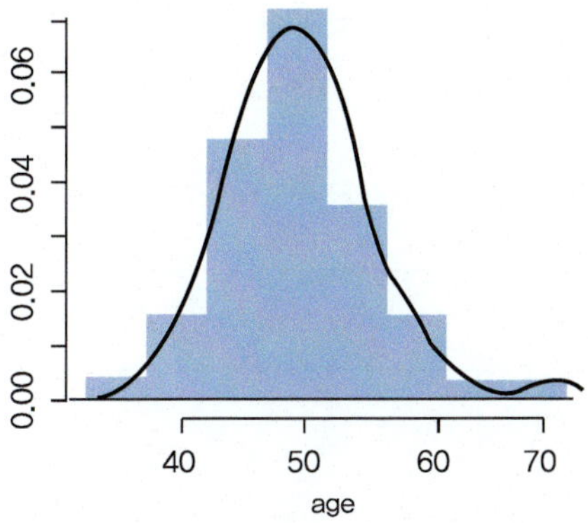

그림 5.12 히스토그램과 정규분포곡선

위의 두 가지 직관적 방법의 정규분포임을 확인하는 방법으로 Q-Q plot(정규확률도)을 들 수 있다.

먼저 $x_1, x_2, \cdots, x_n$의 데이터를 얻었다면 이를 작은 것부터 큰 순서대로 정렬한 다

음 i번째 작은 값을 $\frac{100(i-0.5)}{n}$ 번째 표본 100분위값(sample percentile)으로 둔다. 그리고 표준정규분포에서 이에 해당하는 값을 얻는다.

(표본의 i번째 관찰값, 표준정규분포에서 $\frac{100(i-0.5)}{n}$ 분위값) , $i=1,2,\cdots,n$

이러한 짝을 좌표로 그래프를 그렸을 때 표준정규분포가 잘 맞는다면 직선에 가까운 그림이 될 것이다. 위의 자료를 컴퓨터 프로그램을 이용하여 그린 그림을 보면 다음과 같다.

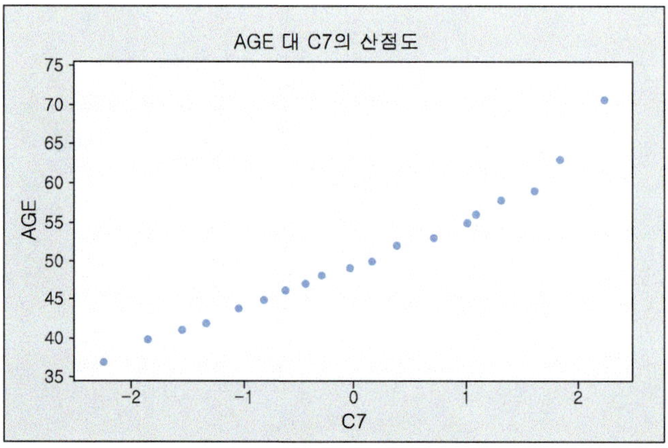

그림 5.13 Q-Q plot

예 5.3 다음 자료의 정규확률도를 그려보고 이 자료가 정규분포에서 얻어진 자료라 할 수 있는지 판단해 보자.

9.7 93.1 33.0 21.2 81.4 51.1 43.5 10.6 12.8 7.8 18.1 12.7

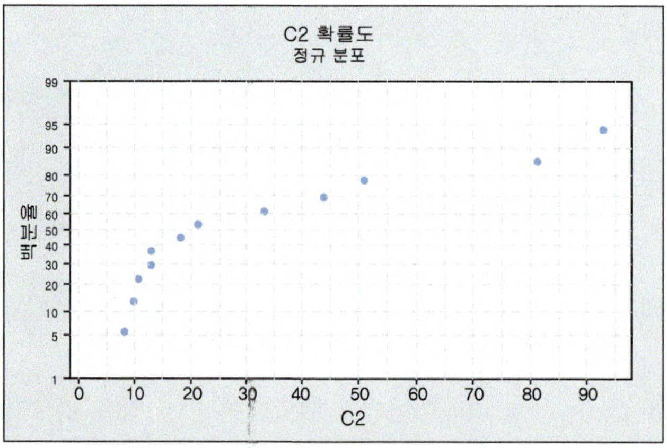

점들을 직선이 아닌 특정 모양을 하고 있음을 알 수 있다. 따라서 위 자료는 정규분포에서 나왔다고 보기 어렵다.

5.4 정규근사

세럼 트라이글리세라이드(serum triglycerides)는 특정 관상동맥류 질병의 중요한 위험요인(risk factor)이며 각 개인의 개별적인 값을 구하여 분포를 보면 그림 5.13의 왼쪽 그림과 같이 기울어진 모양을 띄며 일부의 사람들에게서 매우 높은 값이 측정된다. 그러나 30명 단위로 조사하여 그들의 평균값의 분포를 보면 거의 정규분포에 가깝다는 것을 확인할 수 있었다.

그림 5.14와 같은 현상을 어떻게 설명할 수 있을까? 이러한 현상의 이론적 배경은 다음에 소개하는 **중심극한정리**(central limit theorem)이다.

중심극한정리

평균 μ와 표준편차 σ를 갖는 임의의 모집단에서 크기 n의 랜덤 표본을 반복적으로 추출할 때, n이 크면 반복적으로 추출된 표본들로부터 계산된 표본평균 $\overline{X}$들의 상대도수분포는 평균이 μ, 표준편차가 $\sigma/\sqrt{n}$ 인 정규분포로 근사한다. 즉, $\overline{X}$의 분포는 근사적으로 $N(\mu,\ \sigma^2/n)$이다.

이것을 표준화하여 표현하면 다음과 같다.

$$Z = \frac{\overline{X} - \mu}{\sigma/\sqrt{n}} \sim N(0,\ 1)$$

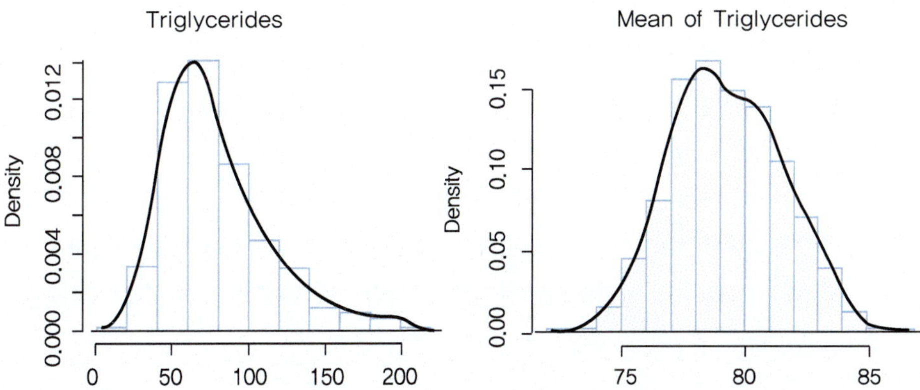

그림 5.14 (a) 개별분포 (b) 30명 단위 평균값들의 분포

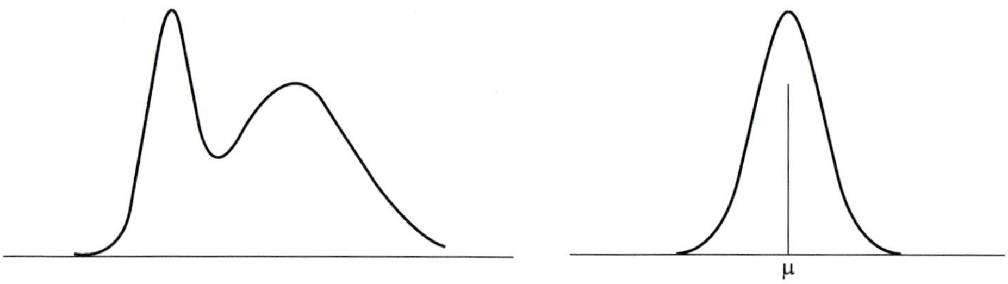

그림 5.15 (a)모집단 분포(평균 = μ, 표준편차 = σ) (b)$\overline{X}$ 의 분포(평균 = μ, 표준오차 = $\sigma/\sqrt{n}$)

그림 5.15(a)는 표본을 추출하는 원래의 모집단의 값 x들의 분포이다. x들의 분포의 모양이 특정한 형태일 필요는 없다. 우리가 아는 것은 단지 평균이 μ, 표준편차가 σ라는 것뿐이다. 그림 5.15의 (b)는 표본평균 $\overline{X}$ 값들의 상대도수분포가 수렴된 결과이다. 자세히 설명하면, 그림 5.15(a)에 도시된 모집단으로 부터 크기 n의 랜덤 표본을 추출하여 표본평균을 구한다. 그 다음 다시 크기 n의 랜덤 표본을 새로이 추출하여 역시 표본평균을 계산한다. 이 작업을 무한히 계속하여 얻은 표본평균 값들에 대한 상대도수분포를 그리면, 그림 5.15(b)와 같은 부드러운 정규분포곡선을 얻게 되는 것이다.

참고로, 그림 5.15의 (b)와 같은 그래프를 표본평균 $\overline{X}$ 의 **표본분포**(sampling distribution)라 한다. 중심극한정리에 의하여 이 표본분포의 평균은 μ, 표준편차는 모집단의 표준편차 σ를 $\sqrt{n}$ 으로 나눈 값과 같다. 이 표본분포의 표준편차 $\frac{\sigma}{\sqrt{n}}$ 를 $\overline{X}$ 의 **표준오차**(standard error)라 부른다.

5.4.1. 이항분포의 정규근사

중심극한정리의 결과를 이용하면, 이항확률변수에 대한 확률을 정규분포에 대한 확률로 바꾸어 간단히 계산할 수 있다. 이러한 근사계산이 요구되는 이유는 이항분포에서 시행 횟수 n의 값이 아주 크면 원하는 확률값을 구하기가 쉽지 않기 때문이다.

한 가지 예를 들어보자. 서울 시민 중 서울시의 재개발 정책에 대해서 찬성하는 사람은 정확히 40%이다. 1,000명의 랜덤 표본을 추출했을 때, 찬성하는 사람이 460명 이하일 확률은 얼마일까? 찬성하는 사람수를 확률변수 X로 표시하면, 원하는 확률은 다음 각각의 확률을 계산하여 더한 값이다.

$$P(X=0)+P(X=1)+\ldots+P(X=460)$$

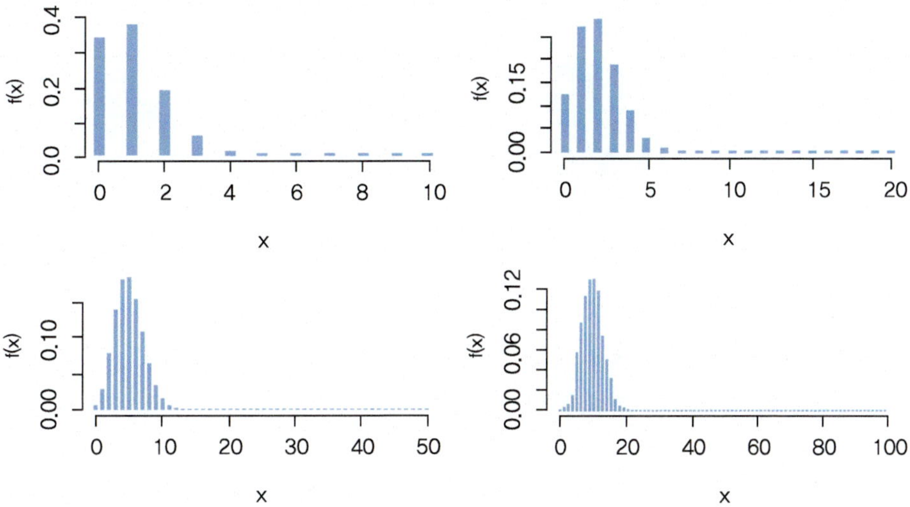

그림 5.16 $B(n,\ p)$ n=10, 20, 50, 100, p=0.1

따라서 모두 461개의 확률값을 일일이 계산해야 하는데 어느 것 하나도 그다지 쉽게 계산할 수가 없다. 찬성하는 사람수가 460명일 확률을 예시하면,

$$P(X=460)=\frac{1000!}{460!\ 540!}(0.4)^{460}(0.6)^{540}$$

가 되어 계산이 거의 불가능에 가까움을 알 수 있을 것이다. 이러한 경우에 정규분포를 이용하여 근삿값을 구하는 것이다.

다음 그림 5.16은 $p=0.1$이고 $n=10,\ 20,\ 40,\ 100$일 때의 이항분포의 확률그래프이다. n이 커질수록 정규곡선에 근사함을 볼 수 있다.

이항분포 $B(n,p)$에서 평균은 np, 표준편차는 $\sqrt{np(1-p)}$이므로, 구하기 어려운 이항 확률을 계산할 때에는 중심극한정리를 적용하여 이항확률변수 X를 정규분포

$$N(np,\ np(1-p))$$

로 취급하여 원하는 확률의 근삿값을 구할 수 있다. 이항분포에 중심극한정리를 적용할 수 있는 이유는 이항확률변수 X는 0과 1 값을 갖고 $P(X_i=1)=p$, $P(X_i=0)=1-p$인 서로 독립인 확률변수 $X_i,\ i=1,2,\cdots,n$의 합으로 표현할 수 있기 때문이다. 이러한 근사 기법은 np와 $n(1-p)$의 값이 둘 다 최소한 5 이상이 되어야 쓸 수 있다. 정규분포로 확률을 구할 때는 물론 다음과 같이 표준화해야 한다.

$$Z = \frac{X - np}{\sqrt{np(1-p)}} \approx N(0, 1)$$

따라서 $X \sim B(n, p)$이고 n이 크면 다음이 성립한다.

$$P(a \leqq X \leqq b) \approx P\left(\frac{a - np}{\sqrt{np(1-p)}} \leqq Z \leqq \frac{b - np}{\sqrt{np(1-p)}}\right)$$

예제 5.8 서울 시민 중 60%가 새로운 지하철 건설에 찬성할 때, 1,000명의 랜덤 표본에서 560명 이하가 찬성할 확률을 구하여라.

풀이 찬성자수에 대한 확률변수의 분포는 $B(1000, 0.6)$이므로,

$$np = 1000 \times 0.6 = 600, \quad n(1-p) = 1000 \cdot 0.4 = 400$$

이 되며, 따라서 정규근사를 할 수 있다. 계산해 보면, 이항분포의 평균은 600, 표준편차는 약 15.49가 나온다. 그러므로 다음을 얻는다.

$$\begin{aligned} P(X \leq 560) &\approx P\left(Z \leqq \frac{560 - 600}{15.49}\right) \\ &= P(Z \leq -2.58) \\ &= 0.0049 \end{aligned}$$

■

이와 같은 정규근사는 다음과 같이 a, b 모두 정수값을 가질 때 분자항을 약간 수정하면 좀 더 정확한 결과를 얻을 수 있다.

$$P(a \leq X \leq b) \approx P\left(\frac{a - 0.5 - np}{\sqrt{np(1-p)}} \leq Z \leq \frac{b + 0.5 - np}{\sqrt{np(1-p)}}\right)$$

위의 식을 보면, Z의 좌변 분자에서는 0.5를 뺐고, 우변 분자에서는 0.5를 더하였다. 이 까닭은, 이항확률변수는 정수값을 취하므로 인접한 정수와 정수 사이 구간의 확률은 0이다. 그러나 정규분포는 연속 분포이므로 함수값이 정의되지 않는 구간이 없고 따라서 이항확률이 0인 인접한 두 정수 사이의 구간에서도 0보다 큰 확률값을 갖는다. 이 차이를 보정하려면, 자연히 a에서는 0.5를 빼고 b에 대해서는 0.5를 더해야 한다. 이와 같이 이산확률분포를 연속확률분포로 근사시킴으로써 생기게 되는 오차를 보정하는 것을 **연속성 수정**(continuity correction)이라 한다. 한 가지 주

의할 점은 $P(a < X < b)$ 형식의 확률을 구할 때는 다음과 같이 양쪽 모두 등호를 갖는 부등식 형태로 수정한 후 사용하는 것이 편하다.

$$P(a < X < b) = P(a+1 \le X \le b-1)$$

연속성 수정으로 더 정확한 결과를 얻을 수가 있는 것은 사실이지만, 분자값에 비해 분모값이 상당히 크면 수정을 하여 얻은 값이나 그대로 구한 값이나 별 차이 없다.

5.4.2 포아송 분포의 정규근사

이항확률과 마찬가지로 포아송 확률 역시 계승(factorial)을 계산해야 하고 지수값을 구해야 하는 등 근삿값을 구하는 일조차 어려운 경우가 종종 발생한다. 포아송 확률을 구할 때도 중심극한정리를 사용하여 정규근사를 할 수 있다. 포아송 분포는 이항분포의 근사분포이고 이항분포의 정규근사를 생각해 보면 포아송 분포에도 정규근사를 적용할 수 있다는 점을 이해할 수 있을 것이다. 포아송 분포의 확률질량함수는 다음과 같이 주어짐을 상기하자.

$$P(X=x) = \frac{e^{-m}m^x}{x!}, \qquad x = 0,1,2,\cdots$$

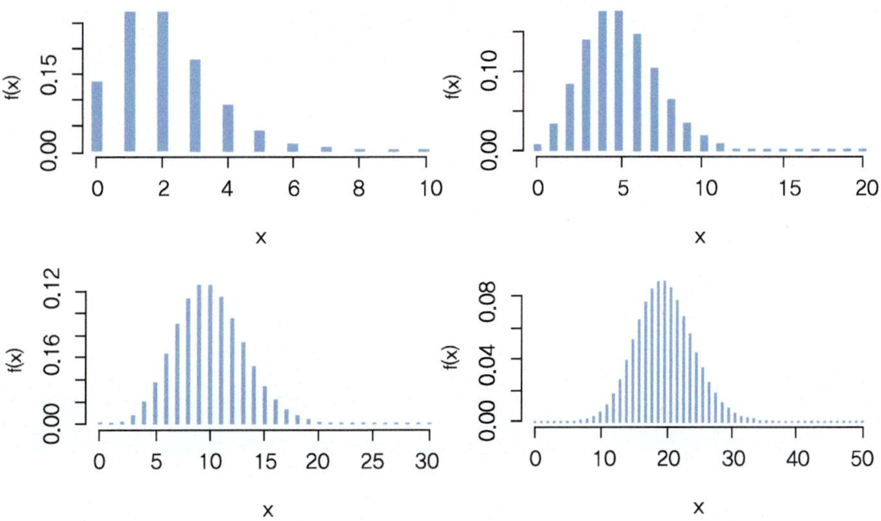

그림 5.17 poi(m), m = 2, 5, 10, 20

포아송 분포의 평균은 m, 표준편차는 $\sqrt{m}$ 이므로 m값이 작지 않은 경우 다음이 성립한다.

$$\frac{X-m}{\sqrt{m}} \approx N(0,1)$$

따라서 다음과 같이 근사확률을 구할 수 있다.

$$P(a \le X \le b) \approx P\left(\frac{a-m}{\sqrt{m}} \le Z \le \frac{b-m}{\sqrt{m}}\right)$$

$$\approx P\left(\frac{a-0.5-m}{\sqrt{m}} \le Z \le \frac{b+0.5-m}{\sqrt{m}}\right) \quad (\text{연속성 수정})$$

예 5.4 m의 값이 9일 때 $P(5 \le X \le 14)$의 확률값을 구해 보자. 먼저 컴퓨터를 이용하여 정확한 값을 구하면 $P(5 \le X \le 14) = 0.904$이다.

연속성 수정을 하지 않고 정규근사를 하면 다음과 같다.

$$P(5 \le X \le 14) \approx P\left(\frac{5-9}{\sqrt{9}} \le Z \le \frac{14-9}{\sqrt{9}}\right)$$

$$= P(-1.333 \le Z \le 1.667)$$

$$= 0.861$$

만일 연속성 수정을 가하면 다음과 같이 좀 더 근사한 값을 얻을 수 있다.

$$P(5 \le X \le 14) = P\left(\frac{5-0.5-9}{\sqrt{9}} \le Z \le \frac{14+0.5-9}{\sqrt{9}}\right)$$

$$= P(-1.500 \le Z \le 1.833)$$

$$= 0.8998$$

이 예에서는 m값이 비교적 작기 때문에 연속성 수정을 하지 않으면 오차가 커진다.

5.5 균일분포

이산 분포의 경우와 마찬가지로 통계 응용에 많이 쓰이는 연속분포 또한 종류가 다양하다. 이 책에서는 주로 정규분포와 정규분포로부터 유도되는 연속분포를 다루지만, 특히 이 절에서 소개하는 균일분포와 다음 절의 지수분포와 감마분포는 정규분포와 더불어 통계학에서 많이 쓰이는 연속분포들이다.

균일분포(uniform distribution)는 유한 구간 (a,b)에서 정의되며 확률밀도함수가 갖는 값은 상수가 된다. 균일분포의 모수는 구간의 양끝 a, b이며, 직사각형의 면적이 1이 되어야 하므로 균일한 그래프의 높이는 $1/(b-a)$로 주어진다.

구간 (a,b)에서 정의된 균일분포는 $U(a,b)$로 표기한다.

확률변수 $X \sim U(a,b)$이면 X의 확률밀도함수와 평균 및 분산은 다음과 같다.

$$f(x) = \frac{1}{b-a}, \qquad a < x < b$$

$$E(X) = \frac{a+b}{2}, \qquad Var(X) = \frac{(b-a)^2}{12}$$

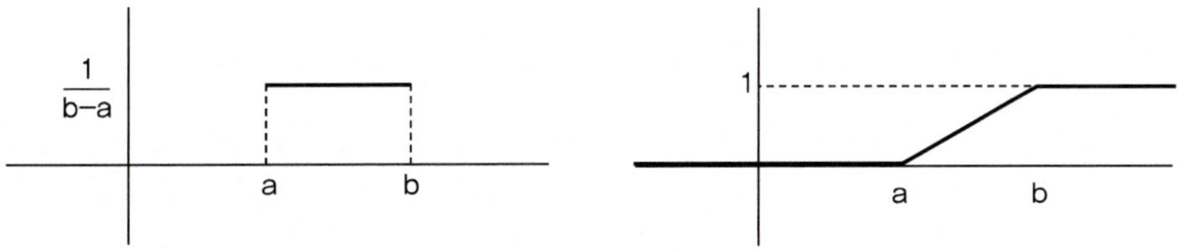

그림 5.18 (a) U(a,b)의 확률밀도함수, (b) U(a,b)의 분포함수

5.6 감마분포와 지수분포

정규분포의 그래프는 종 모양의 좌우 대칭형이었다. 그러나 실제 문제를 다루다 보면 좌우 대칭형뿐 아니라 어느 한쪽으로 기울어진 형태의 분포를 생각해야 할 때가 많다. 감마분포는 모수의 선택에 따라 여러 형태의 비대칭 분포를 나타내며 감마분포의 특수한 형태이기도 하면서 그 자체로도 매우 중요한 분포로 지수분포와 χ^2- 분포를 들 수 있다. χ^2-분포에 대해서는 7장의 정규분포로부터 유도된 분포에서 다루게 된다.

감마분포를 소개하기 위해서 먼저 감마함수(gamma function)를 정의하자.

$\alpha > 0$인 α에 대하여 감마함수 $\Gamma(\alpha)$는 다음과 같이 정의된다.

$$\Gamma(\alpha) = \int_0^\infty x^{\alpha-1} e^{-x}\, dx$$

감마함수의 성질로는

(1) $\alpha > 1$ 이면 $\Gamma(\alpha) = (\alpha - 1) \cdot \Gamma(\alpha - 1)$

(2) $\Gamma(1/2) = \sqrt{\pi}$

특히 n이 양의 정수이면 (1)에 의해 $\Gamma(n) = (n-1)!$이 된다.

감마분포는 α와 $\beta(\alpha > 0,\ \beta > 0)$의 두 모수에 의해 결정되며 감마분포의 확률밀도함수는 다음과 같다.

$$f(x) = \frac{1}{\beta^{\alpha}\Gamma(\alpha)} x^{\alpha-1} e^{-x/\beta}, \qquad x \geq 0 \tag{5.2}$$

$x < 0$이면 $f(x) = 0$이다. 다양한 α, β 값에 따른 여러 가지 모양의 확률밀도함수는 아래와 같다.

식 (5.2)가 확률밀도함수이므로 $(0, \infty)$에서 적분하면 1이 되고 따라서 다음 관계식이 성립함을 알 수 있다.

$$\int_0^{\infty} x^{\alpha-1} e^{-x/\beta} dx = \beta^{\alpha}\Gamma(\alpha) \tag{5.3}$$

따라서 위 식 (5.3)에 감마함수의 성질 (1)을 이용하면 감마분포의 평균과 분산은 쉽게 계산할 수 있다.

> 식 (5.2)를 확률밀도함수로 갖는 감마분포의 평균과 분산은 다음과 같다.
>
> $$E(X) = \alpha\beta, \qquad Var(X) = \alpha\beta^2$$

감마분포의 특수한 경우로 $\alpha = 1$일 때를 모수 β를 갖는 **지수분포**(exponential distribution)라고 한다. 지수분포는 대기시간(waiting time)에 관한 확률모형으로 광범위하게 사용된다. 이 분포는 이산분포인 포아송 분포와 밀접한 관계를 갖고 있

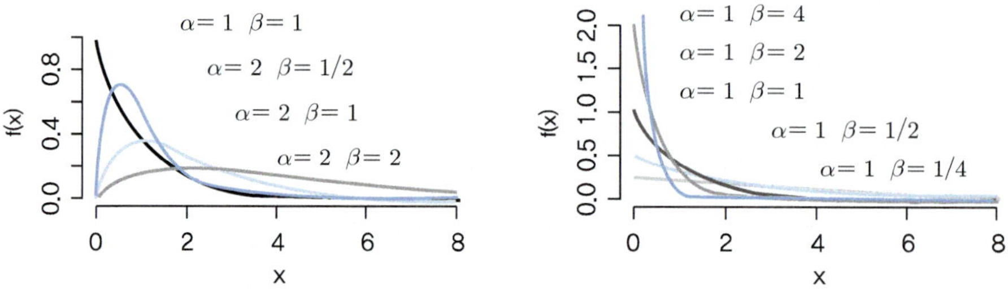

그림 5.19 감마분포에서의 여러 형태의 확률밀도함수

다. 포아송 분포는 시간이 지나면서 사건이 일어나는 횟수에 대한 분포이다. 반면, 지수분포는 인접한 두 사건이 발생하는 시간 간격에 대한 분포이다. 즉, 고정된 구간 내에서 사건 발생 횟수가 포아송 분포를 따르면, 연속적인 사건 발생의 시간 간격은 지수분포를 한다.

모수 β를 갖는 지수분포의 확률밀도함수와 평균 및 분산은 각각 다음과 같이 주어진다.

$$f(x) = \frac{1}{\beta} e^{-\frac{x}{\beta}}, \quad x \geq 0,$$

$$E(X) = \beta, \qquad Var(X) = \beta^2$$

$\alpha = 1$, $\beta = 1$인 감마분포, 즉 모수 $\beta = 1$인 지수분포의 확률밀도함수 그래프는 그림 5.19에서 볼 수 있다. 일반적으로 지수분포의 확률밀도함수 $f(x)$의 그래프는 $x = 0$일 때 $\frac{1}{\beta}$ 값을 갖고 x값이 증가함에 따라 곡선이 x축으로 감소 수렴하는 형태이다. 적당한 β값을 대입하여 스스로 그려보라. 또한 모수 β를 갖는 지수분포의 분포함수는 $F(x) = 1 - e^{-\frac{x}{\beta}}$, $x > 0$임을 확인해 보라.

연습문제

5.1 표준정규분포표에서 다음 확률을 구하여라.

(1) $P(0 < Z < 1.5)$

(2) $P(0 < Z < 1.8)$

(3) $P(Z > -1.96)$

(4) $P(Z > 1.96)$

(5) $P(-1.96 < Z < 1.96)$

(6) $P(-2.33 < Z < 2.33)$

5.2 다음을 만족하는 z값을 찾아라.

(1) $P(Z > z) = 0.05$ (2) $P(Z < z) = 0.05$ (3) $P(Z > z) = 0.1$

5.3 $X \sim N(39, 36)$일 때, 다음 확률을 구하여라.

(1) $P(X > 50)$

(2) $P(X < 30$ 또는 $X > 55)$

5.4 건전지의 수명은 평균 110시간, 표준편차 10시간의 정규분포를 따른다.

(1) 건전지의 수명이 110시간 이상, 115시간 이하일 확률은?

(2) 건전지의 수명이 107.5시간 이상, 120시간 이하일 확률은?

(3) 건전지의 수명이 112시간 이상, 123시간 이하일 확률은?

(4) 건전지의 수명이 90시간 이상, 102시간 이하일 확률은?

(5) 건전지의 수명이 113시간 이상일 확률은?

5.5 너트의 직경은 평균 2mm, 표준 편차 0.2mm의 정규분포를 따른다. 너트 하나를 랜덤으로 추출했을 때, 다음과 같은 직경을 가질 확률을 구하여라.

(1) 1.8mm 이상 2.1mm 이하

(2) 1.5mm 이상 1.7mm 이하

(3) 2.2mm 이상

(4) 2.3mm 이하

5.6 어떤 농구 선수의 자유투 성공률은 80%이다. 240번 던졌을 때,

(1) 180번 미만 성공할 확률은?

(2) 210번 이상 성공할 확률은?

(3) 정확히 200번 성공할 확률은?

5.7 한 회사의 사원 중 30%가 아파트에 살고 있다. 400명을 랜덤으로 추출했을 때, 아파트에 사는 사람수가 100 이상 150 이하일 확률을 구하여라.

5.8 두 개의 주사위를 600번 던졌다. 두 눈의 합이 7로 나온 횟수를 X라 하자. X가 90 이상 110 이하의 값을 가질 확률을 구하여라.

5.9 $\lambda = 1$인 지수분포의 확률밀도함수와 분포함수의 그래프를 그려라.

5.10 모수 α, β를 갖는 감마분포의 평균과 분산을 계산하여라.

5.11 (a,b)에서 균일분포를 하는 확률변수 X의 평균과 분산을 계산하여라.

5.12 도심을 순찰하는 순찰차는 시간당 평균 5회의 호출을 받는다. 호출 받는 시간 간격을 나타내는 확률변수 X가 평균 1/5인 지수분포를 따른다면 X의 확률밀도함수와 분산을 각각 구하여라. 3시간 동안의 호출 횟수를 Y라 할 때 $P(Y \leq 12)$일 확률을 구하여라.

5.13 $N(\mu,4)$분포를 따르는 모집단으로부터 25개의 임의표본을 추출하였다. 즉 $X_1, X_2, \cdots, X_{25}$는 서로 독립이고 각각 $N(\mu,4)$ 분포를 따른다고 할 때 이들의 표본평균 $\overline{X} = \sum_{i=1}^{25} X_i/25$ 값이 $(\mu-1, \mu+1)$ 사이에 있을 확률을 구하여라.

5.14 시간당 45km로 가는 자동차가 브레이크를 밟고 정지하기 위해 필요한 거리는 평균 15km, 표준편차 2.4km인 정규분포를 따른다. 45km로 주행하던 차의 전방 18km 지점에 장애물이 나타나 급히 브레이크를 밟았다.

(1) 12km 이내에서 정지할 확률은?

(2) 충돌을 피할 수 있는 길이 브레이크를 밟는 일뿐이라면 충돌할 확률은 얼마인가?

5.15 종과B동 엘리베이터는 최대용량이 1,000kg, 15인승이라고 되어 있다. 성인 여성의 몸무게가 $N(65,25)$를 따른다면 15명이 탔을 때 1,000kg을 넘을 확률을 구하여라.

5.16 1 밀리리터의 음료수 안에 있는 특정 박테리아의 수는 평균 80인 포아송 분포를 따른다고 한다. 이 음료수의 1밀리리터 안에 박테리아수가 100개 이상일 확률을 구하여라.

5.17 A 음료를 개발한 개발팀에서는 A 음료의 선호도를 0.1이라고 주장하고 있

다. 그리고 이를 뒷받침하기 위하여 2,500명을 대상으로 시장 조사를 하였고 그중 221명이 A 음료에 대한 선호도를 나타내었다. 선호도가 0.1이 맞다고 할 때 221명 이하의 고객이 A 음료를 선택할 확률은 얼마인가? 이 자료는 A 음료의 선호도가 0.1이라는 주장을 잘 뒷받침하고 있는가?

5.18 그동안의 누적된 자료에 의하면 성인 40명 중에 1명 꼴로 폐암에 걸린다고 한다. 특정 오염물질이 많은 작업장에서 일하는 인부들은 폐암에 걸릴 가능성이 높을 수도 있다는 의견이 제시되었고 이를 확인하기 위하여 같은 환경에서 일하고 있는 인부 400명을 임의로 선택하여 폐암 여부를 조사하였더니 19명이 환자임이 밝혀졌다. 이 자료는 이러한 작업장환경이 폐암에 걸릴 확률을 높였다는 주장을 뒷받침하는가?

5.19 호텔이나 항공사는 예약 후 나타나지 않는 손님(no show)들로 인한 손실을 최소화하기 위하여 소유하고 있는 좌석이나 객실수보다 많은 예약을 받는다(overbooking). 200개의 객실을 소유하고 있는 한 호텔에서는 과거의 경험에 의하면 약 10%의 예약 손님들이 나타나지 않음을 알고 있고, 215명의 손님의 예약을 받았다. 모든 도착 고객이 방을 배정 받을 수 있는 확률은 얼마나 될까?

5.20 어느 중고차 상에서는 차를 판 뒤 50만원 이상의 수리비를 요하는 고장이 날 때까지의 시간은 $N(10,9)$ (단위: 개월) 을 따른다고 알고 있다. 보장수리기간 동안 단지 최대 5% 자동차만이 보장수리를 요구하도록 보장 기간을 정하려고 한다. 보장수리기간을 몇 달로 하면 될까?

CHAPTER 06

결합확률분포

4장과 5장에서는 통계적 실험이나 조사의 결과를 하나의 값으로 나타내는 확률변수에 대해 공부하였다. 그러나 신체검사에서 키 X(cm)와 몸무게 Y(kg)와의 관계를 알아보는 것, 농작물 실험에서 사용한 비료의 양 X(g)과 수확량 Y(kg)을 조사하는 경우, 기업에서 광고비와 매출액과의 관계 등을 살펴보는 것과 같이 두 개 이상의 값이 서로 어떠한 관계를 가지고 변하는지 궁금할 때가 있다. 6장에서는 이러한 결과를 확률변수 X, Y의 순서쌍(X, Y)로서 나타내고 결합된 형태에서 확률분포를 알아보고자 한다. (X, Y)의 결합분포와 X, Y 각각의 분포와의 관계, 두 확률변수의 선형관계를 나타내는 값, 두 확률변수의 독립성 등의 문제를 다루고자 한다.

6.1 이차원 확률변수와 결합분포

일반적으로 두 확률변수의 순서쌍 (X, Y)를 **2차원 확률변수**(two-dimensional random variable)라고 한다. 마찬가지로 3차원, 4차원,⋯ 의 확률변수도 생각할 수 있다. 여기서는 2차원 확률변수를 중심으로 다루지만 그 밖의 다차원 확률변수도 같은 방법으로 확장하여 생각할 수 있다.

한 확률변수 X의 확률분포는 실수의 부분집합 A에 $P(X\in A)$를 대응시키는 관계로 정의되었다. 이를 2차원 확률변수 (X, Y)로 확장시키면 실수의 두 부분집합 A와 B에 대하여 $P(\{s\in S : X(s)\in A, Y(s)\in B\})$, 간단히 확률 $P(X\in A, Y\in B)$를 대응시키는 관계가 된다. 이를 2차원 확률변수 (X, Y)의 **결합확률분포**

(joint probability distribution) 또는 간단히 **결합분포**(joint distribution)라고 한다. 일반적으로 X, Y 각각의 분포가 (X, Y)의 결합확률분포를 결정하지 못한다.

X, Y가 모두 이산확률변수이고 X가 취할 수 있는 값을 $x_1, x_2, x_3, \cdots$ Y가 취하는 값을 $y_1, y_2, y_3, \cdots$로 나타낼 때 (X, Y)가 취하는 값 (x_i, y_j) 각각에 $P(X=x_i, Y=y_j)$를 대응시키는 관계를 (X, Y)의 **결합확률질량함수**(joint probability mass function)라고 한다.

즉 다음과 같이 정의된 함수 $p_{X,Y}(x,y)$를 (X, Y)의 결합확률질량함수라 한다.

$$p_{X,Y}(x,y) = P(X=x,\ Y=y)$$

2차원 확률변수 (X, Y)의 결합확률질량함수 $p_{X,Y}(x,y)$는 다음을 만족한다.

(1) $p_{X,Y}(x,y) \geq 0$

(2) $\sum_y \sum_x p_{X,Y}(x,y) = 1$

(3) $P(a \leq X < b,\ c \leq Y < d) = \sum_{c \leq y < d} \sum_{a \leq x < b} p_{X,Y}(x,y)$

예제 6.1 한 개의 동전을 차례로 세 번 던졌을 때 X를 앞면의 수, Y를 처음 던진 결과가 앞면이면 1, 그렇지 않으면 0이라 하자. (X, Y)의 결합확률분포를 구하여라. 또 Z를 처음 두 번 던진 결과가 같으면 1, 다르면 0이라 했을 때 (X, Z)의 결합확률분포를 구하여라.

풀이 표본공간과 각 점에서의 X, Y, Z의 값은 다음과 같다.

S	HHH	HHT	HTH	THH	HTT	THT	TTH	TTT
x	3	2	2	2	1	1	1	0
y	1	1	1	0	1	0	0	0
z	1	1	0	0	0	0	1	1

따라서 (X, Y)가 갖는 값은 $(0,\ 0)$, $(1,\ 0)$, $(1,\ 1)$, $(2, 0)$, $(2, 1)$, $(3, 1)$이 되고 각각에 대응하는 확률은 $\frac{1}{8}$, $\frac{2}{8}$, $\frac{1}{8}$, $\frac{1}{8}$, $\frac{2}{8}$, $\frac{1}{8}$이다. 또 (X, Z)가 갖는 값은 (0, 1), (1, 0), (1, 1), (2, 0), (2, 1), (3, 1)이 되고 각각에 대응하는 확률은 $\frac{1}{8}$, $\frac{2}{8}$,

$\frac{1}{8}$, $\frac{2}{8}$, $\frac{1}{8}$, $\frac{1}{8}$이다. 이때 Y와 Z의 분포는 $P(Y=0)=P(Z=0)=\frac{1}{2}$, $P(Y=1)=P(Z=1)=\frac{1}{2}$로 서로 같으나 (X, Y), (X, Z)의 두 결합분포는 서로 다름을 알 수 있다. ■

위의 예제 6.1에서와 같이 X, Y가 취하는 값의 수가 적을 때에는 (X, Y)의 결합분포를 다음과 같이 표로 나타내는 것이 편리하다.

표 6.1 (X, Y)의 결합확률분포표

y \ x	0	1	2	3	합계
0	$\frac{1}{8}$	$\frac{2}{8}$	$\frac{1}{8}$	0	$\frac{1}{2}$
1	0	$\frac{1}{8}$	$\frac{2}{8}$	$\frac{1}{8}$	$\frac{1}{2}$
	$\frac{1}{8}$	$\frac{3}{8}$	$\frac{3}{8}$	$\frac{1}{8}$	1

예제 6.2 위의 예제 6.1에서 $P(X=2)$, $P(Y=0)$을 각각 구하여라.

풀이 $X=2$일 때 Y가 취할 수 있는 값은 0, 1이므로 다음과 같이 쓸 수 있다.

$$P(X=2)=P(X=2,\ Y=0)+P(X=2,\ Y=1)$$
$$=\frac{1}{8}+\frac{2}{8}=\frac{3}{8}$$

마찬가지로 $Y=0$일 때 X가 취할 수 있는 값은 0, 1, 2, 3이므로

$$P(Y=0)=P(X=0,\ Y=0)+P(X=1,\ Y=0)+P(X=2,\ Y=0)$$
$$+P(X=3,\ Y=0)$$
$$=\frac{1}{8}+\frac{2}{8}+\frac{1}{8}+0=\frac{4}{8}$$

■

예제 6.2에서 보는 바와 같이 $P(X=2)$는 결합확률분포표에서 $X=2$인 열에 있는 확률의 합이 되고 $P(Y=0)$은 $Y=0$인 행에 있는 확률의 합이 된다.

일반적으로 (X, Y)의 결합확률질량함수 $p_{X,Y}(x,y)$에서 X의 **주변확률질량함수**

(marginal probability mass function) $p_X(x)$는 다음과 같이 정의된다.

$$p_X(x) = \sum_y p_{X,Y}(x,y)$$

이는 X의 분포를 결정해 준다. 마찬가지로 Y의 주변확률질량함수 $p_Y(y)$는

$$p_Y(y) = \sum_x p_{X,Y}(x,y)$$

로 정의되며 이는 Y의 분포를 결정한다.

예제 6.3 상호 관련이 있는 A, B 두 생산 라인을 가지고 있는 공장이 있다. 하루 동안 A, B 각각의 라인에서 만들어지는 제품의 개수를 X, Y라 할 때 각각의 주변확률질량함수를 구하고, 또 $P(1 \le X \le 3)$, $P(2 \le Y < 3)$값을 구하여라.

y \ x	0	1	2	3	4	합계
0	0	0.05	0.10	0	0	0.15
1	0.02	0.11	0.25	0.10	0.02	0.5
2	0	0.18	0.10	0.05	0.02	0.35
합계	0.02	0.34	0.45	0.15	0.04	1

풀이 X의 주변확률질량함수 $p_X(x)$는

$$p_X(0) = 0 + 0.02 + 0 = 0.02$$

$$p_X(1) = 0.05 + 0.11 + 0.18 = 0.34$$

$$p_X(2) = 0.1 + 0.25 + 0.10 = 0.45$$

$$p_X(3) = 0 + 0.10 + 0.05 = 0.15$$

$$p_X(4) = 0 + 0.02 + 0.02 = 0.04$$

Y의 주변확률질량함수 $p_Y(y)$는

$$p_Y(0) = 0 + 0.05 + 0.10 + 0 + 0 = 0.15$$

$$p_Y(1) = 0.02 + 0.11 + 0.25 + 0.10 + 0.02 = 0.5$$

$$p_Y(2) = 0 + 0.18 + 0.10 + 0.05 + 0.02 = 0.35$$

따라서 다음을 얻는다.

$$
\begin{aligned}
P(1 \le X \le 3) &= p_X(1) + p_X(2) + p_X(3) \\
&= 0.34 + 0.45 + 0.15 \\
&= 0.94 \\
P(2 \le Y < 3) &= p_Y(2) \\
&= 0.35
\end{aligned}
$$

■

(X, Y)가 2차원 연속확률변수일 때의 (X, Y)의 결합확률분포는 다음의 (1)~(3)을 만족하는 **결합확률밀도함수**(joint probability density functon) $f_{X,Y}(x,y)$에 의해 결정된다.

(1) $f_{X,Y}(x,y) \ge 0$

(2) $\int_{-\infty}^{\infty} \int_{-\infty}^{\infty} f_{X,Y}(x,y)\, dx\, dy = 1$

(3) $P(a < X \le b,\ c < Y \le d) = \int_c^d \int_a^b f_{X,Y}(x,y)\, dx\, dy$

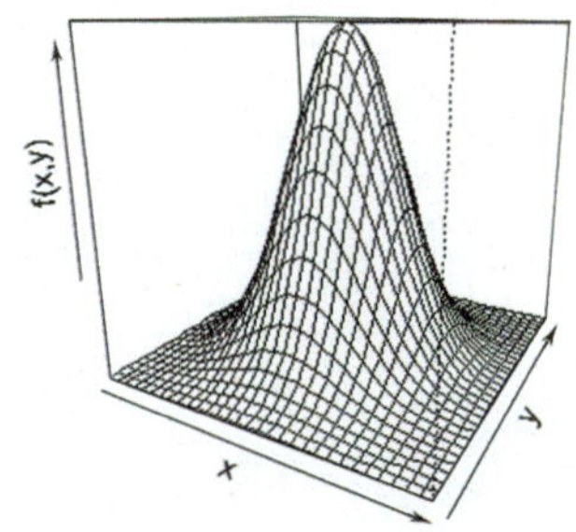

그림 6.1 2차원 결합확률밀도함수

X, Y의 각각의 **주변확률밀도함수**(marginal probability density function)는 다음과 같이 결정되며 이는 각각 X의 분포와 Y의 분포를 결정한다.

$$
f_X(x) = \int_{-\infty}^{\infty} f_{X,Y}(x,y)\, dy,
$$

$$
f_Y(y) = \int_{-\infty}^{\infty} f_{X,Y}(x,y)\, dx
$$

예제 6.4 (X, Y)의 결합확률밀도함수가 아래와 같을 때 X, Y 각각의 주변확률밀도함수를 구하고 $P(X > 1/2)$, $P(1 < Y < 3)$를 구하여라.

$$f_{X,Y}(x,y) = \begin{cases} x^2 + \dfrac{xy}{3} & 0 < x < 1,\ 0 < y < 2 \\ 0 & \text{그 밖에서} \end{cases}$$

풀이 X의 주변확률밀도함수 $f_X(x)$는

$$\begin{aligned} f_X(x) &= \int_{-\infty}^{\infty} f_{X,Y}(x,y)\, dy \\ &= \int_0^2 \left(x^2 + \frac{xy}{3}\right) dy \\ &= 2x^2 + \frac{2}{3}x, \qquad 0 < x < 1\ . \end{aligned}$$

Y의 확률밀도함수 $f_Y(y)$는

$$\begin{aligned} f_Y(y) &= \int_{-\infty}^{\infty} f_{X,Y}(x,y)\, dx \\ &= \int_0^1 \left(x^2 + \frac{xy}{3}\right) dx \\ &= \frac{1}{3} + \frac{1}{6}y, \qquad 0 < y < 2. \end{aligned}$$

따라서 다음을 얻는다.

$$P\left(X > \frac{1}{2}\right) = \int_{1/2}^{1} \left(2x^2 + \frac{2}{3}x\right) dx = \frac{5}{6}$$

$$P(1 < Y < 3) = \int_1^2 \left(\frac{1}{3} + \frac{1}{6}y\right) dy = \frac{7}{12}$$

■

X와 Y의 함수 $g(X, Y)$의 평균 구하는 방법을 알아보자. 다음 예제 6.5는 $g(X, Y) = X + Y$인 경우이다.

예제 6.5 예제 6.3의 공장에서 하루 동안 만들어내는 제품의 개수를 Z라 할 때 $E(Z)$를 구하

여라.

풀이 $Z=X+Y$이므로 다음이 성립한다.

$$P(Z=0)=P(X=0,Y=0)=0$$
$$P(Z=1)=P(X=0,Y=1)+P(X=1,Y=0)$$
$$=0.02+0.05=0.07$$
$$\vdots$$
$$P(Z=6)=0.02$$

이를 표로 정리하면 다음과 같다.

표 6.2 $Z=X+Y$의 확률분포표

Z	0	1	2	3	4	5	6
$p_Z(z)$	0	0.07	0.21	0.43	0.20	0.07	0.02

따라서

$$E(Z)=E(X+Y)$$
$$=0\times 0+1\times 0.07+2\times 0.21+\cdots+6\times 0.02=3.05$$ ■

위의 예제 6.5에서와 같이 Z의 분포를 따로 구하지 않고 다음과 같이 직접 구할 수 있다.

$$E(Z)=E(X+Y)$$
$$=\sum_j\sum_i (x_i+y_j)\,p_{X,Y}(x_i,y_j)$$
$$=0\times 0+(0+1)\times 0.05+(0+2)\times 0.10+(0+3)\times 0+(0+4)\times 0$$
$$+(1+0)\times 0.02+(1+1)\times 0.11+\cdots+(1+4)\times 0.02+\cdots$$
$$+(2+4)\times 0.02$$
$$=3.05$$

일반적으로 (X,Y)의 결합확률분포를 알 때 X,Y의 함수로 이루어진 새로운 확률변수의 기댓값은 다음 성질을 이용하여 편리하게 구할 수 있다.

일반적으로 다음이 성립한다.

(X, Y)의 결합확률질량(밀도)함수를 $p_{X,Y}(x,y)$ $(f_{X,Y}(x,y))$라 하면 X, Y의 임의의 실수값 함수 $g(x,y)$에 대하여 다음이 성립한다.

$$E(g(X,Y)) = \begin{cases} \sum_y \sum_x g(x,y)\, p_{X,Y}(x,y) & ;\ (X,Y)\text{가 이산변수일 때} \\ \int_{-\infty}^{\infty}\int_{-\infty}^{\infty} g(x,y)\, f_{X,Y}(x,y)\, dxdy & ;\ (X,Y)\text{가 연속변수일 때} \end{cases}$$

(X, Y)가 결합연속확률변수일 때 $g(X, Y)$를 간단한 형태인 $g(X, Y) = aX + bY$, a, b는 상수로 두면 위 성질로부터 다음을 얻는다.

$$\begin{aligned} E(aX+bY) &= \int_{-\infty}^{\infty}\int_{-\infty}^{\infty} (ax+by) f_{X,Y}(x,y)\, dx\, dy \\ &= \int_{-\infty}^{\infty}\int_{-\infty}^{\infty} ax\, f_{X,Y}(x,y)\, dx\, dy + \int_{-\infty}^{\infty}\int_{-\infty}^{\infty} by\, f_{X,Y}(x,y)\, dx\, dy \\ &= a\int_{-\infty}^{\infty} x f_X(x)\, dx + b\int_{-\infty}^{\infty} y\, f_Y(y)\, dy \\ &= aE(X) + bE(Y) \end{aligned}$$

예제 6.6 (X, Y)의 결합확률밀도함수가 $f_{X,Y}(x,y) = 1$, $0 < x < 1$, $0 < y < 1$일 때 $E(X^2Y)$값을 구하여라.

풀이 $E(X^2Y) = \int_0^1\int_0^1 x^2y\ dxdy = 1/6$ ■

6.2 공분산과 상관계수

두 확률변수 X, Y의 기댓값을 각각 μ_x, μ_y라고 할 때 이들의 결합된 변화량을 측정하는 것으로 $E((X-\mu_x)(Y-\mu_y))$를 사용한다. 왜냐하면 X값이 μ_x보다 클 때 Y값도 μ_y보다 크게 되고 또 X값이 μ_x보다 작을 때 Y값도 같이 μ_y보다 작게 되는 경향이 있다면 $(X-\mu_x)(Y-\mu_y)$값은 양의 값을 가질 확률이 크며 따라서 $E((X-\mu_x)(Y-\mu_y))$은 양의 값을 갖게 된다. 반대로 X값이 클 때 Y값이 작거나 X값이 작을 때 Y값이 큰 경향이 있다면 $(X-\mu_x)(Y-\mu_y)$값은 음이 될 확률이 높으며 따라서 $E((X-\mu_x)(Y-\mu_y))$은 음의 값을 갖게 되기 때문이다. 즉 $E((X-\mu_x)(Y-\mu_y))$는 X, Y의 변화하는 방향관계나 그 관계의 강도를 측정하는 척도가 된다. 이때 $E((X-\mu_x)(Y-\mu_y))$를 X와 Y의 **공분산**(covariance)이라 하고 기호로는 $Cov(X, Y)$로 나타낸다. 두 확률변수 X, Y에 대하여

$$Cov(X, Y) = E((X-\mu_x)(Y-\mu_y))$$

다음이 성립한다.

$$\begin{aligned} Cov(X, Y) &= E((X-\mu_x)(Y-\mu_y)) \\ &= E(XY-\mu_x Y-\mu_y X+\mu_x\mu_y) \\ &= E(XY)-\mu_x\mu_y \end{aligned}$$

X와 Y의 공분산 $Cov(X, Y)$는 X와 Y 각각의 단위에 의존하는 양이므로 $Cov(X, Y)$를 X와 Y 각각의 표준편차로 나누면 단위와는 무관한 값을 얻게 된다. 이를 X와 Y의 **상관계수**(correlation coefficient)라고 하며 $Corr(X, Y)$ 또는 $\rho_{X,Y}$로 나타낸다. $Corr(X, Y)$는 X와 Y의 선형관계를 측정하는 척도로 사용된다.

두 확률변수 X, Y에 대하여 다음과 같이 정의된다.

$$Corr(X, Y) = \frac{Cov(X, Y)}{s.d(X)\ s.d(Y)}$$

$-1 \leqq Corr(X, Y) \leqq 1$이 성립하고 $|\rho(X, Y)| = 1$이면 X와 Y는 선형관계에 있음을 의미하고 $|\rho(X, Y)|$이 1에 가까울수록 강한 선형관계, 0에 가까울수록 약한 선형관계를 나타내며 $\rho(X, Y)$가 양의 값을 가지면 양의 선형관계, 즉 X가 증가함에 따라 Y도 같이 증가하는 경향이 있음을 나타내고, 음의 값을 가지면 X가 증가하면 Y는 감소하는 경향이 있음을 나타낸다. $\rho(X, Y) = 0$이면 X와 Y는 상관관계가 없다(uncorrelated)고 말한다. 즉 $\rho(X, Y)$은 X와 Y의 선형관계의 강약이나 방향을 나타내는 지표가 된다. 그러나 선형관계 이외의 다른 관계를 설명하지는 못한다.

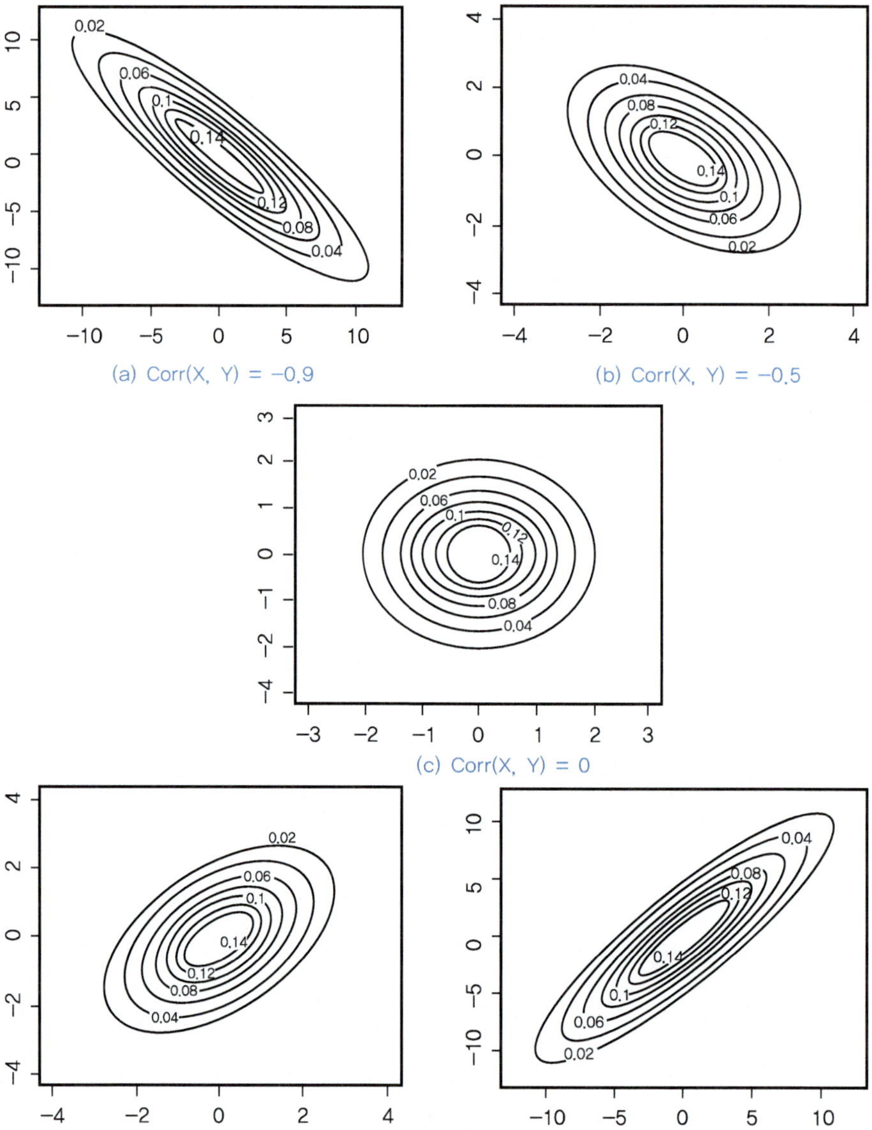

(a) Corr(X, Y) = −0.9
(b) Corr(X, Y) = −0.5
(c) Corr(X, Y) = 0
(d) Corr(X, Y) = 0.5
(e) Corr(X, Y) = 0.9

그림 6.2 다양한 corr(X,Y)에 따른 그래프

예제 6.7 $Y = aX + b \ (a \neq 0)$일 때 $\rho(X, Y)$를 계산하여라.

풀이 $Cov(X, aX+b) = a\,Var(X)$이므로

$$\rho(X, Y) = \frac{a\,Var(X)}{\sqrt{a^2\,Var(X) \cdot Var(X)}} = \frac{a}{|a|}$$

따라서 $a > 0$이면 $\rho(X, Y) = 1$이고 $a < 0$이면 $\rho(X, Y) = -1$이다. ■

6.3 두 확률변수의 독립

앞 3.3에서 두 사상 A, B에 대하여 $P(A\cap B)=P(A)P(B)$가 성립하면 A, B는 서로 독립이라고 하였다. 마찬가지로 두 이산확률변수 X, Y에서 임의의 x_i, y_j에 대하여 사상 $\{X=x_i\}$와 $\{Y=y_j\}$이 항상 서로 독립일 때 즉,

$$P(X=x_i,\ \ Y=y_j)=P(X=x_i)P(Y=y_j), \qquad i,\ j=1,2,3,\ \cdots$$

일 때 두 확률변수 X, Y가 서로 독립(mutually independent)이라고 정의하는 것은 극히 자연스럽다. 이를 일반화하면 다음과 같이 정의된다.

실수의 임의의 두 부분집합 A, B에 대하여 다음 관계가 성립하면 확률변수 X와 Y는 **서로 독립**이라 정의한다.

$$P(X\in A, Y\in B)=P(X\in A)P(Y\in B)$$

이를 확률질량함수나 확률밀도함수를 이용하여 나타내면 다음과 같게 된다.

두 확률변수 X, Y의 결합분포에서 모든 (x,y)에 대하여 다음 관계 중에서 하나가 성립하면 두 확률변수 X, Y는 서로 독립이 된다.

(X, Y)가 결합이산확률변수일 때 $p_{X,Y}(x,y)=p_X(x)p_Y(y)$

(X, Y)가 결합연속확률변수일 때 $f_{X,Y}(x,y)=f_X(x)f_Y(y)$

앞에서 일반적으로 X, Y 각각의 분포가 (X, Y)의 결합확률분포를 결정하지 못한다. 그러나 확률변수의 독립의 정의를 보면 X, Y가 독립일 때는 (X, Y)의 결합분포는 각각의 분포에 의해 결정됨을 알 수 있다.

예제 6.8 결합확률밀도함수 $f(x,y)=xe^{-(x+y)}$, $\ x>0,\ y>0$를 갖는 두 확률변수 X와 Y는 서로 독립인가?

풀이 각각의 주변확률밀도함수를 구하면 다음과 같다.

$$f_Y(y)=e^{-y}, \quad y>0$$
$$f_X(x)=xe^{-x}, \quad x>0$$

따라서 $f(x,y)=f_X(x)f_Y(y)$가 성립하고, X와 Y가 서로 독립임을 알 수 있다. ■

예제 6.9 (X, Y)가 다음과 같은 결합확률밀도함수를 가질 때 두 확률변수 X와 Y는 서로 독립인가?

$$f(x,y) = \frac{6}{5}(x+y^2), \quad 0 \leqq x \leqq 1, \quad 0 \leqq y \leqq 1$$

풀이 각각의 주변확률밀도함수는 다음과 같다.

$$f_X(x) = \frac{6}{5}x + \frac{2}{5}, \quad 0 \leqq x \leqq 1$$

$$f_Y(y) = \frac{6}{5}y^2 + \frac{3}{5}, \quad 0 \leqq y \leqq 1$$

따라서 $f(x,y) \neq f_X(x) f_Y(y)$이므로 X와 Y는 서로 독립이 아니다. ■

X와 Y가 서로 독립인 확률변수이고 g와 h가 실수 위에서 정의된 실수값 함수이면 새로운 두 확률변수 $g(X)$, $h(Y)$도 서로 독립인 확률변수가 된다. 예를 들어 X와 Y가 서로 독립이면 $X^2 + 2X$와 e^Y도 서로 독립인 확률변수가 된다.

다음은 확률변수의 합의 분산에 대해 알아보자.

$$\begin{aligned} Var(aX+bY) &= E[(aX+bY) - aE(X) - bE(Y)]^2 \\ &= E[a(X-E(X)) + b(Y-E(Y))]^2 \\ &= a^2 Var(X) + b^2 Var(Y) + 2abCov(X, Y) \end{aligned}$$

$Var(X-Y)$의 경우도 같은 방법으로 계산하면 다음을 얻는다.

$$Var(aX \pm bY) = a^2 Var(X) + b^2 Var(Y) \pm 2abCov(X, Y) \text{ (복호동순)}$$

또 $Cov(X, Y)$와 $Corr(X, Y)$에 대해 다음이 성립함을 정의로부터 쉽게 유도해 낼 수 있다.

$$Cov(aX+b, cY+d) = ac\, Cov(X, Y)$$

$$Corr(aX+b, cY+d) = (ac\text{의 부호})\, Corr(X, Y)$$

$$|Corr(X, Y)| \leq 1$$

$X,\ Y$가 서로 독립이면 $E(XY)=E(X)E(Y)$가 성립한다. 이는 (X,Y)가 결합 이산확률변수일 때 다음과 같이 보일 수 있다.

$$\begin{aligned} E(XY) &= \sum_x \sum_y xy\, p_{X,Y}(x,y) \\ &= \sum_x \sum_y xy\, p_X(x) p_Y(y) \\ &= \sum_x x p_X(x) \sum_y y p_Y(y) \\ &= E(X)E(Y) \end{aligned}$$

X, Y가 이차원 연속확률변수일 때도 같은 방법으로 증명할 수 있다. 그러므로 X, Y가 서로 독립인 두 확률변수이면 $Cov(X,Y)=Corr(X,Y)=0$이고 따라서 다음이 성립한다.

$$\begin{aligned} Var(X\pm Y) &= Var(X)+Var(Y)\pm 2Cov(X,\ Y) \\ &= Var(X)+Var(Y) \end{aligned}$$

그러나 $Cov(X,Y)=0$이 두 확률변수의 독립을 의미하지는 않는다.

일반적으로 다음이 성립한다.

명제

$X_1, X_2, \cdots, X_n$이 서로 독립인 확률변수이고 $a_1, a_2, \cdots, a_n$이 상수이면,

$$E\left(\sum_{i=1}^n a_i X_i\right)=\sum_{i=1}^n a_i E(X_i), \qquad Var\left(\sum_{i=1}^n a_i X_i\right)=\sum_{i=1}^n a_i^2\, Var(X_i)$$

예제 6.10 $X_i\ \ (i=1,2,\cdots,n)$은 독립동등분포를 하고 모수 p인 베르누이 분포, 즉 $P(X_i=1)=p$, $P(X_i=0)=1-p$를 따른다고 할 때 $X=\sum_{i=1}^n X_i$일 때 X의 평균과 분산을 구하여라.

풀이 $E(X_i)=p,\ Var(X_i)=pq$이다. 따라서 위 명제를 이용하면 $E(X)=\sum_{i=1}^n E(X_i)$ $=np$이고 $Var(X)=\sum_{i=1}^n Var(X_i)=npq$가 된다. 이때 X의 분포는 $B(n,p)$를 따른다. ■

연습문제

6.1 빠른 계산대와 소량계산대의 두 계산대가 있는 슈퍼마켓에서 어느 특정 시간에 두 계산대에서 기다리고 있는 고객의 수를 조사하였다. X_1= 빠른 계산대의 고객의 수, X_2=소량계산대의 고객의 수라 할 때, X_1, X_2의 결합확률질량함수가 다음과 같이 주어졌다.

X_2 \ X_1	0	1	2	3
0	0.08	0.07	0.04	0.00
1	0.06	0.15	0.05	0.04
2	0.05	0.04	0.10	0.06
3	0.00	0.03	0.04	0.07
4	0.00	0.01	0.05	0.06

(1) $P(X_1 = 1, X_2 = 1)$은 얼마인가?

(2) $P(X_1 = X_2)$를 구하여라.

(3) A={두 계산대에 있는 손님 수의 차가 2 이상이다}인 사상을 나타낼 때, A를 X_1, X_2를 사용하여 나타내고 $P(A)$를 구하여라.

(4) 두 계산대에 있는 손님의 수를 합하여 4가 될 확률은 얼마인가? 또한 적어도 4가 될 확률은 얼마인가?

6.2 지선이와 현수는 신촌의 한 레스토랑에서 5:00와 6:00 사이에 만나 저녁을 먹기로 하였다.
X=지선이의 도착시간, Y=현수의 도착시간이라고 하고 X, Y는 서로 독립이며 각각 (5, 6) 위에서 균일분포를 하고 있다. 다음을 구하여라.

(1) X, Y의 결합확률밀도함수를 구하여라.

(2) 두 사람 모두 5:15에서 5:45사이에 도착할 확률을 구하여라.

(3) 먼저 도착한 사람의 기다리는 시간이 10분 이내일 확률은 얼마인가?

6.3 한 교수가 긴 논문 하나와 짧은 논문 하나를 두 사람에게 나누어 주고 타자를 부탁하였다. X를 긴 논문에서의 오타수, Y를 짧은 논문에서의 오타수라 할 때, X는 모수 λ인 포아송 분포를, Y는 모수 μ인 포아송 분포를 한

다. X, Y가 서로 독립일 때 다음을 구하여라.

(1) X, Y의 결합확률질량함수를 구하여라.

(2) 각 논문에 기껏해야 한 개씩의 오타가 있을 확률을 구하여라.

(3) 두 논문의 오타수의 합이 m이 될 확률은 구하여라.

6.4 두 개의 전구가 들어가는 램프가 있다. X를 첫 번째 전구의 수명, Y를 두 번째 전구의 수명이라 하자. X, Y는 서로 독립이고 각각은 모수 $\lambda = 1$인 지수분포를 따른다(수명의 기본단위를 1,000시간으로 한다).

(1) X, Y의 결합확률밀도함수를 구하여라.

(2) 두 전구 모두 1,000시간 이내에 나갈 확률은? 즉 $P(X \leq 1, Y \leq 1)$의 값은?

(3) 두 전구의 수명의 합이 2보다 작거나 같을 확률은 얼마인가?

6.5 X, Y의 결합확률질량함수가 다음과 같이 주어졌다.

$$f_{X,Y}(x,y) = \begin{cases} \dfrac{1}{4}, & (x,y) = (-4,1),(4,-1),(2,2),(-2,-2) \\ 0, & \text{그 밖에서} \end{cases}$$

(1) $Cov(X, Y) = 0$임을 보여라.

(2) X와 Y는 서로 독립인가? 이유는?

(3) $g(X, Y) = |X - Y| - 1$일 때 $E(g(X, Y))$를 구하여라.

6.6 아침에 버스를 기다리는 시간은 (0, 5)에 균일분포되어 있고, 저녁에 버스를 기다리는 시간은 (0, 10)에 균일분포를 한다. 아침과 저녁에 기다리는 시간은 서로 독립적으로 분포되어 있다.

(1) 아침, 저녁으로 매일 버스를 타고 다닌다고 할 때 일주일(7일) 동안 버스를 기다리며 보내는 평균 시간은 얼마나 될까?

(2) 일주일 동안 버스를 기다리며 보내는 총시간에 대한 분산은 얼마인가?

(3) 하루 동안 아침에 기다리는 시간과 저녁에 기다리는 시간의 차에 대한 평균과 분산을 구하여라.

(4) 일주일 동안 아침에 기다린 총시간과 저녁에 기다린 총시간의 차에 대한 평균과 표준편차를 구하여라.

6.7 어느 가게 주인이 A타입의 전구 20개와 B타입의 전구 25개를 구입하였다. A타입 전구의 수명은 서로 독립이고, 각각 평균 1,000시간, 표준편차 100시간이며 이를 $X_1, X_2, \cdots, X_{20}$ 으로 나타낸다. 반면 B 타입의 전구의 수명도 서

로 독립이고, 평균이 1,200시간, 표준편차가 150시간이며, 25개 각각의 수명을 $Y_1, Y_1, \cdots, Y_{25}$로 나타낸다. 이때 $\overline{X}-\overline{Y}$의 평균과 분산을 구하여라. $\overline{X}=\sum_{i=1}^{20} X_i/20$, $\overline{Y}=\sum_{i=1}^{25} Y_i/25$이다.

6.8 두 확률변수 X와 Y의 결합확률밀도함수는 다음과 같이 주어졌다.

$$f(x,y)=e^{-(x+y)}, \quad x>0, \quad y>0$$

(1) X와 Y 각각의 주변확률밀도함수를 구하여라.

(2) X와 Y는 서로 독립인가? 이유는?

(3) $Cov(X, Y)$를 구하여라.

6.9 X와 Y의 결합확률밀도함수가 다음과 같다.

$$f_{X,Y}(x,y)=\begin{cases} 24xy, & x \geqq 0, y \geqq 0, x+y \leqq 1 \\ 0, & \text{그 밖에서} \end{cases}$$

(1) X와 Y 각각의 주변확률밀도함수를 구하여라.

(2) X와 Y는 서로 독립인가?

(3) $E(X)$, $Var(X)$를 구하여라.

(4) $E(X+Y)$, $E(XY)$를 구하여라.

(5) $Cov(X, Y)$, $Corr(X, Y)$를 구하여라.

6.10 지난 과거 자료에 의하면 45~54세 여성의 0.2%가 자궁경부암을 앓은 적이 있다고 한다. 다행히도 최근에는 이 질명의 감염률이 줄어들고 있다는 의견들이 많다. 이를 확인하기 위하여 새로이 우편조사를 하여 보니 같은 연령대의 여성 10만 명 중 100명이 자궁경부암에 걸린 적이 있음이 확인되었다. 감염률이 0.2%일 때 10만 명 중 100명 이상이 감염될 확률은 얼마인가? 이 확률에 근거하여 감염률이 줄어들고 있다는 주장이 타당성이 있다 할 수 있는가?

6.11 하나의 동전을 차례로 세 번 던질 때 X를 처음 두 번 던져서 얻은 앞면의 수, Y를 세 번째에서 얻은 앞면의 수라 할 때 X, Y는 서로 독립인가? 또 Z를 세 번 던져서 얻은 앞면의 총수라 할 때 Y, Z는 서로 독립인가?

6.12 아침, 저녁 2 교대를 하는 공장이 있다. X를 아침 교대시의 결근자수, Y를 저녁 교대시의 결근자수라 할 때 X와 Y는 다음과 같은 결합확률분포를

갖는다고 한다. $Cov(X, Y)$와 $Corr(X, Y)$를 구하여라.

y \ x	0	1	2	3	합계
0	0.05	0.05	0.10	0.00	0.20
1	0.05	0.10	0.25	0.10	0.50
2	0.00	0.15	0.10	0.05	0.30
합계	0.10	0.30	0.45	0.15	1

6.13 X_i, $i=1,2,\cdots,n$은 독립동등분포를 갖고 평균 μ, 분산은 $\sigma^2 < \infty$이다. $\overline{X}=\frac{1}{n}\sum_{i=1}^{n}X_i$, $S^2=\sum_{i=1}^{n}\frac{(X_i-\overline{X})^2}{n-1}$이라 할 때 다음을 보여라.

(1) $E(\overline{X})=\mu$, $Var(\overline{X})=\frac{\sigma^2}{n}$ (2) $E(S^2)=\sigma^2$

6.14 $Cov(\sum_{i=1}^{n}a_iX_i, \sum_{j=1}^{m}b_jY_j)=\sum_{i=1}^{n}\sum_{j=1}^{m}a_ib_jCov(X_i, Y_j)$ (a_i, b_j는 상수)를 보여라.

6.15 $X \sim f(x)$이고 $f(x)=f(-x)$를 만족한다. $Y=X^2$이라 할 때 $Cov(X, Y)$를 구하여라.

6.16 $(X, Y) \sim p_{X,Y}(x,y)=c(x+y)$, $1 \leqq x,y \leqq n$, x,y: 정수일 때 c를 구하고 X의 주변확률질량함수를 찾아라.

6.17 결합확률밀도함수가 다음과 같다.

$$f_{X,Y}(x,y)=c(x+y^2),\quad 0 \leqq x \leqq 1,\quad 0 \leqq y \leqq 1.$$

c값을 정하고 $P(0 \leqq X \leqq 1/2,\ 0 \leqq Y \leqq 1/4)$을 구하여라.

CHAPTER 07

표본추출과 표본분포

7.1 표본조사

표본조사 또는 **표본추출**(sampling)의 목적은 모집단의 특성에 관련된 통계적 추론을 위하여 충분한 정보를 얻는 데 있다. 모집단의 특성을 완전히 알려면 모집단 전체를 표본으로 추출하는 방법밖에 없다. 표본이 바로 모집단인 경우를 **전수조사**(census)라고 한다. 재정경제원에서 실시하는 인구 및 주택조사 같은 것이 전수조사의 한 예이다. 그러나 전수조사는 시간이 많이 걸리고 비용이 많이 소모되며 수집된 자료를 분석하기 또한 쉽지 않다. 대부분의 경우, 현명한 통계학도라면 가급적 표본크기를 줄이면서 정확 한 판단을 내리고자 애쓸 것이다.

이상적인 표본추출은 모집단의 특성을 최대한 대표할 수 있는 모집단의 일부를 표본으로 선택하는 것이다. 우리는 표본으로부터의 결과를 이용하여 모집단의 특성을 유추하려고 하기 때문에 가능한 한 모집단의 성질을 가장 잘 보여주는 표본을 선택하고 싶은 것이다.

예를 들어, 백합여자대학교의 재학생 중 흡연자의 비율을 알고 싶다고 하자. 기초통계학 과목을 수강하는 학생들을 표본으로 추출하여 흡연자의 비율을 계산했다면, 과연 이 비율이 재학생 전체에서의 흡연자 비율을 대표한다고 할 수 있을까? 당연히 그럴 수 없다. 학년마다 흡연자의 구성비가 다를 수도 있고, 단과대학별로 차이가 날 수도 있으며, 과별로도 비율이 균일하다고 볼 수도 없다. 자라온 가정환경이 영향을 미칠 수도 있다. 이제 이상적인 표본추출이 그다지 쉽지 않음을 알 수 있을 것이다.

모집단을 완벽하게 대표할 수 있는 표본을 추출한다는 것은 극히 어려운 일이다. 게다가 표본추출에는 반드시 **표본오차**(sampling error)가 수반되므로 모집단의 특성값을 그대로 재현하는 표본을 얻을 수 있다는 것은 비현실적 기대에 불과하다.

게다가, 백합여자대학교 재학생 중 흡연자 비율을 추정하는 문제를 다시 예로 풀면, 한 학생에게 흡연을 하는지 여부를 물었을 때 반드시 사실을 말한다는 보장이 없다. 사실을 말했어도 조사원이 잘못 기록할 수도 있다. 표본조사에서는 전체가 아니라 일부만을 조사하여 결론을 내리기 때문에 어쩔 수 없이 나타나는 표본오차뿐 아니라 이런 류의 **비표본오차**(non-sampling error)도 언제나 다소간 존재하게 마련이다. 그렇다고 표본을 분석한 결과가 전혀 쓸모없는 것은 아니다. 통계학은 오차를 다루는 학문이기 때문이다. 오차가 전혀 없는 표본을 구한다는 것은 실제로 불가능하다. 만일 오차를 객관적으로 사정할 수 있다면, 추정값의 정확도 역시 객관적으로 판단할 수 있다. 표본조사의 이점은 어느 정도의 오차를 감수하는 대신 전수조사를 피할 수 있다는 점에 있다.

전수조사에 비하여 표본조사는 비용이 적게 들고 소요되는 시간이 짧다. 때로는 표본조사계획에 따라 작은 표본으로도 전체 모집단의 특성을 잘 알아낼 수도 있다. 이러한 경우에는 큰 표본을 추출하여도 더 정확한 결과를 얻지 못한다.

7.2 용어의 정의

통계학에서 확률모형, 또는 확률분포의 가정은 수집된 자료의 분석을 상당히 간편하게 한다. 예를 들어, 경험상 18세 된 한국인의 키가 정규분포를 따른다는 것을 가정할 수 있다면, 적절한 크기의 표본을 추출하여 평균과 표준편차를 계산하기만 하면 기초적인 분석은 끝낸 것이나 다름없다. 왜냐하면, 정규분포의 모양과 제반 특성은 평균과 표준편차의 두 모수값으로 결정되기 때문이다. 물론 모집단의 특성을 분포로 가정하는 것이 반드시 옳지는 않고, 또 그럴 수도 없지만, 감수할 만한 오차한계 내에서 받아들일 수 있는 가정이라면 사용하는 것이 실용적이다. 이런 이유로 대부분의 통계분석 이론은 확률분포의 가정을 기초로 시작한다. 그리고, 가정되는 분포로서 주로 정규분포를 이용한다. 정규분포가 가치 있는 이유는 중심극한정리에 의하여 표본크기가 커질수록 모든 표본평균의 확률분포는–그것이 이산이든 연속이든–정규분포로 수렴하기 때문이다.

예 7.1을 통해서 몇 가지 중요한 용어와 개념을 공부해 보자.

예 7.1 서울시의 가구당 자동차 보유대수를 조사한다고 가정하자. 가구당 자동차 보유대수를 확률변수 X로 표시하고, 서울시의 총가구수를 250만이라 가정한다. 250만 가구 전체에 대한 확률변수 X의 분포가 다음과 같다고 가정해 보자.

x	0	1	2
$f(x)$	0.5	0.4	0.1

즉, 125만 가구는 자동차를 보유하지 않고, 100만 가구는 한 대, 그리고 나머지 25만 가구는 두 대를 보유하고 있다. 물론, 우리는 현재 이 분포를 모르고 있기 때문에 표본조사를 통하여 X의 분포를 추정하려고 하는 것이다. 여기에서 조사 대상이 되는 250만 가구가 모집단에 해당한다. 표본의 크기를 50으로 결정하였다. 250만 가구 중 50가구를 선택하여 자동차 보유대수를 조사한 후, 이 결과를 토대로 전체 모집단의 분포를 추정하려는 것이다. 표본크기가 50이라는 말을 달리 표현하면, 확률분포 $f(x)$로부터 확률변수를 50개 뽑는 것이다. 선택될 50개의 확률변수를 $X_1, X_2, \cdots, X_{50}$으로 표시하자. 이 50개의 확률변수들을 통상 **관측**(observation)이라 한다. 최초로 뽑힐 관측, 또는 확률변수 X_1의 분포는 모집단의 분포와 동일하다. 즉 X_1의 값이 0일 확률은 0.5, 1일 확률은 0.4, 2일 확률은 0.1이다. X_1을 뽑은 다음, 모집단에서 뽑힌 X_1을 제거하지 않고, 다시 새로운 관측 X_2를 뽑는다. 즉 복원추출을 생각한다. 물론 일단 뽑혔던 X_1이 다시 X_2가 될 수도 있지만, 모집단이 워낙 크기 때문에 그럴 확률은 거의 없다. 따라서 두 번째로 뽑힌 관측 X_2의 분포도 당연히 모집단의 분포와 일치하며, X_1과 X_2는 서로 독립인 확률변수들이다. 이런 식으로 추출한 표본관측 X_1, X_2, ⋯, X_{50}은 서로 독립인 확률변수들로서, 각각 모집단을 규정하는 분포 $f(x)$를 공유한다. 이와 같은 성질을 갖는 표본을 **랜덤 표본**(random sample)이라 부른다. 표본으로 선택된 확률변수 $X_1, X_2, \cdots, X_{50}$에 대응되는 실제의 숫자들을 **관측값**(observed value)이라 한다. 예컨대 $X_1 = 1$, $X_2 = 0$, ⋯, $X_{50} = 2$와 같은 관측값들을 수집할 수 있다. 이 50개의 관측값들로부터 얻은 결과를 정리하니 아래와 같았다고 하자.

x	0	1	2
$f(x)$	0.54	0.35	0.11

즉, 50개의 관측값으로부터 250만 가구를 포함하는 모집단 분포의 특성을 추정하니, 자동차 보유대수가 0일 비율은 0.54, 1일 비율은 0.35, 2일 비율은 0.11이었다.

물론 이 값들은 앞에서 주어진 참값들과 비교하여 차이는 있으나, 현실적으로 불가능한 표본오차가 전혀 없는 전수조사를 실시하기 전에는 실제로 얼마나 차이가 나는지 우리는 결코 알 수 없다. 여기서 표본관측값들을 사용하여 얻은 0.54, 0.35, 0.11 등의 비율을 **통계량**(statistic)이라 부른다. 그리고 이 통계량이 추정하는 모집단의 자동차 보유대수 분포를 규정하는 0.5, 0.4, 0.1 등을 **모수**(parameter)라 한다. 간단히 말해서, 표본통계량은 모집단의 모수를 추정하고자 계산하는 값이다.

예 7.1에서 나타난 용어들의 정의와 사용상의 차이점을 요약하면 다음과 같다. 모집단과 표본에 관하여는 제1장에서도 해설하였다.

- **모집단**(population)

모집단은 통계조사의 대상이 되는 단위 원소들의 총집합이다. 우리가 자료를 수집하는 것은 모집단의 특성에 관한 결론을 도출해 내려는 데 있다. 모집단은 사람일 수도 있고, 장소일 수도 있고, 문제의 유형에 따라 나름의 모집단이 존재한다. 정당의 선호도를 조사할 때 흔히 전화로 인터뷰를 하는데, 이 경우 모집단은 엄밀하게 이야기해서 전화가 있는 사람들이다. 따라서 이런 자료로부터의 통계적 결론의 범위는 언제나 전화를 보유한 국민들로 한정된다. 통계분석을 간편하게 하기 위하여 흔히 모집단에 확률모형을 가정하는데, 확률모형의 가정은 모집단의 분포를 가정함을 의미한다. 수리통계학에서는 일반적으로 모집단은 분포 $f(x)$를 따른다고 가정하여 이론을 전개하곤 한다.

- **표본**(sample)

표본은 통계조사를 위하여 선택된 모집단의 일부이다. 선택된 n개의 표본을 흔히 $X_1, X_2, \cdots, X_n$으로 표기한다. 물론 표본크기 n은 비용, 시간 등을 고려한 표본추출 계획에 따라 결정한다.

- **랜덤표본**(random sample)

분포 $f(x)$를 갖는 모집단으로부터 추출된 크기 n의 랜덤표본은 서로 독립인 확률변수 $X_1, X_2, \cdots, X_n$의 집합으로, 각각의 확률변수는 분포 $f(x)$를 따른다. 통계추론은 표본에 포함된 정보를 기초로 모집단에 대한 결론을 내리는 절차이다. 모집단이 상당히 크거나 무한하면, 모집단에 대한 결론의 기초가 되는 정보를 모으기 위하여 모집단의 모든 구성원을 일일이 조사한다는 것은 비현실적이고 불가능해질 수밖에 없다. 따라서 필연적으로 표본을 추출하여 모집단에 대한 통계적 추정을 해야 하는

데, 그렇다고 해서 아무 종류의 표본이 용납되는 것은 아니다. 통계추론의 객관성을 유지하려면 언제나 랜덤표본을 추출하여야 한다.

- 모수(parameter)

모수는 모집단의 분포를 결정하는 특성이다. 예 7.1에서 모집단의 자동차 보유대수의 분포 즉, 자동차를 갖고 있지 않은 가구의 비율, 한 대 갖고 있는 가구의 비율 등이 모수에 해당한다. 이 경우 모집단을 잘 대표하는 표본을 추출하고 표본비율을 계산하여 모집단의 분포를 결정하는 비율들을 추정하는 것이 통계분석의 기본이다. 모집단의 분포에 따라 모수도 달라진다. 모집단의 분포가 정규분포일 때, 자료에서 평균과 표준편차를 계산하여 추정하면 기본적인 통계분석이 완성될 것이다. 왜냐하면 정규분포의 모수는 분포의 평균과 표준편차이기 때문이다.

- 관측(observation) 또는 표본관측(sample observation)

실제로 관측값을 얻기 전에는 관측용 분포 $f(x)$를 갖는 확률변수 X로 모형화한다. 실제로 얻은 관측값은 확률변수가 현실화된 것이라고 말한다. 예 7.1의 자동차 보유대수 문제를 다시 생각하면, 모두 50개의 관측을 얻고자 계획하였는데, 이 계획 단계에서의 관측은 확률변수이다. 그리고, 표본으로 선택된 가구주들에게 자동차를 몇 대 갖고 있는지 질문을 하여 얻은 값은 관측값이 된다. 부연하면, 가구주가 몇 대 갖고 있는지 응답하기 전에는 보유대수가 0이 될지, 1이 될지, 또는 2가 될지 전혀 알 수 없다. 이 상태에서 선택된 관측은 확률변수일 따름이며, 가구주가 나는 한 대 가지고 있다고 대답한 연후에 비로소 확률변수 X에 1이라는 관측값이 부여되는 것이다.

- 통계량(statistic)

랜덤표본에 속한 관측 $X_1, X_2, \cdots, X_n$의 함수를 통계량이라 한다. 통계량도 확률변수이며, 각각의 관측이 분포를 갖고 있으므로 관측들의 함수인 통계량도 자신의 분포를 갖는다. 이 분포는 대부분의 경우 모집단의 분포와 일치하지 않는다. 예 7.1에서의 관측 $X_1, X_2, \cdots, X_n$에 다음 함수들은 전부 통계량이다.

$$(X_1 + X_2 + \cdots + X_{50})$$

$$(X_1 + X_2 + \cdots + X_{50})/50$$

$$X_1$$

$$X_1 - X_2$$

통계량은 추출된 표본의 특성을 기술하는 측도이다. 표본관측으로부터 만들 수 있는 통계량의 수는 무한히 많다. 따라서 언제나 모집단의 특성, 곧 관심모수를 가장 잘 추정할 수 있는 통계량을 선택해서 사용하여야 한다.

표 7.1 모집단과 표본의 차이

	모집단	표본
정의	관심대상이 되는 단위들의 전체 집합	연구를 위하여 선택된 모집단의 일부
특성	모수	통계량
부호	μ, 모평균 σ, 모표준편차 σ^2, 모분산 p, 모비율 N, 모집단크기	$\overline{X}$, 표본평균 s, 표본표준편차 s^2, 표본분산 $\hat{p}$, 표본비율 n, 표본크기

7.3 통계량의 표본분포

랜덤표본 $X_1, X_2, \cdots, X_n$의 함수인 통계량은 확률변수이며 자신의 분포를 갖는다. 이 개념은 극히 중요하므로 반드시 잊지 말아야 한다. 통계량이 갖는 확률분포를 통계량의 표본분포, 또는 간단히 **표본분포**(sampling distribution)라 한다.

랜덤표본에 포함된 정보를 이용하여 모집단에 대한 결론을 끌어내려면, 반드시 모집단 분포를 결정하는 모수를 잘 추정할 수 있는 통계량을 선택하여야 한다. 선택된 통계량의 성질은 통계량의 표본분포로 결정되므로 통계량의 표본분포를 구하는 것이 일차적인 관심사이다. 주어진 통계량의 표본분포를 구하는 일반적인 방법이 있으나 고등 미적분학이 요구되므로 이 책에서는 소개하지 않는다. 관심 있는 독자는 이론통계학 교재를 참고하라.

통계량의 표본분포는 표본크기에 따라 변화한다. 이것을 설명하기 위하여 예 7.1에 주어진 모집단의 분포를 다시 한 번 이용한다.

x	0	1	2
$f(x)$	0.5	0.4	0.1

통계량으로 표본평균 $\overline{X}$를 선택하자. 표본평균의 공식은 다음과 같다.

$$\overline{X} = \frac{X_1 + X_2 + \cdots + X_n}{n}$$

주어진 분포를 갖는 모집단에서 표본으로 단 하나의 관측 X_1을 뽑았다고 하자. 즉, 표본크기가 1인 경우이다. 이때는 표본평균이 바로 X_1이므로 표본평균의 분포는 모집단의 분포와 같다.

크기 2의 랜덤표본 (X_1, X_2)를 추출하였다면 표본평균의 분포는 어떻게 될까? 즉

$$\overline{X} = \frac{X_1 + X_2}{2}$$

의 표본분포는 무엇인가?

랜덤표본의 정의에 따라 X_1과 X_2는 서로 독립인 확률변수이므로, 각각의 분포는 주어진 모집단의 분포와 동일하다. 서로 독립인 두 확률변수들의 결합분포는 주변확률의 곱으로 얻어짐을 상기하라. 예컨대

$$P[X_1 = 0,\ X_2 = 1] = P[X_1 = 0] \times P[X_2 = 1] = 0.5 \times 0.4 = 0.2$$

이다. 이런 식으로 얻은 X_1과 X_2의 결합분포가 표 7.2에 주어져 있다.

표 7.2 X_1과 X_2의 결합분포

X_2 \ X_1	0	1	2	주변분포
0	0.25	0.20	0.05	0.5
1	0.20	0.16	0.04	0.4
2	0.05	0.04	0.01	0.1
주변분포	0.5	0.4	0.1	1

표 7.2를 이용하여 $\overline{X} = (X_1 + X_2)/2$의 분포를 구하려면, 먼저 $\overline{X}$가 취할 수 있는 모든 값을 열거해야 한다. $(X_1,\ X_2)$의 가능한 조합은 (0, 0), (0, 1), (0, 2), (1, 0), (1, 1), (1, 2), (2, 0), (2, 1), (2, 2)의 아홉 가지 경우가 있으며, 각 조합의 평균은 0, 0.5, 1, 0.5, 1, 1.5, 1, 1.5, 2가 된다. 따라서 크기가 2인 표본에서 표본평균으로 나타날 수 있는 가능한 값은 0, 0.5, 1, 1.5, 2의 다섯 가지임을 알 수 있다. 표본평균의 값이 0일 확률은 조합 (0, 0)이 나올 확률과 같으므로 0.25이다. 표본평균의 값이 0.5가 되는 조합은 (0, 1)과 (1, 0)의 두 가지가 있으므로 그 확률은 0.20

+ 0.20 = 0.4가 된다. 이런 식으로 하나하나 계산하면 표 7.3과 같은 표본분포를 얻는다.

표 7.3 $n=2$일 때 $\overline{X}=(X_1+X_2)/2$의 표본분포

$\overline{X}$	0	0.5	1	1.5	2	합계
확률	0.25	0.40	0.26	0.08	0.01	1

복잡하긴 하나 이런 식으로 연산을 하면, 표본크기가 3, 4, 또는 그 이상의 랜덤 표본에서 표본평균에 대한 분포를 구할 수 있으며, 표본크기에 따라 표본평균의 분포가 달라짐은 자명하다.

7.4 표본평균의 분포

실제적인 통계추정에서 가장 핵심적인 절차는 미지의 모평균 μ에 대한 정보를 얻는 것이다. 앞에서도 언급하였지만, 모평균 μ에 대한 추정은 표본평균

$$\overline{X}=\frac{X_1+X_2+\cdots+X_n}{n}$$

을 기초로 한다. 그러나 표본평균은 오로지 모평균을 근사할 뿐 모평균과 동일하지는 않다.

예를 들어, 서울시민의 가구당 월평균소득을 조사할 때, 추출된 표본으로부터 계산된 평균소득이 150만 원이라면 모평균이, 즉 이 경우에는 서울 시민 전체를 대상으로 계산한 평균소득이 약 150만 원 정도라고 말할 수 있다. 직관적으로 알 수 있지만 사실상 표본평균이 모평균과 일치할 확률은 거의 없다. 다른 표본을 추출하면 표본평균값으로 140만 원을, 또 다른 표본으로부터는 167만 원을 얻을 수도 있다. 이와 같이 표본에 따라 표본평균이 변동하는 현상을 **표본변동**(sampling variation)이라 한다.

모평균을 추정하기 위하여 표본평균을 사용한다는 것은 단순히 직관적으로 결정된 것은 아니다. 그 이론적 배경은 5.3절에서 해설한 중심극한정리인데, 중심극한정리의 요체는 모집단의 분포에 상관없이 표본크기 n이 충분히 크면 표본평균의 분포는 근사적으로 $N(\mu,\sigma^2/n)$이 된다는 것이다. 여기서 σ^2은 모분산이다.

표본평균 $\overline{X}$ 의 표본분포가 왜 정규분포로 수렴하는지는 이 책의 정도를 넘기 때문에 해설하지 않으나, 표본분포의 기초적인 특성인 기댓값과 분산은 랜덤표본의 확률구조로부터 쉽게 유도할 수 있다.

랜덤표본에서 확률변수 $X_1, X_2, \cdots, X_n$ 은 서로 독립이며, 각각의 분포는 모집단의 분포와 동일하다. 따라서 다음과 같이 쓸 수 있다.

$$
\begin{aligned}
E(X_1) = \cdots &= E(X_n) = \mu \\
Var(X_1) = \cdots &= Var(X_n) = \sigma^2 \\
sd(X_1) = \cdots &= sd(X_n) = \sigma
\end{aligned}
$$

표본평균 $\overline{X}$ 의 공식을 다음과 같이 풀어쓰자.

$$\overline{X} = \frac{1}{n}X_1 + \frac{1}{n}X_2 + \cdots + \frac{1}{n}X_n$$

표본크기 n은 상수이므로, 6.1절에서 소개한 평균과 분산의 가산 성질을 직접 적용하면 표본평균의 기대와 분산, 표준편차는 다음과 같이 계산할 수 있다.

$$
\begin{aligned}
E(\overline{X}) &= E\left(\frac{1}{n}X_1 + \frac{1}{n}X_2 + \cdots + \frac{1}{n}X_n\right) \\
&= \frac{1}{n}E(X_1) + \frac{1}{n}E(X_2) + \cdots + \frac{1}{n}E(X_n) \\
&= \frac{1}{n}\mu + \frac{1}{n}\mu + \cdots + \frac{1}{n}\mu \\
&= \frac{1}{n}(n\mu) \\
&= \mu
\end{aligned}
$$

$$
\begin{aligned}
Var(\overline{X}) &= Var\left(\frac{1}{n}X_1 + \frac{1}{n}X_2 + \cdots + \frac{1}{n}X_n\right) \\
&= \frac{1}{n^2}Var(X_1) + \frac{1}{n^2}Var(X_2) + \cdots + \frac{1}{n^2}Var(X_n) \qquad \text{(독립이므로)} \\
&= \frac{1}{n^2}\sigma^2 + \frac{1}{n^2}\sigma^2 + \cdots + \frac{1}{n^2}\sigma^2 \\
&= \frac{1}{n^2}(n\sigma^2) \\
&= \frac{\sigma^2}{n}
\end{aligned}
$$

$$sd(\overline{X})= \frac{\sigma}{\sqrt{n}}$$

위의 결과에서, 표본평균의 기댓값은 모평균과 일치함을 알 수 있다. 즉 표본평균의 표본분포는 모평균을 중심으로 분포되어 있다. 그리고 표본평균의 표준편차는 모표준편차를 표본크기의 제곱근으로 나눈 식으로 정의된다.

$\overline{X}$의 표준편차를 보면 분모에 표본크기 n이 나타난다. 모표준편차 σ는 고정된 상수이므로, 표본크기를 늘리면 늘릴수록 $\overline{X}$의 표준편차값은 0에 접근하며, 결국 표본평균의 분포는 μ를 중심으로 매우 좁은 구간에 집중된 형태가 될 것이다. 달리 표현하면, 표본크기가 클수록 모평균의 추정은 보다 정확해진다. 또한 중심극한정리에 의하여 표본평균의 분포는 정규분포로 근사한다.

지금까지는 모집단 분포에 특별한 가정을 하지 않았는데, 만일 모집단의 분포가 정규분포일 때의 표본평균의 분포는 어떻게 될까? 여전히 근사적으로 정규분포가 될까? 정규모집단으로부터의 표본평균의 분포는 정확히 정규분포이다.

모평균이 μ, 모분산이 σ^2인 모집단에서 크기 n의 랜덤표본 $X_1, X_2, \cdots, X_n$을 추출한다.

- **표본평균 $\overline{X}$의 기댓값, 분산, 표준편차**

$$E(\overline{X})= \mu,\ Var(\overline{X})= \frac{\sigma^2}{n},\ sd(\overline{X})= \frac{\sigma}{\sqrt{n}}$$

- **표본평균 $\overline{X}$의 분포**

(1) 정규모집단이면, 정확히 $N(\mu,\ \sigma^2/n)$

(2) 정규모집단이 아니면, 근사적으로 $N(\mu,\ \sigma^2/n)$

- **표본평균 $\overline{X}$의 표준화**

$$Z= \frac{\overline{X}-\mu}{\sigma/\sqrt{n}}$$

- **Z의 분포**

(1) 정규모집단이면, 정확히 $N(0, 1)$

(2) 정규모집단이 아니면, 근사적으로 $N(0,1)$

예 7.2 어느 연필회사에서 매달 팔리는 연필의 평균값을 추정하려 한다. 모평균은 매달 5,650개이고, 모표준편차는 700이라 가정하자. 과거 100개월의 판매고를 랜덤표본으로 추출하여 모평균을 추정한다면, 표본평균의 값이 모평균으로부터 200개 이하의 차이를 보일 확률은 얼마인가?

풀이 이 문제에서 요구하는 것은 확률 $P[\mu-200<\overline{X}<\mu+200]$을 구하는 것이다. 표본크기 100은 작지 않은 값이므로, 중심극한정리를 적용하여 정규분포로의 근사가 가능하다. $\overline{X}$의 평균은 5650이고, $\overline{X}$의 표준편차는 $700/\sqrt{100}=70$이다. 그러므로

$$
\begin{aligned}
P[\mu-200<\overline{X}<\mu+200] &= P[-200<\overline{X}-\mu<200] \\
&= P[\frac{-200}{70}<\frac{\overline{X}-\mu}{\sigma/\sqrt{n}}<\frac{200}{70}] \\
&= P[-2.86<Z<2.86] \\
&= 0.9958
\end{aligned}
$$

따라서, 표본평균의 값이 5650 ± 200 사이에 떨어질 확률이 99.58%이다. 이러한 유형의 문제에서는 실상 모평균의 값을 전혀 몰라도 원하는 확률을 구할 수 있다.

■

중심극한정리에 의하면 표본크기 n이 커질수록 표본평균의 표본분포는 점점 더 정규분포로 근사한다고 서술하였는데, 도대체 n을 어느 정도로 잡아야 만족할 만한 근사가 이루어질까? 물론 모집단의 분포가 애초에 정규분포라면 표본크기에 상관없이 표본평균의 표본분포는 언제나 정규분포이다. 한 가지 짐작할 수 있는 사실은, 모집단의 분포가 정규분포에서 크게 벗어나지 않으면 작은 표본크기로도 근사가 빨리 될 것이고, 모집단의 분포가 정규분포와 아주 다르면 표본크기를 늘려야 정규분포로 근사하게 될 것이다. 경험적으로 결정된, 만족할만한 정규근사가 되는 n의 값은 30 이상이다. 즉 표본크기가 30 이상이면 큰 오차 없이 정규분포로 근사된다고 간주한다.

이상에서 해설한 표본평균의 제반 성질은 베르누이 시행, 또는 베르누이 시행의 합으로 결정되는 이항분포에서의 모비율을 추정하는 문제에 직접 응용할 수 있다. 7.1절에서 예로 든 백합여자대학교의 재학생 중 흡연자의 비율을 추정하는 문제 따위가 모비율 추정의 한 예이다.

다음과 같은 베르누이 시행을 생각해 보자.

$$X_i = \begin{cases} 1, & \text{만일 } i\text{번째 시행이 성공이면} \\ 0, & \text{만일 } i\text{번째 시행이 실패이면} \end{cases}$$

여기서 확률변수 X_1, X_2, $\cdots$, X_n은 독립이며, 각각의 분포는 다음과 같다.

x	0	1
$f(x)$	$1-p$	p

따라서, 1회 시행에서 성공확률은 p이다. 이러한 베르누이 시행의 평균은 p, 분산은 $p(1-p)$, 표준편차는 $\sqrt{p(1-p)}$ 다. 중심극한정리에 의하여 표본평균 $\overline{X}$의 분포는 근사적으로 n이 클 때

$$N\left(p, \frac{p(1-p)}{n}\right)$$

를 따른다. 이때 표본합 $X = \sum_{i=1}^{n} X_i$ 는 n번 시행에서의 성공 횟수이며, 따라서 표본평균 $\overline{X} = X/n$는 n번 시행에서의 성공 횟수를 n으로 나눈 값, 곧 n번 시행에서의 성공 비율이다. 앞으로는 이러한 **표본비율**(sample proportion)을 $\hat{p}$로 표기한다. 표본평균으로 모평균을 추정하듯, 표본비율로는 **모비율**(population proportion)을 추정한다.

n이 클 때, n회의 베르누이 시행에서 성공의 표본비율 $\hat{p}$는 다음과 같은 근사정규분포를 따른다.

$$\hat{p} \approx N\left(p, \frac{p(1-p)}{n}\right)$$

표준화하면,

$$Z = \frac{\hat{p} - p}{\sqrt{p(1-p)/n}} \approx N(0, 1)$$

이 식에서 분자 분모에 n을 곱하면 $n\hat{p} = X$ 이므로

$$Z = \frac{X - np}{\sqrt{np(1-p)}} \approx N(0, 1)$$

참고로, X는 이항분포 $B(n, p)$를 따른다. 따라서 마지막 결과는 바로 이항분포로의 정규근사공식이다.

예제 7.1 못 제조회사에서 생산되는 못 중 합격품의 비율은 90%이다. 100개의 못을 랜덤표본으로 추출할 때, 표본비율이 모비율로부터 5% 이내의 범위에 있을 확률은?

풀이 모비율이 90%이므로, 표본비율의 표준편차는 다음과 같이 결정된다.

$$\sqrt{\frac{90(100-90)}{100}} = 3\%$$

따라서

$$\begin{aligned} P[p-5 < \hat{p} < p+5] &= P[-5 < \hat{p}-p < 5] \\ &= P\left[-\frac{5}{3} < \frac{\hat{p}-p}{\sqrt{p(1-p)/n}} < \frac{5}{3}\right] \\ &= P[-1.67 < Z < 1.67] \\ &= 0.903 \end{aligned}$$

■

7.5 정규분포로부터의 표본추출과 χ^2, t, F 분포

정규분포가 통계학에서 지배적인 역할을 한다는 사실은 누차 지적한 바 있다. 물론 중심극한정리가 그 이론적 배경이 되지만, 기타 동등하게 중요한 다른 이유도 있다. 정규분포를 선호하는 또 다른 이유는 정규모집단에 기초를 둔 표본분포들은 수학적으로 다루기가 상당히 쉽기 때문이다. 표본으로부터 모집단의 본질을 유추하려면, 필히 표본관측의 함수, 곧 통계량의 표본분포를 알 수 있어야 한다. 이러한 표본분포를 구하는 문제는 다른 어떤 분포보다도 정규분포를 가정하면 쉽게 구할 수 있다. 이 절에서는 정규모집단으로부터의 랜덤표본에 대한 몇 가지 쓸모 있는 분포에 관하여 해설한다. 이 분포들은 통계추정, 가설검정 등 제 분야의 기초적인 분포들이다.

정규분포에 기초를 둔 통계 방법을 응용하려면, 연구자는 최소한 근사적으로라도 자신이 수집한 자료의 형태를 파악해야 한다. 만일 자료의 분포 형태가 정규분포의 가정을 허용한다면 별 문제가 없으나, 정규분포와 흡사하지 않다면, 자료를 변환하여 정규분포를 따르게끔 만들어야 한다. 모집단의 분포에 대하여 전혀 어떠한 가정도 할 수 없는 상황이라면, 모집단 분포에 대한 일체의 가정 없이 자료분석을 하는 **비모수통계학**(nonparametric statistics)의 기법을 사용해야 할 것이다. 비모수 기법들은 대체로 그다지 강력한 분석 방법은 못 된다.

정규분포를 따르는 모집단에서 n개의 랜덤표본 $X_1, X_2, \cdots, X_n$을 추출한다고 가정하자.

7.4절에서 언급했지만, 정규모집단으로부터의 랜덤표본에 대하여 표본평균의 분포는 정확히 정규분포이다. 다시 한 번 반복하면

$$\overline{X} \sim N\left(\mu, \frac{\sigma^2}{n}\right)$$

표본평균의 분포는 미지의 모평균 μ에 관한 통계추정에 사용되므로, 위의 공식은 항상 기억하고 있어야 한다. 표준화하면,

$$Z = \frac{\overline{X} - \mu}{\sigma / n} \sim N(0, 1)$$

참고로, 관례적으로 표준정규분포를 따르는 확률변수를 Z로 표기하므로, 표준정규분포를 간단히 Z **분포**라 부르기도 한다.

7.5.1 χ^2 분포

정규분포에는 μ와 σ^2의 두 모수가 있다. χ^2 분포는 미지 모수 σ^2을 추정하는 데 중심적인 역할을 하는 확률밀도함수이다. 미지 모수 μ를 추정할 때 표본평균을 사용했듯이 미지 모수 σ^2을 추정할 때는 표본분산

$$s^2 = \frac{\sum_{i=1}^{n} (X_i - \overline{X})^2}{n-1}$$

을 사용한다. χ^2 분포는 표본분산에 관한 추론에 사용되는 중요한 분포이다.

χ^2 분포를 따르는 확률변수 X의 확률밀도함수는 다음과 같이 주어진다.

$$f(x) = \frac{1}{\Gamma(k/2)} \left(\frac{1}{2}\right)^{k/2} x^{k/2-1} e^{-x/2}, \ x > 0$$

χ^2 분포의 모수 k를 자유도(degree of freedom)라 부른다. 따라서 위의 분포를

자유도 k의 카이제곱분포라고 읽는다. 기댓값과 분산은 다음과 같다.

$$E(X)= k,\ \ Var(X)= 2k$$

확률밀도함수식에서 Γ는 감마함수를 뜻한다. 앞으로는 자유도 k의 χ^2 분포, 또는 그러한 확률변수를 $\chi^2(k)$로 표기한다. χ^2 분포와 관련하여 반드시 기억해야 하는 공식은 다음 한 가지이다.

$$\frac{(n-1)s^2}{\sigma^2} = \frac{\sum_{i=1}^{n}(X_i - \overline{X})^2}{\sigma^2} \sim \chi^2(n-1)$$

거듭 말하거니와 이 절에서 소개하는 모든 결과는 정규모집단에서 랜덤표본을 추출하였을 때만 성립된다.

위에 소개한 관계식으로부터

$$\sigma^2 \sim \frac{(n-1)s^2}{\chi^2(n-1)}$$

라고 쓸 수 있다. 이때 우변의 통계량이 σ^2를 추정하는 데 쓰이는 가장 기본적인 공식이다. 카이제곱분포를 포함하여 이 절에서 소개하는 t 분포, F 분포에는 언제나 자유도가 붙어 다닌다. 자유도란 도대체 무엇인가? 위의 공식에서 나타난

$$\sum_{i=1}^{n}(X_i - \overline{X})^2$$

과 같은 형식의 수식을 **제곱합**(sum of squares)이라 부른다. 말 그대로 개별적인 평균으로부터의 편차항을 제곱하여 더했기 때문에 제곱합이라 한다. 이러한 제곱합에서 서로 독립인 편차항의 개수를 자유도(degree of freedom)라 한다. 예를 들어 랜덤표본으로 다음의 세 관측값을 추출했다고 가정하자.

$$X_1 = 1,\ \ X_2 = 3,\ \ X_3 = 5$$

따라서 n=3, $\overline{X}$ =3이다. 제곱합을 계산하려면 우선 각 관측값의 표본평균으로부터의 편차를 계산하여야 한다. 즉

$$X_1 - \overline{X}= 1-3= -2$$

$$X_2 - \overline{X} = 3 - 3 = 0$$
$$X_3 - \overline{X} = 5 - 3 = 2$$

이 세 편차의 값 -2, 0, 2를 알아야 제곱합을 계산할 수 있다. 그렇다면 이 세 개의 편차들은 서로 독립일까? 그렇지 않다. 일반적으로 평균으로부터의 편차들 간에는 다음 관계식이 언제나 성립한다.

$$\sum_{i=1}^{n}(X_i - \overline{X}) = 0$$

방금의 경우에 대하여 풀어 생각하면, 세 편차의 합이 언제나 0이 되는 것이다. 실제 계산 결과도 그와 부합되고 있다. 즉 (−2) + (0) + (+2) = 0가 된다. 편차들의 합이 언제나 0이므로, 편차값 중 하나를 잃어버려도, 그 값이 무엇이었는지 쉽게 계산할 수 있다. 예를 들어 하나의 편차 −2를 잃었다고 가정하자. 우리가 알고 있는 나머지 편차값은 0과 2뿐이다. 애초에 세 개의 관측을 추출했고, 0과 2와 잃어버린 값을 더하면 0이 되는 것을 알고 있으므로, 잃어버린 값이 −2임은 쉽게 계산된다. 다시 말해서, 제곱합을 계산할 때 각 편차항 중 하나는 없어도 좋은 잉여정보가 되는 것이며, 하나의 항은 언제나 나머지 편차항의 함수로 결정된다. 따라서 이 경우 서로 독립인 편차항의 개수는 둘이다. 세 편차항 중 두 개를 잃으면 그 잃어버린 두 편차항의 값을 복원할 수 있을까? 이것은 불가능하다. 실상 서로 독립인 편차항의 수는 언제나 유일하게 결정된다.

일반적으로, n개의 편차항이 포함된 제곱합에서 자유도는 언제나 $(n-1)$이다. 그리고 앞으로는 편의상 자유도를 df로 표기한다.

χ^2 분포의 확률표는 부록의 표 B.2에 수록되어 있다. 표 5에는 확률식 $P[\chi^2(k) > x] = \alpha$를 만족하는 분위수 x값들이 나와 있다. 즉 χ^2 확률변수가 x 이상의 값을 취할 확률이 α이다. 여기서 $\chi^2(k)$는 자유도 k의 카이제곱분포이다. χ^2 분포표를 읽는 방법은, 먼저 해당하는 자유도가 있는 행의 값 중 α와 일치하는 확률을 갖는 열과 만나는 값을 찾으면 된다.

예제 7.2 $P[\chi^2(5) > x] = 0.01$인 x의 값은 ?

풀이 χ^2 분포표에서 $df = 5$, $\alpha = 0.01$이 교차하는 값이 15.09이므로, $x = 15.09$. 즉 자유도 5의 χ^2 확률변수가 15.09 이상의 값을 취할 확률은 0.01이다. R을 이용하면 다음과 같이 구할수 있다.

```
> qchisq(p=0.99,df=5)
[1] 15.08627
```

예제 7.3 $P[\chi^2(5) < x] = 0.01$ 인 x의 값은?

풀이 $P[\chi^2(5) > x] = 0.99$ 인 점 x를 찾는 것과 동일하다. 따라서 표를 읽으면 $x = 0.55$이다. R을 이용하여 다음과 같이 구할 수 있다.

```
> qchisq(p=0.01,df=5)
[1] 0.5542981
```

7.5.2 t 분포

이 분포는 Students t 분포로도 불린다. 영국의 화학자 Gosset이 최초로 t 분포에 대하여 연구하였는데, 연구 결과를 발표할 때 Student라는 가명으로 발표하였기 때문에 그런 이름이 붙었다.

t 분포는 정규분포에 관한 추론에서 모분산 σ^2의 값을 모르면서 모평균 μ를 추정할 때 쓰인다. t 분포의 모양은 표준정규분포의 모양과 흡사하여 0을 중심으로 좌우 대칭이나 양쪽 꼬리 부분이 더 두텁고 따라서 정점이 더 낮게 위치한다. 전체적으로 표준정규분포보다 더 퍼져 있는 형태이다.

t 분포를 갖는 확률변수 X의 확률밀도함수는

$$f(x) = \frac{\Gamma[(k+1)/2]}{\Gamma(k/2)} \frac{1}{\sqrt{k\pi}} \frac{1}{(1+x^2/k)^{(k+1)/2}}, \ -\infty < x < \infty$$

로 주어지며, 기댓값과 분산은 다음과 같다.

$$\begin{aligned} E(X) &= 0, & (k > 1) \\ Var(X) &= k/(k-2), & (k > 2) \end{aligned}$$

t 분포의 모수 k 역시 자유도라 하며, 자유도 k의 t 분포 또는 그 확률변수를 $t(k)$로 표기한다. 자유도 k가 커질수록 t 분포는 정규분포에 가까워지며, k가 30 이상이면 자유도를 무시하고 표준정규분포표를 그대로 읽어도 별 차이 없다. t 분포는 표본크기가 30 이하인 랜덤표본에서 모평균 μ를 추정할 때 쓰인다.

모평균이 μ, 모분산이 σ^2인 정규모집단에서 추출된 랜덤표본에 대하여

$$\frac{\overline{X}-\mu}{s/\sqrt{n}} \sim t(n-1)$$

t 분포의 확률표를 읽는 방법은 χ^2 분포의 경우와 같다. 부록의 표 B.3에 나와 있는 t 분포의 확률표에는 $P[t(n-1)>x]=\alpha$가 되는 분위수, 즉 t축상의 점 x가 수록되어 있는데, t 분포는 0을 중심으로 좌우대칭인 꼴이므로 오직 양수값만 수록되어 있다.

예제 7.4 $P[t(9)>x]=0.01$인 x의 값은?

풀이 표에서 df가 9이고 α가 0.01인 행과 열이 교차하는 지점의 값이 2.821이므로 $x=2.821$이다. 즉 확률변수 $t(9)$가 2.821 이상의 값을 가질 확률은 0.01이다.

```
> qt(p=0.99,df=9)
[1] 2.821438
```

■

예제 7.5 $P[t(9)<x]=0.99$인 x의 값은?

풀이 표현은 달라도 결국 예 7.6과 같은 문제이다. 따라서 $x=2.821$. ■

예제 7.6 $P[t(9)>x]=0.99$인 x의 값은?

풀이 이와 같은 x의 값은 음수이므로 표에는 나오지 않는다. 그러나 t 분포는 좌우대칭이므로, 정규분포의 경우와 마찬가지로

$$P[t(k)>x]=P[t(k)<-x]$$

의 관계가 성립한다. 따라서 주어진 문제는

$$P[t(9)<-x]=0.99$$

인 $-x$의 값을 찾는 문제로 귀착된다. 표에서 α의 값으로 0.99가 없으므로, 다시 관계식을 바꾸면

$$P[t(9)>-x]=0.01$$

이다. 이 확률식에서 $-x=2.821$을 얻는다. 결국 원하는 x의 값은 $x=-2.821$. 이러한 유형의 문제에 익숙해지면 애초의 문제에서 곧바로

$$P[t(9)>x]=0.01$$

이는 x값(2.821)을 찾아 - 부호만 붙여도 된다. R을 이용하면 다음과 같다.

```
> qt(p=0.01,df=9)
[1] -2.821438
```

7.5.3 F 분포

F 분포는 두 개의 모분산을 비교할 때 쓰인다. F 분포는 서로 독립인 두 카이제곱 확률변수의 비(ratio)로 정의되며, 따라서 모수는 분자의 자유도와 분모의 자유도로 두 개이다.

F 분포를 갖는 확률변수 X의 확률밀도함수와 적률은 다음과 같이 주어진다.

$$f(x)=\frac{\Gamma[(m+n)/2]}{\Gamma(m/2)\Gamma(n/2)}\frac{(m/n)^{m/2}x^{(m-2)/2}}{[1+(m/n)x]^{(m+n)/2}},\ x>0$$

$$E(X)=\frac{n}{n-2},\ (n>2)$$

$$Var(X)=\frac{2n^2(m+n-2)}{m(n-2)^2(n-4)},\ (n>4)$$

위와 같은 확률밀도함수를 갖는 F 분포를 **자유도 m과 n의 F 분포**라고 읽는다. 앞으로는 자유도 m과 n의 F 분포, 또는 그 확률변수를 $F(m,n)$으로 표기한다. F 분포는 원래 다음과 같이 서로 독립인 두 개의 카이제곱 확률변수들의 비로 정의된다.

$\chi^2(m)$과 $\chi^2(n)$이 자유도가 m과 n인 서로 독립인 카이제곱 확률변수이면

$$\frac{\chi^2(m)/m}{\chi^2(n)/(n)}\sim F(m,n)$$

서로 독립인 두 개의 정규모집단 $N(\mu_1,\ \sigma_1^2)$과 $N(\mu_2,\ \sigma_2^2)$이 있다. $N(\mu_1,\ \sigma_1^2)$에서 랜덤표본으로 $X_1,\ X_2,\ \cdots\ ,\ X_{m+1}$을 추출하고, $N(\mu_2,\ \sigma_2^2)$에서 랜덤표본으로

$Y_1, Y_2, \cdots, Y_{m+1}$ 을 추출한다. 이때 각 표본으로부터의 표본분산은 각각 다음과 같이 정의된다.

$$s_1^2 = \frac{\sum_{i=1}^{m+1}(X_i - \overline{X})^2}{m}, \quad s_2^2 = \frac{\sum_{j=1}^{n+1}(Y_i - \overline{Y})^2}{n}$$

따라서

$$\frac{ms_1^2}{\sigma_1^2} \sim \chi^2(m), \quad \frac{ns_2^2}{\sigma_2^2} \sim \chi^2(n)$$

가 되며, F 분포의 정의에 위 두 결과를 대입하면

$$\frac{\dfrac{ms_1^2}{\sigma_1^2}/m}{\dfrac{ns_2^2}{\sigma_2^2}/n} \sim F(m, n)$$

을 얻는다. 간결히 하면

$$\frac{s_1^2/\sigma_1^2}{s_2^2/\sigma_2^2} \sim F(m, n)$$

결국, 분산비(variance ratio) σ_1^2/σ_2^2의 통계추정에 F 분포를 쓸 수 있으며, 저자에 따라 F 분포를 분산비분포라고도 한다. 분산비는 다음과 같이 F 확률변수의 함수로 놓을 수 있다.

$$\frac{s_1^2}{s_2^2} \sim \frac{\sigma_1^2}{\sigma_2^2} F(m, n)$$

만일, 두 모분산 σ_1^2와 σ_2^2를 같다고 가정할 수 있다면, 즉 $\sigma_1^2 = \sigma_2^2 = \sigma^2$라 놓을 수 있다면, F 분포는 다음과 같이 더 간단히 쓸 수 있다.

$$\frac{s_1^2}{s_2^2} \sim F(m, n)$$

t 분포와 F 분포 사이에는 다음과 같은 관계가 성립한다.

$P[t(k) > x] = \alpha/2$가 되는 점 x를 $t_{\alpha/2}(k)$로 표기하자. 또 $P[F(1,k) > y] = \alpha$가 되는 점 y는 $F_\alpha(1,k)$로 표기하자. 이때 $[t_{\alpha/2}(k)]^2 = F_\alpha(1,k)$

부록의 표 6에 F 분포의 확률표가 꼬리 부분의 확률값이 α인, 즉 $P[t(n-1) > x] = \alpha$가 되는 분위수들이 수록되어 있다. F 분포의 확률표를 읽을 때는 분자의 자유도와 분모의 자유도를 잘 생각해야 한다. 가로로 나열된 자유도 값들이 분자의 자유도에 해당하고, 세로로 나열된 값은 분모의 자유도에 해당한다.

예제 7.7 $P[F(4,5) > x] = 0.05$가 되는 x값을 구하여라.

풀이 $m = 4$, $n = 5$, $\alpha = 0.05$이므로, F 분포의 확률표에서 분자의 자유도 4와 분모의 자유도 5가 교차하는 위치에서 $\alpha = 0.05$에 해당하는 값을 읽으면 $x = 5.19$가 된다. 즉 확률변수 $F(4,5)$의 값이 5.19 이후에 떨어질 확률은 0.05이다. R을 이용하면 다음과 같다.

```
> qf(p=0.95,df1=4,df2=5)
[1] 5.192168
```

예제 7.8 $P[F(1,5) > x] = 0.05$이 되는 x값을 구하여라.

풀이 표를 읽으면 $x = 6.61$이다. 이 값의 제곱근을 취하면 2.57이다. 그런데 2.57은 t 분포표에서 자유도가 5, $\alpha = 0.025$일 때와 같은 값이다. $[t_{\alpha/2}(k)]^2 = F_\alpha(1,k)$의 관계가 성립됨을 알 수 있다.

```
> qf(p=0.95,df1=1,df2=5)
[1] 6.607891
```

F 분포표를 읽기 위한 또 하나의 공식을 소개한다.

$F_\alpha(m,n)$은 $P[F(m,n) > x] = \alpha$가 되는 점 x를 나타낸다. 비슷하게 $F_{1-\alpha}(n,m)$은 $P[F(n,m) > y] = 1-\alpha$가 되는 점 y를 나타낸다. 이때

$$F_\alpha(m,n) = \frac{1}{F_{1-\alpha}(n,m)}$$

예제 7.9 $P[F(8,15) < x] = 0.05$가 되는 x를 구하여라.

풀이 표를 이용하려면, 부등호의 방향을 반대로 해야 한다. 따라서

$$P[F(8,15) > x] = 0.95$$

가 되는 x를 찾는 문제로 귀착된다. 그러나 확률값 0.95에 대한 F 분포표는 존재하지 않는다. 이 경우, 방금 소개한 공식을 적용하여 원하는 x값을 찾을 수 있다. 우선,

$$P[F(15,8) > y] = 0.05$$

가 되는 점 y를 찾아보면 표에서 $y = 3.22$를 얻는다. 이 값의 역을 계산하면

$$\frac{1}{3.22} = 0.31$$

이며, 바로 이 값이 원래 구하려던 x값이다. 따라서 $x = 0.31$.

R로 확인해 보면

```
> qf(p=0.05,df1=8,df2=15)
[1] 0.3107129
```

7.6 컴퓨터 활용

이 절에서는 R을 이용하여 컴퓨터에서 랜덤표본을 추출하는 방법을 소개한다. 원래 표본은 실제로 관측을 해서 얻는 것이지만, 컴퓨터에서 유사 자료를 추출해서 실제 상황을 재현하는 형식으로 분석을 진행하는 과정을 모의실험(simulation)이라고 부른다.

예를 들어, 지난 몇 년간 통계학 입문 강좌를 수강하는 학생들의 기말시험성적이 평균 50점, 표준편차 20점의 정규분포를 따른다는 사실을 알고 있다고 하자. 이 분포를 따르는 성적 자료 15개를 생성하는 과정은 다음과 같다.

```
> sample.data<-rnorm(n=15,mean=50,sd=20)
> sample.data
 [1] 43.94173 51.63779 77.22777 62.31081 16.46338 73.48901 84.50849 50.36842
 [9] 73.11768 69.09551 23.11252 27.17720 74.80494 77.45416 45.29448
```

그런데 이렇게 생성된 자료는 소수점을 포함하기 때문에 반올림(round)하여 정수로 만들었다.

```
> sample.round.data<-round(sample.data)
> sample.round.data
 [1] 44 52 77 62 16 73 85 50 73 69 23 27 75 77 45
> mean(sample.round.data)
[1] 56.53333
> sd(sample.round.data)
[1] 21.89216
```

생성된 자료에 대한 기술통계량을 보면 표본평균이 56.53 표본표준편차가 21.89로 나왔다. 애초에 가정된 모수값과는 차이가 나지만, 현재의 표본크기 $n = 15$를 고려하면 자연스럽게 받아들일 수 있다.

다음은 동일한 상황에서 표본크기 500의 랜덤표본을 생성하여 기술통계량을 계산한 예이다.

```
> sample.round.data1<-round(rnorm(n=500,mean=50,sd=20))
> mean(sample.round.data1)
[1] 49.092
> sd(sample.round.data1)
[1] 20.62315
```

이 예에는 표본평균이 49.09, 표본표준편차가 20.62로 모집단의 모수값에 상당히 근접함을 알 수 있다.

정규분포뿐 아니라 어떠한 분포에서도 랜덤표본을 컴퓨터로 생성할 수 있다. 다음은 성공률이 0.9인 베르누이 시행을 10회 반복한 결과를 보여 준다. 이를테면 앞면이 나올 확률이 0.9인 동전을 10회 던졌을 때 앞뒷면이 나오는 과정을 컴퓨터에서 실험을 한다고 생각하면 된다.

```
> rbinom(n=10,size=1,p=0.9)
 [1] 1 0 1 1 1 1 1 1 1 1
```

위에서 1은 성공, 0은 실패이다. 출력을 보면 10회의 시행에서 9번 성공, 1번 실패이다.

다음은 중심극한정리를 보여 주는 예이다. 구간 [0, 1]에서 균일분포를 따르는 모집단에서 표본크기 30의 랜덤표본 100개를 추출해서, 각 표본마다 표본평균을 구한 다음 히스토그램을 그리게 하였다. 출력을 보면 다소 거칠기는 하지만 평균값들의 분포가 약 0.5를 중심으로 정규분포 형태를 이루고 있다는 사실을 확인할 수 있다.

```
> mean.unif<-numeric()

> for(i in 1:100)
+   mean.unif[i]<-mean(runif(n=30,min=0,max=1))
> hist(mean.unif)
```

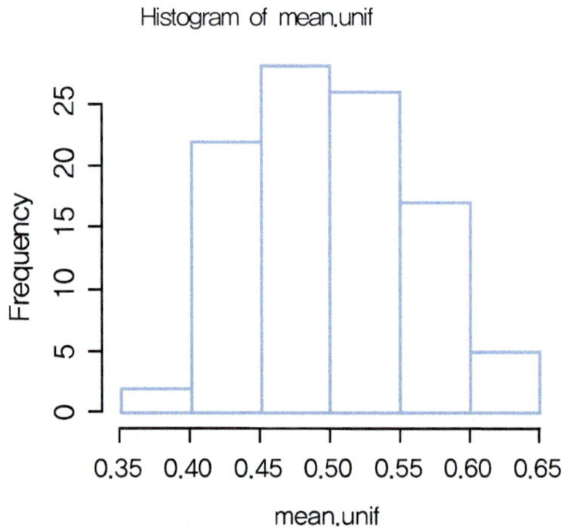

연습문제

7.1 다음 다섯 사람이 모집단이다. 주당 TV 시청시간을 측정하였다. 이 모집단으로부터 크기 3의 랜덤표본을 추출하여 TV 시청시간의 모평균을 추정하는 문제를 생각해 보자.

학생	시간
콩쥐	7
팥쥐	16
놀부	20
흥부	12
심청	22

(1) 모평균과 모표준편차를 계산하여라.

(2) 표본분포의 평균과 표준편차를 계산하여라.

7.2 어떤 구리 파이프의 직경(cm)은 $\mu = 0.45$, $\sigma = 0.03$이다. 100개의 파이프를 랜덤추출하였다.

(1) 표본분포의 평균과 표준편차를 계산하여라.

(2) 표본분포의 모양에 대해서 무엇이라 말할 수 있는가?

(3) 표본평균값이 속할 확률이 95%인 범위를 결정하라.

7.3 평균이 200, 표준편차가 15인 무한모집단이 있다.

(1) 표본크기가 45일 때, 표본평균값이 속할 확률이 95%인 범위를 결정하여라.

(2) 표본크기가 36일 때는 어떻게 되는가? 또, 64의 경우는?

7.4 용달트럭이 매달 운반하는 짐의 무게는 평균 225톤, 표준편차 30톤이다. 36개월의 자료를 수집했다면, 표본평균이 모평균 ± 7톤 범위 내에 위치할 확률은?

7.5 고등학생 20명의 모집단에서 표본으로 다섯 명을 뽑아, 대학에 진학하려는 학생의 비율을 추정한다. 모비율은 60%이다.

(1) 표본비율 분포의 평균은?

(2) 표본비율의 표준편차를 계산하여라.

7.6 출판사의 평균 파본율은 8.5%이다. 100권의 책을 랜덤추출하여 모비율을 추정하려 한다. 표본비율이 모비율 ±1% 범위에 들어갈 확률은?

7.7 표본크기가 18일 때 다음 확률을 구하여라. 각 경우 모두 적당한 t 분포의 그림을 그리고 해당되는 부분을 표시하여라.

(1) $P[|t| > 1.740]$ (2) $P[t < -1.740]$

(3) $P[|t| < 2.898]$ (4) $P[0 < t < 2.898]$

7.8 표본크기가 10일 때, 다음을 만족하는 상수 c의 값을 구하여라.

(1) $P[t > c] = 0.10$ (2) $P[t < c] = 0.05$

7.9 자유도 19의 χ^2 분포에서 다음 확률을 구하여라.

(1) $P[\chi^2 > 30.14]$ (2) $P[\chi^2 < 36.19]$

(3) $P[6.84 < \chi^2 < 38.58]$

7.10 다음을 만족하는 상수 c값을 구하여라.

(1) $P[\chi^2(14) > c] = 0.05$ (2) $P[\chi^2(14) < c] = 0.05$

(3) $P[4.66 < \chi^2(14) < c] = 0.98$

7.11 다음 F 분포의 확률을 구하여라.

(1) $P[F(6,7) > 3.87]$ (2) $P[2.83 < F(6,7) < 3.87]$

7.12 다음을 만족하는 상수 c값을 구하여라.

(1) $P[F(1,10) > c] = 0.10$ (2) $P[F(10,1) > c] = 0.90$

7.13 $X \sim N(20,\, 0.2^2)$이다.

(1) $P[19.8651 < X < 20.1349]$를 구하여라.

(2) $P[|X-20| > d] = 0.01$이 되는 편차 d를 구하여라.

7.14 V는 올림픽대로를 통과하는 차량의 시속이다. V의 분포에서 시속 50km가 넘는 차량이 86%, 65km 이하는 70%라는 사실을 알았다.

(1) $V \sim N(\mu, \sigma^2)$를 가정하자. μ와 σ의 값을 구하여라.

(2) c는 상수이다. 모든 차량 속도의 90%가 $L = \mu - c$ 와 $U = \mu + c$ 사이에 위치한다면 c 값은 얼마인가?

(3) 몇 %의 운전자가 시속 40km 이하로 주행하여 차량 소통에 지장을 준다고 할 수 있을까?

7.15 어느 회사에서 생산되는 건전지의 수명이 평균이 50시간 표준편차가 9시간

인 정규분포를 따른다고 한다. 이 회사에서 생산된 건전지 20개를 임의로 추출했을 때 20개의 평균수명이 아래와 같을 확률을 구하여라.

(1) 55시간 이상

(2) 45~55시간

7.16 보통사람의 특정자극에 대한 반응시간은 평균이 8초 표준편차가 3인 정규분포를 따른다고 한다. 16명의 확률표본의 표본평균 $\overline{X}$에 대하여 다음 물음에 답하여라.

(1) 표본평균 $\overline{X}$는 어떤 분포를 따르는가?

(2) 16명의 평균반응시간이 7초에서 9초 사이일 확률은 얼마인가?

7.17 어느 대기업에서 작년 한 해 동안 2일 이상 질병으로 결근한 직원들이 40%였다. 100명을 무작위로 조사할 경우 질병으로 2일 이상 결근한 직원이 30명에서 45명 사이일 확률을 구하여라.

7.18 기차표를 예매한 사람들의 예약 취소율이 평균 20%라고 한다. 100명의 예약한 사람 중에 25명 이상이 취소할 확률은 얼마인가?

7.19 다음을 증명하여라.

(1) $F(1,\ n) \sim t^2(n)$

(2) $F_\alpha(1,\ n) = t^2_{\alpha/2}(n)$

7.20 다음을 증명하여라.

(1) $F(m,\ n) \sim 1/F(n,\ m)$

(2) $F_\alpha(m,\ n) = 1/F_{1-\alpha}(n,\ m)$

CHAPTER 08

점추정

8.1 통계추론의 개요

모집단에서 랜덤표본을 추출하여 자료가 수집된 후, 통계자료분석의 가장 중요한 목적은 표본자료에 함축된 정보로 모집단의 특성을 찾아내는 것이다. 이러한 분석과정을 통틀어 **통계추론**(statistical inference)이라 한다. 모집단에 분포가정을 하였으면 모집단의 특성은 곧바로 모수에 대한 통계추론이 된다. 대부분의 경우, 이러한 모수는 모평균, 모분산, 모표준편차, 모비율 등의 간단한 수치로 요약된다.

통계추론은 추정(estimation)과 검정(testing)의 두 분야로 대별된다.

- 모수의 추정(estimation of parameters)
  - 점추정(point estimation)
  - 구간추정(interval estimation)
- 통계적 가설검정(statistical hypotheses testing)

표본으로부터 미지의 모수값을 짐작하거나(점추정), 또는 미지의 모수값을 포함할 만한 구간을 설정하는(구간추정) 따위의 통계추론을 모수의 추정이라 한다. 가설검정은 모수의 값이 지정된 범위 내에 존재하는지를 통계적으로 결정하는 방식의 추론이다.

통계추론과 관련된 몇 가지 용어에 대하여 알아보자. 예를 들어, 아담과 이브네 사과농장에서 매달의 평균 판매액수를 추정하려 한다. 랜덤표본을 뽑아 표본평균을 계산하였더니 100만 원이 산출되었다. 이때 표본평균 $\overline{X}$ 는 모평균 μ를 추정하는 통계량이다. 그리고 $\overline{X}$ 의 표본값 100만 원은 μ에 대한 **추정값**(estimate)이다. 이와 같이 모수를 추정하기 위하여 사용되는 통계량을 특히 **추정량**(estimator)이라고 한다. 표본평균 $\overline{X}$ 는 μ에 대한 추정량이다. 추정량에 수치가 대입되면 추정값이라고 말한다.

8.2 점추정

단 하나의 값으로 모수를 추정하는 과정을 **점추정**이라 한다. 그리고 모수를 추정하는 그 하나의 값을 점추정값이라 한다. 8.1절의 매상액 100만 원은 점추정값의 한 예이다. 왜냐하면 모수의 추정값으로서 가능한 모든 값 중의 단 하나의 값을 지정한 것이기 때문이다. 그러나 오로지 하나의 값으로 모수를 추정하는 것이 과연 얼마나 정확할까? 이런 이유로 점추정보다는 모수가 들어 있을 만한 구간을 명시하는 구간 추정 방법이 통계학에서는 더 보편적이다.

점추정에 대한 논의를 보다 일반화하기 위하여, 미지의 모수를 θ로 표기하자. θ는 모평균 μ일 수도 있고, 모비율 p일 수도 있다. 비록 그 값을 모르고 있지만, 모수는 언제나 상수이다. 모수는 변수가 아니다. 비록 간단한 사실이지만, 통계학을 처음 접하는 이들이 종종 착각하는 수가 많다.

미지의 모수 θ는 고정된 상수이다.

이 모르는 상수값을 추정하려면 자료를 얻어야 한다. 그리고 이러한 자료는 크기 n의 랜덤표본 $X_1, X_2, \cdots, X_n$ 의 형태로 주어진다. 랜덤표본에 모집단의 성질에 대한 정보가 함축되어 있기는 하지만, 수집된 자료 자체만으로는 미지의 모수를 추정하지 못한다. 따라서, 우리는 미지의 모수값에 가능한 한 가까운 값을 줄 수 있는 표본관측 $X_1, X_2, \cdots, X_n$ 의 적당한 함수, 곧 상황에 적합한 통계량을 사용하여 모수를 추정하려는 것이다. 미지의 모수 θ의 점추정량을 T로 표기하자.

추정량 T는 미지의 모수 θ를 추정하기 위하여 수집된 표본관측의 함수이다. 추정량 T는 통계량이자 확률변수이며, 따라서 확률분포를 갖는다. 추정량 T에 관측값을 대입하여 계산된 값은 추정값이라 한다. 표본에 따라 추정값은 달라지나, 추정값의 공식인 추정량은 동일하다.

그렇다면, 적당한 추정량을 어떻게 선택할 수 있을까? 지금까지 우리는 묵시적으로 모평균을 추정할 때는 표본평균을, 모분산을 추정할 때는 표본분산을 사용한다고 기술하였다. 도대체 어떤 선택기준하에서 이런 주장을 할 수 있었을까? 모분산을 추정하기 위하여 모평균을 사용한다면 불리한 점이 무엇인가?

이러한 질문에 답하려면, 우선 일반적으로 미지의 모수 θ의 추정량 T가 가져야 하는 바람직한 성질을 고려해 보아야 한다.

무엇보다도, 추정량 T는 미지의 모수 θ를 정확히 추정할 수 있어야 한다. 그러나 현실적으로 완벽한 추정량은 구할 수 없다. 하나의 표본을 추출하여 추정값을 계산하고, 다시 새로운 표본을 추출하여 추정값을 또 계산했을 때, 이 두 개의 동일한 모수에 대한 추정값들이 같기를 기대하긴 어렵다. 분명한 것은, 몇 만 개의 표본을 추출하여 각 표본으로부터 독립적으로 추정값을 계산하더라도 이 몇 만 개의 추정값들이 모두 다를 수도 있다는 사실이다. 그렇긴 하더라도, 이렇게 반복적으로 추출된 표본으로부터의 추정 값들의 평균이 미지의 모수와 일치한다면 바람직할 것이다. 개별적인 표본에서의 추정값은 비록 모수를 완벽하게 추정하지 못하더라도, 반복적 표본추출에서의 평균 추정값이 모수와 일치하는 좋은 성질을 갖고 있다면, 최소한 그러한 추정량을 사용할 수 있는 합리적인 근거가 될 것이다. 다시 말하자면, 추정량의 분포의 중심이 추정하려는 모수이어야 한다는 것이다. 분포의 중심에 대한 측도 중의 하나는 기댓값이다. 따라서 일반적으로 미지의 모수 θ에 대한 추정량 T의 바람직한 선택기준은 $E(T)=\theta$ 라 할 수 있다. 이러한 성질을 갖는 추정량을 특히 **불편의추정량**(unbiased estimator)이라 한다.

만일 $E(T)=\theta$ 이면, 추정량 T는 모수 θ에 대하여 **불편의**(unbiased)라 한다. 그렇지 않으면 T를 모수 θ에 대한 **편의추정량**(biased estimator)이라 부른다.

미지의 모수 θ에 대한 추정량은 그것이 합리적인 것이든 아니든 수없이 많이 생각할 수 있다. 표본크기 n의 랜덤표본 $X_1, X_2, \cdots, X_n$ 으로부터 모평균 μ를 추정하는 문제를 생각해 보자. 표본평균을 사용하여 μ를 추정할 수도 있다. 그렇다면 이 경우의 추정량은 표본평균이다. 또 다른 관측은 전부 무시하고 오로지 X_1의 값으로 μ를 추정할 수도 있다. 이때는 첫 번째 관측 X_1이 μ를 추정하는 추정량이다. 중앙값을 추정량으로 선택할 수도 있다. 이런 상황에서 불편의추정량을 기준으로 좋은 추정량을 선택하는 것은 바람직한 일이다. 하지만 이런 식으로 무수히 많은 추정량들 중 편의추정량들은 모두 버리고 불편의추정량만을 선택한다고 하여 합리적인 추정량의 선택 문제가 끝나지는 않는다.

무수히 많은 추정량 중 불편의추청량만을 고려하겠다면 선택의 폭을 그만큼 좁힌 것은 사실이지만, 불편의추정량 자체가 또 무수히 많을 수도 있다. 그림 8.1을 보자.

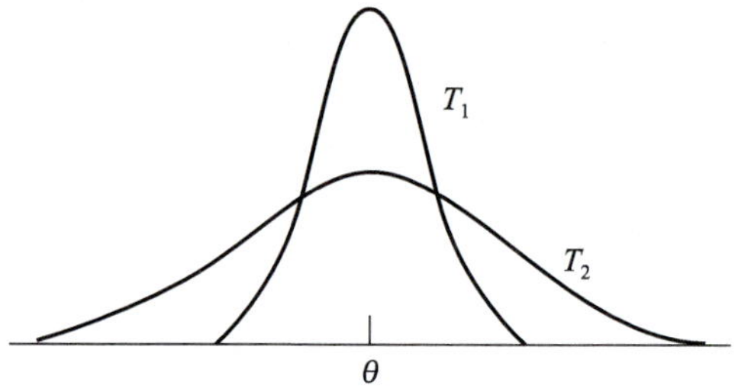

그림 8.1 θ에 대한 두 개의 불편의 추정량 T_1, T_2의 분포

그림 8.1에서 추정량 T_1과 T_2는 둘 다 모수 θ에 대하여 불편의이다. 그런데 T_1의 분포는 모수 θ 근방에 집중되어 있고, T_2의 분포는 퍼져 있다. 직관적으로 T_2보다 T_1을 사용하는 편이 θ를 더 정확히 추정할 수 있겠다는 사실을 짐작할 수 있을 것이다. 분포의 퍼짐성에 대한 측도는 분산이나 표준편차이다. 따라서 T_2보다 T_1을 선호한다는 것은 곧 두 개의 불편의추정량 중 분산이 더 작은 쪽을 선택한다는 것과 동일하다. 불편의추정량이 세 개 이상이면, 그들 중 최소의 분산을 갖는 추정량을 선택해야 한다.

가급적, 미지의 모수 θ에 대한 추정량으로서, 최소의 분산을 갖는 불편의추정량을 선택하자. 이러한 성질을 갖는 추정량을 θ에 대한 **최소분산불편의추정량** (minimum variance unbiased estimator)이라 부른다. 그러나 최소분산불편의추정량이 언제나 존재하지는 않는다.

여기서 한 가지 유념할 점은, 최소분산불편의추정량을 찾는 선택기준이 그럴듯하기는 하나, 반드시 보편적인 절차는 아니라는 것이다. 좋은 통계량으로서 지녀야 할 성질은 최소분산이나 불편의의 두 개념 외에도 많이 있다. 분포의 중심성에 관한 측도가 기댓값 외에도 많이 있고, 분포의 퍼짐성에 관한 측도 역시 분산 말고도 얼마든지 꼽을 수 있다. 심지어 편의통계량이 불편의통계량보다 훨씬 좋은 결과를 줄 수 있는 경우도 있다. 그러나 이 책에서는 다른 선택 기준에 관하여는 언급하지 않겠다.

일단 추정량이 선택되면, 남은 일은 얻은 관측값들을 추정량의 공식에 집어넣어 추정값, 즉 점추정값을 계산하는 것이다. 그러나 점추정값 하나만을 제시하는 것은 현명한 통계추정 방법이 되지 못한다. 점추정값에 더불어, 도대체 산출된 점추정값이 얼마나 정확한가에 대한, 즉 추정값의 정확도에 대한 진술이 뒤따라야 한다. 추정값의 정확도는 추정량 분포의 퍼짐성, 곧 변동(variability)의 정도에 따라 결정된다. 변동의 정도는 보통 추정량의 표준편차값으로 측정하며, 이것을 추정량의 **표준**

오차(standard error)라 한다. 표준오차는 간단히 se로 표기한다. 따라서 점추정량을 제시할 때는 언제나 그 추정량의 표준오차값도 같이 기술해야 한다.

미지의 모수 θ에 대한 추정량 T의 **표준오차**: $\mathrm{se}(T) = \mathrm{sd}(T)$

8.3 모평균에 대한 점추정

모평균이 μ, 모분산이 σ^2인 분포를 따르는 모집단이 있다. μ와 σ^2 둘 다 미지이다. μ를 추정하기 위하여 크기 n의 랜덤표본 $X_1, X_2, \cdots, X_n$을 추출하였다. 이때, 대한 가장 그럴듯한 점추정량은 표본평균 $\overline{X}$이다. 왜냐하면 7장의 결과로부터

$$E(\overline{X}) = \mu,\ \ Var(\overline{X}) = \frac{\sigma^2}{n},\ \ sd(\overline{X}) = \frac{\sigma}{\sqrt{n}}$$

이므로 $\overline{X}$는 μ에 대한 불편의추정량이고, 여기서 증명은 않지만, 정규분포를 포함하여 많은 모집단 분포에 대하여 $\overline{X}$는 최소분산불편의추정량이 되기 때문이다. 덧붙여, n값이 크면 표본평균의 분포는 모집단의 분포에 관계없이 정규분포로 근사한다. 기호로 표기하면

$$\overline{X} \approx N\left(\mu,\ \frac{\sigma^2}{n}\right)$$

또한, 추정량의 표준편차가 곧 표준오차이므로 $\overline{X}$의 표준오차는 $\sigma/\sqrt{n}$이다. 즉

$$se(\overline{X}) = \frac{\sigma}{\sqrt{n}}$$

8.2절에서 점추정값에는 반드시 표준오차를 덧붙여야 한다고 하였는데, 그렇다면 표본평균의 표준오차를 어떻게 계산할 수 있을까? 표본크기 n은 아는 값이므로 별 문제 없지만, 모표준편차 σ값을 미리 알 수 있는 경우는 흔치 않다. 이런 경우에는 자연히 σ를 수집된 자료로부터 추정해서 사용하는데, 모표준편차를 추정할 때는 통상 표본표준편차 s를 사용한다.

$$s = \sqrt{\frac{\sum_{i=1}^{n}(X_i - \overline{X})^2}{n-1}}$$

참고로, 표본표준편차 s는 모표준편차 σ에 대한 불편의추정량은 아니지만, 표본 크기 n이 커지면 s의 기댓값이 거의 σ에 근접하게 된다. 이와 같이 σ 대신 s를 사용하여 추정된 표준오차를 $\widehat{se}$으로 표기하며, 공식은 다음과 같이 쓸 수 있다.

$$\widehat{se}(\overline{X}) = s/\sqrt{n}$$

다음에는 산출된 점추정값과 추정된 표준오차를 실제로 어떻게 기술하는지 살펴보자.

표본평균은 근사적으로 평균 μ, 분산 σ^2/n인 정규분포를 따르므로, 표본평균이 모평균 μ로부터 두 배의 표준편차 거리 이내에 있을 확률은 약 0.954이다. 확률식으로 표현하면

$$P\left[\mu - \frac{2\sigma}{\sqrt{n}} < \overline{X} < \mu + \frac{2\sigma}{\sqrt{n}}\right] = 0.954$$

또는

$$P\left[|\overline{X} - \mu| < \frac{2\sigma}{\sqrt{n}}\right] = 0.954$$

여기서 $|\overline{X} - \mu|$는 추정오차의 절댓값이다. 위의 확률식을 평이하게 말하면, 추정오차가 $\pm 2(se)$ 이내에 있을 확률이 0.954라는 것이다. 이런 진술은 실상 자료의 수집 전에도 할 수 있음에 유의하라. 다시 말해서, 실제로 자료를 수집하기 전에도 추정오차가 $\pm 2(se) = \pm 2(\sigma/\sqrt{n})$을 벗어나지 않을 확률은 0.954이다 라고 예측할 수 있다는 것이다. 그리고 통계적인 진술을 할 때 0.954는 실제로 상당히 큰 확률이다. 그러므로 이런 류의 통계분석 보고서를 살펴보면

$$\text{추정값} \pm 2 \times se$$

의 형식으로, 추정값과 변동의 정도를 표시하는 것이 일반적이다. 물론 이런 표기에서 사용된 se는 사실상 추정된 표준오차를 의미한다.

조금 더 넓은 추정오차의 범위를 명시하고 싶을 때는 $\pm 3(se)$를 사용한다. 추정오차가 $\pm 3(se)$ 범위를 벗어나지 않을 확률은 약 0.997이다. 그리고 $\pm 1(se)$의 범위는 대응되는 확률이 약 0.683으로 상당히 작기 때문에 자주 사용되지 않는다.

실제로 수집된 데이터에서 평균중심의 변동을 보고하는 형식은 천차만별이지만 일반적으로 추천할만한 형태는 다음 세 가지이다.

① $\overline{X} \pm s$

② $\overline{X} \pm se$

③ $\overline{X} \pm 2 \times se$

이때 표본크기와 측정단위를 항상 명시해야 한다. 그런데 ①과 같이 표준편차를 보고하는 것보다는 ②, ③과 같이 표준오차를 보고 하는 편이 더 낫다. 왜냐하면 표준오차는 자료의 중심에 대한 측도로 선정된 평균값의 정밀도를 대표하는 값이기 때문이다. ③에서는 표준오차의 두 배를 보고하는데, 이 형식은 제9장에서 해설할 95% 신뢰구간의 계산과 동일하다. 어느 경우든 표준편차나 표준오차의 값이 작으면 데이터가 평균 근처에 많이 밀집되어 있고, 따라서 측정이 정밀하였다고 볼 수 있다. 그러나 이 같은 진술은 상대적이기 때문에 비슷한 실험 간의 정밀도를 비교할 때나 사용할 수 있다.

표 8.1은 국내 네 개 회사에서 생산되는 무가당 오렌지 주스(A, B, C, D)의 신맛을 48명의 평가요원이 주스마다 12명씩 랜덤 배치되어 9점 척도를 사용하여 평가한 결과이다. 점수가 높을수록 신맛이 강하다.

이 데이터에 대한 보고를 할 때 ②의 방식을 사용하면 표 8.2와 같은 형식으로 기초통계량을 요약하여 보고할 수 있을 것이다. 여기서 괄호 속의 값은 표본크기이다.

이와 같이 보고된 통계량을 보면, 오렌지 주스 A가 신맛이 가장 강하고 오렌지 주스 D의 평가 점수가 다른 오렌지 주스에 비하여 변동이 심함을 쉽게 알 수 있다.

데이터를 얻고 나서 평균, 표준편차, 표준오차 등의 단순 통계량을 살펴보는 것은 차후의 분석에 대한 통찰력을 얻는 데 큰 도움이 된다. 그리고 이렇게 얻어진 통계량을 그림이나 그래프로 보고하는 것도 좋은 방법이다.

표 8.1 오렌지 주스의 신맛에 대한 평가자료

A	B	C	D
8 8	6 5	8 8	9 4
7 9	7 7	8 5	6 5
8 7	6 7	6 7	4 4
9 8	6 8	6 7	5 6
6 8	7 6	7 6	7 5
7 6	8 7	7 8	8 4

표 8.2 오렌지 주스의 신맛에 대한 요약 통계

오렌지 주스	신맛: $\overline{Y} \pm se(n)$
A	7.583±0.288 (12)
B	6.667±0.256 (12)
C	6.917±0.288 (12)
D	5.583±0.484 (12)

예제 8.1 종이 회사에서 기계당 일만 장의 모조지를 생산하는 데 걸리는 평균 시간을 알기 위하여 36대의 기계를 랜덤추출하여 평균 시간을 재었더니 1.5분이 산출되었다. 모집

단의 평균 시간에 대한 점추정값과 95.4%의 오차범위를 기술하여라. 표본표준편차의 값은 0.3이었다.

풀이 표본평균이 1.5분이므로, 모평균의 점추정값은 1.5분이다. 추정된 표준오차는 $0.30/\sqrt{36}=0.05$ 이므로, 95.4%의 오차범위는 $\pm 2\times 0.05=\pm 0.1$ 분이다. ■

8.4 모분산과 모표준편차에 대한 점추정

모분산 σ^2와 모표준편차 σ의 점추정은 각각 표본분산 s^2와 표본표준편차 s를 사용하나, s^2과 s에 대한 분포나 성질을 유추함은 이 책의 정도를 넘는다. 단지 표본분산 s^2이 모분산 σ에 대한 불편의추정량임을 기억하라.

즉, 다음과 같다.

$$E(s^2)=\sigma^2$$

또한, 표본표준편차 s는 모표준편차 σ에 대하여 편의되어 있으나, 표본크기가 커지면 큰 오차 없이 사용할 수 있다. 표본분산이나 표본표준편차의 분포는 대칭이 아니므로, 표본평균의 경우와 흡사한 표준오차의 기술은 어렵다.

8.5 이항 비율에 대한 점추정

이항 모집단은 성공과 실패, 좋다와 나쁘다, 찬성과 반대 등 상반된 두 성질 중 하나를 특성으로 취하는 개체들로 이루어진 모집단이다. 통계조사에서는 종종 둘 중 하나의 특성을 갖는 개체들의 비율을 추정한다.

모집단 전체에서 지정된 특성을 갖는 개체들의 비율을 p라 하자. 모비율 p를 추정하기 위하여 크기 n의 랜덤표본 $X_1, X_2, \cdots, X_n$을 추출하고, 지정된 특성을 갖는 관측들의 개수를 X라 하자. 모비율 p의 불편의추정량은 표본비율

$$\hat{p}=\frac{X}{n}$$

이다. 모집단 크기에 비하여 표본크기가 아주 작다면, 랜덤표본의 각 관측은 서로

독립이며 성공확률이 p인 베르누이 시행으로 간주될 수 있으며, 따라서 X의 분포는 이항분포 $B(n, p)$이다. 이항분포 $B(n, p)$를 따르는 확률변수의 기댓값은 np, 분산은 $np(1-p)$이므로, 표본비율의 기댓값과 분산은 다음과 같이 구할 수 있다.

$$\begin{aligned} E(\hat{p}) &= E\left(\frac{X}{n}\right) \\ &= \frac{1}{n}E(X) = \frac{1}{n}np = p \\ Var(\hat{p}) &= Var\left(\frac{X}{n}\right) = \frac{1}{n^2}Var(X) \\ &= \frac{1}{n^2}np(1-p) = \frac{p(1-p)}{n} \end{aligned}$$

따라서 표본비율의 표준오차는

$$se(\hat{p}) = \sqrt{\frac{p(1-p)}{n}}$$

로 주어지며, 모비율 p의 값은 알지 못하므로 p의 추정량을 사용하여 추정 표준오차를 구하면 다음과 같다.

$$\widehat{se}(\hat{p}) = \sqrt{\frac{\hat{p}(1-\hat{p})}{n}}$$

사실상 $\hat{p}$는 p에 대한 최소분산불편의추정량이다.

n값이 크면, 표본비율 $\hat{p}$는 위에서 주어진 기댓값과 표준편차를 갖는 정규분포로 근사되며, 모평균의 점추정 때와 마찬가지로 정규분포를 이용한 표준오차의 기술이 가능하다.

예제 8.2 가전제품 대리점에서 물건을 할부로 사간 고객 중 제때 불입금을 납입하지 않는 사람들의 비율을 추정하려 한다. 150명의 고객을 랜덤표본으로 추출하였더니, 15명의 납입 실적이 불량하였다. 이 자료를 토대로 전체 고객 중 납입 실적이 불량한 사람들의 비율을 점추정하고 오차범위 95%를 명시하여라.

풀이 $n = 150$, $X = 15$이므로, $\hat{p} = 15/150 = 0.1$이다. 따라서 표준오차의 추정값은

$$\widehat{se} = \sqrt{0.1(1-0.1)/150} = 0.0245$$

이다. 따라서 95%의 오차범위는 $\pm 1.96(\widehat{se})$이므로 $\pm 1.96 \times 0.0245 = 0.048$이다. 그러므로 모비율의 추청값 $\hat{p} = 0.1$ 또는 10%이며, 대응되는 95%의 오차범위는 ± 0.048 또는 $\pm 4.8\%$이다. ■

연습문제

8.1 열 명의 성인 남성을 랜덤 선택하여 두 눈동자 사이의 거리(mm)를 측정하였다.

64.9 62.1 70.8 65.3 68.7 57.2 62.5 69.8 64.3 71.6

(1) 거리가 정규분포를 따른다고 가정하고, μ와 σ를 각각 표본평균과 표본표 준편차로 추정하여라.

(2) 분포가 연속이라고 가정한다. 모집단 중앙값을 표본 중앙값으로 추정하여라.

(3) 분포가 대칭이라고 가정한다. 10% 절단평균으로 모평균 μ를 추정하여라.

(4) 거리가 60 이상 70 이하인 사람들의 비율을 추정하여라.

8.2 측정 방법으로 A, B의 두 가지가 있다. A를 사용한 측정값의 모분산은 4, B는 3이다. A 측정의 단가(단위=1,000원)는 20, B 측정의 단가는 25이다. 실험에 배정된 예산은 500이다. 어느 측정기법을 선택하는 것이 좋을까?

8.3 랜덤 선택된 100개 제품에서 열 개가 불량품이었다. 표본비율에 대한 표준오차를 구하여라. 표본크기가 500이었다면 표준오차값은 얼마인가?

8.4 고혈압 환자 10명의 수축기 혈압(mmHg)이 다음과 같았다.

114, 118, 152, 157, 158, 163, 178, 178, 183, 190

(1) 표본 평균 과 표본표준편차를 구하여라.

(2) 모집단에 대한 적절한 가정을 하고 모평균에 대한 95% 신뢰구간을 구하여라.

8.5 어느 대학의 여학생들의 평균신장을 추정하기 위하여 50명을 임의추출하여 측정한 결과 $\overline{X} = 162\,\text{cm}$, $s = 5\,\text{cm}$를 얻었다.

(1) 여학생의 평균신장에 대한 95% 신뢰구간을 구하여라.

(2) 모평균에 대한 95% 신뢰구간의 길이가 1 cm 이하가 되게 하려면 최소한 몇 명의 표본이 필요한가?

8.6 시멘트 혼합물이 굳을 때까지 걸리는 시간을 추정하고자 20번의 반복 실험을 실시한 결과 평균 30분 표준편차가 5분으로 나타났다.(단, 모집단은 정규분포를 따른다고 가정한다.)

(1) 평균응고시간에 대한 95% 신뢰구간을 구하여라.

(2) 평균응고시간에 대한 95% 신뢰구간의 길이를 1분 이하로 하기 위해 필요한 최소 표본의 크기를 구하여라.

8.7 어느 지역의 실업률 p를 추정하기 위해 2000명의 취업적령자를 임의로 추출하여 조사한 결과 실업자는 180명이었다.

(1) 모실업률 p의 점추정값을 구하여라.

(2) 모실업률 p에 대한 95% 신뢰구간을 구하여라.

8.8 특정 프로그램의 시청률 p를 추정하기 위하여 500명의 시청자를 임의로 추출하여 시청여부를 조사한 결과 130명이 시청하였다.

(1) 모시청률 p의 점추정값과 표준편차를 계산하여라.

(2) 모시청률 p에 대한 95% 신뢰구간을 구하여라.

8.9 성인 100명을 조사한 결과 25명이 간염에 대한 면역성을 가지고 있었다.

(1) 면역성을 가진 성인의 모비율 p에 대한 99% 신뢰구간을 구하여라.

(2) 모비율 p를 표준오차 1% 이내로 추정하기 위해 필요한 표본의 크기를 구하여라.

8.10 연령 20~55세의 여성 400명을 설문조사한 결과 180명이 1년에 한 번 이상 유방암 정기검진을 받는다고 응답하였다.

(1) 모비율 p의 점추정값과 표준편차를 구하여라.

(2) 모비율 p에 대한 95% 신뢰구간을 구하여라.

CHAPTER 09

일표본에 대한 구간추정

9.1 신뢰구간추정

모수의 추정값으로서 단일 숫자를 사용하기보다는 모수가 포함될 만한 숫자들의 범위를 명시하는 추정방법이 더 보편적이다. 점추정에서 단순히 점추정값만을 기술하지 않고 표준오차를 덧붙이는 것은 사실상 구간추정의 기본 개념과 부합된다. 하나의 점추정값이, 예를 들면 표본평균의 값이 추정하려는 모수, 즉 모평균과 일치하기를 기대할 수는 없으므로 추정값 자체를 표본오차까지 고려하여 구간으로 만드는 것이 더 낫다는 말이다. 모수를 추정하기 위하여 사용되는 값의 범위를 구간추정값(interval estimate)이라 하고, 이러한 값들의 범위로 모수를 추정하는 과정을 구간추정(interval estimation)이라 한다.

예제 8.2에서 모비율의 추정값은 10%였다. 이 값은 점추정값으로서 우리가 선택한 표본에서 계산된 값일 뿐 모비율과 얼마나 근접한 값인지 아무도 모른다. 이런 상황에서 구간추정을 한다면, 모비율에 대한 95% 신뢰구간은 (5.2%, 14.8%)라는 식으로 추정 결과를 기술하게 된다. 이러한 구간추정에서 얻어진 신뢰구간의 중심은 언제나 점추정값이 된다. 구간추정과 점추정은 별개의 추정방법은 아니다. 구간추정은 언제나 점추정값을 기초로 오차의 한계를 구간의 형태로 제시하는 것이다.

그러나 점추정값에 표준오차를 덧붙이는 것과 구간추정값 간에는 해석의 차이가 엄존한다. 점추정에서는 계산된 점추정값을 기준으로, 예컨대 '모비율의 추정값은 10%이고 95%의 오차범위는 ±4.8%이다'라는 식으로 진술한다. 그러나 구간추정에서는 점추정값을 기준으로 구간을 만들기는 하나 결과로 계산된 구간에 점추정값은 더 이상 존재하지 않는다. 즉 단순히 추정하려는 모수가 포함되어 있음직한 (5.2%, 14.8%)와 같은 구간을 제시할 뿐이다. 이 경우 모수의 점추정값 10%는 구간 안에 포함되어 있는 하나의 점일 뿐이다. 따라서 구간추정은 점추정보다 상당히 융통성 있는 추정방법이라고 할 수 있다. 그렇다고 해서 점추정이 통계추론에서 전혀 가치가 없다고 생각해서는 안 된다. 구간추정의 기준점은 언제나 점추정의 결과로부터 나온다는 사실을 잊으면 안 된다.

그런데 구간추정을 하고 나서 오로지 계산된 구간만 명시한다면, 주어진 구간이 모수추정을 함에 있어 과연 얼마나 정확할지, 즉 얼마나 신뢰성(confidence)이 있는지 알 수가 없다. 앞에서 95% 신뢰구간이란 용어를 사용하였는데, 이런 표현이 바로 추정된 구간의 신뢰도를 말해주는 것이다. 신뢰도를 고려한 구간추정을 **신뢰구간추정**(confidence interval estimation)이라 한다. 일반적으로 통계학에서 구간추정은 언제나 신뢰구간추정을 뜻한다.

논의를 일반화하기 위하여, θ를 미지의 모수라 하고 $X_1, X_2, \cdots, X_n$을 크기 n의 랜덤표본이라 하자. θ에 대한 신뢰구간(confidence interval)은 표본관측 $X_1, X_2, \cdots, X_n$ 로부터 계산된 구간 (L, U)의 형태로 주어지며, 신뢰구간에는 구간의 신뢰도를 나타내는 확률값이 지정된다. 이 확률은 보통 $(1-\alpha)$의 형태로 명기하며, 대체로 0.90, 0.95, 또는 0.99와 같이 큰 확률값을 지정하여 만들어질 구간의 신뢰도를 높인다. 물론, 이때 0.90, 0.95, 또는 0.99와 같은 신뢰도 $(1-\alpha)$에 대응되는 α의 값은 각각 0.10, 0.05, 0.01이 된다.

$(1-\alpha)$가 신뢰도로 지정된 확률이고, L과 U는 표본관측 $X_1, X_2, \cdots, X_n$ 의 함수(통계량)라 하자. 이때,

$$P[L < \theta < U] = 1 - \alpha$$

를 만족하는 랜덤구간 (L, U)를 모수 θ에 대한 **100(1−α)% 신뢰구간**이라 하며, $(1-\alpha)$를 구간의 **신뢰수준**(confidence level), 또는 **신뢰계수**(confidence coefficient)라 부른다. 그리고 α는 **유의수준**(significance level), L은 **신뢰하한**(lower confidence limit), U는 **신뢰상한**(upper confidence limit)이라 부른다.

9.2 신뢰구간의 결정 방법

정규모집단에서 모평균 μ가 미지일 때, 모평균 μ에 대한 신뢰구간을 추정하는 문제를 생각하여 보자. 당분간 모분산 σ^2의 값은 알고 있다고 가정한다. 모집단의 분포가 정규분포이므로, 표본평균의 분포는 정확히 정규분포이다. 즉, $\overline{X} \sim N\left(\mu, \frac{\sigma^2}{n}\right)$이다. 이를 표준화하면

$$Z = \frac{\overline{X} - \mu}{\sigma / \sqrt{n}} \sim N(0, 1)$$

그런데, 표준정규분포표에서 $P[-1.96 < Z < 1.96] = 0.95$라는 사실을 알고 있다. 따라서 이 확률관계식은 다음과 같이 쓸 수 있다.

$$\begin{aligned} & P\left[-1.96 < \frac{\overline{X} - \mu}{\sigma / \sqrt{n}} < +1.96\right] = 0.95 \\ \Leftrightarrow & P\left[\mu - 1.96\frac{\sigma}{\sqrt{n}} < \overline{X} < \mu + 1.96\frac{\sigma}{\sqrt{n}}\right] = 0.95 \\ \Leftrightarrow & P\left[\overline{X} - 1.96\frac{\sigma}{\sqrt{n}} < \mu < \overline{X} + 1.96\frac{\sigma}{\sqrt{n}}\right] = 0.95 \end{aligned}$$

가장 아랫줄의 확률식을 보면, 두 부등호 사이에 미지의 모수가 있고, 두 부등호의 좌우는 통계량이며, 확률값으로 0.95가 주어졌다. 이때 두 부등호 좌우의 통계량으로 주어지는 구간

$$\left(\overline{X} - 1.96\frac{\sigma}{\sqrt{n}},\ \overline{X} + 1.96\frac{\sigma}{\sqrt{n}}\right)$$

를 미지의 모수 μ에 대한 95% 신뢰구간이라 한다. 물론 이 경우 신뢰하한과 신뢰상한은 다음과 같다.

$$L = \overline{X} - 1.96\frac{\sigma}{\sqrt{n}},\quad U = \overline{X} + 1.96\frac{\sigma}{\sqrt{n}}$$

이렇게 공식으로 주어진 신뢰구간 (L, U)를 특히 랜덤구간(random interval)이라 한다. 그리고 표본을 수집하여 얻은 관측값들로부터 표본크기와 표본평균을 계산한 후, 랜덤구간의 공식에 대입하여 얻은 숫자로 된 구간을 구간추정값이라 한다.

위에서 주어진 랜덤구간이 의미하는 바는, 이 랜덤구간이 미지의 모수 μ를 포함할 확률이 95%라는 것이다. 여기서 한 가지 유의해야 할 점은, 신뢰구간의 공식은 실제로 표본추출을 하기 전에 이미 결정된다는 사실이다.

위에서 주어진 신뢰하한과 신뢰상한의 두 신뢰한계(confidence limit)의 공식을 보면, 표본평균으로부터 1.96배의 표준편차만큼을 빼고 더한 것이다. 이 결과, 신뢰구간의 양 끝은 표본평균으로부터 같은 거리만큼 대칭적으로 떨어져 있다. 그러나 신뢰구간을 만들 때 반드시 이와 같이 점추정량을 중심으로 양끝을 대칭적으로 설정하여야 하는 것은 아니다.

이상에서 만들어낸 모평균에 대한 신뢰구간추정에서 가장 기초가 되는 확률식은 $P[-1.96 < Z < 1.96] = 0.95$이었다. 즉, 0을 중심으로 대칭인 표준정규분포에서, 확률 0.95를 주는 구간의 양 끝점으로 0으로부터 같은 거리에 있는 두 점 −1.96과 1.96을 선택하였기 때문에, 신뢰구간 역시 표본평균으로부터 양쪽으로 1.96배의 표준편차만큼 벌어진 신뢰한계를 얻은 것이다. 그러나 표준정규분포에서 확률 0.95를 줄 수 있는 구간은 무한히 많이 있다. 예를 들어, 확률변수 Z가 −1.73에서 2.41 사이의 값을 취할 확률도 0.95이다. 즉, $P[-1.73 < Z < 2.41] = 0.95$가 된다.

물론 이 확률식을 근거로 신뢰구간을 만들면 결과가 되는 신뢰구간의 중심은 표본평균의 값과는 무관하다. 둘 다 똑같이 신뢰도 95%의 신뢰구간인데, 과연 어느 것을 선택해서 사용해야 할까? 선택의 기준이 있을까? 혹자는 $P[-1.96 < Z < 1.96] = 0.95$의 관계를 기초로 신뢰구간을 만드는 이유는 구간 (−1.96, 1.96)의 폭이 구간 (−1.73, 2.41)의 폭보다 짧기 때문이라고 하기도 한다. 이것은 사실이다. 그러나 폭이 짧은 신뢰구간이 미지의 모수추정을 더 잘한다는 말을 무슨 근거로 할 수 있을까? 결론적으로, 신뢰구간에 대한 절대적인 선택기준은 존재하지 않는다.

선택기준은 없어도, 통계학에서 신뢰구간추정을 할 때, 앞서의 경우와 같이 모수의 추정량의 분포가 좌우 대칭이면, 가급적 점추정량을 중심으로 좌우 같은 거리에 있는 양 끝점을 갖는 신뢰구간을 만드는 것이 일반적인 습관이다. 그 이유는 첫째, 신뢰구간의 공식이 간단한 형태로서 표현이 가능하고, 둘째, 표본으로부터 산출된 점추정값을 구간추정의 기준점으로 삼는 것이 그럴듯해 보이기 때문이다.

일반적으로, 모평균 μ에 대한 100(1−α)% 신뢰구간의 공식은 다음과 같이 주어진다.

$$\left(\overline{X} - z_{\alpha/2}\frac{\sigma}{\sqrt{n}},\ \overline{X} + z_{\alpha/2}\frac{\sigma}{\sqrt{n}}\right)$$

여기서, $z_{\alpha/2}$는 그림 9.1의 표준정규분포에서와 같이 오른쪽 꼬리 부분의 빗금 친

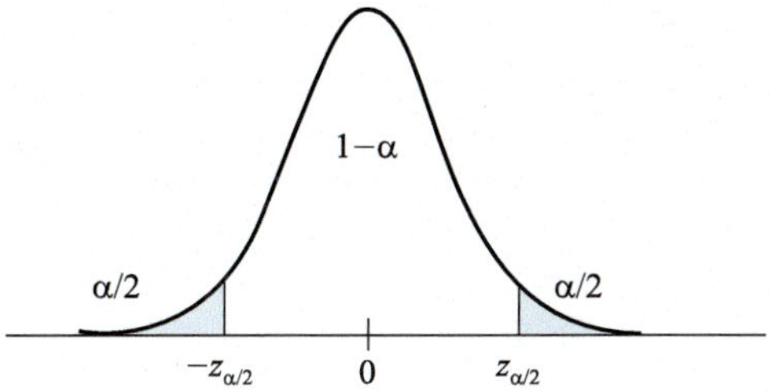

그림 9.1 $z_{\alpha/2}$의 도시

면적이 정확히 $\alpha/2$가 되는 Z축상의 점이다. 표준정규분포는 0을 중심으로 대칭이므로, 왼쪽의 꼬리 부분의 면적이 $\alpha/2$가 되는 점은 $-z_{\alpha/2}$가 된다. 따라서 95% 신뢰구간을 만들 때는 $100(1-\alpha)\% = 95\%$이므로, $\alpha/2$의 값은 0.025이다. 또한, 표준정규분포표에서 $P[Z > z_{\alpha/2}] = 0.025$가 되는 점 $z_{\alpha/2}$의 값이 1.96이므로, $z_{\alpha/2} = 1.96$이 되는 것이다.

통계학에서 신뢰수준으로 많이 선택되는 확률값에 대응하는 $z_{\alpha/2}$의 값들을 정리하면 다음과 같다.

$1-\alpha$	0.80	0.85	0.90	0.95	0.99
$z_{\alpha/2}$	1.28	1.44	1.64	1.96	2.58

예제 9.1 상황은 예제 8.1과 동일하다. 종이 회사에서 기계당 일만 장의 모조지를 생산하는 데 걸리는 평균 시간을 알기 위하여 36대의 기계를 랜덤추출하여 평균 시간을 재니 1.5분이 산출되었다. 모집단의 평균 시간에 대한 99% 신뢰구간을 구하여라. 모집단의 분포는 정규분포이며, 모표준편차 σ의 값은 0.3이다.

풀이 표본평균 $X = 1.5$분, X의 표준편차 $\sigma/\sqrt{n} = 0.3/\sqrt{36} = 0.05$이므로, 99% 신뢰구간은

$$(1.5 - 2.58*0.05,\ 1.5 + 2.58*0.05) = (1.371,\ 1.629)$$ ■

예제 9.1에서 '모평균 μ가 구간 (1.371, 1.629) 안에 포함될 확률은 0.99이다'라는 식으로 결과를 진술하는 것은 전혀 잘못된 것이다. 왜냐하면 모수는 고정된 상수이므로 모평균 μ가 (1.371, 1.629)에 포함될 확률은 0 아니면 1이기 때문이다. 그나마, 확률이 0일지 1일지는 아무도 모른다. 다시 말해서, $P[1.371 < \mu < 1.629] = 0.99$와 같은 확률식은 절대 옳지 않음을 명심하라. 실제 관측값이 대입되기 전의 신뢰구

간 공식, 즉 랜덤구간이 (L, U)로 주어졌을 때는, '모평균 μ가 구간 (L, U)에 포함될 확률은 0.99이다'라고 진술할 수 있다. 왜냐하면 이때의 구간의 양끝 L과 U는 확률변수이기 때문이다. 그러나 일단 수치가 대입되면 더 이상 '모수가 구간에 포함될 확률은 얼마이다'라는 식의 표현은 용납되지 않는다. 위의 경우에서 올바른 결과의 진술 형식은 다음과 같다.

"관측된 표본으로부터 계산된 모평균 μ에 대한 99% 신뢰구간은 (1.371, 1.629)이다."

마지막으로, 95%나 99%와 같은 신뢰수준이 뜻하는 바를 살펴보자. 예를 들어, 95% 신뢰구간 (L, U)를 생각해 보자. 물론 여기서 구간 (L, U)는 랜덤구간으로서 구간추정값을 얻기 위한 공식일 따름이다. 표본을 추출하여 95% 신뢰구간의 추정값을 얻었을 때, 95%의 신뢰도라는 말이 곧 산출된 구간추정값에 미지의 모수가 포함될 확률이 0.95라는 것일까? 그렇지 않다. 앞 단락에서 자세히 언급했듯이 구간추정값에 확률 표현을 쓸 수는 없다.

신뢰도의 개념은 반복된 표본추출을 상상하면 쉽게 이해할 수 있다. 예를 들어, 크기 n의 랜덤표본을 100번 반복 추출한다고 가정하자. 각 표본들로부터 독립된 구간추정값을 계산한다면, 모두 100개의 구간추정값을 얻게 될 것이다. 미지의 모수값은 모르지만, 각 구간추정값에 포함되거나 안 되거나 둘 중의 하나일 것이다. 95%의 신뢰도는 이 경우, '계산된 100개의 구간 중 적어도 95개의 구간이 미지의 모수를 포함한다고 기대할 수 있다'는 것이다.

9.3 모평균에 대한 신뢰구간추정

9.2절의 논의에서 신뢰구간추정에 관한 일반적인 개념은 충분히 습득하였으리라 짐작한다. 이 절에서는 실제 상황에서 접할 수 있는 여러 경우에서 모평균의 구간추정을 어떻게 하는지 알아보겠다.

어느 경우든 모평균이 μ, 모분산이 σ^2인 모집단에서 미지의 모평균 μ에 대한 신뢰구간추정을 위하여 랜덤표본 $X_1, X_2, \cdots, X_n$을 추출하는 상황을 가정한다.

9.3.1 정규모집단에서 σ^2를 알 때

모집단의 분포로 정규분포를 가정한다. 그리고 모분산 σ^2의 값은 알고 있다. 이

상황에서 μ에 대한 신뢰구간추정은 9.2절에서 이미 해설하였으므로, 여기서는 단지 그 결과만을 요약한다.

정규모집단에서 모분산 σ^2를 알고 있을 때, μ에 대한 100(1−α)% 신뢰구간은 다음과 같다.

$$\left(\overline{X} - z_{\alpha/2}\frac{\sigma}{\sqrt{n}},\ \overline{X} + z_{\alpha/2}\frac{\sigma}{\sqrt{n}}\right)$$

또는 간단히, $\overline{X} \pm z_{\alpha/2}\dfrac{\sigma}{\sqrt{n}}$ 로 나타낸다.

9.3.2 정규모집단에서 σ^2를 모를 때

모집단의 분포는 정규분포이나, 9.3.1절의 경우와는 달리 모분산 σ^2의 값을 모르고 있다. 그렇더라도 표본평균 $\overline{X}$의 분포는 여전히 정규분포 $N(\mu, \sigma^2/n)$ 를 따르므로, 다음의 확률식도 그대로 성립한다.

$$P\left[\overline{X} - z_{\alpha/2}\frac{\sigma}{\sqrt{n}} \le \mu \le \overline{X} + z_{\alpha/2}\frac{\sigma}{\sqrt{n}}\right] = 1 - \alpha$$

그러나 모표준편차 σ의 값을 모르기 때문에 이 확률식을 직접 이용하여 μ에 대한 신뢰구간을 구할 방법은 없다. 따라서 이러한 경우에는 수집된 표본관측을 토대로 σ를 먼저 추정하여야 한다. 적당한 σ에 대한 추정량은 물론 표본표준편차 s이다.

정규모집단에서 σ^2를 알 때의 μ에 대한 100(1−α)% 신뢰구간 $\left(\overline{X} \pm z_{\alpha/2}\sigma/\sqrt{n}\right)$은 표준화변수 $Z = \sqrt{n}(\overline{X} - \mu)/\sigma$에 대하여 성립하는 관계식 $P[-z_{\alpha/2} \le Z \le z_{\alpha/2}] = 1 - \alpha$로부터 비롯되었음을 상기하라.

정규모집단에서 σ^2를 모를 때의 μ에 대한 100(1−α)% 신뢰구간추정도 결국은 이와 같은 표준화변수 Z와 거의 비슷한 모양의 확률변수에 대한 분포를 찾는 데에서 비롯된다. 즉, 위의 표준화변수 Z에서 분모에 σ 대신 s를 대입하면

$$\frac{\overline{X} - \mu}{s/\sqrt{n}}$$

를 얻는데, 이 확률변수가 어떤 분포를 따르는지를 알 수 있으면 신뢰구간을 쉽게 만들 수 있다. 그런데 이 확률변수의 분포로 어떤 분포를 사용해야 하는가는 표본이

소표본이냐 대표본이냐에 따라 달라진다.

통계학에서는 n이 30보다 큰 표본을 대표본(large sample)이라 한다. 그 반대로 관측의 수가 30개 이하인 표본을 소표본(small sample)이라 부른다.

일반적으로 대표본일 때는 중심극한정리에 의하여 표준화변수들은 언제나 표준정규분포로 근사가 가능하다. 그러나 소표본일 때는 중심극한정리를 적용할 수 없으며, 따라서 많은 경우 소표본을 기초로 형성된 확률변수의 정확한 분포를 구하기는 매우 어렵다.

(1) 대표본(n>30)인 경우

대표본에서 표준화 변수

$$Z=\frac{\overline{X}-\mu}{s/\sqrt{n}}$$

는 근사적으로 표준정규분포를 갖는다. 따라서 σ 대신 표본표준편차 s를 사용하는 것만 제외하면, σ의 값을 알고 있을 때의 μ에 대한 신뢰구간추정과 동일하다.

정규모집단에서 σ를 모르나 대표본일 때, μ에 대한 $100(1-\alpha)\%$ 신뢰구간은 다음과 같다.

$$\left(\overline{X}-z_{\alpha/2}\frac{s}{\sqrt{n}},\ \overline{X}+z_{\alpha/2}\frac{s}{\sqrt{n}}\right)$$

또는, 간단히 $\overline{X}\pm z_{\alpha/2}\frac{s}{\sqrt{n}}$

예제 9.2 토산품점을 방문하는 관광객 일인당 평균 구매액을 추정하려 한다. 100명의 고객을 랜덤추출한 결과 구매액에 대한 표본평균이 3500원, 표본표준편차는 750원이였다. 모집단 분포로 정규분포를 가정하고, 모평균에 대한 90% 신뢰구간을 구하여라.

풀이 $n=100$, $\overline{X}=3500$, $s=750$, $\alpha=0.1$이다. 따라서 $z_{\alpha/2}=z_{0.05}=1.64$이다. 이 값을 공식에 대입하면,

$$3500\pm 1.64\frac{750}{\sqrt{100}}=3500\pm 123$$

그러므로 모평균에 대한 90% 신뢰구간은 $(3500-123, 3500+123)=(3377, 3623)$이다. 단위는 원. ■

(2) 소표본(n≤30)인 경우

소표본일 때는 표준화 확률변수를 T로 표기한다. 즉,

$$T=\frac{\overline{X}-\mu}{s/\sqrt{n}}$$

대표본일 때와 달리 확률변수 T는 정규분포를 따르지 않고, 7.5.2절에서 소개한 자유도 $n-1$의 t 분포를 따른다. t 분포는 표준정규분포와 마찬가지로 0에 대하여 좌우 대칭이다. 따라서 소표본에서의 모평균 μ에 대한 100(1−α)% 신뢰구간추정은 확률변수 t에 대한 다음과 같은 확률식을 고려하는 데에서 비롯된다.

$$P[-t_{\alpha/2}(n-1)\le T\le t_{\alpha/2}(n-1)]=1-\alpha$$

물론, 여기서 $t_{\alpha/2}(n-1)$는 자유도 $n-1$의 t 분포에서 오른쪽 꼬리 부분의 넓이가 $\alpha/2$가 되는 점이다. 예를 들어, n=10이고 α=0.05일 때 $t_{\alpha/2}(n-1)=t_{0.025}(9)=$ 2.262가 된다. 부록의 표 3에 나와 있는 t 분포표에서 직접 확인해 보라. t 분포의 그래프가 좌우 대칭이므로, 왼쪽 꼬리 부분의 넓이가 $\alpha/2$가 되는 점은 $-t_{\alpha/2}(n-1)$가 된다.

위의 확률식을 다시 쓰면,

$$P[-t_{\alpha/2}(n-1)\le\frac{\overline{X}-\mu}{s/\sqrt{n}}\le t_{\alpha/2}(n-1)]=1-\alpha$$

$$\Leftrightarrow P[\overline{X}-t_{\alpha/2}(n-1)\frac{s}{\sqrt{n}}\le\mu\le\overline{X}+t_{\alpha/2}(n-1)\frac{s}{\sqrt{n}}]=1-\alpha$$

따라서 이 결과를 정리하면 다음과 같이 요약할 수 있다.

정규모집단에서 모분산 σ^2를 모르고 소표본일 때, μ에 대한 100(1−α)% 신뢰구간은 다음과 같다.

$$\left(\overline{X}-t_{\alpha/2}(n-1)\frac{s}{\sqrt{n}},\ \overline{X}+t_{\alpha/2}(n-1)\frac{s}{\sqrt{n}}\right)$$

또는 간단히,

$$\overline{X}\pm t_{\alpha/2}(n-1)\frac{s}{\sqrt{n}}$$

예제 9.3 제과점 고구려당에서 매일 사용되는 밀가루의 평균량을 추정하려 한다. 랜덤으로 14일을 추출하여 사용된 밀가루의 양을 알아보았더니, 표본평균이 173kg, 표본표준편차는 45kg이었다. 모집단 분포로 정규분포를 가정하고, 모평균에 대한 99% 신뢰구간을 구하여라.

풀이 문제로부터, $\overline{X}=173$, $s=45$, $n=14$이다. $\alpha=0.01$이므로, $\alpha/2=0.005$. t 분포표에서 오른쪽 꼬리의 확률이 0.005인 자유도 13의 t 값을 읽으면 $t_{0.005}(13)=3.012$. 이상의 값들을 공식에 대입하면, 신뢰구간의 양 끝점은

$$173 \pm 3.012(45/\sqrt{14}) = 173 \pm 36.22$$

로 결정되므로, 모평균에 대한 99% 신뢰구간은

$$(173-36.22,\ 173+36.22)=(136.78,\ 209.22) \quad (\text{단위는 kg})$$

■

9.3.3 모집단의 분포가 정규분포가 아닐 때

모집단의 분포가 정규분포가 아닌 임의의 분포를 따른다고 가정하자.

(1) 대표본($n>30$)인 경우

대표본일 경우는 모평균 μ에 대한 신뢰구간추정에 큰 문제가 없다. 중심극한정리에 의하여 표본평균의 분포는 정규분포로 근사되기 때문이다. 특히 모표준편차 σ의 값을 알 때는

$$Z=\frac{\overline{X}-\mu}{\sigma/\sqrt{n}} \approx N(0,\ 1)$$

가 성립하므로, 정규모집단에서 σ를 알고 있을 때의 구간추정과 동일한 결과를 얻게 된다.

모표준편차 σ의 값을 모를 때는 표본에서 표본표준편차 s의 값을 구하여 σ 대신 사용하며, 이때도

$$Z=\frac{\overline{X}-\mu}{s/\sqrt{n}} \approx N(0,\ 1)$$

의 관계가 성립하므로, 정규모집단에서 σ를 모르고 있을 때의 구간추정 방법을 그

대로 사용한다.

따라서 표본크기가 작지 않으면, σ를 알든 모르든 어느 경우나 정규분포로 근사하는 성질을 이용하면 된다. 예 9.2에서의 정규분포 가정은 이런 관점에서 전혀 불필요한 것이다. 왜냐하면, n=100이므로 대표본으로 취급할 수 있기 때문이다.

σ를 알고 있고 대표본이면, μ에 대한 100(1−α)% 신뢰구간은

$$\overline{X} \pm z_{\alpha/2}\frac{\sigma}{\sqrt{n}}$$

σ를 모르나 대표본이면, μ에 대한 100(1−α)% 신뢰구간은

$$\overline{X} \pm z_{\alpha/2}\frac{s}{\sqrt{n}}$$

• 어느 경우나 분포 가정을 하지 않았음을 유의하라.

(2) 소표본($n < 30$)인 경우

모집단의 분포가 정규분포를 따르지 않고 표본크기도 작으면 모평균 μ에 대한 신뢰구간을 구할 수 없다. 이런 경우에는 15장의 비모수 통계 방법을 이용한다.

9.4 모비율에 대한 신뢰구간추정

이항실험에서 모비율 p에 대한 100(1−α)% 신뢰구간추정은 대표본일 때만 가능하다. 그리고 이항분포 $B(n, p)$에서,

$$\text{모평균} = np$$
$$\text{모분산} = np(1-p)$$

이므로, 모분산의 공식에 미지의 모비율이 사용되고 있음을 관측할 수 있다. 따라서 모분산을 알면서 모비율 p를 구간추정할 수 없음을 쉽게 알 수 있다. 그렇기 때문에 모비율에 대한 신뢰구간 추정시에는 σ^2를 모르고 대표본일 때의 구간추정 방법을 직접 적용한다. 8.5절에서 소개한 대로, 표본비율의 분포는 근사적으로 다음과 같은 정규분포를 따른다.

$$\hat{p} \approx N\left(p, \frac{\hat{p}(1-\hat{p})}{n}\right)$$

표준화하면,

$$\frac{\hat{p}-p}{\sqrt{\hat{p}(1-\hat{p})/n}} \approx N(0, 1)$$

n이 크면, 모비율 p에 대한 100(1−α)% 신뢰구간은

$$\left(\hat{p}-z_{\alpha/2}\sqrt{\frac{\hat{p}(1-\hat{p})}{n}},\ \hat{p}+z_{\alpha/2}\sqrt{\frac{\hat{p}(1-\hat{p})}{n}}\right)$$

으로 주어지며, 또는 간단히

$$\hat{p}\pm z_{\alpha/2}\sqrt{\frac{\hat{p}(1-\hat{p})}{n}}$$

가 된다.

예제 9.4 은성전자에서 생산하는 컴퓨터의 불량률을 추정하려 한다. 870대의 컴퓨터를 랜덤추출하여 조사하였더니 불량품이 330대였다. 생산되는 모든 컴퓨터에 대한 불량률을 구간추정하여라. 신뢰계수로 90%를 사용한다.

풀이 이 자료에서 표본비율 $\hat{p}$와 표본비율의 표준편차 s는 다음과 같다.

$$\begin{aligned}\hat{p} &= 330/870 = 0.38 \\ s &= \sqrt{(0.38)(1-0.38)/870} = 0.016\end{aligned}$$

$z_{\alpha/2} = z_{0.05} = 1.64$이므로, 공식에 대입하면

$$0.38 \pm 1.64(0.016) = 0.38 \pm 0.026$$

따라서 구하려는 모비율에 대한 90% 신뢰구간은 (0.354,0.406)이다. 즉, 모집단의 불량률에 대한 90% 신뢰구간은 (35.4%,40.6%). ■

9.5 컴퓨터 활용

예제 9.5 다음의 자료를 이용하여 모평균에 대한 80%, 90%, 95%의 t 신뢰구간을 계산하여라.

1.06 1.15 0.89 1.07 1.10 1.02 1.28 1.01 1.10

```
> x<-c(1.06,1.15,0.89,1.07,1.10,1.02,1.28,1.01,1.10)
> x
[1] 1.06 1.15 0.89 1.07 1.10 1.02 1.28 1.01 1.10
> length(x) # 자료의 갯수
[1] 9
> mean(x) # 자료의 평균
[1] 1.075556
> var(x) # 자료의 분산
[1] 0.01132778
> t.test(x,alternative="two.sided",conf.level=0.80)$conf.int # 80% CI
[1] 1.026000 1.125111
attr(,"conf.level")
[1] 0.8
> t.test(x,alternative="two.sided",conf.level=0.90)$conf.int # 90% CI
[1] 1.009584 1.141527
attr(,"conf.level")
[1] 0.9
> t.test(x,alternative="two.sided",conf.level=0.95)$conf.int # 95% CI
[1] 0.9937447 1.1573665
attr(,"conf.level")
[1] 0.95
```

연습문제

9.1 컴퓨터 키보드가 놓이는 적정 높이를 결정하고자 한다. 숙련된 타이피스트 31명을 대상으로 조사했더니 평균 80cm로 조사되었다. 키보드의 높이는 σ=2인 정규분포를 따른다고 가정할 때, 평균 적정 높이에 대한 95% 신뢰구간을 구하여라.

9.2 35개의 표본에서 평균값이 24.7로 산출되었다. 모표준편차를 3.0이라고 할 때

1) 모평균에 대한 90% 신뢰구간을 구하여라.
2) 모평균에 대한 99% 신뢰구간을 구하여라.
3) 표본의 수가 100개이고 평균값이 24.7로 같았다고 가정하자. 이때 모평균에 대한 90% 신뢰구간을 구하여라(모표준편차는 3.0으로 동일).
4) 1)과 2)의 신뢰구간을 비교하여라.
5) 1)과 3)의 신뢰구간을 비교하여라.

9.3 기존 컴퓨터의 시분할시스템을 조사한 결과 편집명령에 대한 반응시간이 표준편차가 25 밀리초인 정규분포를 따르는 사실을 알았다. 새로운 운영체계가 설치되었다. 이 시스템에 대한 평균반응시간을 추정하고 싶다. 이 시스템의 반응시간도 표준편차가 25 밀리초인 정규분포를 따른다고 가정할 때, 모평균에 대한 95% 신뢰구간의 폭이 최대 10이 되게끔 추정하려면 표본크기를 얼마로 정해야 할까?

9.4 56개의 목화 표본을 조사했더니 평균 %장력이 8.17, 표준편차가 1.42였다. %장력의 모평균에 대한 95% 신뢰구간을 구하여라.

9.5 랜덤선택된 250건의 파산신청에 대해서 평균 부채정리기간이 35.41달, 표준편차는 21.34달이었다. 부채정리기간의 모평균에 대한 99% 신뢰구간을 구하여라.

9.6 백화점을 방문한 고객의 1회 방문시 구매량을 알아보고자 한다. 81명의 백화점 방문 고객을 랜덤으로 선택하여 구매량을 조사한 결과 평균 23만원을 사용하는 것으로 나타났다. 이때 표준편차는 32,000원이였다. 구매량의 모평균에 대한 95% 신뢰구간을 구하여라.

9.7 초등학교 1학년 학생들의 평균 키를 알아보기 위하여 10명의 학생을 랜덤추출하여 키를 측정하였더니 다음과 같았다. (단위는 cm)

113, 125, 123, 118, 115, 117, 121, 130, 125, 119

초등학교 1학년 학생들의 키가 정규분포를 따른다고 가정한다.

1) 모평균의 점추정값을 구하여라.

2) 모분산의 점추정값을 구하여라.

3) 모평균에 대한 90% 신뢰구간을 구하여라.

9.8 건축용 모래는 이물질이 없이 깨끗해야 한다. 다음은 15개 모래표본에 대한 혼탁도 지수값들이다. 이 혼탁도 지수값들이 정규분포를 따른다고 가정할 때 모평균에 대한 95% 신뢰구간을 구하여라.

26.7 25.8 24.0 24.9 26.4 25.9 24.4 21.7 24.1 25.9
27.3 26.9 27.3 24.8 23.6

9.9 시판되는 우유에 독극물을 넣는 사건이 발생하자 우유회사에서는 방지책으로 우유팩의 디자인을 변경하려고 한다. 그런데 이 경우 발생하는 추가비용은 결국 소비자에게 전가된다. 우유회사에서는 소비자들을 대상으로 우유값을 다소 인상하더라도 계속 자사제품을 구매할 것인지를 조사했다. 270명에게 물었더니 189명이 추가비용을 감수하겠다고 응답하였다.

1) 추가비용을 감수할 고객들의 모비율에 대한 점추정값을 구하여라.

2) 표본비율에 대한 분포는?

3) 2)의 분포를 이용하여 모비율에 대한 95% 신뢰구간을 구하여라.

9.10 어떤 나라의 여당인 빈자당에 대한 지지도를 산출하려 한다. 랜덤표본 1,500명 중 300명이 빈자당을 지지한다고 대답하였다. 빈자당에 대한 모집단 지지율 p를 추정하고, p에 대한 95% 신뢰구간을 구하여라.

9.11 랜덤선택된 100개 제품에서 불량품이 10개 발견되었다. 모집단 불량률에 대한 95%와 99% 신뢰구간을 구하여라.

9.12 랜덤선택된 노동자 64명에게 파업동조 여부를 물었더니 23명이 동조한다고 대답하였다. 모집단 파업지지율에 대한 90% 신뢰구간을 구하여라.

9.13 모분산이 225로 알려져 있는 정규 모집단에 대한 모평균의 95% 신뢰구간을 구하고자 할 때 신뢰구간의 폭이 최대 6이 되게끔 추정하려면 표본크기를 얼마로 정해야 할까?

9.14 초등학교 학생들 300명을 대상으로 귀신을 믿는지에 대한 설문조사를 한 결과 38%의 학생들이 귀신을 믿는다고 대답을 하였다. 이 결과를 이용하여 초등학생들의 귀신을 믿는 비율에 대한 95% 신뢰구간을 구하여라.

9.15 해바라기씨 쿠키를 제조하는 맛나제과는 하나의 쿠키에 100개의 해바라기씨가 있다고 광고를 하고 있다. 그러나 초등학생들은 믿지 않고 100개보다 훨씬 적은 해바라시씨가 들어있다고 생각하고 있다. 한 초등학생이 쿠키 200개를 구입하여 각 쿠키에 해바라기씨가 몇 개씩 들어있는지를 조사한 결과 평균은 85.8개, 표준편차는 60.2개였다. 맛나제과의 해바라기씨 쿠키 안에 들어 있는 해바라기씨의 평균갯수에 대한 99% 신뢰구간을 구하여라.

CHAPTER 10

일표본에 대한 가설검정

10.1 가설검정의 기본 개념

통계추론의 또 다른 분야인 가설검정(testing hypotheses)의 기본 개념에 대하여 해설한다. 점추정이나 구간추정에서는 모수의 값을 모르는 경우, 표본 결과를 적절히 다루어 모수의 참값에 대한 어느 정도의 통찰력을 얻을 수 있었다.

그런데 우리가 통계조사나 통계실험을 하는 이유는 무언가 새로운 사실을 확인하고 주장하기 위해서이다. 그러나 아무리 그럴듯한 주장을 하더라도 강한 증거가 없이는 신뢰를 할 수 없다. 가설검정에서는 표본에 담긴 정보를 이용하여 관심가설을 옳다고 할지, 그르다고 할지를 통계적으로 판정한다. 수집된 표본 결과가 가설을 지지할 수도 있고, 반대로 가설이 틀렸음을 보여 줄 수도 있다. 이와 같은 통계적 가설검정의 증거가 없는 주장은 합리성이 결여된 것이라고 할 수 있다.

예를 들어, 어느 고등학교의 교장 선생님이 학생들의 평균 지능지수(모평균)가 140이라고 진술하였다고 하자. 이 진술은 교장 선생님의 주장일 뿐, 사실인지 입증되려면 어떤 식으로든 검증 과정을 거쳐야 한다. 교장 선생님이 실제의 평균 지능지수를 알고 있다고 할 때, 한 가지 가능한 확인 방법은 교장 선생님을 거짓말 탐지기 앞에 모셔오는 것이다. 그러나 통계학을 배운 사람이라면 표본조사를 하여 그 주장이 참인지 거짓인지 가리는 편이 쉬울 것이다. 그래서 랜덤표본을 추출하여 평균 지능지수를 산출하니 100이 나왔다면, 이 경우에는 교장 선생님의 주장이 거짓이라고 쉽게 판정할 수 있다. 왜냐하면 교장 선생님이 주장하는 평균 지능지수 140과 표본평균 100 사이에는 상식적으로 너무 큰 차이가 있기 때문이다. 비슷하게, 만일 표본 결과에서 평균 지능지수가 139가 나왔다면, 교장 선생님의 주장을 기꺼이 받아들일 수 있을 것이다. 그러나 실제 현실 상황에서는 이렇게 쉽게 판정을 내릴 수 없을 때가 더 많다. 즉 가정된 모수의 참값과 표본 통계치 사이의 차이가 지나치게 크지도, 또 지나치게 작지도 않은 경우가 많은 것이다. 따라서 명쾌하고 쉽게 판단할 수 있는 경우가 오히려 매우 드물다. 예를 들어, 표본평균 지능지수가 136이나 147이 나왔다고 하자. 이때 모평균 지능지수에 대한 가설 $\mu = 140$을 채택해야 할까, 아니면 기각해야 할까? 확실히 이런 경우에는 판정을 내리기가 쉽지 않다. 따라서 통계적 결정 과정을 지배하는 기준이 있어야 함은 명백한 사실이다.

가설을 통계적으로 검증하는 것과 수학적인 증명을 혼동하지 말기 바란다. 수학에서 제시된 명제의 증명은 반드시 옳거나 그르거나 둘 중의 하나이다. 1 더하기 1이 2가 되는 것을 신뢰도 90%로 옳다고 판단한다든가 하는 일은 없다. 통계적 가설을 검증할 때는 언제나 랜덤표본에 포함된 정보를 기초로 한다. 따라서 얻은 자료가 편의되어 있을 경우, 제시된 가설이 옳음에도 불구하고 그 반대 가설이 옳다고 잘못 판단할 수도 있다. 또 가설이 틀렸는데도 옳다고 잘못 판단할 수 있다. 통계적 가설검정에서는 이러한 판단 착오를 전혀 배제할 수 없다.

통계적 가설검정은 언제나 두 가지의 상반된 가설 중 한 가지를 수집된 자료에 근거하여 선택하는 분석 과정이다. 예를 들어 보자. 지금까지 결핵 치료에 잘 듣는 항생제 A의 평균 치료율이 70%라 하자. 새로운 항생제 B가 개발되었다. 새로운 항생제 B를 개발한 연구원들은 새 항생제 B가 기존의 항생제 A보다 치료율이 높다고 주장한다. 이것을 검증하기 위하여 결핵 환자 100명을 랜덤으로 뽑아서 항생제 B를 일정기간 투여한다. 그리고 100명 중 치료된 사람들의 수를 X라 하자. 항생제 B의 정확한 치료율 p의 값은 전혀 모르지만, 표본에서 치료율은 $X/100$로 추정된다. 이러한 경우에 적합한 가설은 다음의 두 가지이다.

- $p > 0.7$ (항생제 B의 치료율이 항생제 A보다 낫다.)
- $p \leq 0.7$ (항생제 B의 치료율이 항생제 A보다 낫지 않다.)

이와 같이 서로 상반된 두 가설 중 하나를 표본에 담긴 정보에 의거하여 선택해야 한다. 통계적 가설검정론의 기본 원리는 두 개의 가설 중 한 가지를 일단 옳다고 받아들여 표본을 추출한 다음, 표본 결과가 일단 옳다고 인정한 가설에서 지나치게 빗나가면 대립가설을 채택하고, 아니면 일단 받아들인 가설을 그대로 옳다고 인정하는 것이다.

여기서, 처음에 옳다고 인정하는 가설을 **귀무가설**(null hypothesis), 그리고 다른 하나를 **대립가설**(alternative hypothesis)이라 한다. 그렇다면 앞의 항생제에 대한 두 가설 중 어느 것이 귀무가설이고, 어느 것이 대립가설인가? 즉 어느 가설을 일단 옳다고 받아들인 후 자료를 통해 그 진위를 판정하는가?

먼저, 가설 $p \leq 0.7$을 귀무가설로 사용하는 경우를 생각해 보자. 즉 일단 항생제 B의 치료율이 항생제 A의 치료율 이하라고 인정한다. 이것이 사실이라면, 표본 치료율이 0.7보다 훨씬 크게 나와야 대립가설 $p > 0.7$가 옳다고 판정할 수 있을 것이다. 그러나 표본 결과가 0.7 근방이나, 그보다 훨씬 작으면 귀무가설이 옳다고 판단할 수밖에 없다. 이런 식의 가설설정에서 중요한 점 하나는, 대립가설이 채택되지 않더라도 여태까지 사실로 인정해왔던 귀무가설을 다시 채택하게 되니 손해날 것이 전혀 없다는 사실이다.

그러나 가설 $p > 0.7$을 귀무가설로 인정하고 검정을 한다면, 이러한 행위는 시작부터 상당한 위험부담을 안게 된다. 왜냐하면, 항생제 B가 A보다 과연 더 좋을지 장담할 수 없는 상황에서 이 가설을 먼저 옳다고 받아들이는 것은 안전한 가설설정 방법이 못되기 때문이다. 이 경우에 귀무가설 $p > 0.7$이 기각되려면, 즉 $p \leq 0.7$이 채택되려면, 표본 치료율이 0.7보다 훨씬 작게 나와야 한다. 적어도 0.7 근방의 표본 결과가 나오면 귀무가설을 기각할 방법이 없다. 우리가 원하는 것은 항생제 B가 A보다 우월하다는 것을 입증하려는 것인데, 항생제 B의 치료율이 A의 치료율과 비슷할 때도 귀무가설 $p > 0.7$을 채택하여야 한다는 것은 현명한 선택이 아니다.

통계적 가설검정론은 보수적 관점에서 만들어진 이론이다. 잘못 판단을 내릴 때도 그 위험부담을 최소로 한다는 사고방식이 밑바탕에 깔려 있는 것이다. 이제 여러분은 어떤 가설을 귀무가설로 선택하는지 알 수 있을 것이다. 여태까지 옳다고 믿어왔던 사실은 언제나 귀무가설이 된다. 반대로 기존의 믿음에 대치되는 새로운 주장은 항상 대립가설로 설정된다. 간단히 말해서 실험이나 조사를 통하여 입증하고 싶은 가설이 언제나 대립가설이 되는 것이다. 결국 주장하고 싶은 사실과 반대되는 것이 귀무가설로 설정되고, 통계적 가설검정에서는 이 귀무가설을 일단 옳다고 인정하기 때문에 통계적 가설검정이 매우 보수적인 분석절차라는 것이다.

앞으로 귀무가설은 H_0, 대립가설은 H_1으로 표기한다. 귀무가설에서 귀무(歸無)는 새로운 주장이 무효인 상태로 되돌아감을 뜻한다.

> 통계적 가설은 모집단에 대한, 정확히 말하면, 모수에 대한 진술이다. 통계적 가설검정은 표본에 포함된 정보를 토대로 가설의 옳고 그름을 판정하는 절차이다. 언제나 주장하고 싶은 가설을 대립가설로 설정한다. 통계적 가설검정은 귀무가설에 대한 검정으로, 표본 결과를 토대로 귀무가설을 채택할지 기각할지를 결정하는 절차이다.

통계적 가설검정은 다음의 네 단계로 이루어진다.

(1) 귀무가설 H_0와 대립가설 H_1의 설정
(2) 가설을 검정하기 위한 표본통계량의 선택
(3) 기각역의 설정
(4) 통계적 결론

앞의 항생제 예를 다시 들어 가설검정의 네 단계를 보이겠다. 우선 귀무가설 H_0와 대립가설 H_1의 설정은 다음과 같이 쓸 수 있다.

$$H_0 : p \le 0.7$$
$$H_1 : p > 0.7$$

두 번째 단계로 항생제 B의 모집단 치료율 p에 대한 가설을 검정하기 위하여 항생제 B를 투여한 100명의 랜덤표본에 대한 표본 치료율 $\hat{p} = X/100$를 계산하는데, 이 표본 치료율 $\hat{p}$이 귀무가설을 검정하기 위하여 사용되는 표본통계량이다. 이와 같이 가설을 검정하기 위하여 사용되는 표본통계량을 특히 검정통계량(test statistic)이라 한다.

세 번째 단계에서 기각역(rejection region)이란 새로운 용어를 도입하였는데, 기각역은 귀무가설이 기각(reject)되는 범위이다. 대립가설의 입장에서 보면, 대립가설이 채택(accept)되는 범위이다. 이 기각역을 어떻게 계산하는지는 추후 해설하거니와, 당분간 항생제에 대한 가설검정의 기각역으로 $\hat{p} > 0.78$이면 선택되었다고 가정하자. 즉 표본관측으로부터 $\hat{p}$값이 0.78보다 커야 귀무가설을 기각하고 대립가설을 채택하는 것이다. 예컨대, $\hat{p}$값이 0.77이면 대립가설을 기각하고 귀무가설을 채택한다. 만일 $\hat{p}$값이 0.781이면 귀무가설을 기각한다. 이런 이유로 귀무가설의 기각, 또는 채택의 갈림길이 되는 점 0.78을 임계점(critical point), 또는 임계값(critical value)이라고 한다. 또 기각역을 임계역(critical region)이라고도 부른다.

마지막 단계는 수집된 자료를 토대로 판정된 가설검정 결과의 기술이다. 여기서 주의해야 할 점은, 예를 들어 귀무가설이 기각되었을 때, 결론으로서 $p > 0.7$라고 수리적으로만 기술하는 방식은 피해야 한다는 것이다. 언제나 수식이 아닌 말로써 기술을 해야 한다. $p > 0.7$란 결론은 가설검정을 한 사람이나 이해할 말이지 일반인이 이해할 수 없기 때문이다. 이 경우, 결론은 '항생제 B의 치료율이 항생제 A보다 낫다'는 식으로 풀어 말해야 한다.

통계적 가설검정에는 반드시 부수되는 두 가지 판정 오류가 있다. 표본을 통해서 모집단의 성질을 유추하는 만큼, 모집단을 잘 대표하지 않는 표본이 추출되면 판단 착오를 할 위험이 언제나 존재한다. 즉 귀무가설이 옳음에도 불구하고 기각될 오류, 또 다른 하나는 귀무가설이 거짓임에도 불구하고 채택될 오류이다. 이 두 오류를 각각 **제1종 오류**(type 1 error), **제2종 오류**(type II error)라 한다. 그리고 제1종 오류를 범할 확률을 α, 제2종 오류를 범할 확률을 β로 표시한다. α와 β 간의 관계는 아래와 같다.

통계적 결정	H_0의 상태 참	 거짓
H_0를 기각	제1종 오류 α	옳음 $1-\beta$
H_0를 채택	옳음 $1-\alpha$	제2종 오류 β

귀무가설이 참인지 거짓인지는 전혀 알 수 없으므로, 가설검정을 통한 결론에는 반드시 제1종 오류와 제2종 오류를 범할 가능성이 있다. 따라서 가능하면 이 두 가지 오류를 범할 확률을 최소화하는 것이 바람직한데, 아쉽게도 이 두 오류를 범할 확률을 동시에 최소로 할 수는 없다. 왜냐하면, α를 줄이면 β가 커지고, 또 β를 줄이면 α가 커지기 때문이다.

이런 이유로 통계적 가설검정에서는 먼저 제1종 오류를 범할 확률 α의 값을 아주 작은 값으로 고정시키고, 이 상태에서 제2종 오류를 범할 확률 β를 최소화하는 검정방법을 모색한다. 이 이유는 제1종 오류가 커지는 것이 제2종 오류가 커지는 것보다 더 심각한 문제를 파생하기 때문이다. 즉 귀무가설이 거짓인 데도 옳다고 채택하는 것보다 귀무가설이 참일 때 기각하는 것이 현실적으로 더 위험도가 높은 결정이기 때문이다. 앞서의 두 항생제 문제를 생각해 보기 바란다.

α의 값으로는 흔히 0.01, 0.05, 0.10 등과 같은 아주 작은 값을 선택한다. 그리고 α를 **유의수준**(significance level)이라고 한다.

$$\alpha = P[\text{제1종 오류}] = P[H_0\text{가 참일 때 } H_0\text{를 기각}] = \text{유의수준}$$
$$\beta = P[\text{제2종 오류}] = P[H_0\text{가 거짓일 때 } H_0\text{를 채택}]$$

가설검정에는 일면검정(one-sided test)과 양면검정(two-sided test)의 두 가지가 있다. **일면검정은**

$$H_0 : p \le 0.7 \quad \text{또는} \quad H_0 : p = 0.7$$
$$H_1 : p > 0.7 \qquad\qquad\quad H_1 : p > 0.7$$

과 같이 대립가설에 부등호를 사용하여 한쪽 방향으로 가설이 옳은지 그른지를 알고 싶은 가설의 검정을 뜻하며, **양면검정**은

$$H_0 : p = 0.7$$
$$H_1 : p \neq 0.7$$

과 같이 양방향으로 옳은지 그른지 알고 싶은 가설의 검정을 뜻한다. 참고로, 일면검정에서는 귀무가설을 기술할 때 등호를 사용하여 기술하든 부등호를 사용하여 기술하든 검정방법에 차이는 없다. 즉 $H_0 : p \le 0.7$이라고 쓰나 $H_0 : p = 0.7$라고 쓰나 마찬가지이다. 일면검정과 양면검정은 판정 기준인 기각역이 서로 다르다. 먼저 위에 주어진 일면검정을 다시 고려해 보자.

$$H_0 : p \le 0.7$$
$$H_1 : p > 0.7$$

여기에서 귀무가설을 기각하고 대립가설을 채택하려면, 표본통계량 $\hat{p}$의 값이 0.7보다 상당히 커야 가능하다. 이 임계점을 c_2로 표시하면, 검정방법은 다음과 같다.

'만일, $\hat{p} > c_2$ 이면 H_0를 기각한다.'

물론, 여기서 정확한 c_2의 값은 지정된 유의수준 α의 값과 표본통계량의 분포에 따라 결정된다.

또 다른 형태의 일면검정이 있다. 다음의 가설을 보자.

$$H_0 : p \ge 0.7 \quad \text{또는} \quad H_0 : p = 0.7$$
$$H_1 : p < 0.7 \qquad\qquad\quad H_1 : p < 0.7$$

앞의 경우와 비슷하나 부등호의 방향이 반대이다. 이런 경우, 귀무가설을 기각하고 대립가설을 채택하려면, 표본통계량 $\hat{p}$값이 0.7보다 상당히 작아야 가능하다. 이 임계점을 c_1로 표시하면, 검정방법은 다음과 같을 것이다.

'만일, $\hat{p} < c_1$ 이면 H_0를 기각한다.'

양면검정은 어떻게 할까? 양면검정에서는 글자 그대로 표본통계량의 값이 귀무가

설에서 주어진 값 0.7에서 작든 크든 멀리 떨어져 있을 때 귀무가설을 기각하는 것이 상식적이다. 그러므로 합리적인 검정방법은 다음의 형태가 된다.

$$\text{만일, } \hat{p} < c_1 \text{ 이거나 } \hat{p} > c_2 \text{ 이면 } H_0 \text{를 기각한다.}$$

실제 상황에서 정하게 될 가설검정은 이상에서 설명한 일면검정과 양면검정을 벗어나지 않는다. 가설에 따라 기각역이 설정되는 원리를 숙지하기 바란다.

그리고 검정 결과는 흔히 귀무가설을 중심으로 기각 여부를 기술하는 것이 보편적이다. 즉 귀무가설이 채택되었다, 또는 채택되지 않았다는 표현보다는 귀무가설이 기각되었다, 또는 기각되지 않았다는 표현이 더 합당하다. 그 이유는 귀무가설의 진술은 이미 알고 있는 것이므로 그것을 새로이 채택하느냐 마느냐를 기술하는 것은 적절하지 않기 때문이다. 그리고 검정 결과의 기술에는 반드시 사용한 유의수준 α의 값이 명시되어야 한다.

검정 결과의 기술 방법

'유의수준 α에서 H_0가 기각된다', 또는 '유의수준 α에서 H_0가 기각되지 않는다.'

이 절에서는 통계적 가설검정론에 대한 기본 개념만을 해설하였다. 실제의 검정을 하기 위해서는 표본통계량의 분포를 알아야 주어진 유의수준에서의 검정방법을 결정할 수 있다. 검정방법의 결정은 곧 기각역의 결정임을 유의하라.

예제 10.1 어느 정당에 대한 지지율은 지난 몇 달간 50%를 유지하고 있었다. 새로운 정책의 발표로 지지율이 변한 것 같아 표본조사를 하여 확인을 하려 한다. 모두 10명의 사람을 랜덤추출하여 지지 여부를 물어, 지지하는 사람수를 확률변수 X로 놓는다. 따라서 가설은 다음과 같이 세울 수 있다. 모집단의 지지율을 p라 하면,

$$H_0 : p = 0.5$$
$$H_1 : p \neq 0.5$$

다음과 같은 검정방법을 사용한다고 가정하자.

$$\text{만일 } X \le 2 \text{거나 } X \ge 8 \text{이면, } H_0 \text{를 기각한다.}$$

이때 제1종 오류를 범할 확률 α를 구하여라.

풀이 우리가 실제로 검정방법을 결정할 때는 α의 값이 먼저 주어지지만, 이 예에서는 그와 반대로 α의 값을 계산하는 방법을 보이려는 것이다. 귀무가설 H_0하에서 검정통계량 X의 분포는 바로 이항분포 $B(10,0.5)$이다. 부록의 표 1에 나와 있는 이항확률표에서 X가 가질 수 있는 각 값에 대한 $B(10,0.5)$의 확률을 읽으면 다음과 같다.

x	0	1	2	3	4	5	6	7	8	9	10
$P[X=x]$	.001	.010	.044	.117	.205	.246	.205	.117	.044	.010	.001

따라서 이와 같은 모집단 분포에서 X의 값이 2 이하, 또는 8 이상일 확률은

$$P[X=0]+P[X=1]+P[X=2]+P[X=8]+P[X=9]+P[X=10]$$
$$=0.001+0.010+0.044+0.044+0.010+0.001=0.11$$

즉, 제1종 오류를 범할 확률인 $\alpha=0.11$이다. 다시 말해서, 지지율이 정말로 50%인 집단에서 10명의 랜덤표본을 추출하였을 때, 기각역에 들어갈 표본이 추출될 확률이 0.11인 것이다. ■

예제 10.2 예제 10.1과 같은 상황이나, 지난 몇 달간의 지지율이 50% 이하였는데, 새로운 정책발표로 상승되었는지 알려고 한다. 즉,

$$H_0 : p \le 0.5$$
$$H_1 : p > 0.5$$

를 검정하려 한다. 이때 다음과 같은 검정방법 '만일, $X \ge 7$이면 H_0를 기각한다.'를 사용한다면 제1종 오류를 범할 확률 α의 값은 얼마인가?

풀이 이 문제를 풀려면, 예제 10.1에서와 같이 검정통계량 X의 분포를 먼저 결정해야 한다. 그러나 예제 10.1에서는 p의 값이 고정된 상수 0.5로 주어졌기 때문에 별 문제가 없었지만, 지금의 경우에는 p의 값이 0.5 이하의 범위로 주어져 있다. 도대체 어느 값을 사용하여 검정통계량의 분포를 결정해야 하는가? 이때도 역시 부등호를 무시하고 0.5를 사용한다. 그 이유는 이 책의 정도를 넘기 때문에 해설하지 않으나, 일면검정에서 검정통계량의 분포를 결정할 때는 분포의 모수값으로 가설에 주어진 값을 그대로 사용하면 된다. 부등호 기호는 상관할 필요가 없다. 따라서 이 예에서도 검정통계량 X의 분포는 여전히 $B(10,0.5)$이다. 그러므로 α의 값은

$$\alpha = P[X=7]+P[X=8]+P[X=9]+P[X=10]=0.172$$ ■

10.2 모평균에 대한 가설검정

가설검정에서도 가장 중요한 역할을 하는 분포는 역시 정규분포이다. 모평균에 대한 추론에서는 대부분의 경우 표본평균을 기초로 추정이나 가설검정을 하게 되므로, 모집단의 분포로서 정확히 정규분포를 가정할 수 없어도 대표본을 추출할 수 있으면 큰 무리 없이 표본평균의 분포가 근사적으로 정규분포를 따른다고 가정할 수 있다는 사실을 이용한다.

예제 10.3 완두콩의 100평당 평균 산출량은 지난 몇 해 동안 520kg이었다. 농촌진흥청에서 새로운 종자를 만들었는데, 보통 종자보다 산출량이 많을 것이라고 기대된다. 이 가설을 검정하기 위하여 백 평 단위로 36군데의 농지를 랜덤추출하여 파종 후 수확량을 계산하였다. 표본 자료에서 표본평균과 표본표준편차는 다음과 같았다. $\overline{X}=573$, $s=124$. 이때 새로운 종자의 완두콩의 백 평당 산출량이 520kg 이상이라고 결론내릴 수 있을까? 이런 식의 표본조사 40번 중 한 번 까지는 귀무가설을 잘못 기각할 위험 부담을 감수할 수 있다.

풀이 우선, 이 상황에 적합한 통계적 가설을 다음과 같이 설정할 수 있다.

$$H_0 : \mu \le 520$$
$$H_1 : \mu > 520$$

제1종 오류는 귀무가설이 옳은 데도 불구하고 기각하는 오류이다. 문제에서 제1종 오류를 범할 비율을 40번 중 한 번으로 지정했으므로, 제1종 오류를 범할 확률 $\alpha = 1/40 = 0.025$ 이다. 귀무가설을 옳다고 인정하면, 즉 H_0 하에서, 표본평균의 분포는 평균이 520인 정규분포로 근사된다. 모표준편차의 값은 주어져 있지 않으나, 대표본이므로 표본표준편차를 그대로 이용할 수 있다. 표본평균의 표준편차는 $s/\sqrt{n}=124/\sqrt{26}=20.67$ 이다. 따라서 표본평균의 분포는 근사적으로

$$\overline{X} \approx N(520, 20.67)$$

이다. 귀무가설이 기각되려면, 표본평균의 값이 520kg보다 훨씬 커야 한다. 이 경

우에 적합한 검정방법은 다음과 같다.

$$\text{만일, } \overline{X} > c\text{이면 } H_0\text{를 기각한다.}$$

물론, 여기서 c는 고정된 상수로서 표본평균의 분포와 유의수준 α의 값을 고려하여 결정된다. 다음의 두 사건은 동일한 것임을 주목하라.

$$[\overline{X} > c] = \left[\frac{\overline{X} - 520}{20.67} > \frac{c - 520}{20.67}\right]$$

즉, 우변은 좌변의 $\overline{X}$와 c에서 각각 520을 빼고 20.67로 나누어 얻은 격이다. 그리고 우변의 왼쪽 항은 $\overline{X}$를 표준화한 것에 불과하다. 따라서 위의 두 동등한 사건에 확률을 취하면,

$$P[\overline{X} > c] = P\left[Z > \frac{c - 520}{20.67}\right]$$

이다. 유의수준, 또는 제1종 오류의 확률 α는 새로운 완두콩 종자의 모평균이 520kg임에도 표본평균이 엉뚱하게 크게 나와 귀무가설을 기각할 확률이다. 즉,

$$P[\overline{X} > c] = P\left[Z > \frac{c - 520}{20.67}\right] = \alpha = 0.025$$

가 되어야 한다. 표본정규분포표에서 오른쪽 꼬리 부분의 면적이 $\alpha = 0.025$가 되는 점은 1.96이다. 따라서

$$\frac{c - 520}{20.67} = 1.96$$

이라고 놓을 수 있다. 계산해 보면 $c = 560.51$을 얻는다. 결국 유의수준 $\alpha = 0.025$에서 검정방법을 다음과 같이 요약할 수 있다.

$$\text{만일, } \overline{X} > 560.51\text{이면 } H_0\text{를 기각한다.}$$

실제로 얻은 표본평균이 573이었고, 이 값은 560.51보다 크므로, 우리는 유의수준 0.025에서 H_0를 기각할 수 있다. 따라서 새로운 종자의 산출량이 더 많다고 결론짓는다. ■

예제 10.3에서 기술한 가설검정은 가장 전형적인 모평균에 대한 일면가설검정의 예이다. 이 예에서는 표본통계량인 표본평균을 기준으로 검정방법을 결정한 다음, 실제로 얻은 표본평균의 값을 검정방법과 비교하여 판정을 하였다. 그러나 가설검정에 어느 정도 익숙해지면 굳이 표본평균을 기준으로 검정방법을 명시하지 않고도 판정할 수 있다. 다음의 두 사건은 서로 동등하다.

$$[\overline{X} > 560.51] = [Z > 1.96]$$

여기서, $Z = (\overline{X} - 520)/20.67$이다. 즉 표본평균이 560.51보다 큰 사건은 표본평균의 표준화변수 Z가 1.96보다 큰 사건과 같다. 따라서 표본평균이 560.51보다 큰지 작은지 알려는 것보다, 표준화시켰을 때의 값이 1.96보다 큰지 작은지 확인하는 것이 더 편하다. 예 10.3에서 표본평균이 573이므로 이 값을 표준화하면

$$Z = \frac{573 - 520}{20.67} = 2.56$$

을 얻는다. 그리고 이 값은 1.96보다 크므로 H_0를 기각한다.

이와 같이 모평균에 대한 가설검정에서는, 언제나 표본평균을 표준화한 값을 유의수준으로 결정된 분포표의 값과 비교하여 판정하는 것이 간편하다.

이상에서 다룬 것은 일면가설검정에 관한 것인데, 양면가설검정의 경우에는 검정방법을 어떻게 결정해야 할까?

예제 10.4 예제 10.3과 똑같은 상황을 가정하되, 이번에는 새로운 종자의 산출량이 지금까지의 산출량과 차이가 나는지 알려고 한다. 유의수준 0.05에서 가설검정을 하여라.

풀이 이러한 경우에 적절한 가설은 다음과 같이 설정할 수 있다.

$$H_0 : \mu = 520$$
$$H_1 : \mu \neq 520$$

귀무가설이 기각되려면, 표본평균값이 520보다 아주 크거나, 또는 아주 작아야 한다. 따라서, 검정방법은 다음과 같은 형태일 것이다.

만일, $\overline{X} < c_1$이거나 $\overline{X} > c_2$이면 H_0를 기각한다.

여기서 c_1은 520보다 아주 작은 값이고, c_2는 520보다 큰 값이다. 유의수준이

0.05라는 것은 새로운 종자의 모평균이 정말로 520임에도 불구하고 표본평균이 520에서 멀리 떨어진 값으로 나올 확률이다. 다시 쓰면,

$$P[\overline{X} < c_1] + P[\overline{X} > c_2] = 0.05$$

귀무가설하에서 $\overline{X}$의 분포는 근사적으로 $N(520, 20.67^2)$이므로 표준화하면,

$$P\left[Z < \frac{c_1 - 520}{20.67}\right] + P\left[Z > \frac{c_2 - 520}{20.67}\right] = 0.05$$

가 되어야 한다. 그리고 정규분포와 같은 대칭분포에서는 왼쪽과 오른쪽 꼬리 부분의 확률을 똑같이 잡는 것이 관례이므로, 다음의 확률식들을 만족하는 임계점 c_1과 c_2를 구하면 된다.

$$P\left[Z < \frac{c_1 - 520}{20.67}\right] = 0.025$$

$$P\left[Z > \frac{c_2 - 520}{20.67}\right] = 0.025$$

꼬리 부분의 면적이 0.025가 되는 점은 표준정규분포표로부터 ± 1.96이다. 따라서,

$$\frac{c_1 - 520}{20.67} = -1.96$$

$$\frac{c_2 - 520}{20.67} = +1.96$$

이 만족되어야 한다. 계산하면, $c_1 = 479.49$, $c_2 = 560.51$이다. 그러므로 구하고자 하는 검정방법은

만일, $\overline{X} < 479.49$이거나 $\overline{X} > 560.61$이면 H_0를 기각한다.

관측된 표본평균의 값 573은 479.49보다 작지는 않으나, 560.51보다 크므로 귀무가설을 기각하고, 새로운 종자와 기존의 종자 사이에는 산출량의 차이가 있다고 결론을 내린다. ■

예제 10.4에서도 표본평균에 기초한 검정방법을 굳이 명시할 필요없이 표준화된 값과 유의수준을 고려하여 얻은 분포표의 값을 비교하여 쉽게 결론을 내릴 수 있다.

즉 표본평균값을 표준화하면, 예제 10.3에서와 마찬가지로 2.56을 얻는다. 표본에 따라서 표준화된 표본평균의 값은 음수가 될 수도 있다. 임계값이 둘이 있으나 부호만 다를 뿐이므로, 0보다 큰 임계값과 표준화된 표본평균값의 절댓값을 상호 비교한다. 이 경우, 표준화된 표본평균값 2.56은 양수이므로 절댓값을 취해도 여전히 2.56이다. 2.56은 1.96보다 크므로, 귀무가설을 기각한다.

이상의 논의를 일반화하여 요약하면 다음과 같다.

정규분포를 이용하는 모평균 μ의 가설검정

모평균 μ는 표본평균 $\overline{X}$로 추정하며, 다음의 각 경우에서 μ_0는 가정된 모평균의 값이며, α는 유의수준이다. 그리고 z_α는 표준정규분포에서 오른쪽 꼬리 부분의 면적이 α가 되는 점이다.

(1) 정규모집단에서 모분산 σ^2을 아는 경우, 또는 정규모집단은 아니더라도 모분산 σ^2을 알고 있고 대표본 ($n>30$)인 경우

$$\text{검정통계량 } Z=\frac{\overline{X}-\mu_0}{\sigma/\sqrt{n}} \sim N(0,1)$$

$H_0: \mu=\mu_0$ 만일 $|Z|> z_{\alpha/2}$ 이면 H_0을 기각한다.
$H_1: \mu\neq\mu_0$

$H_0: \mu\leq\mu_0$ 만일 $Z> z_\alpha$ 이면 H_0을 기각한다.
$H_1: \mu>\mu_0$

$H_0: \mu\geq\mu_0$ 만일 $Z<-z_\alpha$ 이면 H_0을 기각한다.
$H_1: \mu<\mu_0$

(2) 정규모집단에서 모분산 σ^2을 모르는 경우, 또는 정규모집단도 아니고 모분산 σ^2을 알지 못하지만 대표본인 경우

$$\text{검정통계량 } Z=\frac{\overline{X}-\mu_0}{s/\sqrt{n}} \sim N(0,1)$$

가설의 설정과 검정절차는 (1)과 같다.

이상에서 요약한 바, 모집단의 분포로 정규분포를 가정할 수 있거나, 정규분포는 아니더라도 대표본을 추출할 수 있으면 모평균에 대한 가설검정은 전부 표본평균을 표준화한 값과 표준정규분포표에서 읽은 z값을 상호 비교하여 귀무가설의 기각여부를 판정한다.

그러나 모표준편차를 모르는 정규모집단에서 소표본이 추출되었을 경우에는 어떻게 가설검정을 할까? 9장의 신뢰구간 해설에서도 언급했지만 이런 경우에는 t분포를 기초로 검정한다.

t분포도 정규분포와 마찬가지로 대칭 분포이므로 검정방법의 결정은 정규분포의 경우와 동일하다. 단지 표본크기가 n일 때, 자유도 $(n-1)$의 t분포표를 읽는다는 사실을 유념하기 바란다.

t분포표를 이용하는 모평균의 가설검정

모분산 σ^2을 모르는 정규모집단에서 소표본($n \le 30$)이 추출되는 경우에 사용한다. 모평균 μ는 표본평균 $\overline{X}$로 추정하며, μ_0는 가정된 모평균의 값이다.

$$\text{검정통계량 } t = \frac{\overline{X} - \mu_0}{s/\sqrt{n}} \sim t(n-1)$$

유의수준이 α일 때 $t_\alpha(n-1)$는 자유도 $(n-1)$의 t분포에서 오른쪽 꼬리 부분의 면적이 α가 되는 점이다.

$H_0 : \mu = \mu_0$ 만일 $|t| > t_{\alpha/2, n-1}$ 이면 H_0을 기각한다.
$H_1 : \mu \ne \mu_0$

$H_0 : \mu \le \mu_0$ 만일 $t > t_{\alpha, n-1}$ 이면 H_0을 기각한다.
$H_1 : \mu > \mu_0$

$H_0 : \mu \ge \mu_0$ 만일 $t < -t_{\alpha, n-1}$ 이면 H_0을 기각한다.
$H_1 : \mu < \mu_0$

예제 10.5 은호타이어 회사에서는 승용차용 타이어 파워마이너스의 평균 수명이 42,000km 이상이라고 선전하고 있다. 소비자 보호 단체에서 이 주장이 사실인지 확인하기 위하여 랜덤으로 10개의 타이어를 선택하여 수명을 조사하였다. 1,000km 단위의 관측값은 다음과 같다.(단, 모집단은 정규분포를 따른다고 가정한다.)

42, 36, 46, 43, 41, 35, 43, 45, 40, 39

이 자료를 이용하여, 회사 측의 선전이 충분한 근거가 있는지 판정하여라. $\alpha = 0.05$이다.

풀이 귀무가설과 대립가설은 다음과 같이 세울 수 있다.

$$H_0 : \mu \ge 42$$
$$H_1 : \mu < 42$$

주어진 자료에서 $\overline{X} = 41$, $s = 3.59$를 얻는다. 따라서 검정통계량의 값은

$$t = \frac{41 - 42}{3.59/\sqrt{10}} = -0.88$$

이다. t분포표에서 $t_{0.05}(9) = 1.833$ 이다. 검정통계량의 절댓값 0.88은 1.833보다 작으므로 귀무가설을 기각하지 못한다. 따라서 타이어의 평균수명이 42,000km 이하라고 판단할 충분한 근거가 없다. ■

10.3 모비율에 대한 가설검정

이항실험에서 모비율 p에 대한 가설검정도 대표본일 때는 모평균에 대한 가설검정 방법을 그대로 적용할 수 있다.

모비율 p에 대한 가설검정

이항 모집단의 성공 확률을 p라 하자. 표본크기 n의 랜덤표본을 추출하여 성공횟수를 X, 표본비율을 $\hat{p} = X/n$로 놓는다. 대표본에서 표본 비율의 분포는 근사적으로 정규분포를 따른다. 검정하고 싶은 모비율 p의 값이 p_0이면

$$\hat{p} \approx N\left(p_0, \frac{p_0(1-p_0)}{n}\right)$$

표준화하면,

$$\text{검정통계량} \quad Z = \frac{\hat{p} - p_0}{\sqrt{p_0(1-p_0)/n}} \approx N(0,1)$$

유의수준을 α라고 하자.

$H_0 : p = p_0$ 만일 $|Z| > z_{\alpha/2}$ 이면 H_0을 기각한다.
$H_1 : p \neq p_0$

$H_0 : p \leq p_0$ 만일 $Z > z_\alpha$ 이면 H_0을 기각한다.
$H_1 : p > p_0$

$H_0 : p \geq p_0$ 만일 $Z < -z_\alpha$ 이면 H_0을 기각한다.
$H_1 : p < p_0$

예제 10.6 몇 년 전 대통령 선거 당시, 한 일간신문에서 500명의 유권자를 랜덤추출하여 김 아무개 후보와 김모 후보 중 어느 후보에게 투표할지를 물었다. 이 결과 김 아무개 후보는 51.2%, 김모 후보는 48.8%의 결과를 얻었다. 신문에서는 김 아무개 후보가 앞서가고 있다고 대서특필하였다. 그러나 이 두 후보의 지지율에 과연 통계적으로 유의할 만한 차이가 있는지 검정하여라. α는 0.1이다.

풀이 사전 정보가 없을 때는 각 후보에 대한 지지율을 공평하게 50%로 잡는 것이 합리적이다. 따라서

$$H_0 : p = 0.5$$
$$H_1 : p \neq 0.5$$

김모 후보의 지지율을 표본비율로 선택하면

$$Z = \frac{0.488 - 0.5}{\sqrt{0.5(1-0.5)/500}} = \frac{-0.012}{0.0224} = -0.54$$

표준정규분포표에서 $z_{0.05} = 1.64$이므로, $|Z| = 0.54 < 1.64$가 되어 귀무가설을 기각할 수 없다. 결국 두 후보는 백중세를 보이고 있다고 판단된다. ■

10.4 신뢰구간과 가설검정 간의 관계

$100(1-\alpha)\%$ 신뢰구간추정과 유의수준 α에서의 양면가설검정은 해석의 차이가 있을 뿐 궁극적으로 똑같은 것이다. 이 사실은 모평균에 대한 추론을 비롯하여 기타 모든 모수의 추론에 대하여도 성립한다.

모분산 σ^2를 모르는 모집단에서 대표본을 추출하여 모평균 μ에 대한 추론을 한다고 가정하자. $100(1-\alpha)\%$ 신뢰구간의 공식은 다음과 같다.

$$\overline{X} - z_{\alpha/2}\frac{s}{\sqrt{n}} \leq \mu \leq \overline{X} + z_{\alpha/2}\frac{s}{\sqrt{n}}$$

그리고 유의수준 α에서 가설

$$H_0 : \mu = \mu_0$$
$$H_1 : \mu \neq \mu_0$$

에 대한 검정방법은 다음과 같다.

$$\text{만일 } |Z| = \left|\frac{\overline{X} - \mu_0}{s/\sqrt{n}}\right| > z_{\alpha/2} \text{ 이면 } H_0\text{를 기각한다.}$$

이 검정방법은 기각역을 중심으로 기술한 것인데, 만일 채택역(acceptance region)을 중심으로 기술한다면 다음과 같이 쓸 수 있다.

$$\text{만일} \quad |Z| = \left| \frac{\overline{X} - \mu_0}{s/\sqrt{n}} \right| \le z_{\alpha/2} \text{ 이면 } H_0\text{를 채택한다.}$$

여기서 채택역을 풀어 쓰면

$$-z_{\alpha/2} \le \frac{\overline{X} - \mu_0}{s/\sqrt{n}} \le z_{\alpha/2}$$

또는

$$\overline{X} - z_{\alpha/2}\frac{s}{\sqrt{n}} \le \mu_0 \le \overline{X} + z_{\alpha/2}\frac{s}{\sqrt{n}} \qquad (2)$$

와 같이 쓸 수 있다. 결국 양면가설검정에서 채택역이 신뢰구간의 공식과 일치함을 알 수 있다.

이러한 사실은 신뢰구간의 계산이 양면가설검정까지를 포함하고 있음을 시사한다. 신뢰구간의 공식 (1)과 채택역의 공식 (2)를 비교할 때 다른 점 하나는 두 부등호 사이의 μ와 μ_0이다. 따라서 일단 구한 자료에서 신뢰구간을 계산한 다음 검정하고자 하는 귀무가설에서 가정된 μ의 값 μ_0가 신뢰구간 안에 포함되어 있으면 귀무가설을 기각할 수 없으며, 반대로 μ_0의 값이 신뢰구간 밖의 점이라면 귀무가설을 기각한다. 이 경우, 신뢰계수 $(1-\alpha)$에서의 값이 바로 가설검정의 유의수준과 일치해야 한다. 예를 들어 보자.

예제 10.7 예 10.4와 똑같은 상황을 가정한다. 새로운 종자 모집단에 대한 평균 산출량의 95% 신뢰구간을 구하고, 다음 가설을 유의수준 0.05에서 검정하여라.

$$H_0 : \mu = 520$$
$$H_1 : \mu \ne 520$$

풀이 $z_{0.025} = 1.96$, $\overline{X} = 573$, $s = 124$, $n = 36$이므로, μ에 대한 95% 신뢰구간은

$$573 \pm 1.96(124/\sqrt{36}) = 573 \pm 40.51$$

로부터, (532.49, 613.51)이다. $\mu_0 = 520$은 이 신뢰구간 내의 점이 아니므로 귀무가설을 기각한다. 따라서 새로운 종자와 기존의 종자 사이에는 산출량의 차이가 있다. ■

신뢰구간과 양면가설검정과의 관계

모수 θ에 대한 $100(1-\alpha)\%$ 신뢰구간을 (L, U)라 하자. 즉 $L < \theta < U$이다. 이때 유의수준 α의 가설검정

$$H_0 : \theta = \theta_0$$
$$H_1 : \theta \neq \theta_0$$

에서, θ_0의 값이 신뢰구간 밖에 있으면 귀무가설 H_0을 기각한다. 이 경우 언제나 「1 - 유의수준 = 신뢰수준」이 성립해야 함을 잊지 말아야 한다.

10.5 검정력함수

10.1절에서 언급한 바, 제2종 오류는 귀무가설이 거짓일 때 귀무가설을 기각하지 않는 오류이다. 제2종 오류를 범할 확률을 β로 표기하였다. 그렇다면, 제2종 오류를 범하지 않을 확률은 $(1-\beta)$가 된다. 즉 $(1-\beta)$는 귀무가설이 거짓일 때 귀무가설을 기각할 확률이다. 이 확률은 오류의 확률이 아니다. 거짓인 귀무가설을 거짓이라고 제대로 판정하는 확률은 클수록 좋다. 이런 의미에서 $(1-\beta)$를 힘(power) 또는 검정력(power of test)이라 한다. 우리는 언제나 β값이 0에 가깝고, 따라서 검정력 $(1-\beta)$가 1에 가까운 힘이 센 검정방법을 선호한다.

통계적 가설검정에서는 언제나 일단 제1종 오류의 확률 α를 고정시킨 연후에 제2종 오류의 확률 β를 최소화하는 검정방법을 모색한다. 다시 말하면, 고정된 유의수준하에서 가장 힘이 센 최강력 검정방법을 찾는 것이다. 실상 10.2절에서 소개한 모평균에 대한 가설검정방법은 모두 주어진 유의수준에서의 최강력검정(most powerful test)이다.

이 절에서는 제2종 오류의 확률 β, 또는 동등하게 검정력 $(1-\beta)$를 어떻게 계산하는지 알아보겠다.

예제 10.8 한 양돈 농가에서 사육하는 돼지의 출하 직전 평균 무게는 지난 몇 년간 380kg이었다. 올해는 기르는 50마리의 돼지에게 새로운 배합 사료를 먹여 사육하였다. 이 농가에서 키우는 50마리의 돼지를 새로운 배합사료로 키우고 있거나 앞으로 키울 모든 돼지의 모집단에서 추출한 랜덤표본이라 가정하자. 다음의 표본자료를 이용하여, 유의수준 0.01에서 새로운 배합사료로 키운 돼지의 평균 무게가 380kg보다 크다는

대립가설을 검정하여라.

$$\text{표본 자료: } n=50,\ \overline{X}=390,\ s=35.2$$

풀이 적절한 가설은 다음과 같이 설정한다.

$$H_0 : \mu = 380$$
$$H_1 : \mu > 380$$

$$\text{검정통계량 } Z = \frac{\overline{X}-\mu_0}{s/\sqrt{n}} = \frac{390-380}{35.2/\sqrt{50}} = 2.01$$

표에서 $z_{0.01} = 2.33$ 이다. 검정통계량의 값 2.01이 2.33보다 작으므로, 귀무가설을 기각할 충분한 근거가 없다. ■

예제 10.8의 자료를 기초로 검정력을 어떻게 계산하는지 알아보자. 예제 10.8에서 가정한 귀무가설 $H_0 : \mu = 380$을 생각해 보면, H_0가 틀렸을 때 기각하지 않을 오류는 새로운 배합사료로 사육한 돼지들의 모평균 무게가 380kg에서 얼마나 가까운지에 따라 결정된다.

먼저, 예제 10.8에서 비교하는 z값이 2.33이었는데, 표본평균이 얼마일 때 검정통계량의 값이 임계값과 같은 값을 갖는지 계산해 보자.

$$\frac{\overline{X}-380}{35.2/\sqrt{50}} = 2.33 \ \Rightarrow \overline{X} = 391.60$$

즉, 50마리 돼지의 평균 무게가 391.60kg보다 크면 귀무가설을 기각하고, 그 이하라면 귀무가설을 기각할 수 없다. 예제 10.8에서는 표본평균의 값 390kg이 391.60kg보다 약간 작았기 때문에 귀무가설을 기각하지 않았다.

그러나 만일 모평균이 500kg이라면, 그리고 이런 모집단에서 추출된 표본이 모집단을 잘 대표한다면, 표본평균은 아마도 500kg 근방의 값을 갖게 될 것이다. 이런 경우에는 H_0를 부정확하게 받아들일 확률은 거의 희박할 것이다. 즉 제2종 오류의 확률 β는 거의 0일 것이고, 검정력 $(1-\beta)$는 거의 1이 될 것이다.

만일, 모평균이 450kg이라도 검정력 $(1-\beta)$는 거의 1이 될 것이다. 왜냐하면 모평균이 450kg인 모집단에서 추출된 랜덤표본에서 표본평균이 임계값 391.60kg보다 작게 나올 가능성이 별로 없기 때문이다.

모평균이 400kg이라면 어떻게 될까? 이때는 표본평균값이 391.60kg 이하로 나올 확률이 크지는 않아도 0에 그다지 가깝지는 않을 것이다. 따라서 검정력 $(1-\beta)$는 1보다 작은 값을 갖게 된다.

모평균이 정확히 391.60kg이라면, 이런 모집단에서 표본평균이 391.60kg 이하로 나올 확률은 0.5이다. 왜냐하면, 표본평균의 분포는 근사적으로 정규분포를 따르고, 이 정규분포의 중심점, 즉 모평균이 391.60kg이기 때문이다. 이때의 검정력 $(1-\beta)$는 역시 0.5가 될 것이다.

모평균이 귀무가설과 거의 비슷한 380.01kg이라면, 이때 귀무가설을 옳다고 받아들일 확률은 약 0.99가 된다. 왜냐하면 이런 모집단에서 391.60kg 이하의 표본평균이 나올 확률이 바로 0.99, 즉 $(1-\alpha)$이기 때문이다. 따라서 검정력 $(1-\beta)$는 0.01이다.

결국, 참된 모평균의 값이 귀무가설의 $\mu_0 = 380$에 가까우면 가까울수록 검정력은 0에 근접하고, μ_0에서 멀면 멀수록 검정력은 1에 근접한다. 진술했듯이 힘이 센 검정방법이 약한 것보다 더 좋다. 참된 모평균의 값과 가정된 μ_0의 값 차이를 빨리 탐지할 수 있는, 즉 μ_0와 모평균의 차이가 증가할 때 0에서 1까지의 검정력의 변화가 급속한 검정방법이 더 좋은 것이다. 이렇게 강력한 검정을 하려면, 표본크기를 늘리는 수밖에 없다. 주어진 검정력을 갖는 검정을 하기 위한 표본크기를 결정하는 방법에 대해서는 10.7절을 참고하라.

이상에서 여러 경우를 예시하여 설명했듯이, 참된 모평균의 값은 알지 못하므로 검정력을 계산할 때는 대립가설에 지정된 값의 범위에 포함되는 몇 개의 점들을 참된 모평균으로 가정하여 각 점에 대하여 $(1-\beta)$를 계산한다.

검정력을 계산하기 위하여 가정된 모평균의 값을 μ_1으로 표기하자. 검정력은 다음과 같이 쓸 수 있다.

$$\gamma(\mu_1) = P[\text{모평균의 값이 } \mu_1 \text{일 때 } H_0 \text{를 기각}]$$

예제 10.8의 대립가설은 $H_1 : \mu > 380$이었다. 따라서 모평균의 값으로 가정할 수 있는 μ_1들은 380보다 크기만 하면 되며, 이러한 μ_1의 값들은 무한히 많다. 따라서 검정력 $\gamma(\mu_1)$은 고정된 확률값이 아니며, 변수 μ_1의 함수이다. 이런 이유로 $\gamma(\mu_1)$을 특히 검정력함수(power function)라 부른다. 그리고 검정력함수를 그래프로 그린 것을 검정력곡선(power curve)이라 한다.

이제 실제로 어떻게 검정력함수를 구하는지 알아보자. 예제 10.8에서 참된 모평균의 값이 395kg이라고 가정하자. 이때 대응되는 검정력함수는

$$\gamma(395) = P[\text{모평균의 값이 395일 때 } H_0\text{를 기각}]$$

으로 주어진다. 유의수준 $\alpha = 0.01$에서 H_0는 검정통계량이

$$Z = \frac{\overline{X} - \mu_0}{s/\sqrt{n}} = \frac{\overline{X} - 380}{35.2/\sqrt{50}} > 2.33$$

일 때 기각된다. 이 검정통계량은 귀무가설하에서 모평균의 값이 380이라 가정하여 만든 것이다. 즉,

$$P_{\mu=380}\left[\frac{\overline{X} - 380}{35.2/\sqrt{50}} > 2.33\right] = 0.01$$

이었다. 그러나 현재 우리는 모평균의 값으로 395를 가정하고 있다. 그렇다면,

$$P_{\mu=395}\left[\frac{\overline{X} - 380}{35.2/\sqrt{50}} > 2.33\right]$$

의 값은 얼마인가? 표본평균의 평균을 더 이상 380이 아니라 395이다. 따라서 표본평균을 표준화할 때는 395를 빼야지 380을 빼서는 확률 계산을 할 수 없다. 그러므로,

$$\begin{aligned} P_{\mu=395}\left[\frac{\overline{X} - 380}{35.2/\sqrt{50}} > 2.33\right] &= P_{\mu=395}\left[\frac{(\overline{X} - 395) + (395 - 380)}{35.2/\sqrt{50}} > 2.33\right] \\ &= P_{\mu=395}\left[\frac{\overline{X} - 395}{35.2/\sqrt{50}} > 2.33 - \frac{395 - 380}{35.2/\sqrt{50}}\right] \\ &= P_{\mu=395}[Z > 2.33 - 3.01] \\ &= P_{\mu=395}[Z > -0.68] \\ &= 0.7517 \end{aligned}$$

결국, 제2종 오류의 확률 β는 (1−검정력)$= 1 - 0.7517 = 0.2483$이다. 다음 표는 이상과 같은 식으로 몇 개의 μ_1값에 대하여 구한 검정력함수의 값들이다.

μ_1	370	380	390	400	410
검정력	0.00	0.01	0.37	0.95	1.00

그리고 이렇게 얻은 값들을 그래프로 그린 것이 그림 10.1이다.

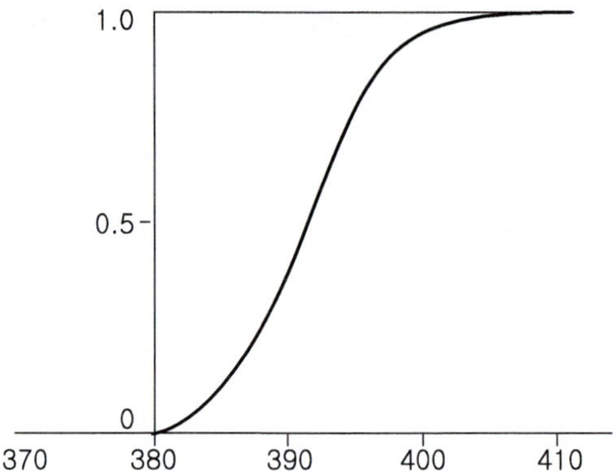

그림 10.1 일면검정의 검정력곡선

검정력함수: 정규모집단이거나, 대표본의 경우

(1) 모평균에 대한 일면검정의 검정력함수(유의수준 α)

$$H_0 : \mu \le \mu_0 \quad \text{또는} \quad H_0 : \mu \ge \mu_0$$
$$H_1 : \mu > \mu_0 \qquad\qquad H_1 : \mu < \mu_0$$

검정력함수는 모평균이 μ_1일 때

$$\gamma(\mu_1) = P\left[Z > z_\alpha - \frac{|\mu_0 - \mu_1|}{sd(\overline{X})}\right]$$

여기서 $\mu_0 - \mu_1$에 절댓값을 취하는 까닭은 일면검정에는 부등호의 방향에 따라 두 가지 유형이 있기 때문이다.

그리고 $sd(\overline{X})$는 표본평균의 표준편차로, σ를 알면 $sd(\overline{X}) = \sigma/\sqrt{n}$, 모르면 표본표준편차 s를 사용하여, $sd(\overline{X}) = s/\sqrt{n}$이다.

(2) 모평균에 대한 양면검정의 검정력함수(유의수준 α)

$$H_0 : \mu = \mu_0$$
$$H_1 : \mu \ne \mu_0$$

검정력함수는 모평균이 μ_1일 때

$$\gamma(\mu_1) = P\left[Z > z_{\alpha/2} - \frac{|\mu_0 - \mu_1|}{sd(\overline{X})}\right]$$

양면검정에 대하여는 스스로 생각해 보라. 양면검정에서 검정력곡선은 μ_0 값을 중심으로 좌우 대칭인 부드러운 V자 형태를 갖는다. 그림 10.1의 검정력곡선과 μ_0축에 대칭인 곡선을 하나 더 그려 두 곡선을 더한 것이 바로 양면가설의 검정력곡선이다.

모표준편차를 모르는 정규모집단에서 소표본이 추출될 경우에는 표준정규분포 대신 $t(n-1)$ 분포를 사용하면 된다.

10.6 정규모집단에서 분산에 대한 추론

실제 상황에서 모분산 σ^2의 값을 알고 통계추론을 하게 되는 경우는 흔치 않다. 이 절에서는 모분산 σ^2에 대한 통계추론 방법에 대하여 해설한다. 여기서 제시하는 추론 방법은 모집단의 분포로 정규분포를 가정할 수 있는 경우에 한하여 유효하다. 모집단의 분포가 정규분포가정에서 어긋나면 전혀 쓸모가 없음을 유의하라.

모분산 σ^2에 대한 표본추정량은 표본분산

$$s^2 = \frac{\sum_{i=1}^{n}\left(X_i - \overline{X}\right)^2}{n-1}$$

이다. 모분산 σ^2에 대한 신뢰구간추정, 가설검정 등을 하려면 s^2의 표본분포를 알아야 한다. s^2의 표본분포와 관련된 중요한 분포가 7.5.1절에서 소개한 χ^2 분포이다.

$X_1, X_2, \cdots, X_n$이 정규모집단 $N(\mu, \sigma^2)$에서 추출된 랜덤표본이면, 표본통계량

$$\frac{\sum_{i=1}^{n}\left(X_i - \overline{X}\right)^2}{\sigma^2} = \frac{(n-1)s^2}{\sigma^2}$$

의 분포는 자유도 $(n-1)$의 카이제곱분포 $\chi^2(n-1)$을 따른다.

χ^2분포에 대한 확률식에서 곧바로 모분산 σ^2에 대한 신뢰구간의 공식을 끌어낼 수 있다. 정규분포를 이용하여 $100(1-\alpha)\%$ 신뢰구간추정을 할 때는 양쪽 꼬리 부분의 확률이 각각 $\alpha/2$로 서로 같게끔 대칭적으로 잘랐음을 상기하라. χ^2분포는 정규분포와는 달리 비대칭 분포이나, 분포를 이용한 모분산에 대한 $100(1-\alpha)\%$ 신뢰구간추정에서도 관례적으로 정규분포처럼 양쪽 꼬리 부분의 확률이 같아지도록 자른다.

다음 확률식을 생각해 보자.

$$P\left[\chi^2_{0.975}(n-1) < \frac{(n-1)s^2}{\sigma^2} < \chi^2_{0.025}(n-1)\right] = 0.95$$

이 확률식을 변형하면,

$$P\left[\frac{(n-1)s^2}{\chi^2_{0.025}(n-1)} < \sigma^2 < \frac{(n-1)s^2}{\chi^2_{0.975}(n-1)}\right] = 0.95$$

와 같이 표현할 수 있다. 바로 이것이 모분산 σ^2에 대한 95% 랜덤구간의 공식이다. 따라서 σ^2에 대한 95% 신뢰구간은 다음과 같다.

$$\left(\frac{(n-1)s^2}{\chi^2_{0.025}(n-1)}, \frac{(n-1)s^2}{\chi^2_{0.975}(n-1)}\right)$$

또한, 모표준편차 σ에 대한 95% 신뢰구간은 모분산에 대한 신뢰구간에 제곱근을 취하여 구한다. 따라서 σ에 대한 95% 신뢰구간은 다음과 같다.

$$\left(\sqrt{\frac{(n-1)s^2}{\chi^2_{0.025}(n-1)}}, \sqrt{\frac{(n-1)s^2}{\chi^2_{0.975}(n-1)}}\right)$$

모분산 σ^2에 대한 $100(1-\alpha)\%$ 신뢰구간

$$\left(\frac{(n-1)s^2}{\chi^2_{\frac{\alpha}{2}}(n-1)}, \frac{(n-1)s^2}{\chi^2_{1-\frac{\alpha}{2}}(n-1)}\right)$$

모표준편차 σ에 대한 $100(1-\alpha)\%$ 신뢰구간

$$\left(\sqrt{\frac{(n-1)s^2}{\chi^2_{\frac{\alpha}{2}}(n-1)}}, \sqrt{\frac{(n-1)s^2}{\chi^2_{\frac{\alpha}{2}}(n-1)}}\right)$$

예제 10.9 15마리의 홀스타인 젖소를 랜덤추출하여 305일간의 집유기간 중 총수유 생산량을 조사하였다. 수집된 자료는 다음과 같다.(단, 모집단은 정규분포를 따른다고 가정한다.)

12.928 12.120 14.972 14.044 14.788 13.812 14.358 8.998
10.620 14.744 11.036 9.248 9.998 11.990 14.766 (단위: 1,000kg)

이 자료를 이용하여 우유 생산량에 대한 모분산의 95% 신뢰구간을 구하여라.

풀이 자료에서 $n = 15$, $s^2 = 4.612$를 얻는다. 자유도는 15−1= 14이다. χ^2분포표에서 $\chi^2_{0.025}(14) = 26.12, \chi^2_{0.975}(14) = 5.63$이다. 따라서 σ^2에 대한 95% 신뢰구간은

$$\left(\frac{14(4.612)}{26.12}, \frac{14(4.612)}{5.63}\right) = (2.47, 11.47)$$

이 되며, 모표준편차 σ에 대한 95% 신뢰구간은

$$\left(\sqrt{\frac{14(4.612)}{26.12}}, \sqrt{\frac{14(4.612)}{5.63}}\right) = (1.57, 3.39)$$ ■

모분산에 대한 가설검정의 기본 원리는 모평균에 대한 가설검정의 개념과 동일하다. 모평균에 대한 가설검정을 이해하면 모분산에 대한 가설검정도 어렵지 않게 이해될 수 있을 것이다. 모분산에 대한 검정방법을 요약하면 다음과 같다. 모표준편차는 모분산의 제곱근이므로, 모표준편차에 대한 가설검정방법도 모분산에 대한 가설검정방법을 그대로 사용한다.

모분산에 대한 가설검정(유의수준은 α)

$$\text{검정통계량} \quad \chi^2 = \frac{(n-1)s^2}{\sigma_0^2} \sim \chi^2(n-1)$$

$H_0 : \sigma^2 = \sigma_0^2$ 만일 $\chi^2 > \chi^2_{\alpha/2}(n-1)$이거나 $\chi^2 < \chi^2_{1-\alpha/2}(n-1)$이면 H_0을 기각한다.
$H_1 : \sigma^2 \neq \sigma_0^2$

$H_0 : \sigma^2 \leq \sigma_0^2$ 만일 $\chi^2 > \chi^2_{\alpha}(n-1)$이면 H_0을 기각한다.
$H_1 : \sigma^2 > \sigma_0^2$

$H_0 : \sigma^2 \geq \sigma_0^2$ 만일 $\chi^2 < \chi^2_{1-\alpha}(n-1)$이면 H_0을 기각한다.
$H_1 : \sigma^2 < \sigma_0^2$

예제10.10 예제 10.9의 자료에서 가설

$$H_0 : \sigma^2 \leq 2.5$$
$$H_1 : \sigma^2 > 2.5$$

를 검증하여라. 유의수준은 0.05이다.

풀이 검정통계량의 값은

$$\chi^2 = \frac{(n-1)s^2}{\sigma_0^2} = \frac{14(4.612)}{2.5} = 25.827$$

χ^2분포표에서, $\chi^2_{0.05}(14) = 23.68$이다. 검정통계량의 값이 23.68보다 크기 때문에 귀무가설을 기각한다. ■

10.7 모평균에 대한 검정에서 표본크기의 결정 방법

지금까지는 크기 n의 표본이 추출되었을 경우를 가정하고 통계추론에 대하여 해설하였다. 일단 크기 n의 표본이 주어지면, 제1종 오류나 제2종 오류의 확률을 분석하는 사람이 조절할 방법이 없다. 제1종 오류의 확률 α나 제2종 오류의 확률 β를 감소시키려면, 표본크기를 증가시키면 된다. 확실히 표본크기를 늘리면 늘릴수록 잘못 판단할 가능성은 줄어들게 마련이다. 그러나 표본크기가 증가하는 데 비례하여 시간과 비용도 그만큼 더 소모된다. 바람직한 오차 한도를 줄 수 있는 최적의 표본크기는 어떻게 결정 할 수 있을까? 이 절에서는 미리 정해진 오류의 확률을 만족할 수 있는 표본크기를 결정하는 방법에 대하여 해설한다. 이 방법은 통계조사를 계획할 때 필요한 기법이다.

다음과 같은 모평균 μ에 대한 일면가설검정을 한다고 가정하자.

$$H_0 : \mu \le \mu_0$$
$$H_1 : \mu > \mu_0$$

덧붙여, 모평균 μ의 참값이 μ_0에서 Δ거리 이상 떨어져 있을 때, 제1종 오류의 확률이 α가 되게끔, 또 제2종 오류의 확률은 β 이하가 되게끔 하려 한다. 이 조건을 만족하는 표본크기 n은 다음 공식으로 결정된다.

μ에 대한 일면검정 시 표본의 크기

$$n = \left[\frac{\sigma(z_\alpha + z_\beta)}{\Delta} \right]^2$$

여기서 $\Delta = |\mu - \mu_0|$이다. σ^2값을 전혀 모를 때는 본 통계조사를 위한 예비 통계조사로서 소표본을 추출하여 표본분산값을 사용한다. 이 공식은 부등호의 방향이 위의 가설과 반대인 일면가설에도 그대로 적용된다.

예제 10.11 설탕회사에서 한 부대에 평균 16kg씩 담아 출하하는데, 설탕 담는 기계 한 대가 한 부대에 16kg 이상을 담아 봉한다고 공장장이 의심하고 있다. 소비자에게는 좋은 소식이지만 회사로서는 손해가 막심하므로 표본조사를 하여 확인하고자 한다. 지금까지의 경험상 부대에 담긴 설탕 무게의 표준편차는 0.225였다. 가설은 다음과 같다.

$$H_0 : \mu = 16$$
$$H_1 : \mu > 16$$

유의수준 α를 0.05로 잡고, 이 기계에서 생산되는 설탕 부대 무게의 모평균이 16.1kg 이상일 때 β를 0.01 이하로 하는 표본크기를 구하여라.(이렇게 제2종 오류 β에 제한을 가하는 이유는, 모평균 무게가 정말로 16.1kg 이상인 데도 귀무가설 $H_0 : \mu = 16$을 옳다고 판단할 확률을 아주 작게 만들려는 것이다. 제2종 오류는 귀무가설이 거짓일 때 옳다고 판단하는 오류임을 상기하여라.)

풀이 문제에서, σ의 값은 모르지만 근사적으로 0.225로 놓을 수 있고, 표준정규분포표에서 $\alpha = 0.05$, $\beta = 0.01$에 대한 z값은 각각 $z_{0.05} = 1.645$, $z_{0.01} = 2.33$이다. 그리고 $\Delta = |16.1 - 16| = 0.1$ 이므로, 원하는 표본크기는

$$n = \left[\frac{0.225(1.645 + 2.33)}{0.1} \right]^2 = 79.99 \approx 80$$

이다. 즉 공장장이 지정한 조건을 만족시키려면 모두 80개의 부대를 랜덤추출해야 한다. ■

이 예에서 실제로 표본추출을 하여 가설검정을 한 결과 귀무가설이 기각되지 않았다면, $\mu \geq 16.1$일 때 $\beta \leq 0.01$임을 알고 있으므로 공장장은 옳다고 받아들인 결정에 대하여 안도감을 느낄 것이다. 더 이상의 가설검정은 불필요하다.

지정된 α, β, $\Delta = |\mu - \mu_0|$에 대한 양면가설검정

$$H_0 : \mu = \mu_0$$
$$H_1 : \mu \neq \mu_0$$

에 대한 표본크기 결정 공식도 일면검정일 때와 흡사하다.

μ에 대한 양면검정 시 표본의 크기

$$n = \left[\frac{\sigma(z_{\alpha/2} + z_\beta)}{\Delta} \right]^2$$

10.8 유의확률 p값

통계적 가설검정의 결과를 진술할 때는 단순히 지정된 유의수준에서 귀무가설이 기각되는지 여부만 말하면 된다. 즉 '유의수준 0.05에서 귀무가설이 기각되었다' 또는 '유의수준 0.01의 검정을 하였더니 귀무가설이 기각되지 않았다'는 식으로 결과를 진술하는 것이다. 그러나 이와 같은 식으로 검정 결과를 진술하는 것은 다소 부적절한 면이 있다. 왜냐하면 이런 진술에서는 검정통계량의 값이 기각역에 가까스로 들어와서 귀무가설을 기각하게 되었는지, 아니면 임계값을 크게 초과해서 귀무가설을 기각하게 되었는지에 대한 상세한 정보가 결여되어 있기 때문이다. 또한 단순히 '유의수준 0.05에서 귀무가설이 기각되었다'는 진술은 다른 사람에게도 유의수준으로서 0.05의 사용을 강요하는 문제를 파생한다. 그러나 개인에 따라 동일 데이터를 해석하기 위한 유의수준값의 설정이 다를 수 있다. 신중한 사람이라면 유의수준을 0.05보다 더 작게 놓고 싶어 할 수도 있다. 유의수준이 달라지면 귀무가설의 기각 여부 역시 달라진다.

유의수준 지정에 대한 이러한 문제점 때문에 **유의확률**(significance probability)의 개념이 나타났는데, 유의확률이란 주어진 자료에서 귀무가설이 기각될 수 있는 최소의 유의수준을 계산한 값이다. 유의확률을 흔히 p값(p-value)이라 부른다.

예 10.1 다음의 일면가설을 생각해 보자.

$$H_0 : \mu \le \mu_0$$
$$H_1 : \mu > \mu_0$$

이 가설을 검정하기 위하여 정규모집단에서 표본을 추출하여 검정통계량 Z를 계산하였더니 그 값이 2.10으로 나왔다고 가정하자. 유의수준으로 지정된 값에 따른 기각역과 도출된 결론의 형태를 요약하면 다음과 같다.

유의수준 α	기각역	결론
0.05	≥ 1.645	H_0를 기각한다
0.025	≥ 1.96	H_0를 기각한다
0.01	≥ 2.33	H_0를 기각하지 못한다
0.005	≥ 2.58	H_0를 기각하지 못한다

따라서 유의수준을 감소시키면 임계값이 증가하기 때문에 귀무가설을 기각하지

못하게 되며, 반대로 유의수준을 증가시키면 임계값이 작아져서 귀무가설을 기각할 수 있게 되는 것을 알 수 있다. 그렇다면, 검정통계량의 값 2.10과 동일한 임계값을 줄 수 있는 유의수준값은 얼마일까? 다시 말해서, 애초에 유의수준을 최소 얼마로 잡았어야 검정통계량의 값 2.10이 기각역에 들어가서 귀무가설을 기각하게 되는가? 이 문제는 간단히 풀 수 있다. 즉 현재 우리는 일면가설검정을 고려하고 있기 때문에 $z_\alpha = 2.10$이 되는 값을 표준정규분포표에서 읽기만 하면 된다. 분포표에서 이 값을 찾으면 $\alpha = 0.0179$를 얻는다. 결국 유의수준을 0.0179 이하로 설정한 가설검정에서는 귀무가설을 기각하지 못하며, 또 유의수준을 0.0179보다 크게 설정하는 경우에는 귀무가설이 기각됨을 알 수 있다. 이와 같이 검정통계량의 값으로부터 역산한 유의수준을 유의확률, 또는 p값이라 한다.

예 10.1에서 해설한 유의확률의 개념을 정리하면 다음과 같다.

> 유의확률(p값)은 H_0가 기각될 수 있는 최소의 유의수준이다. 일단 유의확률이 결정되면, 특정한 유의수준에서의 결론은 유의확률과 유의수준 α를 비교하는 문제로 귀착된다.
> 유의확률 $\le \alpha \Leftrightarrow$ 유의수준 α에서 H_0를 기각한다.
> 유의확률 $> \alpha \Leftrightarrow$ 유의수준 α에서 H_0를 기각하지 못한다.

통상 H_0가 기각될 때 '자료가 유의하다'라고 말하고, 그렇지 않으면 '유의하지 않다'라고 말한다. 유의확률은 자료가 유의하게 되는 가장 작은 유의수준이다.

대부분의 통계 패키지 소프트웨어에서는 검정에 대한 유의확률이 항상 자동적으로 출력된다. 따라서 분포표에서 임계값을 찾을 필요없이 컴퓨터 출력을 보고 즉각 결론을 내릴 수 있다.

정규모집단에서 모평균에 대한 가설검정 시 유의확률의 공식은 다음과 같이 주어진다. 여기서 $\Phi(z) = P[Z \le z]$이고, $H_0 : \mu = \mu_0$, z는 계산된 검정통계량의 값이다.

대립가설	유의확률
$H_1 : \mu \neq \mu_0$	$2[1-\Phi(\lvert z \rvert)]$
$H_1 : \mu > \mu_0$	$1-\Phi(z)$
$H_1 : \mu < \mu_0$	$\Phi(z)$

기타 다른 검정에 대해서도 유의확률에 대한 개념은 동일하다. 양면가설검정에 대한 유의확률의 계산 예를 든다.

예제10.12 어떤 타이어의 적정 공기압은 32psi이다. 자동차 임대 회사에서 보유한 자동차에서 그 타이어를 35개 랜덤추출하여 공기압을 측정했더니 평균이 31.4, 표준편차가 1.2로 나왔다. 이 회사에서 운영하는 자동차에 장착된 타이어의 공기압이 적정 공기압과 다르다고 할 수 있는지 검정해 보자. μ를 모평균 공기압이라 하자. 관심가설은

$$H_0 : \mu = 32$$
$$H_1 : \mu \neq 32$$

풀이 $n = 35$로 대표본이기 때문에 근사검정을 할 수 있다. 검정통계량은 다음과 같이 계산된다.

$$Z = \frac{\overline{X} - \mu_0}{s/\sqrt{n}} = \frac{3.14 - 32}{1.2/\sqrt{35}} = -2.96$$

따라서 유의확률은

$$2[1 - \Phi(|-2.96|)] = 2(1 - 0.9985) = 0.003$$

결국, 유의수준을 0.01로 잡는다면 H_0는 기각해야 하고, $\alpha = 0.001$로 설정한다면 H_0를 기각하지 못한다. ■

10.9 컴퓨터 활용

R을 이용하여 모평균에 대한 가설검정을 하는 방법을 소개한다. 다음 자료는 통계학 입문 강좌를 수강하는 학생의 시험점수자료이다.

70	61	77	52	45	66	61
57	72	75	53	41	60	60
58	88	59	50	66	66	73
63	82	68	65	64	60	78

이 자료를 기초로 모평균 점수에 대한 90% 신뢰구간을 구하고 양면가설 $H_0 : \mu = 60$ 대 $H_1 : \mu \neq 60$을 검정하는 방법은 다음과 같다.

```
> score<-c(70,61,77,52,45,66,61,57,72,75,53,41,60,60,
+           58,88,59,50,66,66,73,63,82,68,65,64,60,78)
```

```
> t.test(score,mu=60,alternative="two.sided")

        One Sample t-test

data:  score
t = 1.9326, df = 27, p-value = 0.06383
alternative hypothesis: true mean is not equal to 60
95 percent confidence interval:
 59.75771 68.09944
sample estimates:
mean of x
 63.92857
```

일면가설 $H_0 : \mu \le 60$ 대 $H_1 : \mu > 60$을 검정할 경우는 다음과 같다.

```
> t.test(score,mu=60,alternative="greater")

        One Sample t-test

data:  score
t = 1.9326, df = 27, p-value = 0.03192
alternative hypothesis: true mean is greater than 60
95 percent confidence interval:
 60.46621      Inf
sample estimates:
mean of x
 63.92857
```

연습문제

10.1 어느 자동차는 시속 15km로 주행 시 정면 충돌하더라도 네 번에 한 번 정도는 눈에 보이는 손상이 나타나지 않는다. 그런데 이보다 더 성능이 좋다는 새로운 범퍼를 장착하려고 한다. 새로운 범퍼의 성능을 확인하기 위하여 20번 충돌시험을 하기로 하였다. 검정통계량은 20번 중에서 전혀 손상이 가지 않는 횟수로 잡았고, 이 횟수가 8번 이상이면 새로운 범퍼가 더 낫다고 결론내리기로 하였다. 가설을 쓰고, 제1종 오류의 확률 α를 계산하여라. 만일 새로운 범퍼가 눈에 띄는 손상을 입지 않을 진짜 확률이 0.3이라면 제2종 오류의 확률 β의 값은 얼마인가? 또 새로운 범퍼가 눈에 띄는 손상을 입지 않을 진짜 확률이 0.5일 때 β의 값을 구하여라.

10.2 승용차 타이어의 접지면 디자인을 변경하려면 표준 도로환경에서 평균 수명의 20,000km가 넘어야 한다. 연구팀에서 새로운 디자인을 개발하였다. 16개 타이어를 시험 제작해서 주행검사를 실시하였더니 평균 수명이 20,758km로 나왔다. 타이어의 수명은 표준편차가 1,500인 정규분포를 따른다고 가정하자. 시험 결과가 타이어 디자인의 변경을 허용하는가? 가설을 세우고 유의수준 0.01에서 검정하여라.

10.3 건축현장에서 사용되는 벽돌의 압축강력은 최소 3,200psi가 되어야 한다. 현장에 공급된 벽돌 중에서 랜덤선택된 36장의 벽돌에 대해서 압축강력을 측정하였더니, 평균이 3,109psi, 표준편차가 156psi로 나왔다. 사용할 수 있는가? 유의수준은 0.05이다.

10.4 미국 수출용 자동차의 연비는 1갤런의 휘발유로 몇 마일을 가느냐(mpg: miles per gallon)로 측정한다. 여섯 대의 자동차에 대해서 연비를 측정했더니

27.2, 29.3, 31.5, 28.7, 30.2, 29.6

의 자료를 얻었다. 회사에서는 연비가 최소 30mpg라고 선전하고 싶어한다. 우리가 얻은 자료가 이 주장의 타당성에 모순되는지 유의수준 0.05에서 검정하여라.(단, 모집단은 정규분포를 따른다고 가정한다.)

10.5 10개의 백화점의 TV 전시구역에 방출되는 방사능량(mr/hr; milliroetgen/

hour)을 측정하였다. 얻은 측정값은

$$0.40,\ 0.48,\ 0.60,\ 0.15,\ 0.50,\ 0.80,\ 0.50,\ 0.36,\ 0.16,\ 0.89$$

허용 방사능량이 0.5mr/hr일 때 정규분포를 가정하고 $H_0 : \mu = 0.5$ 대 $H_1 : \mu > 0.5$을 검정하라. 유의수준은 0.01이다.

10.6 어떤 종류의 토양은 자연상태에서 평균 8.75의 pH값을 갖는다. 대체 토양을 합성하였다. 다섯 개 시료에서 pH의 평균이 8.00, 표준편차가 0.05로 측정되었다. 자연상태의 토양과 차이가 나는가? 유의수준 0.01에서 검정하여라.(단, 모집단은 정규분포를 따른다고 가정한다.)

10.7 납성분이 섞인 휘발유의 사용은 대기오염의 주범이라고 한다. 그런데 유연휘발유는 무연휘발유보다 싸기 때문에 운전자 중에는 일부러 자동차에 부착된 방출제어기를 변조해서 유연휘발유를 사용하는 사람들이 있다. 전국적인 조사에서 변조차량이 15%임을 알고 있다. 서울 시내에서 랜덤으로 200대를 골라 조사했더니 그 중 21대가 변조차량이었다. 이 비율이 전국적인 비율과 다르다고 할 수 있는가? 유의주준 0.05에서 검정하여라.

10.8 하이트 애호가 중에서 카스 맥주와의 맛 차이를 정말로 구분할 수 있는 사람의 비율을 p라고 하자. 100명을 조사했더니 그중 57명이 제대로 판별하였다. 유의수준 0.1에서 $H_0 : p = 0.5$ 대 $H_1 : p \neq 0.5$를 검정하여라.

10.9 유선방송회사에서 지중선 공사를 해서 선로를 늘리고 싶어하는데, 이 경우 사용자에게는 추가 요금부담이 생긴다. 이 회사에서는 고객 중 60% 이상이 찬성이면 공사를 강행하려고 한다. 150명에게 물어보았더니 118이 찬성하였다. 회사에서는 어떻게 해야 할까? 유의수준은 0.05이다.

10.10 컴퓨터 케이블을 제작하는 데 로봇을 이용한다. 로봇이 제작한 케이블 500개를 조사했더니 14개가 불량이었다. 인간 조리공의 불량률은 3%이다. 로봇의 불량률이 인간보다 더 낮은지 유의수준 0.01에서 검정하여라.

10.11 유의확률과 유의수준의 각 쌍에 대하여 H_0의 기각여부를 결정하여라.

(1) p값 $= 0.084$, $\alpha = 0.05$
(2) p값 $= 0.003$, $\alpha = 0.01$
(3) p값 $= 0.498$, $\alpha = 0.05$
(4) p값 $= 0.084$, $\alpha = 0.10$
(5) p값 $= 0.039$, $\alpha = 0.01$
(6) p값 $= 0.007$, $\alpha = 0.10$

10.12 어떤 타이어의 표준 공기압은 30psi이다. μ를 진짜 평균 공기압이라 하자.

$H_0 : \mu = 30$ 대 $H_0 : \mu \neq 30$을 검정할 때 검정통계량의 값 Z가 다음과 같다고 하자. 이때 각각에 대하여 대응되는 유의확률값을 계산하여라.

(1) 2.1 (2) −1.7 (3) −0.5 (4) 1.4 (5) −5

10.13 다음은 어떤 품종의 말의 수명(년) 자료이다.

17.2 18.0 18.7 19.8 20.3 20.9 21.0 21.7 22.3 22.6 23.1 23.4 23.8
24.2 24.6 25.8 26.0 26.3 27.2 28.1 28.6 29.3 30.1 35.1

평균 수명을 22년이라고 해도 좋은지 유의수준 0.05에서 검정하라. 모분산 σ^2과 모표준편차 σ에 대한 95% 신뢰구간을 구하여라.(단, 모집단은 정규분포를 따른다고 가정한다.)

10.14 어떤 약이 활성위액에서 분해되는 시간(초)를 측정하였다. 다음 두 가설을 검정하여라.(단, 모집단은 정규분포를 따른다고 가정한다.)

42.7 43.4 44.6 45.1 45.6 45.9 46.8 47.6

(1) $H_0 : \mu \leq 45$ 대 $H_1 : \mu > 45$를 유의수준 0.05에서 검정하여라.

(2) $H_0 : \sigma^2 \leq 1.5$ 대 $H_0 : \sigma^2 > 1.5$를 유의수준 0.05에서 검정하여라.

10.15 어느 전기부품이 망가지는 입력 볼트값을 읽었더니 다음과 같았다.

1470 1510 1690 1740 1900 2000 2030 2100 2190
2200 2290 2380 2390 2480 2500 2580 2700

정규분포를 가정하고 이 볼트값의 모분산에 대한 95% 신뢰구간을 구하여라.

10.16 다음은 15개의 샘플로부터 얻은 건축용 모래에 대한 혼탁도 지수값들이다. 모평균에 대한 95% 신뢰구간을 구하고 유의수준 0.05에서 평균이 22인지 아닌지를 검정하여라.(단, 모집단은 정규분포를 따른다고 가정한다.)

26.7 25.8 24.9 26.4 25.8 24.0 21.6 24.5 26.8 27.5 26.4 28.5
24.6 26.4 25.5

10.17. 9장 연습문제 9.15의 결과를 이용하여 초등학생들의 주장이 사실인지를 유의수준 0.01에서 검정하여라.

CHAPTER 11

이표본에 대한 통계추론

11.1 이표본 t검정

지금까지 공부해 온 통계추론은 단일 모집단의 모수에 관한 것이었다. 그러나 서로 다른 두 모집단의 모수에 대한 추론을 하게 되는 경우도 비일비재하다. 두 종류의 벼품종 간 평균 수확량의 비교, 학력 차이에 따른 연평균 소득의 비교, 두 강의 평균 오염도 비교 등이 서로 다른 두 모집단에 대한 비교연구의 몇 가지 예이다.

이 절에서는 두 모집단의 모평균을 비교하는 통계추론 방법에 대하여 해설한다. 이러한 통계적 비교추론을 하려면, 각 모집단으로부터 독립적으로 랜덤표본을 추출하여 적절한 통계분석 절차를 밟아야 한다. 앞으로의 이론 전개를 위하여 표 11.1에 주어진 표기를 약속하자.

부연하면 두 개의 모집단, 즉 모집단 1과 2가 있으며, 모집단 분포의 모평균과 모

표 11.1

	모집단 1	모집단 2
모평균	μ_1	μ_2
모분산	σ_1^2	σ_2^2
랜덤표본	$X_1, X_2, \cdots, X_{n_1}$	$Y_1, Y_2, \cdots, Y_{n_2}$
표본평균	$\overline{X} = \dfrac{1}{n_1}\sum_{i=1}^{n_1} X_i$	$\overline{Y} = \dfrac{1}{n_2}\sum_{j=1}^{n_2} Y_j$
표본분산	$s_1^2 = \dfrac{1}{n_1 - 1}\sum_{i=1}^{n_1}\left(X_i - \overline{X}\right)^2$	$s_2^2 = \dfrac{1}{n_2 - 1}\sum_{j=1}^{n_2}\left(Y_j - \overline{Y}\right)^2$

분산은 각각 μ_1, σ_1^2과 μ_2, σ_2^2이다. 아직 모집단 분포에 대해서는 아무런 가정도 하지 않았다. 모집단 1에서 n_1개의 랜덤표본을 추출하고 그것을 X_i로 표기한다. 마찬가지로, 모집단 2에서 n_2개의 랜덤표본을 추출하고 그것을 Y_j로 표기한다. 그리고 각 모집단으로부터 독립적으로 추출된 표본자료를 토대로 표본평균과 표본분산을 계산한다.

이상과 같은 바탕 위에서 추출된 두 랜덤표본을 독립랜덤표본, 또는 간단히 독립표본(independent samples)이라 부른다. 이 용어는 두 모집단으로부터 두 표본이 독립적으로 추출됨을 의미한다. 즉 하나의 표본에 속하는 관측은 다른 표본 내의 관측과 아무런 관계도 없다.

그렇다면, 두 모평균 μ_1과 μ_2를 어떻게 비교할 수 있을까? 이러한 비교추론을 할 때는 두 모평균의 차이값, 즉 $\mu_1 - \mu_2$를 고려하는 것이 자연스럽다. 만일 μ_1과 μ_2 사이에 차이가 별로 없다면 $\mu_1 - \mu_2$의 값은 0 근방이 될 것이다. 반대로 μ_1과 μ_2 사이에 값 차이가 많이 난다면 $\mu_1 - \mu_2$의 값은 음수든 양수든 0에서 멀리 떨어지는 숫자가 될 것이다. 물론 우리는 μ_1과 μ_2를 전혀 모른다. 따라서 μ_1과 μ_2를 대표하는 표본통계량의 값을 비교할 수밖에 없고, 이 경우 역시 독립표본 각각의 표본평균을 사용하는 것이 자연스럽다.

표 11.1에 주어진 상황에서 두 모평균에 대한 비교 검정법을 이표본 t검정(2-sample t-test), 독립 이표본 t검정(independent 2-sample t-test), 합동 t검정(pooled t-test) 등의 여러 이름으로 부르는데 전부 동일한 것이다.

결국 $\mu_1 - \mu_2$에 대한 추론은 두 표본평균의 차이 $\overline{X} - \overline{Y}$를 기초로 진행되는데, 신뢰구간추정이나 가설검정을 하려면, 전과 마찬가지로 두 표본평균 차이의 표본분포를 알아야 한다.

독립표본에 대한 추론은 표본이 대표본이냐 소표본이냐에 따라 차이가 있다. 독립표본에 대한 추론에서는 표본크기 n_1과 n_2가 둘 다 30보다 크면 대표본이라 하고, 어느 하나라도 30 이하면 소표본으로 취급한다.

11.1.1 소표본

소표본의 경우, 독립표본에 대한 추론에서는 일반적으로 다음과 같은 가정을 한다.

독립표본에 대한 가정: 소표본

(1) 모집단 1은 정규분포 $N(\mu_1,\sigma^2)$를 따른다. 즉 $X_1,X_2,\cdots,X_{n_1}$은 $N(\mu_1,\sigma^2)$로부터의 랜덤표본이다.

(2) 모집단 2은 정규분포 $N(\mu_2,\sigma^2)$를 따른다. 즉 $Y_1,Y_2,\cdots,Y_{n_2}$은 $N(\mu_2,\sigma^2)$로부터의 랜덤표본이다.

(3) $X_1,X_2,\cdots,X_{n_1}$과 $Y_1,Y_2,\cdots,Y_{n_2}$는 서로 독립이다.

• 두 모분산이 σ^2로 동일함에 유의하라. 즉 $\sigma_1^2=\sigma_2^2=\sigma^2$.

이러한 가정에서 가장 중요한 것은 두 표본이 서로 독립이라는 가정이다. 독립표본으로 간주될 수 없는 두 표본을 이 절에서 해설하는 방법으로 비교하면 전혀 사실과 어긋나는 결과를 얻게 되니 유념하기 바란다. 정규분포 가정도 만족되어야 하지만, 합친 표본의 크기 n_1+n_2가 약 25개 이상이면, 모집단의 분포가 정규분포에서 약간 어긋나더라도 상당히 정확한 추론을 할 수 있다.

나머지 한 가지 가정은 두 모집단의 모분산이 같다는 것이다. 이것은 상당히 비실제적인 가정이지만, 그동안 연구된 바에 의하면 두 표본의 크기가 동일할 때에는, 예컨대 모집단 1의 모분산 σ_1^2이 모집단 2의 모분산 σ_2^2보다 최대 세 배 가량 크더라도, 즉 $\sigma_1^2=3\sigma_2^2$이더라도 앞으로 해설할 $\mu_1-\mu_2$에 대한 통계추론 방법의 적용에 큰 문제점은 없다는 사실이 알려져 있다.

앞에서도 언급했지만 $\mu_1-\mu_2$에 대한 추론을 하려면 두 표본평균의 차이 $\overline{X}-\overline{Y}$의 분포를 알아야 한다. 이때 두 표본평균의 분포는 쉽게 결정할 수 있다. 즉

$$\overline{X}\sim N(\mu_1,\frac{\sigma^2}{n_1}),\ \ \overline{Y}\sim N(\mu_2,\frac{\sigma^2}{n_2})$$

또한 기댓값의 성질에서

$$E(\overline{X}-\overline{Y})=E(\overline{X})-E(\overline{Y})=\mu_1-\mu_2$$

임을 알 수 있다. 다시 말해서 $\overline{X}-\overline{Y}$는 $\mu_1-\mu_2$에 대한 불편의추정량이다. 게다가 두 표본이 서로 독립이므로 각각의 표본평균 역시 서로 독립이다. 그런데 서로 독립인 두 통계량간의 공분산은 언제나 0이다. 따라서

$$\begin{aligned}Var(\overline{X}-\overline{Y})&=Var(\overline{X})+Var(\overline{Y})-2Cov(\overline{X},\overline{Y})\\&=\frac{\sigma_1^2}{n_1}+\frac{\sigma_2^2}{n_2}-0=\frac{\sigma_1^2}{n_1}+\frac{\sigma_2^2}{n_2}\end{aligned}$$

그리고 두 모집단의 분산이 같다고 가정했으므로, 결국 다음 결과를 얻는다.

$$Var(\overline{X}-\overline{Y})=\sigma^2\left(\frac{1}{n_1}+\frac{1}{n_2}\right)$$

표본평균 $\overline{X}$, $\overline{Y}$의 분포는 둘 다 정규분포이므로 그 차이 $\overline{X}-\overline{Y}$의 표본분포도 역시 정규분포이며, 평균과 분산은 방금 구한 대로이다. 따라서 $\overline{X}-\overline{Y}$는 다음과 같은 정규분포를 갖는다.

$$\overline{X}-\overline{Y} \sim N\left(\mu_1-\mu_2, \sigma^2\left(\frac{1}{n_1}+\frac{1}{n_2}\right)\right)$$

이를 표준화하면

$$Z=\frac{(\overline{X}-\overline{Y})-(\mu_1-\mu_2)}{\sigma\sqrt{\dfrac{1}{n_1}+\dfrac{1}{n_2}}} \sim N(0,1)$$

가 된다. 표준화통계량 Z의 형태는 그럴듯하나 아직 부족한 점이 한 가지 있다. 두 모집단에서 같다고 가정된 모분산 σ^2의 값을 모르고 있는 것이다. 그리고 사실상 대부분의 실제 상황에서 값을 가정할 수 있는 경우는 흔치 않다. 그러므로 $\mu_1-\mu_2$에 대한 추론을 전개하려면 먼저 가정된 공통분산(common variance) σ^2값을 표본으로부터 추정해야 한다. 표 11.1에 주어진 상황에서는, 모집단 1의 분산 σ_1^2는 s_1^2으로, 또 모집단 2의 분산 σ_2^2는 s_2^2으로 각각 추정하는 것이 자연스럽다. 그렇지만 현재는 두 모분산 값이 같다는 가정이 덧붙었다. 공통분산을 어떻게 추정할 수 있을까?

우리가 공통분산을 가정하였기 때문에 사실상 s_1^2와 s_2^2는 둘 다 독립적인 공통분산 σ^2의 적합한 추정량이 된다. 결국 하나의 모수에 값이 다른 두 추정량이 존재하는 셈이다. 두 추정량 모두 공통분산에 대한 정보를 포함하고 있기 때문에 어느 것 하나를 무시할 수는 없다. 이러한 경우 가장 직관적이고 그럴 듯한 공통분산 σ^2에 대한 추정 방법은 두 표본분산 s_1^2와 s_2^2의 평균값을 취하는 것이다. 그러나 두 표본의 크기가 반드시 같지는 않으므로 흔히 표본크기를 고려한 가중평균을 공통분산의 추정량으로 선택한다. 그리고 이렇게 두 표본분산의 가중평균값을 **합동분산**(pooled variance)이라 부르고, 이 표본통계량을 s_p^2로 표기한다.

표본합동분산: 공통 모분산 σ^2에 대한 표본추정량

$$s_p^2 = \frac{(n_1-1)s_1^2+(n_2-1)s_2^2}{n_1+n_2-2} = \frac{\sum_{i=1}^{n_1}(X_i-\overline{X})^2+\sum_{j=1}^{n_2}(Y_j-\overline{Y})^2}{n_1+n_2-2}$$

합동표준편차 s_p는 합동분산의 제곱근이며, 공통 모표준편차 σ의 추정량이다. 앞에서 유도한 표준화통계량 Z에 σ 대신 s_p를 대입한 통계량을 t로 표기하면, t의 분포는 자유도 n_1+n_2-2의 t 분포를 한다.

$$t = \frac{(\overline{X}-\overline{Y})-(\mu_1-\mu_2)}{s_p\sqrt{\frac{1}{n_1}+\frac{1}{n_2}}} \sim t(n_1+n_2-2)$$

일반적으로, 모수추정량의 분포가 t 분포를 따르면, 모수에 대한 신뢰구간의 양 끝은 언제나

추정량 $\pm$ (추정량의 표준편차) $\times$ (t값)

의 형태를 갖는다. 참고로 이 형태는 추정량의 분포가 표준정규분포일 때도 공유되며, 이때는 t값 대신 z값을 사용한다. 결국 $\mu_1-\mu_2$에 대한 신뢰구간 공식은 다음과 같이 정리할 수 있다.

소표본에서 $\mu_1-\mu_2$에 대한 $100(1-\alpha)\%$ 신뢰구간

$$(\overline{X}-\overline{Y}) \pm t_{\alpha/2}(n_1+n_2-2)\times s_p\sqrt{\frac{1}{n_1}+\frac{1}{n_2}}$$

$\mu_1-\mu_2$에 대한 가설검정방법을 요약하면 다음과 같다.

소표본에서 $\mu_1-\mu_2$에 대한 가설검정(유의수준 α)

$$\text{검정통계량 } T = \frac{(\overline{X}-\overline{Y})-\delta_0}{s_p\sqrt{\frac{1}{n_1}+\frac{1}{n_2}}}$$

$H_0 : \mu_1 - \mu_2 = \delta_0$ 만일 $|T| > t_{\alpha/2}(n_1 + n_2 - 2)$ 이면 H_0을 기각한다.
$H_1 : \mu_1 - \mu_2 \neq \delta_0$

$H_0 : \mu_1 - \mu_2 \leq \delta_0$ 만일 $T > t_{\alpha}(n_1 + n_2 - 2)$ 이면 H_0을 기각한다.
$H_1 : \mu_1 - \mu_2 > \delta_0$

$H_0 : \mu_1 - \mu_2 \geq \delta_0$ 만일 $T < -t_{\alpha}(n_1 + n_2 - 2)$ 이면 H_0을 기각한다.
$H_1 : \mu_1 - \mu_2 < \delta_0$

- 대부분의 경우, δ_0의 값으로 0이 사용된다.
- 두 표본의 크기가 같으면 $(n_1 = n_2 = n)$, 검정통계량 T는 다음과 같이 축약된다.

$$\text{검정통계량 } T = \frac{(\overline{X} - \overline{Y}) - \delta_0}{s_p\sqrt{\dfrac{2}{n}}}$$

예제 11.1 제약회사에서 어떤 약을 오래 보관하여도 약효가 지속되는지 검사하려 한다. 생산된 직후에 $n_1 = 10$개의 약병을 랜덤추출하여 표본 1이라 한다. 그리고 1년 묵은 약 중 $n_2 = 10$의 약병을 랜덤추출하여 표본 2라 한다. 약효의 검사 결과는 다음과 같았다.

표본 1	10.2	10.5	10.3	10.8	9.8	10.6	10.7	10.2	10.0	10.6
표본 2	9.8	9.6	10.1	10.2	10.1	9.7	9.5	9.6	9.8	9.9

μ_1을 생산 직후의 모든 약에 대한 평균 약효라 하고, μ_2를 1년 묵은 모든 약에 대한 평균 약효라 하자. $\mu_1 - \mu_2$에 대한 95% 신뢰구간을 구하고, 1년 지나도 약효가 그대로 보존되는지 가설검정하여라. 유의수준은 0.05이다.

풀이 주어진 자료에서 요약통계량의 값은 다음과 같다.

$$\text{표본 1} : n_1 = 10,\ \overline{X} = 10.37,\ s_1^2 = 0.105$$

$$\text{표본 2} : n_2 = 10,\ \overline{Y} = 9.83,\ s_2^2 = 0.058$$

따라서 합동분산과 합동표준편차는 다음과 같다.

$$s_p^2 = \frac{9(0.105) + 9(0.058)}{10 + 10 - 2} = 0.0815$$

$$s_p = \sqrt{0.0815} = 0.285$$

$t_{0.025,18} = 2.101$ 이므로, 약효차에 대한 95% 신뢰구간은

$$(10.37-9.83)\pm 2.101(0.285)\sqrt{\frac{1}{10}+\frac{1}{10}}=0.54\pm 0.268$$

로부터 $(0.272, 0.808)$이다. 그리고 검정하려는 가설

$$H_0: \mu_1-\mu_2=0$$
$$H_1: \mu_1-\mu_2\neq 0$$

는 유의수준 $\alpha=0.05$에서의 양면가설이므로 방금 구한 95% 신뢰구간에 $\delta_0=0$이 포함되어 있는지만 살펴보면 된다. 0이 신뢰구간에 포함되어 있지 않으므로, H_0를 기각하고 오래 보존하면 약효가 떨어진다고 결론내린다. ■

11.1.2 대표본

독립표본이 대표본이면 소표본에 대한 두 모평균의 비교 추론에서 요구되던 가정을 상당히 완화할 수 있다. 무엇보다도 모집단의 분포가 정규분포라는 사실이 무시될 수 있다. 왜냐하면 대표본이라면 중심극한정리를 적용하여 두 표본평균 차이의 분포를 근사정규분포로 생각할 수 있기 때문이다.

독립표본에 대한 가정: 대표본

(1) $X_1, X_2, \cdots, X_{n_1}$ 은 모평균이 μ_1, 모분산이 σ_1^2인 모집단 1로부터 추출된 랜덤표본이다.

(2) $Y_1, Y_2, \cdots, Y_{n_2}$ 는 모평균이 μ_2, 모분산이 σ_2^2인 모집단 2로부터 추출된 랜덤표본이다.

(3) $X_1, X_2, \cdots, X_{n_1}$ 과 $Y_1, Y_2, \cdots, Y_{n_2}$ 는 서로 독립이다.

대표본일 때의 통계량 $\overline{X}-\overline{Y}$ 의 분포는 소표본의 경우와 비슷하게 유도하면 되나, 한 가지 차이는 더 이상 $\sigma_1^2=\sigma_2^2=\sigma^2$와 같은 식의 공통분산을 가정하지 않으므로 분산이 달라진다.

$$Var(\overline{X}-\overline{Y})=\frac{\sigma_1^2}{n_1}+\frac{\sigma_2^2}{n_2}$$

그리고 중심극한정리에 의하여

$$Z=\frac{(\overline{X}-\overline{Y})-(\mu_1-\mu_2)}{\sqrt{\frac{\sigma_1^2}{n_1}+\frac{\sigma_2^2}{n_2}}}\approx N(0,1)$$

가 되며, σ_1^2와 σ_2^2는 각각 표본분산 s_1^2와 s_2^2로 추정한다. 또한 모분산 대신 표본분산을 사용하더라도 대표본이므로 t분포표를 읽을 필요없이 그대로 표본정규분포를 사용할 수 있다. 즉

$$Z=\frac{(\overline{X}-\overline{Y})-(\mu_1-\mu_2)}{\sqrt{\frac{s_1^2}{n_1}+\frac{s_2^2}{n_2}}}\approx N(0,1)$$

대표본에서 $\mu_1-\mu_2$에 대한 $100(1-\alpha)\%$ 신뢰구간

$$(\overline{X}-\overline{Y})\pm z_{\alpha/2}\times\sqrt{\frac{s_1^2}{n_1}+\frac{s_2^2}{n_2}}$$

대표본에서 $\mu_1-\mu_2$에 대한 가설검정(유의수준 α)

검정통계량 $Z=\dfrac{(\overline{X}-\overline{Y})-\delta_0}{\sqrt{\frac{s_1^2}{n_1}+\frac{s_2^2}{n_2}}}$

$H_0:\mu_1-\mu_2=\delta_0$ 만일 $|Z|>z_{\alpha/2}$ 이면 H_0을 기각한다.
$H_1:\mu_1-\mu_2\neq\delta_0$

$H_0:\mu_1-\mu_2\leq\delta_0$ 만일 $Z>z_\alpha$ 이면 H_0을 기각한다.
$H_1:\mu_1-\mu_2>\delta_0$

$H_0:\mu_1-\mu_2\geq\delta_0$ 만일 $Z<-z_\alpha$ 이면 H_0을 기각한다.
$H_1:\mu_1-\mu_2<\delta_0$

예제 11.2 서울과 부산 두 지역에서 생활하는 노점상인의 평균 나이를 조사하였다. 조사 결과는 다음과 같다.

	서울	부산
표본크기	75	100
표본평균	38	43
표본표준편차	6.8	7.5

두 도시 간 노점상 나이차에 대한 99% 신뢰구간을 구하고, 부산 노점상의 평균 나이가 서울 노점상의 평균 나이보다 많다고 할 수 있는지 유의수준 0.05에서 가설 검정하여라.

풀이 서울에서 생활하는 모든 노점상인을 모집단 1, 부산에서 생활하는 노점상인을 모집단 2라 하자. 자료에서 $s_1^2 = 46.24$, $s_2^2 = 56.25$이다. 그리고 $z_{0.005} = 2.57$이므로 $\mu_1 - \mu_2$에 대한 99% 신뢰구간은

$$(38-43) \pm 2.57\sqrt{\frac{46.24}{75}+\frac{56.25}{100}} = -5 \pm 2.79 \Rightarrow (-7.79, -2.21)$$

관심 가설

$$H_0 : \mu_1 - \mu_2 = 0$$
$$H_1 : \mu_1 - \mu_2 < 0$$

를 검정하기 위한 검정통계량은 다음과 같이 계산되며

$$Z = \frac{38-43}{\sqrt{\frac{46.24}{75}+\frac{56.25}{100}}} = -4.60$$

$-z_{0.05} = -1.64$이기 때문에 귀무가설을 기각한다. 따라서 부산 노점상의 평균 나이는 서울 노점상의 평균 나이보다 많다. ■

11.2 짝지어진 표본

11.1절에서 해설한 통계추론 방법은 두 모집단으로부터 각각 독립표본이 추출되는 상황에만 적합하다. 따라서 이표본 t검정은 독립성이 상실되는 경우에는 사용하지 못한다. 이표본에서 종속성이 존재하는 대표적인 경우는 한 표본의 관측이 다른 표본의 관측과 한 쌍을 이루는 경우, 즉 짝지어진 경우이다. 예를 들어 보자.

예 11.1 자동차 보험회사에서는 공인된 정비업소의 견적에 따라 고객에게 보험금을 지급한다. 그런데 정비업소 1의 견적이 항상 정비업소 2보다 많다고 느끼고 있다. 정비업소 1이 견적액수를 과대 계산하여 나머지를 착복하고 있는지 알기 위하여, 사고난

15대의 자동차를 두 정비업소에 모두 보내 수리비의 견적을 요구하였더니 다음 결과를 얻었다. 단위는 십만 원이다.

표 11.2 정비업소 자료

정비업소1	정비업소2	견적액의 차이
7.6	7.3	0.3
10.2	9.1	1.1
9.5	8.4	1.1
1.3	1.5	−0.2
3.0	2.7	0.3
6.3	5.8	0.5
5.3	4.9	0.4
6.2	5.3	0.9
2.2	2.0	0.2
4.8	4.2	0.6
11.3	11.0	0.3
12.1	11.0	1.1
6.9	6.1	0.8
7.6	6.7	0.9
8.4	7.5	0.9

보험회사에서는 이 결과를 토대로 다음과 같이 추론을 하였다. 즉 두 정비업소 간에 견적액수의 차이가 전혀 없다면, 어느 한쪽의 견적액수가 높을 확률은 0.5이다. 15대의 사고 차량 중 14대 이상의 견적액이 높을 확률은 이항분포 $B(15, 0.5)$에서

$$P[X=14 \text{ 또는 } X=15] = P[X=14] + P[X=15]$$

$$= \binom{15}{14}(0.5)^{14}(0.5) + \binom{15}{15}(0.5)^{15} \approx 0$$

정비업소 1의 사장을 불러 이 결과를 보여 주면서 15대 중 무려 14대의 견적액수가 대등한 다른 정비업소보다 높다는 것은 절대 우연이라 생각할 수 없기 때문에 공인 정비업소의 자격을 박탈하겠다고 통보하였다. 정비업소 1의 사장은 망연하게 하늘을 쳐다보며 한숨을 짓더니, '보험회사에서 통계학을 응용할 줄 모르니 심히 개탄스럽다. 견적액수가 다소 높다하더라도 그것이 통계적으로 유의한지 아닌지는 두 모집단에 대한 비교추론을 하여 결론을 내려야 하지 않겠는가?' 하며, 즉석에서 다음과 같은 분석 결과를 제시하였다.

정비업소 1	정비업소 2
$n_1 = 15$	$n_2 = 15$
$\overline{X} = 6.85$	$\overline{Y} = 6.23$
$s_1^2 = 10.24$	$s_2^2 = 8.64$

$$s_p^2 = \frac{14(10.24) + 14(8.64)}{28} = 9.44$$

$$s_p = \sqrt{9.44} = 3.07$$

그러므로 유의수준 0.05에서 다음 가설을 검정해야 하며

$$H_0 : \mu_1 - \mu_2 = 0$$
$$H_1 : \mu_1 - \mu_2 > 0$$

검정통계량의 값

$$t = \frac{6.85 - 6.23}{3.07\sqrt{\dfrac{2}{15}}} = 0.55$$

가 유의수준 0.05에서의 t값 $t_{28,0.05} = 1.701$보다 작으므로 H_0를 기각하지 못한다. 결국 이 분석 결과에 따르면 정비업소의 견적액수가 정비업소 2보다 높다고 말할 수 없게 된 것이다. 보험회사는 난처해져서 일단 정비업소 1의 자격 박탈 결정을 철회하였다. 그러나 직관적으로 분명히 두 정비업소 간 견적액수에 차이가 있는 것 같아 통계학 강의를 듣고 있는 여러분에게 도움을 청하였다. 도대체 누가 옳은가?

이 예에서 정비업소의 사장은 주어진 자료를 독립표본으로 간주하고 이표본 t검정을 하여 자신에게 유리한 결과를 끌어내었다. 그러나 과연 위의 자료를 독립표본으로 생각할 수 있을까?

표 11.2의 자료가 독립표본이 되려면, 30대의 사고 차량을 랜덤추출하여 그 중 15대를 랜덤선택하여 정비업소 1로 보내고, 나머지 15대의 사고 차량을 정비업소 2로 보냈어야 한다. 그러나 이렇게 하면, 일반적으로 정비업소 1의 견적액이 높은지 낮은지는 검증할 수 있어도, 수리비를 과다 청구하여 착복하는지는 알 수 없다. 정비업소의 사장은 보나마나 파손 정도가 심한 차량들이 많아 오기 때문에 견적액수가 높다고 주장할 것이고, 이런 이유로 우리가 최고의 서비스를 제공하는 업체임이 일반인들에게도 알려졌음을 반증하는 것이라 우길 것이다. 따라서 독립표본의 경우에 동일 차량에 대한 두 정비업소 간 견적액수의 비교가 불가능함은 명약관화하다.

표 11.3 짝지어진 표본의 자료구조

짝	표본 1	표본 2	차이
1	X_1	Y_1	$D_1 = X_1 - Y_1$
2	X_2	Y_2	$D_2 = X_2 - Y_2$
⋮	⋮	⋮	⋮
n	X_n	Y_n	$D_n = X_n - Y_n$

(X_1, Y_1), $(X_2, Y_2), \cdots, (X_n, Y_n)$은 서로 독립이다. 그러나 $(X_1, X_2, \cdots, X_n)$과 $(Y_1, Y_2, \cdots, Y_n)$은 서로 독립이 아니다.

표 11.2는 15대의 사고 차량을 랜덤추출하여 각 차량을 동시에 두 정비업소에 보내 견적액을 얻은 자료이다. 따라서 이러한 표본은 독립표본이 될 수 없다. 두 표본이 서로 독립이어야 한다는 가정에서 벗어나면, 11.1절에서 설명한 추론방법은 전혀 쓸모없다. 예 11.3에 주어진 자료를 통계학에서는 **짝지어진 표본**(paired sample, 또는 matched sample)이라 한다.

짝지어진 표본의 특징은 표본 내에서 한 쌍을 이루는 두 관측은 서로 독립이 아니지만, 각 쌍은 서로 독립인 점이다. 짝지어진 표본의 자료구조를 표 11.3에 정리하였다.

짝지어진 표본에서도 우리가 관심 있는 추론은 $\mu_1 - \mu_2$에 대한 것이다. 그러나 각 표본이 서로 독립이 아니므로 짝지어진 표본에서는 언제나 한 쌍을 이루는 두 관측의 차이를 중심으로 분석한다. 즉 원래 자료를 버리고 대신 차이값 $D_1, D_2, \cdots, D_n$을 하나의 모집단에서 추출한 단일 랜덤표본으로 간주하여 분석을 하는 것이다. 이 점이 독립표본에 대한 추론과 근본적으로 다른 개념이다.

$D_1, D_2, \cdots, D_n$을 모평균이 δ, 모분산이 σ_D^2인 모집단으로부터 추출된 랜덤표본이라 가정하자. 즉 차이값에 대하여 다음과 같은 가정을 한다.

$$E(D_i) = E(X_i - Y_i) = \delta$$
$$Var(D_i) = Var(X_i - Y_i) = \sigma_D^2 \quad (i = 1, 2, \cdots, n)$$

이때 δ를 평균차이(mean difference)라 한다. 많은 경우 δ가 0인지 아닌지를 확인하는 것이 주된 관심사이다. 확지어진 표본을 분석할 때는 차이값 $D_1, D_2, \cdots, D_n$을 하나의 모집단에서 추출한 단일 랜덤표본으로 간주하여 추론을 전개하므로, 제9장과 제10장에서 해설한 모평균에 대한 추론 방법을 그대로 적용할 수 있다.

새로운 자료 $D_1, D_2, \cdots, D_n$에 대한 표본평균과 표본분산을 각각 $\overline{D}$와 S_D^2로 표기하자. 공식은 다음과 같다.

짝지어진 표본의 요약통계량

$$\overline{D}=\frac{\sum_{i=1}^{n} D_i}{n}, \quad S_D^2=\frac{\sum_{i=1}^{n}\left(D_i-\overline{D}\right)^2}{n-1}$$

짝지어진 표본에서 차이값 데이터를 이용한 평균차이 추론의 대강은 다음과 같다.

짝지어진 표본: 평균차이 δ에 대한 통계추론(소표본일 때)

$D_i \sim N\left(\delta, \sigma_D^2\right)$를 가정한다.

(1) δ에 대한 $100(1-\alpha)\%$신뢰구간은

$$\overline{D}\pm t_{\alpha/2}(n-1)\frac{S_D}{\sqrt{n}}$$

(2) 유의수준 α에서 귀무가설 $H_0: \delta=\delta_0$의 검정통계량은

$$t=\frac{\overline{D}-\delta_0}{s_D/\sqrt{n}} \quad \text{(자유도는 n-1)}$$

짝지어진 표본: 평균차이 δ에 대한 통계추론(대표본일 때)

정규분포 가정을 뺄 수 있다. 근사적으로

$$Z=\frac{\overline{D}-\delta_0}{s_D/\sqrt{n}} \approx N(0,1)$$

(1) δ에 대한 $100(1-\alpha)\%$ 신뢰구간은

$$\overline{D}\pm z_{\alpha/2}\frac{S_D}{\sqrt{n}}$$

(2) 유의수준 α에서 귀무가설 $H_0: \delta=\delta_0$의 검정통계량은

$$Z=\frac{\overline{D}-\delta_0}{s_D/\sqrt{n}}$$

예 11.1의 자료를 다시 분석하자. 가설은 다음과 같다.

$$H_0: \delta=\delta_0$$
$$H_1: \delta>\delta_0$$

$\delta_0 = 0$ 이며 자료에서 $n = 15$, $\overline{D} = 0.61$, $s_D = 0.394$ 를 얻을 수 있다. 따라서 검정 통계량은

$$t = \frac{0.61 - 0}{0.394/\sqrt{15}} = 6.00$$

이고 임계값 $t_{0.05,14} = 1.761$ 보다 훨씬 크다. 자연히 귀무가설은 기각되며, 정비업소이 보험금을 착복하고 있음이 드러난다. 결국 이항분포를 이용한 직관적 판단과 일치하는 추론 결과를 얻는다.

11.3 모비율 차이에 대한 추론

두 이항모수를 비교하는 예는 적지 않다. 부촌과 빈촌 사람들 간의 혁신 야당에 대한 지지율을 비교한다든가 사회경제적 배경이 판이한 두 지역 간의 의료 혜택 수혜율의 차이를 비교하는 것 등이 그 예가 될 것이다.

이런 유형의 비교추론을 할 때는 언제나 미지의 모비율 p_1, p_2로 대표되는 두 이항 모집단으로부터 서로 독립인 랜덤표본이 추출된다고 가정한다. 두 모비율에 대한 추론에서는 짝지어진 표본은 나올 수 없다. 그리고 결국 정규분포를 이용하여 통계추론을 할 수밖에 없으므로 두 표본 모두 대표본이라 가정한다.

논의의 전개를 위하여 표 11.4와 같은 표기법을 약속하자.

표본비율 $\hat{p}_1$과 $\hat{p}_2$의 평균과 분산은 각각 다음과 같다.

$$E(\hat{p}_1) = p_1,\quad Var(\hat{p}_1) = \frac{p_1(1-p_1)}{n_1}$$

표 11.4 두 이항모비율의 비교를 위한 표기법

	모집단 1	모집단 2
모비율	p_1	p_2
표본크기	n_1	n_2
성공횟수	X_1	X_2
표본비율	$\hat{p}_1 = \frac{X_1}{n_1}$	$\hat{p}_2 = \frac{X_2}{n_2}$

• 표본 1과 표본 2는 서로 독립 $(n_1, n_2 > 30)$

$$E(\widehat{p_2}) = p_2, \quad Var(\widehat{p_2}) = \frac{p_2(1-p_2)}{n_2}$$

두 모비율에 대한 추론은 두 모평균에 대한 추론과 마찬가지로, 모비율의 차이 $p_1 - p_2$를 생각한다. $p_1 - p_2$는 당연히 두 표본비율의 차이 $\widehat{p_1} - \widehat{p_2}$로 추정된다. 따라서 $p_1 - p_2$에 대한 추론을 하려면 표본통계량 $\widehat{p_1} - \widehat{p_2}$의 분포를 먼저 결정해야 한다.

두 표본이 독립표본이므로 모집단 1의 표본비율 $\widehat{p_1}$과 모집단 2의 표본비율 $\widehat{p_2}$은 서로 독립이며, $\widehat{p_1}$과 $\widehat{p_2}$간의 공분산은 0이다. 이런 사실을 감안하면 $\widehat{p_1} - \widehat{p_2}$의 평균, 분산, 표준편차가 다음과 같이 유도됨을 쉽게 확인할 수 있다.

$$E(\widehat{p_1} - \widehat{p_2}) = p_1 - p_2$$

$$Var(\widehat{p_1} - \widehat{p_2}) = \frac{p_1(1-p_1)}{n_1} + \frac{p_2(1-p_2)}{n_2}$$

$$sd(\widehat{p_1} - \widehat{p_2}) = \sqrt{\frac{p_1(1-p_1)}{n_1} + \frac{p_2(1-p_2)}{n_2}}$$

$\widehat{p_1} - \widehat{p_2}$의 기댓값이 $p_1 - p_2$이므로, $\widehat{p_1} - \widehat{p_2}$는 $p_1 - p_2$의 불편의 추정량이다. 표준편차의 공식에 미지의 이항모수 p_1과 p_2항이 포함되어 있으나 각각 표본비율 $\widehat{p_1}$과 $\widehat{p_2}$로 대치하더라도, 대표본을 가정하였기 때문에, $\widehat{p_1} - \widehat{p_2}$는 근사적으로 정규분포를 따른다. 따라서 표준화하면 다음 결과를 얻는다.

$$Z = \frac{(\widehat{p_1} - \widehat{p_2}) - (p_1 - p_2)}{\sqrt{\frac{\widehat{p_1}(1-\widehat{p_1})}{n_1} + \frac{\widehat{p_2}(1-\widehat{p_2})}{n_2}}} \approx N(0,1)$$

$p_1 - p_2$에 대한 신뢰구간은 다음과 같이 요약할 수 있다.

$p_1 - p_2$에 대한 $100(1-\alpha)\%$ 신뢰구간추정

$$(\widehat{p_1} - \widehat{p_2}) \pm z_{\alpha/2}\sqrt{\frac{\widehat{p_1}(1-\widehat{p_1})}{n_1} + \frac{\widehat{p_2}(1-\widehat{p_2})}{n_2}}$$

예제 11.3 사회계층 간의 혼례비용을 분석하려 한다. 최근에 결혼식을 한 노동자 계층에서 랜덤으로 162가구를 선택하여 조사하니 그 중 61가구가 혼례비용으로 800만 원 이상 지출하였다. 같은 조사를 중상류층에 대하여도 시행하였다. 그 결과, 랜덤추출된 189가구 중 106가구가 800만 원 이상 지출한 것으로 나타났다. 이 조사를 토대로 최근에 결혼식을 치룬 가구 중 800만 원 이상을 지출한 가구의 비율차이에 대한 95% 신뢰구간을 구하여라.

풀이 $p_1 - p_2$의 점추정값은

$$\hat{p}_1 - \hat{p}_2 = \frac{61}{162} - \frac{106}{189} = 0.376 - 0.561 = -0.185$$

$\hat{p}_1 - \hat{p}_2$의 표준오차는

$$\sqrt{\frac{0.376(1-0.376)}{162} + \frac{0.561(1-0.561)}{189}} = 0.052$$

$z_{0.025} = 1.96$이므로 $p_1 - p_2$에 대한 95% 신뢰구간은

$$-0.185 \pm 1.96(0.052) = -0.185 \pm 0.102 \Rightarrow (-0.287, -0.083)$$ ■

이 신뢰구간은 p_2가 p_1보다 명백하게 크다는 사실을 시사한다. 즉 혼례비용으로 800만 원 이상 지출하는 가구 비율이, 노동자 계층보다 중상류층이 월등히 높음을 알 수 있다.

두 이항모수가 동일한지 여부를 결정하는 검정방법도 어렵지 않게 만들 수 있다. 그러나 귀무가설 $H_0 : p_1 - p_2 = 0$을 검정하는 검정통계량으로 신뢰구간을 구축할 때 유도한 표준화통계량 Z를 그대로 사용할 수 없음에 유의하라. 왜냐하면 귀무가설 H_0가 참이면 $p_1 = p_2$가 되므로, 두 모집단은 단일 모수를 공유한다. 이 공통모수를 p라 하자. 두 모비율에 대한 가설검정을 하려면, 공통 모수 p의 추정량을 먼저 결정해야 한다.

귀무가설 $H_0 : p_1 - p_2 = 0$이 참이라면, $\hat{p}_1 - \hat{p}_2$에 대한 기댓값과 분산 등은 다음과 같이 결정된다.

$$E(\hat{p}_1 - \hat{p}_2) = p - p = 0$$

$$Var(\hat{p}_1 - \hat{p}_2) = \frac{p(1-p)}{n_1} + \frac{p(1-p)}{n_2}$$

$$sd(\hat{p}_1 - \hat{p}_2) = \sqrt{p(1-p)}\sqrt{\frac{1}{n_1} + \frac{1}{n_2}}$$

공통모수 p에 대한 점추정량을 $\hat{p}$라 하자. p에 대한 가장 좋은 추정량은 두 표본을 합쳐 구한 성공비율이다. 즉

$$p = \frac{X_1 + X_2}{n_1 + n_2}$$

그러므로 $\hat{p_1} - \hat{p_2}$의 표준편차 공식에 공통모수 p 대신 $\hat{p}$로 대치하면 중심극한정리에 의하여 다음의 검정통계량 Z는 근사적으로 표준정규분포를 따른다.

$$Z = \frac{(\hat{p_1} - \hat{p_2})}{\sqrt{\hat{p}(1-\hat{p})}\sqrt{\dfrac{1}{n_1} + \dfrac{1}{n_2}}} \approx N(0,1)$$

$p_1 - p_2$에 대한 가설검정(유의수준 = α)

$$\text{검정통계량 } Z = \frac{(\hat{p_1} - \hat{p_2})}{\sqrt{\hat{p}(1-\hat{p})}\sqrt{\dfrac{1}{n_1} + \dfrac{1}{n_2}}}$$

$H_0 : p_1 - p_2 = 0$ 만일 $|Z| > z_{\alpha/2}$ 이면 H_0을 기각한다.
$H_1 : p_1 - p_2 \neq 0$

$H_0 : p_1 - p_2 \leq 0$ 만일 $Z > z_\alpha$ 이면 H_0을 기각한다.
$H_1 : p_1 - p_2 > 0$

$H_0 : p_1 - p_2 \geq 0$ 만일 $Z < -z_\alpha$ 이면 H_0을 기각한다.
$H_1 : p_1 - p_2 < 0$

- 이 검정은 $n_1\hat{p_1}$, $n_1(1-\hat{p_1})$, $n_2\hat{p_2}$, $n_2(1-\hat{p_2})$의 네 개 항 모두가 5 이상이어야 사용할 수 있다.

예제 11.4 어느 고등학교에 대하여 최근에 통계조사를 하였다. 남학생 100명과 여학생 100명을 랜덤추출하여, 일주일에 한 번 이상 음주를 하는지 물었더니, 58명의 남학생과 46명의 여학생이 그렇다고 응답하였다. 이 자료를 이용하여 남학생의 음주율이 여학생보다 높은지 여부를 검정하여라. $\alpha = 0.05$이다.

풀이 문제에 적합한 가설은

$$H_0 : p_1 - p_2 = 0$$
$$H_1 : p_1 - p_2 > 0$$

이며, 주어진 자료로부터

$$\hat{p}_1 = \frac{58}{100} = 0.58,\ \hat{p}_2 = \frac{46}{100} = 0.46$$

그리고 공통모수 p의 추정값은

$$\hat{p} = \frac{58+46}{100+100} = 0.52$$

검정통계량의 공식에 이 값을 대입하면

$$Z = \frac{0.58-0.46}{\sqrt{0.52(1-0.52)}\sqrt{\frac{1}{100}+\frac{1}{100}}} = 1.70$$

을 얻는다. 이 값은 임계값 $z_{0.05} = 1.64$보다 크므로, 귀무가설을 기각한다. 따라서 여자보다 남학생의 음주 비율이 더 높다. ■

11.4 두 정규모집단의 분산 비교

두 모분산이 같은지에 대한 검정의 가장 중요한 응용 분야는 11.1절에서 해설한 소표본에서 두 모평균을 비교할 때의 등분산(equal variance) 가정($\sigma_1^2 = \sigma_2^2$)이 과연 합당한가를 확인하는 것이다. 그리고 앞으로 배울 회귀분석이나 분산분석에서 수립된 모형을 검증하는 절차도 궁극적으로 근원이 서로 다른 두 분산을 비교하는 것이다.

두 모평균 μ_1과 μ_2를 비교할 때는 $\mu_1 - \mu_2 = 0$이 사실인지, 또는 $\mu_1 = \mu_2$라고 할 수 있는지를 확인하기 위하여 $\mu_1 - \mu_2$의 추정량의 표본분포를 고려하여 통계추론 방법을 유도하였다. 두 모비율에 대한 검정도 마찬가지였다. 그러나 두 모분산을 비교할 때는 이와 다르게

$$\frac{\sigma_1^2}{\sigma_2^2} = 1$$

이라 할 수 있는지 여부를 따진다. 즉 두 모분산의 비가 1에 가까우면 두 모분산의 값이 일치한다고 결론내리고, 두 모분산의 비가 1보다 상당히 크거나 또는 상당히 작으면 두 모분산의 값이 같지 않다고 결론내리는 것이다. 두 모분산을 비교할 때

필요한 가정은 다음과 같다.

두 모분산 비교의 가정

(1) 랜덤표본 $X_1, X_2, \cdots, X_{n_1} \sim N(\mu_1, \sigma_1^2)$

(2) 랜덤표본 $Y_1, Y_2, \cdots, Y_{n_2} \sim N(\mu_2, \sigma_2^2)$

(3) 두 표본은 서로 독립이다.

모분산의 자연스러운 추정량은 표본분산이다. 그리고 두 모분산의 비에 대한 그럴듯한 추정량은 두 표본분산의 비일 것이다. 따라서 두 모분산의 비에 대한 추정을 하려면 우선 두 표본분산의 비 s_1^2/s_2^2일 것이다. 따라서 두 모분산의 비 σ_1^2/σ_2^2에 대한 추정을 하려면 우선 두 표본분산의 비 s_1^2/s_2^2의 표본분포를 알아야 한다. 이와 같은 두 개 분산의 비(ratio)와 관련 있는 분포가 F 분포이다.

7.5.3절에서 언급하였지만, 다음과 같이 정의되는 표본통계량 F는 자유도 (n_1-1)과 (n_2-1)의 F분포를 가짐을 상기하라.

$$F = \frac{s_1^2/\sigma_1^2}{s_2^2/\sigma_2^2} = \frac{\dfrac{\sum_{i=1}^{n_1}(X_i-\overline{X})^2}{n_1-1}\Big/\sigma_1^2}{\dfrac{\sum_{j=1}^{n_2}(Y_j-\overline{Y})^2}{n_2-1}\Big/\sigma_2^2} = \frac{\dfrac{\sum_{i=1}^{n_1}(X_i-\overline{X})^2}{\sigma_1^2}\Big/(n_1-1)}{\dfrac{\sum_{j=1}^{n_2}(Y_j-\overline{Y})^2}{\sigma_2^2}\Big/(n_2-1)}$$

$$= \frac{\chi_{n_1-1}^2/(n_1-1)}{\chi_{n_2-1}^2/(n_2-1)} \sim F(n_1-1, n_2-1)$$

이 사실을 이용하여 두 모분산의 비 σ_1^2/σ_2^2에 대한 $100(1-\alpha)\%$ 신뢰구간 공식은 다음 확률식을 고려하여 유도할 수 있다.

$$P\left[F_{1-\alpha/2}(n_1-1, n_2-1) < \frac{s_1^2/\sigma_1^2}{s_2^2/\sigma_2^2} < F_{\alpha/2}(n_1-1, n_2-1)\right] = 1-\alpha$$

이 확률식을 다시 쓰면

$$P\left[\frac{s_1^2}{s_2^2}\frac{1}{F_{\alpha/2}(n_1-1, n_2-1)} < \frac{\sigma_1^2}{\sigma_2^2} < \frac{s_1^2}{s_2^2}\frac{1}{F_{1-\alpha/2}(n_1-1, n_2-1)}\right] = 1-\alpha$$

바로 이 확률식 내의 부등호 좌우의 통계량이 σ_1^2/σ_2^2에 대한 $100(1-\alpha)\%$ 신뢰구간의 양 끝점에 해당된다. 그리고 자유도가 a와 b인 F 분포에서는 일반적으로 다음의 등식

$$F_{\alpha}(a,b) = \frac{1}{F_{1-\alpha}(a,b)}$$

이 성립하므로 σ_1^2/σ_2^2에 대한 $100(1-\alpha)\%$ 신뢰구간은 다음과 같이 요약할 수 있다.

σ_1^2/σ_2^2에 대한 $100(1-\alpha)\%$ 신뢰구간

$$\left(\frac{s_1^2}{s_2^2}F_L, \frac{s_1^2}{s_2^2}F_U\right)$$

여기서, $F_L = \dfrac{1}{F_{\alpha/2}(n_1-1, n_2-1)}$, $F_U = F_{\alpha/2}(n_2-1, n_1-1)$

예제 11.5 두 가지 전압 V_1과 V_2하에서 어떤 전자부품의 수명을 조사하였다. 다음 자료를 이용하여 σ_1^2/σ_2^2에 대한 90% 신뢰구간을 구하여라.(단, 모집단은 정규분포를 따른다고 가정한다.)

$$\text{전압 } V_1:\ n_1 = 9,\ s_1^2 = 0.51$$

$$\text{전압 } V_2:\ n_2 = 10,\ s_2^2 = 0.20$$

풀이 자료에서 두 표본분산의 비는 $s_1^2/s_2^2 = 0.51/0.20 = 2.55$이며, F 분포표에서

$$F_{0.05}(8,9) = 3.23 \Rightarrow F_L = \frac{1}{3.23} = 0.310,\ F_{0.05}(9,8) = 3.39 \Rightarrow F_U = 3.39$$

따라서 신뢰구간은

$$(2.55 \times 0.310, 2.55 \times 3.39) = (0.79, 8.64)$$

■

σ_1^2/σ_2^2에 대한 가설검정법은 다음과 같이 요약된다.

σ_1^2/σ_2^2에 대한 가설검정(유의수준 α)

가설	기각 규칙
$H_0: \sigma_1^2 = \sigma_2^2$ $H_1: \sigma_1^2 \neq \sigma_2^2$	만일 $F > F_{\alpha/2}(n_1-1, n_2-1)$이거나 $F < F_{1-\alpha/2}(n_1-1,\ n_2-1)$ 이면 H_0을 기각한다.
$H_0: \sigma_1^2 \le \sigma_2^2$ $H_1: \sigma_1^2 > \sigma_2^2$	만일 $F > F_{\alpha}(n_1-1, n_2-1)$ 이면 H_0을 기각한다.

검정통계량 $F = s_1^2/s_2^2$ 는 두 표본분산의 비이므로, 언제나 두 표본분산 중 값이 큰 쪽을 분자 s_1^2로 놓기로 하자. 그러면 F 분포표에서 임계값을 읽을 때 상한값만 읽으면 되므로, σ_1^2/σ_2^2에 대한 검정 과정이 간략화된다. 그리고 가설을 다음과 같이 두 모분산의 비로 표시해도 마찬가지이다.

$$H_0 : \sigma_1^2 = \sigma_2^2 \Leftrightarrow H_0 : \frac{\sigma_1^2}{\sigma_2^2} = 1$$

$$H_1 : \sigma_1^2 \neq \sigma_2^2 \Leftrightarrow H_1 : \frac{\sigma_1^2}{\sigma_2^2} \neq 1$$

$$H_1 : \sigma_1^2 > \sigma_2^2 \Leftrightarrow H_1 : \frac{\sigma_1^2}{\sigma_2^2} > 1$$

예제 11.6 예제 11.1에서 보관기간이 길면 약효가 저하되는지 알아보기 위하여 t검정으로 두 모평균을 비교하였다. 예제 11.1에 주어진 자료를 본 연구를 위한 예비표본조사로 간주하고 두 모집단의 등분산가정을 유의수준 $\alpha = 0.05$에서 가설검정하여라.

풀이 예제 11.1의 자료에서

$$\text{표본 1}: n_1 = 10,\ \overline{X} = 10.37,\ s_1^2 = 0.105$$

$$\text{표본 2}: n_2 = 10,\ \overline{Y} = 9.83,\ s_2^2 = 0.058$$

문제에 적합한 가설은

$$H_0 : \sigma_1^2 = \sigma_2^2$$
$$H_1 : \sigma_1^2 \neq \sigma_2^2$$

검정통계량 F는

$$F = \frac{s_1^2}{s_2^2} = \frac{0.105}{0.058} = 1.81$$

F 분포표에서 임계값은 $F_{0.01}(9,9) = 5.35$이다. 검정통계량의 값 1.81은 5.35보다 작기 때문에 귀무가설 H_0를 기각할 수 없다. 따라서 등분산 가정이 유효함을 알 수 있다. ■

F 분포에 기초를 둔 σ_1^2/σ_2^2에 대한 통계추론은 모집단의 분포가 정규분포에서 벗

어나면 전혀 사용할 수 없음을 유의하라.

11.5 컴퓨터 활용

예제 11.1을 R을 이용하여 분석하는 방법은 다음과 같다.

```
> sample1<-c(10.2,10.5,10.3,10.8,9.8,10.6,10.7,10.2,10.0,10.6)
> sample2<-c(9.8,9.6,10.1,10.2,10.1,9.7,9.5,9.6,9.8,9.9)
> t.test(sample1,sample2,alternative="two.sided",var.equal=TRUE)

	Two Sample t-test

data:  sample1 and sample2
t = 4.2368, df = 18, p-value = 0.0004959
alternative hypothesis: true difference in means is not equal to 0
95 percent confidence interval:
 0.2722297 0.8077703
sample estimates:
mean of x mean of y
    10.37      9.83
```

예 11.1을 R을 이용하여 분석하는 방법은 다음과 같다.

```
> A<-c(7.6,10.2,9.5,1.3,3.0,6.3,5.3,6.2,2.2,4.8,11.3,12.1,6.9,7.6,8.4)
> B<-c(7.3,9.1,8.4,1.5,2.7,5.8,4.9,5.3,2.0,4.2,11.0,11.0,6.1,6.7,7.5)
> t.test(A,B,alternative="greater",paired=TRUE)

	Paired t-test

data:  A and B
t = 6.0234, df = 14, p-value = 1.563e-05
alternative hypothesis: true difference in means is greater than 0
95 percent confidence interval:
 0.4339886       Inf
sample estimates:
mean of the differences
              0.6133333
```

연습문제

11.1 자동차 사고 시 안전띠를 두른 사람의 치료비와 안전띠를 두르지 않은 사람의 치료비를 비교 연구한다. 표본크기, 표본평균, 표본표준편차가 다음과 같이 보고되었다. 단위는 천원이다.(단, 모집단은 정규분포를 따른다고 가정한다.)

1) 안전띠 착용 그룹과 미착용 그룹의 치료비의 분산이 같은지 유의수준 0.05에서 검증하여라.
2) 1)의 결과에 따라 치료비 차이에 대한 95% 신뢰구간을 구하여라.
3) 두 그룹의 치료비에 차이가 있는지 유의수준 0.05에서 검증하여라.

	표본크기	표본평균	표본표준편차
안전띠 착용	45	565	220
안전띠 미착용	90	1200	540

11.2 A 회사에서 생산하는 전열기구를 랜덤으로 15개 골라 절연능력을 측정하였더니 평균 110(단위: kV), 표준편차는 24였다. 또 B 회사에서 생산하는 절연기구를 랜덤으로 76개 골라 절연능력을 측정하였더니 평균 101(단위:kV), 표준편차는 22로 나왔다. A 회사 제품이 B 회사 제품보다 5 kV 이상 절연 성능이 좋다고 할 수 있는가? 유의수준은 0.01이다.(단, 두 집단의 모분산은 같다고 가정한다.)

11.3 A 지역의 종달새들이 살충제 살포 때문에 멸종 위기에 처해 있는 것 같아서, 20마리를 랜덤으로 포획하여 체내의 근육조절효소의 양을 측정하였더니 평균이 1.55 단위, 표준편차가 0.39 단위로 나왔다. A 지역 밖에서도 아홉 마리를 포획하여 동일한 조사를 하였더니 평균 1.6, 표준편차 0.4였다. 차이값에 대한 95% 신뢰구간을 구하여라.(단, 두 집단의 모분산은 같다고 가정한다.)

11.4 두 종류의 자동차를 시속 80km로 달리다가 급브레이크를 밟았을 때 정지거리를 측정한 결과 다음 자료를 얻었다. 정규분포와 공통분산을 가정하고, 유의수준 0.05에서 평균 정지거리 간에 차이가 있는지 가설검정하여라.(단,

모집단은 정규분포를 따른다고 가정한다.)

$$n_1 = 6,\ \overline{X} = 122.7,\ s_1 = 5.59,\ n_2 = 5,\ \overline{Y} = 129.3,\ s_2 = 5.25$$

11.5 색감의 차이가 감정변화에 미치는 영향을 연구하기 위하여 14명을 랜덤선택하여 이들을 60초 간격으로 보라색과 초록색에 반복적으로 노출시키는 실험을 6분간 지속하였다. 각 색이 변할 때마다 최초 12초간 피부에 나타나는 전기반응을 측정하여 각 색별로 평균을 위한 다음 이것을 최종 자료로 선택하였다. 다음 자료에서 보라색과 초록색간에 색감의 차이가 존재하는지 검증하고, 95% 신뢰구간을 구하여라.(단, 모집단은 정규분포를 따른다고 가정한다.)

사람	1	2	3	4	5	6	7	8	9	10	11	12	13	14
보라	3.0	3.7	4.0	3.2	3.6	3.5	4.2	3.8	3.7	3.4	3.6	3.8	3.4	3.4
초록	2.2	2.7	3.1	2.9	3.3	2.6	2.9	2.8	3.2	2.5	3.5	3.0	2.3	3.5

11.6 두 종류의 물고기 유인기를 비교한다. 약 3개월에 한 번씩 4년간 모두 16회의 실험을 하였다. 다음은 실험기간에 잡힌 평균 물고기의 수이다. 유인기 II가 I보다 더 효율적인지 검증하라. 유의수준은 0.01이다.(단, 모집단은 정규분포를 따른다고 가정한다.)

기간	1	2	3	4	5	6	7	8	9	10	11	12	13	14	15	16
I	6.64	7.89	1.83	0.42	0.85	0.29	0.57	0.63	0.32	0.37	0.00	0.11	4.86	1.80	0.23	0.58
II	9.73	8.21	2.17	0.75	1.61	0.75	0.83	0.56	0.76	0.32	0.48	0.52	5.38	2.33	0.91	0.79

11.7 어느 도시에 2개의 마트 A, B가 있다. 이 두 마트의 고객만족도를 비교하기 위하여 A 마트에서는 330명의 고객에 대하여, B 마트에서는 300명의 고객에 대하여 고객만족도를 조사한 결과 A 마트의 고객만족도 평균은 7.5, 표준편차는 0.71이었고, B 마트의 고객만족도 평균은 8.3, 표준편차는 0.61이었다. B 마트의 고객만족도가 A 마트의 고객만족도보다 높은지를 검정하기 위한 검정통계량을 계산하고 유의확률을 구하여라.

11.8 운동이 혈당에 미치는 영향을 알아보기 위하여 성인 남성 9명을 대상으로 8주간의 운동 프로그램을 실시하였다. 각 사람들로부터 운동 프로그램에 참가하기 전과 운동프로그램 종료 후 혈당을 측정한 결과는 다음과 같다.

1) 운동 프로그램 참가 전/후의 혈당차이에 대한 95% 신뢰구간을 구하여라.

2) 운동 프로그램이 혈당을 낮추는 데에 영향이 있는지를 유의수준 0.05에

서 검증하여라.(단, 모집단은 정규분포를 따른다고 가정한다.)

사람	1	2	3	4	5	6	7	8	9
전	121	131	113	142	132	117	153	125	135
후	119	118	114	120	122	100	132	119	118

11.9 두 가지 모기퇴치제의 성능을 알아보기 위하여 5명의 성인 남자를 대상으로 실험을 하였다. 오른팔에는 모기퇴치제 A를, 왼팔에는 모기퇴치체 B를 바른 후 모기가 많은 지역에서 4시간 동안 모기에게 물린 정도를 측정하였다. 모기퇴치제 A가 B보다 효과가 좋은지를 유의수준 0.01에서 검증하여라. (단, 모집단은 정규분포를 따른다고 가정한다.)

사람	1	2	3	4	5
오른팔	4	2	8	5	10
왼팔	7	4	14	17	12

11.10 에너지에 대한 정보교육을 실시하였다. 1년 뒤 교육에 참가했던 사람 중 248명을 랜덤추출하여 에너지 효율이 높은 가전제품을 하나 이상 구입한 사람 수를 파악해 보니 84명이었다. 교육을 받지 않은 사람 중에서도 270명을 랜덤추출하여 동일한 조사를 하였더니, 이들 중 59명이 에너지 효율이 높은 가전제품을 하나 이상 구입하였음이 밝혀졌다.

1) 교육을 받은 사람과 받지 않은 사람의 고 에너지효율 가전제품 구매율에 대한 점추정치를 각각 구하여라.
2) 교육을 받은 사람과 받지 않은 사람의 고 에너지효율 가전제품 구매율 차이에 대한 95% 신뢰구간을 구하여라.
3) 유의수준 0.05에서 교육의 효과가 있었다고 할 수 있는지 검정하여라.

11.11 형사사건의 피고 중에는 스스로 유죄를 인정하고 선고를 받은 사람도 있고, 무죄라고 우기다가 유죄로 인정되어 선고를 받는 사람들도 있다. 이 두 부류의 사람들에 대한 선고 결과에 차이가 있는지 알고 싶어서 강도죄로 피고석에 선 사람들을 대상으로 다음과 같은 자료를 수집하였다. 이 자료 결과에서 스스로 유죄를 인정하고 감방으로 가게 되는 사람들의 비율과 무죄라고 우기다가 결국 유죄임이 밝혀져서 감방으로 가는 사람들의 비율이 서로 차이가 나는지 확인하고 싶다.

1) 두 비율에 대한 점추정치를 구하여라.
2) 두 비율의 차이에 대한 99% 신뢰구간을 구하여라.

3) 두 비율의 차이에 대한 검정통계량의 값을 계산하고 유의확률을 구하여라.

	유죄를 인정	무죄를 주장
유죄로 판정된 수	191	64
감방행 선고를 받은 수	101	56

11.12 5,276개의 전화번호를 랜덤으로 골라 전화번호부에 등재되었는지 여부를 조사했더니 1105개의 전화번호가 미등재되었음을 알았다. 1년 후 다시 5384개의 전화번호를 랜덤추출하여 동일한 조사를 하였더니 980개가 미등재번호였다. 1년 사이에 미등재번호의 비율이 달라졌는지 유의수준 0.1에서 검정하여라.

11.13 구매과에서 일정 규격의 각목을 사려고 한다. 두 군데 목재상에 전화를 걸어 랜덤하게 12개씩의 각목을 보내달라고 하여 길이를 측정하였다. 한 목재상의 제품은 표준편차가 0.13cm, 다른 목재상의 제품은 0.17cm로 나타났다. 두 목재상의 제품들 간에 변동의 차이가 있는가? 정규 모집단을 가정하고 유의수준 0.02에서 검정하여라.

11.14 다음은 사슴의 왼쪽 뒷다리와 오른쪽 앞다리의 길이가 같은지 다른지를 검증하기 위해 얻은 자료이다. 유의수준 0.01에서 검정하여라.(단, 모집단은 정규분포를 따른다고 가정한다.)

사슴	1	2	3	4	5	6	7	8	9	10
뒷다리	142	140	144	144	142	146	149	150	142	148
앞다리	138	136	147	139	143	141	143	145	136	146

CHAPTER 12

실험계획법과 분산분석

제11장에서 다룬 두 모평균의 비교에서 두 개의 독립인 표본에 의한 비교가 가장 간단한 경우의 실험계획법이다. 각각의 모집단은 처리(treatment)로 대응된다. 두 개의 모집단을 비교하기에, 처리의 수는 2가 된다. 각각의 모집단의 분포로 정규분포를 가장한다. 각각의 처리하에서 얻어지는 반응값들이 모집단을 형성하는 데에, 처리를 제외한 실험환경 혹은 실험조건들은 비슷하여 정규분포를 결정하는 종의 모양은 동일하다고 가정한다. 즉 처리는 모집단의 중심의 위치에는 영향을 줄 수 있지만, 산포에는 영향을 주지 않는다고 가정한다. 따라서 우리의 관심사는 종의 중심의 위치가 일치하는가, 즉 두 개의 모집단이 동일 모집단인가를 조사하는 것이다. 여기에서 얻어진 실험자료가 독립표본이라는 가정을 할 수 있도록 도와주는 가장 중요한 원칙이 실험의 랜덤화이다. 랜덤화에 의해서 얻어진 실험자료를 가지고 두 개의 독립인 표본에 대한 t 검정을 통해서 두 개의 처리에서 얻어지는 반응값들의 모평균에 차이가 있는지를 비교하였다. 이 개념을 확장하여, 일원배치 완전랜덤화계획법에서는 세 개 이상의 처리에서 얻어지는 반응값들의 모평균의 차이가 있는가, 즉 처리효과를 비교할 수 있게 해 준다. 예를 들면 양상추는 우주 정거장의 잘 제어된 환경에서 재배하기에 적합하다고 알려져 있다. 'Salad Bowl'이라는 종류의 양상추와 'Bidd'이라는 종류의 양상추를 심은지 16일 후에 수확된 이파리의 무게가 반응변수인 경우에, 처리는 'Salad Bowl'과 'Bidd'이고, 양배추의 종자만 다르고, 재배 환경은 동일하게 유지했기 때문에, 각 품종에 대한 이파리의 무게의 분포는 동일한 종모양의 정규분포로 가정한다. 우리의 관심사는 종의 중심의 위치인 평균수확량에 차이가 있는지를 알아보는 것이다. 그런데 우리가 비교해야 할 양상추의 품종이 3개인

경우가 일원배치 완전랜덤화계획법에 해당된다.

콩의 품종에 따른 수확량을 비교하는 실험에서, 콩의 수확량은 품종에 따라서 차이가 날 수도 있지만, 실험환경인 농지의 비옥도도 영향을 줄 수가 있다. 비슷한 비옥도를 갖는 인접한 농토를 묶어서 블록을 형성한 경우에, 블록 내의 농토는 비옥도가 비슷하고, 블록 간의 농토는 비옥도의 차이가 날 수 있게 된다. 이 경우에, 주어진 블록 내의 농토에 콩의 품종을 골고루, 랜덤하게 배치하여 콩의 품종에 따른 수확량을 비교하는 실험계획법이 랜덤화 블록계획법이다. 짝지어진 표본에 의한 비교는 콩의 품종의 수가 2인 경우의 랜덤화 블록계획법이다. 짝지어진 표본에 의한 비교를 일반화시켜서, 3개 이상의 처리를 비교하는 실험계획법인 랜덤화블록계획을 공부한다.

얻어진 실험자료를 분석하는 방법은 분산분석이다. 모집단의 평균들의 차이는 각각의 모집단에서 랜덤하게 추출된 실험자료의 평균들의 차이로 추정될 수 있다. 이 차이는 실험된 자료 평균들 간의 변동으로 반영된다. 분산분석이란 실험된 자료 평균들 간의 변동이 우연히 나올 수 있는 변동값인지 아니면 모평균의 차이가 난다고 결론을 내릴 수 있을 정도로 충분히 큰 값인가를 통계적으로 결정을 내리는 분석방법이다. 일원배치법에서의 분산분석이란 자료의 총변동을 실제 모집단의 차이로 설명될 수 있는 실험된 자료 평균들 간의 변동인 그룹 간의 변동과 똑같은 처리에서도 우연히 변할 수 있는, 즉 동일한 처리 내에 있는 반응값들의 처리 내의 표본평균 둘레의 변동들을 합한 값인 그룹 내의 변동으로 분할한 후에, 그룹 간의 변동과 그룹 내 변동의 상대적인 크기의 비교에 의한 분석방법이다.

다음으로, 랜덤화블록계획의 분산분석을 설명해 보자. 먼저 각각의 반응값과 자료의 총평균 간의 차이인 총편차를 실험자료에 의해서 설명될 수 있는 부분인 처리 간의 차이, 블록 간의 차이와 설명할 수 없는 요인에 해당되는 부분인(반응값의 측정과 관련된 실험오차를 포함) 잔차의 합으로 표현한다. 총편차의 양변을 제곱하여, 모든 자료점에 대해서 합해 주면, 총편차들의 제곱의 합인 실험자료의 총변동은 처리 간의 변동, 블록 간의 변동, 더 이상 설명할 수 없는 변동인 잔차 변동의 합으로 표현된다. 랜덤화블록계획의 분산분석이란, 총변동을 처리 간의 변동, 블록 간의 변동과 자차변동으로 분할하는 것이다.

이 장에서는 다음 사항들을 중점적으로 공부하게 된다.

- 합리적인 실험계획의 선택과 실험순서의 랜덤화
- 선택된 실험계획에 적합한 분산분석을 실행
- 분석결과의 해석

12.1 실험계획법 개요

12.1.1 실험계획이란 무엇인가

거의 모든 분야에서 어떤 특정한 과정, 또는 시스템을 이해하려면 연구자들은 실험을 할 수밖에 없다. 계획된 실험이란 시스템에 대한 입력변수(input variable)들을 연구자가 조절하였을 때 출력변수(output variable)가 어떻게 변화하는지를 관찰하고 조사하여 시스템을 보다 더 잘 이해하려는 시도이다. 여기서 입력변수를 **인자**(factor)라 부르고, 인자가 취하는 값을 수준이라 부른다. 실험에 고려된 인자들의 모든 가능한 수준 결합을 **처리**(treatment)라고 부른다.

실험을 진행할 때는 실험결과의 분석이 타당하고 객관적인 해석이 가능하도록 계획을 세워야 통계 방법들을 쉽게 적용할 수 있다. 아무 실험이나 과학적인 분석이 가능하지 않다. 진정한 실험은 관심 있는 입력변수가 취하는 값을 실험자가 조절을 할 수 있어야 하며, 따라서 이 입력변수가 출력변수에 끼치는 효과(effect)를 통계적으로 정량화할 수 있어야 한다.

예를 들어, 생물 생리학자가 기계적인 스트레스가 콩의 성장에 영향을 끼치는가를 조사하고 싶다고 하자. 콩의 묘목을 화분에 심은 후에 랜덤하게 3 그룹으로 나누어서, 16일 동안 3개의 조명의 조건인 낮은 조명, 보통 조명, 밝은 조명에 노출시킨 후에, 각각의 그룹에 속한 각 작물의 총 잎의 면적을 측정하였다. 이 실험에서 입력변수는 조명의 밝기로, 3개의 값을 택했기에 처리의 수는 3이고, 조명 조건을 제외한 나머지 실험환경이 비슷하기 때문에 일원배치법에 해당된다. 우리의 관심사는 반응변수인 작물의 총 잎의 면적의 모평균 값이 조명 조건에 관계없이 동일한 가를 조사하는 것이다. 이 경우에 입력변수는 조명의 밝기이며, 각 조명의 밝기 수준마다 관측되는 작물의 총 잎의 면적이 출력변수가 된다. 이 경우, 실험자가 조절하는 조명의 밝기 인자 이외의 모든 다른 조건들은 동일하게 유지해야 한다. 이 예는 관심 인자가 하나 있는 경우이다.

이번에는 관심 인자가 두 가지인 경우를 생각해 보자. 위의 콩의 성장 예에서 관심 인자가 조명의 밝기와 물리적인 스트레스 두 가지라 하자. 조명의 밝기는 3수준이고 물리적인 스트레스는 2수준으로, 첫 번째 수준은 스트레스를 주지 않는 기준 그룹이고, 두 번째 수준은 화분을 하루에 두 번씩 흔들어 스트레스를 주는 그룹이다. 따라서 처리는 모두 여섯 가지의 2개 인자들의 수준 조합으로

- 처리 1: 낮은 조명, 기준

• 처리 2: 낮은 조명, 스트레스
• 처리 3: 중간 조명, 기준
• 처리 4: 중간 조명, 스트레스
• 처리 5: 높은 조명, 기준
• 처리 6: 높은 조명, 스트레스

이다. 이렇게 선택된 여섯 가지의 수준 조합 모두에 대해서 실험을 한다면 이 경우에 입력변수는 조절된 조명의 밝기와 물리적인 스트레스가 되며, 각 수준 조합마다 관측되는 작물의 총 잎의 면적이 출력변수가 된다. 이 같은 실험에서 일반적인 관심사는 작물의 총 잎의 면적에 미치는 조명 밝기의 효과, 물리적인 스트레스의 효과, 물리적인 스트레스의 각각의 수준에서 조명 밝기의 효과의 크기가 동일한가를 판단하는 상호작용 효과 등이 된다.

실험계획법은 이 같은 실험들을 어떻게 수행해야 최소의 노력으로 최대의 정보를 얻는가를 집중적으로 연구하는 통계학의 한 분야로서, 애초에는 농업 분야에서 작물의 생산량을 최대로 하는 조건에 대한 실험 등에서 비롯되었지만, 현재는 공업 분야에서 더 많이 사용되고 있다.

때로 통계학에서는 입력변수는 **독립변수**(independent variable), 출력변수를 **종속변수**(dependent variable), 또는 **반응변수**(response variable)라 부르기도 한다. 독립변수는 실험계획법 용어로 **인자**(factor)라 부르는 것이 더 일반적이다. 인자수준, 또는 인자수준들의 조합을 **처리**(treatment)라 한다. 또, 계획된 실험을 흔히 **비교실험**(comparative experiment)이라 부르기도 한다. 비교실험에서는 연구하고 싶은 반응에 관여하는 인자들의 수준을 몇 가지 설정하여 각 수준 조합인 처리수준마다 같은 조건하에서 실험을 한 후 처리수준에 따라 결과된 반응값들 사이에 통계적으로 유의한 차이가 있는지를 조사한다. 이때 처리를 받는 대상, 또는 실험 환경을 **실험단위**(experimental unit)라 한다.

앞의 예에서 보는 바와 같이 연구대상이 되는 프로세스를 그림으로 나타내 보면 〈그림 12.1〉과 같이 표현할 수 있다. 이때 제어 가능한 인자란 조명 밝기, 물리적인 스트레스 등과 같이 제어(control)가 용이하고, 재현성이 있으며, 기술적 의미를 갖는 인자를 말한다. 잡음(noise) 혹은 오차란 출력에 영향을 주고 있는 요인이지만 그 요인의 상태를 파악할 수 없는 경우나, 또는 측정오차와 같이 이유를 파악하기 어려우나 출력의 산포에 영향을 주는 것을 뜻한다.

이와 같이 프로세스가 주어진 경우 설계된 실험이란 제어 가능한 인자를 연구자가 조절하였을 때 출력이 어떻게 변화하는지를 관찰하고 조사하여 프로세스를 보다

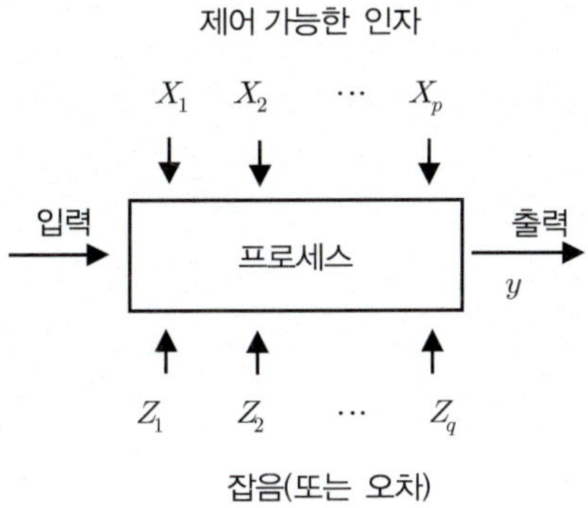

그림 12.1 프로세스의 모형도

잘 이해하려는 시도로 볼 수 있다.

12.1.2 실험계획의 기본원리와 순서

실험에 의하여 정보가 효율적으로 획득되기 위해서는 실험설계가 먼저 제대로 이루어져야 한다. 또한 실험설계 방법에 따라서 얻어진 자료에 대한 통계적 분석방법이 달라지므로 실험설계와 통계적 분석은 서로 밀접한 관계를 갖고 있다. 실험을 통한 정보의 효율적 획득과 적절한 통계분석을 가능케 하는 기본원리로는 실험의 랜덤화, 반복, 블록화를 들 수 있다. 아무리 복잡한 실험이라도 계획된 실험이라면 이 세 가지 원리의 반복 적용에 지나지 않는다.

(1) 랜덤화

랜덤화(randomization)는 실험단위의 배정 또는 실험순서들을 임의로, 또는 랜덤하게 결정하는 것으로 선택된 인자 외에 기타 원인들의 영향이 실험결과에 편향되게 미치는 것을 막기 위한 방안이다. 랜덤화의 구현은 난수표 등을 이용하면 되는데, 조사자료를 얻기 위한 표집설계에서의 활용방법과 동일하다.

만약 실험을 랜덤한 순서로 하지 않고 규칙적으로 차례대로 행한다면 예를 들어 실험의 숙련도나 실험실의 기온 등과 같이 실험에서 고려하지 않은 원인들이 실험결과에 영향을 끼칠 수 있으므로 어느 것이 참다운 원인인지 모르게 된다. 반면에 실험을 랜덤한 순서로 행하면 선택된 인자 외에 기타 원인들의 영향을 어느 정도 상쇄시킬 수 있으므로 객관성을 유지할 수 있다.

흔히 실험자료의 통계적 분석방법들은 실험결과나 오차가 서로 독립인 확률변수라는 가정에서 출발하는 경우가 많다. 랜덤화는 이러한 가정을 충족시켜주는 데 바탕이 된다.

(2) 반복

반복(replication)은 동일한 조건하에서 실험을 두 번 이상 행함을 뜻한다. 동일한 조건하에서 수행한 실험이라도 실험결과가 반드시 동일하지는 않다. 제어 불가능한 오차가 항상 수반되기 때문이다.

반복실험을 하면 실험오차(experimental error)를 추정할 수 있게 되며, 실험오차의 추정값은 관측된 인자효과의 차이가 통계적으로 의미 있는 차이인지를 판단하는 데 근거가 된다. 또한 반복을 하면 인자효과를 추정하는 데 평균을 사용할 수 있으므로 좀 더 정밀한 효과의 추정량을 얻을 수 있다.

그러나 반복을 실시하여 실험의 횟수가 증가하면 비용이 많이 소요되므로 적절한 반복수를 결정하여야 한다. 만약 실험에서 작은 인자효과의 차이도 검출해야 한다면 상대적으로 반복수가 커져야 하며, 실험이 관리상태하에 있어서 동일한 조건에서 비슷한 실험결과가 나온다면 비교적 작은 반복수도 무난할 것이다. 이와 같이 반복수는 실험오차, 비용, 요구되는 통계적 정밀도(precision) 등을 고려하여 적절히 결정하여야 한다.

(3) 블록화

실험전체를 될 수 있는 한 동질적인 부분으로 나누어 여러 블록으로 나눈 후, 각 블록 내에서 인자효과를 조사하는 것을 블록화(blocking)라고 한다. 블록화는 조사연구에서 층화(stratification)와 유사한 개념이다. 예를 들어 여러 품종의 감자 수확량을 비교하고 싶을 때, 땅의 비옥한 정도에 따라 수확량의 차이가 크다는 사실을 알고 있다면 비옥한 땅, 보통, 척박한 땅을 블록으로 잡으면 된다. 각 블록마다 모든 품종의 감자를 다 심고, 나중에 분석할 때 비옥한 정도의 차이때문에 생긴 블록효과를 제거해버리면 순수한 품종효과만 걸러지게 된다. 만약 블록화를 하지 않고 그대로 랜덤화하면 어떤 품종은 예를 들어 척박한 땅에만 배치되는 등 제대로 비교가 안 될 수도 있다.

모든 실험설계마다 반드시 블록화를 해야 하는 것은 아니다. 그러나 블록효과가 실제로 큰 경우, 블록화를 하지 않는다면 실험오차가 과장되게 되어 유의한 인자효과를 검출하지 못하는 경우가 있을 수 있다. 블록화를 하면 블록 내에서는 동질성이 유지되며, 블록 간에는 이질적이 된다. 결국, 블록화는 관심 있는 인자의 효과차이를 더 뚜렷하게 밝혀내기 위한 것으로 블록 간 차이가 크면 클수록 오차 분산을 줄일 수 있게 되어 블록화의 효율은 증대된다.

이제 실험 계획의 순서에 관하여 생각해 보자. 실험을 설계하고 분석하기 위한 통계적 접근법을 잘 사용하려면 무엇보다도 연구대상이 무엇인지, 자료를 어떻게 얻을 것인지, 어떤 자료분석법을 써야 하는지 등에 대해서 명확한 이해가 선행되어야 한다. 실험계획법의 순서는 일반적으로 다음과 같다.

① 문제에 대한 이해와 목적의 설정

실제 상황에서 실험자가 생각하는 문제점을 명확히 서술하기가 그다지 간단하지 않은 경우가 많다. 따라서 실험을 계획할 때는 실험의 목적을 명확히 진술할 수 있어야 추후 나타나는 현상들을 더 잘 이해할 수 있게 되고 문제에 대한 해를 제대로 해석할 수 있다.

② 인자와 수준의 선택

실험에 고려해야 할 인자, 인자의 관심 범위, 관심 범위 중 실제 실험이 진행될 특정 수준 등을 결정한다. 고려하는 수준의 값이 실제로 조절 가능한지 살펴봐야 한다. 이런 유의 문제에서는 반드시 실제적인 경험과 주어진 상황에 대한 이론적 이해가 필수 불가결하다. 초기 단계의 실험에서는 가능한 한 중요하다고 여겨지는 모든 인자들을 고려하되 수준수는 낮게(2개 또는 많아야 3개) 잡는 편이 유리하다.

③ 반응변수의 선택

반응값을 재는 측도를 잘 선택해야 한다. 예를 들어, 한 그루 사과나무에서 생산되는 사과 생산량을 잰다고 할 때, 일일이 수확되는 사과의 개수를 셀지, 수확된 사과의 총무게로 환산할지, 또는 사과의 품질 등급에 따른 무게로 평가할지 등을 결정해야 한다. 어느 경우든 실험목적에 가장 적합한 측도를 선정해야 한다. 한 개체에 대하여 동시에 측정되는 반응변수의 수가 둘 이상일 때의 자료를 다변량(multivariate) 자료라 부른다.

④ 실험계획의 선정

이상의 3단계를 제대로 했다면 구체적 실험설계를 수립해야 한다. 반복을 얼마로 할지, 랜덤화는 어떻게 해야 할지, 또 블록화를 고려해야 하는지 등을 결정해야 한다. 그러나 주어진 상황에 알맞는 실험계획들은 대체로 통계방법론 책 등에 나와 있기 때문에 새롭게 실험을 디자인해야 하는 경우는 많지 않을 것이다.

⑤ 실험수행

실험을 수행할 때는 모든 것이 애초에 계획된 대로 적절히 진행되는지 살펴보는 것이 중요하다. 이 단계에서 오류를 범하면 실험의 타당성이 파괴된다. 따라서 성공적인 실험을 완수하기 위해서는 선정된 실험계획에 따라서 실험 순서를 결정하고 미리 정해진 단계대로 실험이 진행되는지 감시해야 한다.

⑥ 자료분석

실험 결과 얻은 자료는 반드시 실시된 실험계획에 적법한 통계적 방법을 사용해서 분석해야 한다. 실험 실시 순서의 랜덤화에 제약이 있는 경우와 없는 경우의 실험계획은 전혀 다르지만 실험 결과 얻어진 자료의 형태는 같을 수 있기 때문이다. 실험계획에서 주로 사용되는 통계분석 기법은 분산분석(ANOVA: analysis of variance)이다. 자료분석용으로 우수한 통계 소프트웨어들이 많이 나와 있으므로, 수량화된 분석 결과 및 간단한 그래프 등을 얻기는 쉽다. 잔차분석, 모형 적합 등이 주요한 분석 기법들이다.

⑦ 결론

일단 자료를 분석하면 분석 결과를 토대로 실제적인 결론을 내리고 시스템의 조건을 수정하든가 하는 행위를 추천할 수 있어야 한다. 그러나 한번의 실험으로 시스템에 대한 모든 것을 알 수는 없다. 때에 따라 추가 실험이 수행될 수도 있다.

12.2 일원배치 완전랜덤화 계획

12.2.1 일원배치법 개요

가장 간단한 경우의 실험계획법은 11장에서 다룬 두 모평균의 비교에서 2개의 독립표본에 의한 비교이다. 처리(treatment)수가 2이고, 처리를 받는 대상 또는 실험환경인 실험단위(experimental unit)가 모두 동질적이어서, 처리의 차이를 제외하고는 나머지 실험조건들이 거의 똑같은 경우의 실험계획법이다. 여기에서 얻어진 실험자료가 독립표본이라는 가정을 할 수 있도록 도와주는 가장 중요한 원칙이 실험의 랜덤화(randomization)이다. 랜덤화에 의해서 얻어진 실험자료를 가지고 t 검증을 통해서 2개의 처리에서 얻어지는 반응값들의 모집단의 모평균에 차이가 있는지를 비교하였다. 이 개념은 확장되어, 일원배치 완전랜덤화계획법에서는 3개 이상의 처리에서 얻어지는 반응값들의 모평균들이 차이가 있는가, 즉 처리효과를 비교할 수 있게 해준다.

일원배치 완전랜덤화계획의 대표적인 경우는 처리가 1개 인자의 수준으로 결정되어, 반응값에 영향을 주는 인자가 하나이고 실험단위가 모두 동질적(homogeneous)이어서 처리를 실험단위에 배치할 때 제한조건이 없는 경우의 실험계획법이다. 이 실험계획법에 대한 분석의 많은 기법은 더 복잡한 실험에도 약간의 변화를 주어 적용될 수 있다.

일원배치법의 예를 들면 생물 생리학자가 성장기의 환경조건인 조명 밝기가 콩의 성장에 영향을 끼치는 가를 조사하는 경우이다. 콩의 묘목을 화분에 심은 후에 랜덤하게 3그룹으로 나누어서, 16일 동안 3개의 조명의 조건인 낮은 조명, 보통 조명, 밝은 조명에 노출시킨 후에, 각각의 그룹에 속한 각 작물의 총 잎의 면적을 측정하였다. 이 실험에서 인자는 조명의 밝기로, 3개의 값을 택했기에 수준의 수는 3이고, 조명 조건을 제외한 나머지 실험환경이 비슷하기 때문에 일원배치법에 해당되고, 서로 다른 실험 조건의 수인 처리의 수는 수준수와 동일하게 3이 된다. 우리의 관심사는 반응변수인 작물의 총 잎의 면적의 모평균 값이 조명 조건에 관계없이 동일한 가를 조사하는 것이다. 이 경우, 실험자가 조절하는 조명의 밝기 인자 이외의 모든 다른 조건들은 동일하게 유지해야 한다.

일원배치법의 또 다른 예를 들면, 엔지니어가 어떤 화학공정의 결과로 얻어진 화공약품의 수율에 관심이 있는 경우에, 엔지니어의 실험목적은 반응온도의 변화에 따라서 평균 수율이 달라질까? 하는 문제이다. 이때에 반응온도를 제외한 다른 조건은 일정하게 해주어야 한다. 즉, 반응온도 이외에 반응시간, 반응압력, 촉매의 양 등과 같은 다른 공정조건은 일정하게 고정시켜 놓고, 반응온도만을 미리 정하여진 수준에 따라서 변화시켜 가며 실험해야 한다. 이때 실험에 입력되는 원자재는 동질적이라 가정한다. 이 실험에서 반응값은 수율이고 실험에 고려된 1개의 인자는 반응온도가 된다. 반응온도 90°C, 120°C에서의 평균 수율의 비교에 관심이 있는 경우에는 2수준 일원배치법 실험이 되고, 반응온도 90°C, 100°C, 110°C, 120°C에서의 평균 수율의 비교에 관심이 있는 경우에는 4수준 일원배치법 실험이 된다. 이 실험에서는 각각의 반응온도에서 반복하여 실험해서 얻어지는 공정의 수율들의 값이 모집단이 된다. 만약 고유 기술적인 측면에서 반응온도가 커지면 반응시간이 짧아져야 수율이 올라간다는 사실이 알려져서, 각각의 처리가 반응온도와 반응시간의 특별한 조합으로 다음과 같이 결정된다고 하자.

- 반응온도 90°C에서는 반응시간이 30분

- 반응온도 100°C에서는 반응시간이 25분
- 반응온도 110°C에서는 반응시간이 20분

이러한 사실이 알려졌으면, 세 수준을 90°C–30분, 100°C–25분, 110°C–20분으로 취하여 주고, 3개의 처리 조건을 비교하는 실험을 하게 되는데, 이와 같은 실험도 일원배치법에 속한다.

일원배치 완전랜덤화계획법은 다음과 같은 경우에 흔히 쓰인다. 첫째, 반응값에 영향을 주리라 기대되는 특정한 1개 인자의 영향을 조사하는 일이다. 둘째, 반응값에 영향을 주는 여러 인자의 조사가 상당히 진척이 된 상태이고 이들 인자들이 정해진 조건에서 나머지 한 인자에 대한 세밀한 영향력을 조사하고자 할 때이다. 예를 들면, 현재 생산되는 제품의 품질향상을 실험을 통해서 성취하려는 경우에, 생산현장에서는 여러 인자의 조사가 상당히 진척된 상태이고, 공정조건의 변경이 용이하지 않아서 관심이 있는 특정한 1개의 인자에 대해서만 수준을 변경하고 나머지 실험조건들은 동일하게 하는 경우이다.

12.2.2 실험의 랜덤화

일원배치법에서는 처리를 제외한 나머지 실험조건, 즉 실험단위들이 동질적이다. 따라서 처리를 실험단위에 배치하는 순서에 아무런 제약조건이 없다. 일원배치법에서 처리를 실험단위에 배치하는 순서 또는 실험 실시의 순서는 그 순서가 실험자의 의지와 관계없이 랜덤하게 결정되는 완전랜덤화계획법이다.

예를 들어서 4수준 반복 5회의 실험인 경우에 랜덤화가 어떻게 이루어지는가를 생각해 보자.

- 단계 1. 각 실험 조건에 일련번호를 할당한다.

A_1에 1에서 5번, A_2에 6에서 10번, A_3에 11에서 15번, A_4에 16에서 20번까지 할당된 표가 표 12.1에 주어진다.

표 12.1 랜덤화를 위한 번호 부여

		인자의 수준			
		A_1	A_2	A_3	A_4
실험의 반복	1	1	6	11	$16^{6)}$
	2	2	$7^{5)}$	12	17
	3	$3^{1)}$	8	13	18
	4	$4^{2)}$	9	$14^{4)}$	19
	5	5	10	15	$20^{3)}$

• **단계 2.** 난수표를 이용하여 1에서 20 사이의 난수를 생성한다.

1에서 20까지의 20개의 숫자의 모든 가능한 배치방법인 20! 개수 만큼의 숫자의 배열 중에서 우리는 한 배열을 랜덤하게 선택해야만 한다. 즉, random permutation을 구해야 한다. 이를 쉽게 할 수 있는 한 방법은 1에서 20까지의 숫자를 적은 20장의 카드를 잘 섞은 후에 한 장씩 뒤집어서 나온 숫자의 순서대로 배열을 정하는 것이다. 나온 숫자의 순서가

$$3,\ 4,\ 20,\ 14,\ 7,\ 16,\ \cdots$$

라고 하자.

• **단계 3.** 실험의 실시 순서는 단계 2에서 생성된 난수가 나온 순서대로 실험을 실시한다.

표 12.1에서 3번에 해당되는 A_1을 첫 번째로 실시하고, 두 번째로 4번에 해당되는 A_1, 세 번째로 20번에 해당되는 A_4를 실시한다. 이와 같은 방법으로 계속해서 실험순서를 처리수준별로 정리하면

$$A_1,\ A_1,\ A_4,\ A_3,\ A_2,\ A_4,\ \cdots$$

가 되고, 표 4.1에 실험의 실시순서가 위첨자 숫자로 표시되어 있다.

단계 2의 1에서 20 사이의 랜덤 배열(random permutation)을 구하는 또 다른 쉬운 방법은, 20개의 구슬에 1에서 20까지의 숫자를 각각 적은 다음에, 항아리에 넣어서 충분히 잘 섞은 다음 하나씩 하나씩 랜덤하게 뽑아서 뽑힌 숫자를 나열하는 방법이다. 이는 현장에서 직접 손쉽게 적용할 수 있는 실용적인 방법이다. 또 다른 방법은 한 벌의 트럼프에서 스페이드, 클로버, 다이어몬드, 하트를 각각 1에서 5까지 5장씩 뽑아서 잘 섞은 후에, 한장씩 뒤집어서 스페이드이면 A_1, 클로버이면 A_2, 다이어몬드이면 A_3, 하트이면 A_4를 실험한다. 예를 들어서 첫 번째 카드가 다이어몬드 4이면, A_3에 배치된 네 번째 실험단위를 가지고 실험을 실시한다.

12.2.3 일원배치법의 자료의 구조와 모형

인자 A 의 수준(처리)의 수를 a 개로 하며, i 번째 수준(처리)으로부터 r 개의 특성값을 얻을 때, i 번째 수준의 j 번째 특성값을 x_{ij} 라고 표시하면 일원배치법의 실험자료를 각각의 처리별로 잘 정리한 일원배치법의 데이터의 구조는 표 12.2와 같이

표 12.2 일원배치법의 데이터의 구조

		실험의 반복				합계	평균
인자의 수준	A_1	x_{11}	x_{12}	$\cdots$	x_{1r}	$T_{1\cdot}$	$\overline{x_{1\cdot}}$
	A_2	x_{21}	x_{22}	$\cdots$	x_{2r}	$T_{2\cdot}$	$\overline{x_{2\cdot}}$
	$\vdots$		$\vdots$			$\vdots$	$\vdots$
	A_a	x_{a1}	x_{a2}	$\cdots$	x_{ar}	$T_{a\cdot}$	$\overline{x_{a\cdot}}$
						T	$\overline{\overline{x}}$

나타낼 수 있다.

표 12.2에서 $T_{i\cdot}$과 $\overline{x_{i\cdot}}$는 수준 A_i에서 실험된 r개의 데이터의 합과 평균이며, T와 $\overline{\overline{x}}$는 ar개의 전체데이터의 합과 평균이다.

a개의 수준 간에 효과의 차이가 있는지를 분석하기 위하여 표 12.2의 데이터를 통계적으로 검정하기 위해서는 각 수준에 대한 모집단 모형의 필요하다. 이제 각각의 수준에서 실험해서 얻어질 반응치들의 모집단이 평균이 μ_i, 공통분산 σ_E^2을 갖는 정규분포를 한다고 가정하고 다음과 같은 가설을 검정하는 문제를 생각해 보자.

$$H_0 : \mu_1 = \mu_2 = \cdots = \mu_a$$
$$H_1 : \text{모든 } \mu_i \text{가 같지는 않다.} \tag{12.1}$$

위의 모집단의 가정에 의하여 x_{ij}는 다음과 같이 표시될 수 있다.

$$x_{ij} = \mu_i + \epsilon_{ij} \tag{12.2}$$

여기서 ϵ_{ij}는 실험오차에 해당되는 확률변수로서 평균 0, 분산 σ_E^2인 정규분포를 따른다. 3개 이상의 수준별 모평균을 비교하기 위해서는 기준이 되는 값이 필요하고, 이 값으로 실험전체의 모평균인 μ를 취하자. 따라서 μ는

$$\mu = \sum_{i=1}^{a} \frac{\mu_i}{a} \tag{12.3}$$

로 정의된다. i번째 수준의 모평균 μ_i는 실험전체의 모평균 μ와 i번째 처리에서의 효과인 α_i의 합으로 나타낼 수 있으므로 $\mu_i = \mu + \alpha_i$로 대체하면 일원배치 데이터의 구조모형은 다음과 같다.

일원배치법 구조모형

$$x_{ij} = \mu + \alpha_i + \epsilon_{ij} \tag{12.4}$$

$$i = 1, 2, \cdots, a \quad j = 1, 2, \cdots, r$$

여기서 μ: 전체모평균

α_i: 인자 A의 효과로서 $\sum \alpha_i = 0$

ϵ_{ij}: 오차항으로 서로 독립인 $N(0, \sigma_E^2)$를 따른다.

일원배치법 구조모형의 오차항의 가정을 구체적으로 언급하면 다음의 네 가지로 정리될 수 있다.

① 정규성: 오차 ϵ_{ij}의 분포는 정규분포를 따른다.

② 독립성: 오차들은 서로 독립이다.

③ 불편성: 오차의 기댓값은 0으로 치우침이 없다.

④ 등분산성: 오차의 분산은 σ_E^2으로, 인자의 수준과 실험의 반복에 관계없이 일정하다.

12.3 일원배치법의 분산분석

a 개의 모평균에 차이가 있는가를 검정하는 것은 a 개의 수준효과에 차이가 있는가를 검정하는 것과 같으므로 식 (12.1)에 주어진 가설은 다음과 같이 표시될 수도 있다.

$$H_0: \ \alpha_1 = \alpha_2 = \cdots = \alpha_a = 0$$

$$H_1: \ \text{적어도 한 } \alpha_i\text{는 0이 아니다.} \tag{12.5}$$

식 (12.5)에 주어진 가설은 자료의 총변동을 급간변동과 급내변동으로 분해하여 인자가 반응값에 유의한 미치는가를 검정하는 방법인 분산분석을 통하여 검정할 수 있다. 지금부터 분산분석의 개념과 절차에 대하여 알아보기로 하자.

(1) 총변동의 분할

변동을 정의하려면 자료를 대표하는 값의 위치인 자료의 중심과 각 자료가 중심으로부터 얼마나 떨어져 있는가를 나타내는 거리의 개념이 필요하게 된다. 처리 A_i에서 실험된 자료의 대표값은 $\overline{x_{i.}}$ 이고, 이 값과 총평균 $\overline{\overline{x}}$ 와의 차이가 수준효과인

α_i 로 설명할 수 있는 부분이다. 따라서 반응값 x_{ij} 의 총평균 $\bar{\bar{x}}$ 로부터의 거리인 총편차는 인자 A의 동일한 수준에서 반복실험했을 때 생기는 잔차와 수준효과 α_i 에 기인하는 편차로 다음과 같이 분해할 수 있다.

$$x_{ij} - \bar{\bar{x}} = (\bar{x}_{i\cdot} - \bar{\bar{x}}) + (x_{ij} - \bar{x}_{i\cdot}) \tag{12.6}$$

$$\text{총편차} = (\ \alpha_i \text{에 기인하는 편차}\ ) + (\ \text{잔차}\ )$$

식 (12.6)의 양변을 동시에 제곱하여 전체 ar 개의 데이터의 제곱의 합을 구하면

$$\sum_i \sum_j (x_{ij} - \bar{\bar{x}})^2 = \sum_i r\,(\bar{x}_{i\cdot} - \bar{\bar{x}})^2 + \sum_i \sum_j (x_{ij} - \bar{x}_{i\cdot})^2 \tag{12.7}$$

이 성립한다. 여기서 좌변을 총제곱합 또는 총변동이라 부르고 SS_T 로 표현한다. 식 (12.7)의 우변의 첫 번째 항은 각 수준효과의 차이에 기인하는 편차들의 제곱합이므로 처리제곱합 또는 급간변동이라 부르고 SS_A 로 나타내 준다. 우변의 두 번째 항은 각 처리수준 내에서의 편차들의 제곱합이므로 잔차제곱합 또는 급내변동이라 부르고 SS_E 로 표현한다. 따라서

$$SS_T = SS_A + SS_E \tag{12.8}$$

의 관계가 성립하고, 총변동이 인자 A 에 의한 변동과 잔차변동으로 분할되었다고 한다.

실제로 데이터로부터 SS_T, SS_A, SS_E 를 계산할 때는 일일이 편차들을 계산한 다음에 제곱합을 구하는 것보다 다음의 간편계산법을 사용하면 간단하며, 식 (12.9)의 CT 를 수정항이라 부른다.

$$CT = \frac{T^2}{ar} \tag{12.9}$$

$$SS_T = \sum_i \sum_j x_{ij}^{\ 2} - CT \tag{12.10}$$

$$SS_A = \sum_i \frac{T_{i\cdot}^{\ 2}}{r} - CT \tag{12.11}$$

$$SS_E = SS_T - SS_A \tag{12.12}$$

(2) 자유도의 분할

각 제곱합의 자유도는 제곱을 한 편차의 개수에서 선형제약조건의 수를 뺀 것으로 정의되므로 표 12.3에 의하여 구할 수 있다.

표 12.3 각 제곱합의 자유도

제곱합	편차의 개수	선형제약 조건	자유도
총제곱합	ar	$\sum_i \sum_j (x_{ij} - \overline{\overline{x}}) = 0$	$ar-1$
처리제곱합	a	$\sum_{i=1}^{a} (\overline{x}_{i\cdot} - \overline{\overline{x}}) = 0$	$a-1$
잔차제곱합	ar	$\sum_{j=1}^{r} (x_{ij} - \overline{x}_{i\cdot}) = 0$ $i = 1, 2, \cdots, a$	$ar-a$

표 12.3에서 보는 바와 같이 총제곱합의 자유도 ϕ_T는 총변동이 원인별로 분할되는 것과 마찬가지로 처리제곱합의 자유도 ϕ_A 와 잔차제곱합의 자유도 ϕ_E 로 분할됨을 알 수 있다. 다시 말해서 우리는 다음 결과를 얻게 된다.

$$\phi_T = \phi_A + \phi_E \tag{12.13}$$

(3) 평균제곱의 기댓값과 F 검정

평균제곱(Mean Square: MS)은 자유도 1개당 제곱합이므로 인자 A와 잔차에 대한 평균제곱은 SS_A 와 SS_E 를 각각의 자유도로 나누어서 다음과 같이 구해진다.

$$MS_A = \frac{SS_A}{a-1} \tag{12.14}$$

$$MS_E = \frac{SS_E}{a(r-1)} \tag{12.15}$$

인자 A의 평균제곱 MS_A 와 잔차의 평균제곱 MS_E 의 기댓값은 다음과 같음이 알려져 있으며 유도과정은 생략하기로 한다.

$$E(MS_A) = \sigma_E^2 + r \cdot \sum_{i=1}^{a} \alpha_i^2 / (a-1) \tag{12.16}$$

$$E(MS_E) = \sigma_E^2 \tag{12.17}$$

식 (12.17)로부터 잔차의 평균제곱 MS_E 는 σ_E^2의 불편추정량임을 알 수 있다. 인자 A의 평균제곱 MS_A는 귀무가설 $H_0: \alpha_1 = \alpha_2 = \cdots = \alpha_a = 0$하에서는 식 (12.16)의 우변 두 번째 항이 영이 되어 σ_E^2의 불편추정량이 되지만 귀무가설이 성립하지 않으면 MS_A의 기댓값이 σ_E^2보다 크게 된다는 것을 알 수 있다. 따라서 $H_0: \alpha_1 = \alpha_2 = \cdots = \alpha_a = 0$의 가설에 대한 검정통계량은 두 평균제곱의 비인

$$F_0 = \frac{MS_A}{MS_E} \tag{12.18}$$

가 되고, F_0의 값이 커지면 귀무가설을 기각하게 된다.

또한 귀무가설이 사실일 때 검정통계량 F_0는 자유도 (ϕ_A, ϕ_E)인 F 분포를 한다는 것이 알려져 있다. 따라서 대립가설이 사실일 때 MS_A가 MS_E보다 상대적으로 크게 되리라 기대되므로 기각역은 다음과 같이 주어진다.

$$F_0 > F_\alpha(\phi_A, \phi_E) \tag{12.19}$$

(4) 분산분석표의 작성

앞에서 다룬 총제곱합과 자유도의 분할, 평균제곱, 인자효과의 차이가 없다는 귀무가설에 대한 검정통계량과 기각역을 표로 정리한 것이 분산분석표이며, 표 12.4와 같은 형태를 갖는다.

표 12.4 분산분석표

인자	제곱합	자유도	평균제곱	F_0	$F(\alpha)$
A	SS_A	$a-1$	MS_A	$\frac{MS_A}{MS_E}$	$F_\alpha(a-1, a(r-1))$
E	SS_E	$a(r-1)$	MS_E		
T	SS_T	$ar-1$			

표 12.4의 분산분석표에서 F_0의 값이 $F_\alpha(a-1, a(r-1))$보다 크게 되어 귀무가설을 기각할 때 인자가 반응값에 유의한 영향을 미친다고 말할 수 있으며 인자의 수준(처리)들 간에 차이가 있다고 통계적으로 결론을 내릴 수 있게 된다.

예제 12.1 어느 의류 제조회사에서는 직물의 긁힘에 대한 저항력을 측정하기 위하여 검사 대상을 마모도 검사기계에 몇 사이클 돌린 후 감소된 무게를 그램으로 측정한다. 이 회사는 원단 납품업체 A_1, A_2, A_3, A_4의 제품을 마모도의 측면에서 비교하고자 한

다. 이를 위하여 각각의 납품업체의 제품 중 4개를 랜덤으로 선택하여 일원배치법에 의해 실험한 결과 표 12.5와 같은 자료를 얻었다. 납품업체들 간에 마모도에 유의한 차이가 있는지를 분산분석을 통하여 검정하여 보아라.

표 12.5 마모도 검사자료

		반	복			$T_{i\cdot}$	$\bar{x}_{i\cdot}$
납품업체	A_1	1.93	2.38	2.20	2.25	8.76	2.19
	A_2	2.55	2.72	2.75	2.70	10.72	2.68
	A_3	2.40	2.68	2.32	2.28	9.68	2.42
	A_4	2.33	2.38	2.28	2.25	9.24	2.31
						38.4	2.40

풀이

① 가설의 설정

H_0: $\alpha_1 = \alpha_2 = \alpha_3 = \alpha_4 = 0$ (직물마모도에 차이가 없다)

H_1: 모든 α_i가 0은 아니다 (직물마모도에 차이가 있다)

② 제곱합과 자유도의 계산

$$CT = \frac{T^2}{ar} = \frac{38.4^2}{16} = 92.16$$

$$SS_T = \sum_i \sum_j {x_{ij}}^2 - CT$$

$$= (1.93)^2 + (2.38)^2 + \cdots + (2.25)^2 - 92.16$$

$$= 0.7626$$

$$SS_A = \frac{{T_{i\cdot}}^2}{r} - CT$$
$$= \frac{1}{4}(8.76^2 + 10.72^2 + 9.68^2 + 9.24^2) - 92.16$$
$$= 0.5240$$

$$SS_E = SS_T - SS_A = 0.7626 - 0.5240 = 0.2386$$

$$\phi_T = ar - 1 = 16 - 1 = 15$$

$$\phi_A = a - 1 = 4 - 1 = 3$$

$$\phi_E = \phi_T - \phi_A = 15 - 3 = 12$$

③ 분산분석표의 작성

표 12.6 분산분석표

요 인	제곱합	자유도	평균제곱	F_0	$F(0.01)$
A	0.5240	3	0.1747	8.78^{**}	5.95
E	0.2386	12	0.0199		
T	0.7626	15			

분산분석표에서 검정통계량 F_0 의 값이 유의수준 $\alpha = 0.01$ 에서의 F 분포값인 $F(3,12;0.01) = 5.95$ 보다 크므로 귀무가설을 기각한다. 따라서 납품업체에 따라 직물 마모도에 차이가 있다고 결론 내린다. ■

일반적으로 요인 A 의 수준효과가 유의수준 $\alpha = 0.05$ 에서만 유의하면 계산된 F_0 에 *를, $\alpha = 0.01$ 에서 유의한 경우에는 **를 붙여서 표시한다.

12.4 분산분석 후의 추정

분산분석을 한 후 요인 A 가 특성값에 유의한 영향을 끼친다는 것을 알게 되면 추정의 문제에 관심을 갖게 된다. 우선 요인 A 의 각 수준에서의 모평균의 추정에 대하여 알아보기로 하자.

수준 A_i 에서의 모평균 $\mu_i = \mu + \alpha_i$ 의 추정값은 수준 A_i 에서의 특성값들의 표본평균인 $\bar{x}_{i\cdot}$ 가 적절하다. 또한 식 (12.4)에 주어진 데이터의 구조모형으로부터 $\bar{x}_{i\cdot}$ 의 분포는 $N(\mu_i, \sigma_E^2/r)$ 임을 알 수 있다. 여기서 오차의 분산 σ_E^2 는 미지이기 때문에 σ_E^2 의 불편추정값인 MS_E 로 추정을 하면 요인 A 의 i 번째 수준에서의 모평균의 $100(1-\alpha)\%$ 신뢰구간은

$$\bar{x}_{i\cdot} \pm t_{\alpha/2}(\phi_E)\sqrt{\frac{MS_E}{r}} \tag{12.20}$$

으로 주어진다. 이때 신뢰구간의 폭은 오차의 자유도가 클수록 또 MS_E 값이 작을수록 줄어들 것이다. 또한 실험의 반복수 r 이 어느 수준에서나 같기 때문에 신뢰구간의 폭은 어느 수준에서나 일정하다.

예제 12.2 예제 12.1의 직물마모도 예에서 각 수준에서의 직물마모도 모평균의 95% 신뢰구간을 구하여라.

풀이

$$\text{신뢰구간의 폭} : t_{.025}(12)\sqrt{\frac{MS_E}{r}} = 2.179\sqrt{\frac{0.0199}{4}} = 0.1537$$

따라서 식 (12.20)을 이용할 때 각각의 수준에서 직물 마모도의 모평균의 95% 신뢰구간은 다음과 같다.

$$\mu_1 :\ 2.19 \pm 0.1537$$
$$\mu_2 :\ 2.68 \pm 0.1537$$
$$\mu_3 :\ 2.42 \pm 0.1537$$
$$\mu_4 :\ 2.31 \pm 0.1537$$

■

지금부터 수준 A_i와 A_j에서의 모평균의 차이인 $(\mu_i - \mu_j)$의 $100(1-\alpha)$% 신뢰구간을 구하는 문제를 생각해 보자.

모평균의 차이 $(\mu_i - \mu_j)$의 추정값은 수준 A_i와 A_j에서의 특성값들의 표본평균의 차이인 $(\overline{x}_{i\cdot} - \overline{x}_{j\cdot})$가 적절하다. 또한 식 (12.4)에 주어진 데이터의 구조모형으로부터 $(\overline{x}_{i\cdot} - \overline{x}_{j\cdot})$의 분포는 $N(\mu_i - \mu_j,\ 2\sigma_E^2/r)$임을 알 수 있다. 여기서 오차의 분산 σ_E^2는 미지이기 때문에 σ_E^2의 불편추정량인 MS_E로 추정하면 $(\mu_i - \mu_j)$의 $100(1-\alpha)$% 신뢰구간은

$$(\overline{x}_{i\cdot} - \overline{x}_{j\cdot}) \pm t_{\alpha/2}(\phi_E)\sqrt{\frac{2MS_E}{r}} \tag{12.21}$$

으로 주어진다. 신뢰구간과 가설검정과의 관계를 이용하여 $H_0 : \mu_i - \mu_j = 0$, 즉 $H_0 : \mu_i = \mu_j$를 검정할 수 있다. 식 (12.21)에서 구한 신뢰구간에 0이 포함되어 있지 않으면 $H_0 : \mu_i = \mu_j$를 기각한다. 다시 말해서 식 (12.21)의 첫 번째 항의 절댓값인 $|\overline{x}_{i\cdot} - \overline{x}_{j\cdot}|$가 다음 조건을 만족하면 H_0을 기각한다.

$$|\overline{x}_{i\cdot} - \overline{x}_{j\cdot}| > t_{\alpha/2}(\phi_E)\sqrt{\frac{2MS_E}{r}} \tag{12.22}$$

이와 같이 두 수준 간의 차이가 유의하려면 최소한 자료평균의 차이가 식 (12.22)

의 우변의 값보다 커야 하므로 이 값을 최소유의차(least significant difference; LSD)라고 부른다.

예제 12.3 예 12.1의 직물마모도에서 최소유의차(LSD)를 이용하여 어떤 수준 간에 차이가 유의한지를 알아보아라.

풀이

$$\text{최소유의차}: LSD = 2.179\sqrt{\frac{2\times 0.0199}{4}} = 0.2174$$

두 수준에서의 자료평균의 차이가 0.2174보다 크면 두 수준에서의 직물마모도가 유의수준 $\alpha = 0.05$ 에서 차이가 있다고 결론 내린다. 그 결과를 정리하면 다음과 같다.

$$\bar{x}_{1\cdot} - \bar{x}_{2\cdot} = 2.19 - 2.68 = -0.49^{*}$$
$$\bar{x}_{1\cdot} - \bar{x}_{3\cdot} = 2.19 - 2.42 = -0.23^{*}$$
$$\bar{x}_{1\cdot} - \bar{x}_{4\cdot} = 2.19 - 2.31 = -0.12$$
$$\bar{x}_{2\cdot} - \bar{x}_{3\cdot} = 2.68 - 2.42 = 0.26^{*}$$
$$\bar{x}_{2\cdot} - \bar{x}_{4\cdot} = 2.68 - 2.31 = 0.37^{*}$$
$$\bar{x}_{3\cdot} - \bar{x}_{4\cdot} = 2.42 - 2.31 = 0.11$$

따라서 A_2와 A_3, A_2와 A_4 간에는 차이가 있는 것으로 판단된다. ■

12.5 반복수가 같지 않은 실험

앞에서는 일원배치법의 각 수준에서 반복수가 일정하게 r 인 경우를 다루었는데, 실제의 일원배치법에서는 여러 가지 이유로 각 수준마다 반복수가 다른 데이터를 얻게 되는 경우가 있다. 이런 자료를 불균형자료라 하며 주로 다음과 같은 경우에 발생한다.

- 실험도중 불의의 사고 또는 실험자의 실수로 반응값을 관측하지 못하는 경우
- 관심인자의 특정 수준에서 더 높은 정도(precision)을 얻기 위해 더 많은 반복을 취한 경우

이 절에서는 이와 같이 처리마다 반복수가 같지 않은 불균형자료에 대하여 알아보자.

반복수가 같지 않은 일원배치법의 총실험횟수를 N이라고 하면

$$N = r_1 + r_2 + \cdots + r_a \tag{12.20}$$

이다. 반복수가 같지 않은 일원배치법의 자료의 구조, 구조모형과 분산분석은 반복수 r 대신 각 수준에서의 반복수 r_i를 대체한 것을 제외하고는 기본적으로 반복수가 같은 경우와 똑같다.

$$x_{ij} = \mu + \alpha_i + \epsilon_{ij} \tag{12.21}$$

$$i = 1, \cdots, a \quad j = 1, \cdots, r_i$$

반복수가 같지 않은 일원배치법에서의 변동의 계산, 자유도 계산, 분산분석표는 다음과 같이 정리될 수 있다.

(1) 변동의 계산

$$CT = \frac{T^2}{N}$$

$$SS_T = \sum_i \sum_j x_{ij}{}^2 - CT$$

$$SS_A = \sum_i \frac{T_{i\cdot}{}^2}{r_i} - CT$$

$$SS_E = SS_T - SS_A$$

(2) 자유도 계산

$$\phi_T = N - 1$$

$$\phi_A = a - 1$$

$$\phi_E = \phi_T - \phi_A = N - a$$

(3) 분산분석표의 작성

표 12.7 반복수가 같지 않은 일원배치법의 분산분석표

요 인	제곱합	자유도	평균제곱	F_0	$F(\alpha)$
A	SS_A	$a-1$	MS_A	MS_A/MS_E	$F\alpha(a-1, N-a)$
E	SS_E	$N-a$	MS_E		
T	SS_T	$N-1$			

분산분석의 검정력은 균형자료일 때 최대가 되기 때문에 가능하면 균형자료를 얻는 것이 바람직하다.

예 12.1 다음은 4종류의 식단에 따른 식이요법이 혈액응고시간에 영향을 주는지 파악하는 실험이다.

① 실험목적: 4종류의 식단 A_1, A_2, A_3, A_4 에 따른 식이요법이 동물의 혈액응고시간에 영향을 주는가를 파악하고자 한다.

② 실험의 랜덤화 및 자료의 수집

가. 실험단위를 처리에 랜덤하게 배치한다.

단계 1: 24마리의 동물에 1번에서 24번까지 일련변호를 할당한다.

단계 2: 1번에서 24번까지 번호가 붙은 카드를 뒤집어 놓고 잘 섞은 다음에 하나씩 뒤집어서 난수를 생성하여 24개의 번호의 랜덤 permutation을 구한다.

단계 3: 처음 6개의 난수에 해당되는 동물에 A_1 을 배치하고, 다음 6개의 난수에 해당되는 동물에 A_3 를, 나머지 6마리에 A_4 를 배치한다.

나. 혈액응고시간 측정순서: 두 달 동안 각각의 식단에 따라서 먹이를 준 다음, 각각의 동물에서 혈액표본을 채취한다. 그런데 A_1 에 할당된 동물 한 마리가 실험과 관련이 없는 질병으로 3주만에 죽어서, A_1 에서의 반복수는 5가 되어서 실험을 계획할 때 반복수가 같도록 계획하였지만, 얻어진 실험자료는 실험의 반복수가 $r_1 = 5$, $r_2 = 6$, $r_3 = 6$, $r_4 = 6$ 인 반복수가 다른 실험이 되었다. 이 경우의 혈액응고시간의 검사 순서 역시 랜덤한 순서로 실시한다. 다시 말해서 A_1, A_2, A_3, A_4 에 배치된 23마리의 동물에 일련번호를 붙인 다음에 1에서 23 사이의 랜덤 permutation을 앞의 단계 2에서와 같은 방법으로 구하여, 나온 번호에 해당되는 동물의 혈액표본의 순서로 검사한다.

4종류의 식단 A_1, A_2, A_3, A_4 에 따라서 사육된 23마리의 동물로부터 채취된 혈액표본을 랜덤하게 검사하여 얻어진 실험자료가 표 12.8에 주어져 있다.

표 12.8 혈액응고시간 자료

		실험의 반복					
인지의 수준	A_1	62	60	63	59	61	
	A_2	63	67	71	64	65	66
	A_3	68	66	71	67	68	68
	A_4	56	62	60	61	63	64

• 분산분석하기

표 12.9 혈액응고시간 분산분석표

요 인	제곱합	자유도	평균제곱	F_0	p-value
A	218.6087	3	72.8696	13.31**	.000
E	104.0000	19	5.4737		
T	322.6087	22			

분산분석표에서 p-value가 0.000으로 아주 작으므로, 즉 검정통계량 F_0의 값이 유의수준 $\alpha = 0.01$ 에서의 F 분포값인 $F_{0.01}(3,10) = 5.01$보다 크므로 귀무가설을 기각한다. 따라서 식이요법에 따라 혈액응고 시간에 차이가 있다고 결론 내린다.

③ A_i 수준에서의 모평균 μ_i 의 95% 신뢰구간

$$\bar{x}_{i\cdot} \pm t_{.025}(\phi_E) \cdot \sqrt{\frac{MS_E}{r_i}}$$

$r_1 = 5\,, r_2 = r_3 = r_4 = 6$, $t_{.025}(19) = 2.093$이고 $MS_E = 5.4737$을 대입하면,

μ_1 의 95% 신뢰구간 : $61 \pm 2.093 \cdot \sqrt{\frac{5.4737}{5}} \Leftrightarrow 61 \pm 2.1899$

μ_2 의 95% 신뢰구간 : $66 \pm 2.093 \cdot \sqrt{\frac{5.4737}{6}} \Leftrightarrow 66 \pm 1.991$

μ_3 의 95% 신뢰구간 : 68 ± 1.9991

μ_4 의 95% 신뢰구간 : 61 ± 1.9991

이다. 각 수준의 반복수에 따라서 신뢰구간의 폭이 달라진다. 반복수가 많은 수준에서 자료평균의 표준편차의 추정치인 $\sqrt{MS_E/r_i}$ 가 작아지기 때문에 신뢰구간의 폭이 좁아져서 정밀도가 높은 신뢰구간을 얻고 반복수가 상대적으로 적은 수준에서는 $\sqrt{MS_E/r_i}$ 가 커지기 때문에 신뢰구간의 폭이 넓어진다.

12.6 일원배치 랜덤화블록계획

실험단위 또는 실험환경들이 차이가 날 수도 있는 경우에는 동질적인 실험단위들끼리 모아서 블록으로 나눈 후, 각 블록 내에 처리를 랜덤하게 배치하여 실험을 실시한다. 그러면 실험단위들 간의 차이를 오차에서 분리하여 추정하기 때문에 일원배치법에 비해 오차의 크기를 줄일 수가 있다. 따라서 처리효과들 간에 약간의 차이가 존재해도 이를 검출할 수가 있어서 실험의 정밀성을 높일 수 있다. 블록요인이 하나인 경우를 일원배치 랜덤화블록계획이라 한다.

실험전체를 될 수 있는 한 동질적인(homogeneous) 부분인 블록으로 나눈 후, 각 블록 내에서 요인효과를 조사하는 것을 **블록화(blocking)**라고 한다. **랜덤화블록설계**는 블록화를 통하여 관심 있는 요인의 수준 간 효과 차이를 더욱 확실히 알고자 하는데 이용된다.

완전랜덤화계획에서는 실험단위들이 비슷해야 하는 요구조건이 있는데, 만일 이 가정이 맞지 않는다면 동질적인 실험단위들을 블록화하는 편이 좋다. 완전랜덤화계획의 한가지 예로 콩의 수확량을 높일 수 있는 3가지 비료의 효능을 비교하고 싶다고 하자. 또 비료마다 3회씩 반복실험을 한다고 하자. 이 경우 모두 9군데의 농지를 확보하여 각 농지마다 랜덤하게 비료를 배정하면 소기의 목적을 달성할 수 있다. 이와 같이 완전랜덤화계획으로 실험을 한다면 표 12.10과 같은 형식의 실험계획을 고려할 수 있다.

표 12.10 완전 랜덤화 계획의 예

비료		
I	II	III
농지 8	농지 9	농지 5
농지 2	농지 1	농지 7
농지 3	농지 4	농지 6

그런데 농지 1, 2, 3은 보통 흙이고, 농지 4, 5, 6은 진흙, 농지 7, 8, 9는 모래흙이라고 가정해 보자. 이때 비료의 효능이 토질에 따라서 차이가 난다면 완전랜덤화계획에서는 심각한 결점이 파생된다. 앞서 제시한 실험계획을 살펴보면 비료 I은 농지 8, 2, 3에 배정되었고, 따라서 진흙땅에는 비료 I이 전혀 사용되지 않았다. 또한 비료 III은 농지 5, 7, 6에 배정되었기 때문에 보통 흙에는 비료 III이 전혀 사용되지 않았음을 알 수 있다. 이런 경우에 분산분석 결과 비료들 간에 차이가 존재한다는

결론을 얻었더라도 그것이 정말로 비료 간 차이인지 아니면 토질의 차이때문에 그렇게 된 것인지 알 방법이 없다.

이런 문제를 해결하는 쉬운 방법은 각 토질마다 3가지 비료가 모두 나타나게끔 농지를 배정하는 것이다. 일부러 각 토질마다 3가지 비료가 골고루 나타나게끔 농지를 배정하는 것이다. 일부러 각 토질마다 3가지 비료가 모두 나타나게 실험계획을 만드는 것은 완전랜덤화를 제한하는 것이다. 그러나 이러한 제한을 가함으로써 토질이 콩 수확량에 미치는 영향을 서로 상쇄시켜서 제거하고, 순수한 비료효과만의 비교가 가능하게 된다.

이 경우 토질을 블록이라 하며, 블록개념을 이용하는 실험계획법 중에서 가장 간단한 형태를 랜덤화블록설계라 한다. 표 12.11에서 제시하는 실험계획이 랜덤화블록설계의 일례이다.

표 12.11 랜덤화완전블록 계획의 예

토질	비료		
	I	II	III
보통	농지 2	농지 3	농지 1
진흙	농지 4	농지 6	농지 5
모래	농지 9	농지 8	농지 7

랜덤화블록설계에서는 동질적인 실험단위들을 블록으로 간주하여 블록의 효과를 제거한 다음에 처리효과의 유의성을 검증하기 때문에 통계분석이 더 정밀해진다. 블록 내 실험단위에 해당되는, 보통 흙에 속하는 농지 1, 2, 3은 서로 동질적이다. 진흙에 속하는 농지 4, 5, 6과 모래에 속하는 7, 8, 9도 마찬가지로 동질적이다. 반면에 블록 간 실험단위들인 진흙에 속하는 농지 4, 5, 6과 모래에 속하는 7, 8, 9는 서로 이질적이다.

이 같은 랜덤화블록설계에서 토질을 블록요인이라 부른다. 또한 블록 내 실험단위들은 동질적이고, 블록 간 실험단위들 간에는 서로 이질적이라고 간단히 표현한다.

랜덤화블록설계의 설계방식은 그림 12.1과 같다. 이때 a는 처리의 개수이다. 전체실험은 b개의 블록으로 나누어지고, 각 블록마다 a개의 실험단위가 존재한다. 각 블록에 속한 실험단위들은 가능한 동질적이고, 블록 간 실험단위들은 이질적일 수도 있다. 각 블록마다 독립적인 랜덤화가 이루어져서 처리가 블록 내의 실험단위에 랜덤하게 배치되며, 블록 내에서 각 처리는 한번씩만 나타난다.

랜덤화블록설계를 고려할 때 특히 주목해야 하는 사실은 블록요인은 단순히 처리요인, 즉 관심요인의 효과를 더 잘 알기 위하여 삽입된다는 점이다. 즉, 우리가 알고

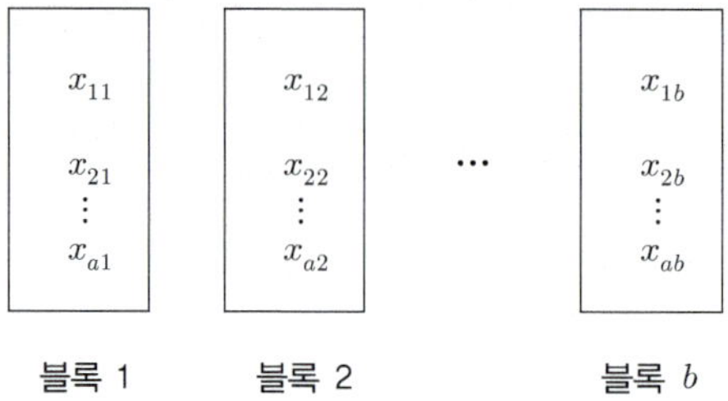

그림 12.1 랜덤화블록설계

싶어 하는 것은 본질적으로 비료들 간의 효능비교이다. 토질에 따라서 콩 수확량이 차이가 있느냐 없느냐 하는 것은 주요 관심대상이 아니다. 단지 토질들 간의 차이가 비료 간 효능 비교를 불명확하게 만들 수 있기 때문에 토질을 블록요인으로 간주하는 것뿐이다. 블록요인효과의 유의성에는 크게 관심은 없지만 블록 간 효과 차이가 클수록 랜덤화블록설계의 정밀성과 효율성은 커진다.

랜덤화블록설계에서는 반응치를 처리효과와 블록효과로 설명할 수가 있어서, 통계모형은 다음과 같이 표현될 수 있다.

일원배치 랜덤화블록계획법의 구조 모형

$$X_{ij} = \mu + \tau_i + \beta_j + \epsilon_{ij} \qquad (12.22)$$

$$i = 1,2,\cdots,a \qquad j = 1,2,\cdots,b$$

모형 (12.22)에서 μ는 전체평균, τ_i는 고정요인인 관심요인의 i번째 수준의 효과, β_j는 블록요인의 j번째 수준의 효과이다. ϵ_{ij}는 오차항으로 서로 독립인 $N(0\,,\,\sigma_E^2)$를 따른다.

모형 (12.22)에서 우리의 관심가설은

$$H_0:\ \tau_1 = \tau_2 = \cdots = \tau_a = 0$$
$$H_1:\ \text{적어도 한 } \tau_i \text{는 0이 아니다.}$$

이다. 블록요인은 처리효과의 비교를 더 잘하기 위하여 사용한 것으로써 블록효과의 유무에는 관심이 없다. 다만 블록 간 효과차이가 크면 랜덤화블록설계의 효율이 증대된다. 다시 말해서 블록에 대한 유의성 검증은 불필요하다.

랜덤화블록설계의 총변동은 모형 (12.22)의 각 효과의 크기를 반영하여 처리수준 간의 차이를 반영하는 처리변동, 블록 간의 차이를 반영하는 블록변동과 잔차변동의 합으로 표현된다. 총변동 SS_T와 총변동의 자유도 ϕ_T가 다음과 같이 분할되고 계산된다.

$$SS_T = SS_A + SS_B + SS_E$$

① 총변동: $SS_T = \sum_i \sum_j (x_{ij} - \overline{\overline{x}})^2$

$$= \sum_i \sum_j x_{ij}^2 - CT \qquad (12.23)$$

여기서 CT는 수정항으로 $CT = T^2/ab$ 이다.

② 요인 A 의 변동: $SS_A = \sum_i \sum_j (\overline{x_{i.}} - \overline{\overline{x}})^2$

$$= \sum_i \frac{T_{i.}^2}{b} - CT \qquad (12.24)$$

③ 블록요인 B 의 변동: $SS_B = \sum_i \sum_j (\overline{x_{.j}} - \overline{\overline{x}})^2$

$$= \sum_j \frac{T_{.j}^2}{a} - CT \qquad (12.25)$$

④ 잔차변동: $SS_E = \sum_i \sum_j (x_{ij} - \overline{x_{i.}} - \overline{x_{.j}} + \overline{\overline{x}})^2$

$$= SS_T - SS_A - SS_B \qquad (12.26)$$

- 총변동의 자유도: $\phi_T = ab - 1$
- 요인 A 변동의 자유도: $\phi_A = a - 1$
- 블록요인 B 변동의 자유도: $\phi_B = b - 1$
- 잔차변동의 자유도: $\phi_E = (a-1)(b-1)$

평균제곱 MS_A, MS_B, MS_E는 SS_A, SS_B, SS_E를 각각의 자유도로 나누어 준 값이다. 그리고 요인 A에 대한 귀무가설 $H_0: \tau_1 = \cdots = \tau_a = 0$하에서는 $F_0 = MS_A / MS_E$가 자유도 (ϕ_A, ϕ_E)인 F 분포를 따르므로 요인 A에 대한 귀무가설의 기각역은 $F_0 > F_\alpha(\phi_A, \phi_E)$로 주어진다. 이때 기각되면 요인 A가 특성값에 유의한(significant) 영향을 준다고 말한다. 이 결과를 정리하면 표 12.11 같은 분석표를 작성할 수 있다.

블록간에 서로 이질적일수록 랜덤화블록설계를 적용한 것이 완전랜덤화법에 비하여 잔차변동을 줄일 수 있으므로 실험이 효율적이 된다. 만약 블록 간에 별 차이가 없다면 완전랜덤화법에 비하여 자유도가 $a(b-1)-(a-1)(b-1)=b-1$ 만큼 줄게 되어 검출력이 나빠질 수 있다. 이 경우에 블록요인에 대해서는 블록효과에 대한 유의확률(p-value)을 검토하여 유의확률이 0.25 이상이면 오차항에 풀링한다. 즉, 블록효과가 존재하지 않는다고 판단한다. 따라서 랜덤화블록설계의 모형 (12.22)에서 $\beta_j=0$이 되어 일원배치법의 모형과 같아지고, 풀링한 후의 분산분석표도 일원배치법의 분산분석표와 동일하게 된다.

표 12.12 랜덤화블록설계의 분산분석표

요 인	제곱합	자유도	평균제곱	F_0
요인 A	SS_A	$a-1$	MS_A	MS_A/MS_E
블록요인 B	SS_B	$b-1$	MS_B	MS_B/MS_E
E	SS_E	$(a-1)(b-1)$	MS_E	
T	SS_T	$ab-1$		

예제 12.4 플라스틱 제품의 강도에 대한 영향을 조사할 목적으로, 랜덤하게 4일간(B_1, B_2, B_3, B_4)을 택하고, 각 일마다 마지막 공정에서의 가열온도 A를 $A_1=70°C, A_2=80°C, A_3=90°C$로 랜덤하게 변화시켜 실험한 후 제품강도를 측정한 결과 다음과 같았다. 분산분석하여라.

표 12.13 플라스틱 제품의 강도 자료

온 도 \ 실험일	B_1	B_2	B_3	B_4	합	평 균
A_1	98.0	99.0	98.6	97.6	393.2	98.3
A_2	97.7	98.0	98.2	97.3	391.2	97.8
A_3	96.5	97.9	96.9	96.7	388.2	97.0
합	292.2	294.9	293.7	291.6	1172.4	
평 균	97.4	98.3	97.9	97.2		97.7

풀이

① 변동의 계산

$$CT=\frac{T^2}{ab}=\frac{1172.4^2}{12}=114543.48$$

$$SS_T = \sum_i \sum_j x_{ij}^2 - CT$$

$$= 114549.7 - 114543.48 = 6.22$$

$$SS_A = \sum_i \frac{T_{i.}^2}{b} - CT$$

$$= \frac{1}{4}(393.2^2 + 391.2^2 + 388.2^2) - CT = 3.44$$

$$SS_B = \sum_j \frac{T_{i.}^2}{b} - CT$$

$$= \frac{1}{3}(292.2^2 + 294.9^2 + 293.7^2 + 291.6^2) - CT = 2.22$$

$$SS_E = SS_T - SS_A - SS_B = 0.56$$

② 자유도의 계산

총변동: $\phi_T = ab - 1 = 11$

요인 A : $\phi_A = a - 1 = 2$

블록요인 B : $\phi_B = b - 1 = 3$

잔차: $\phi_E = \phi_T - \phi_A - \phi_B = 6$

③ 분산분석표의 작성

표 12.14 분산분석표

요 인	제곱합	자유도	평균제곱	F_0
A	3.44	2	1.72	18.5**
B	2.22	3	0.74	7.957*
E	0.56	6	0.093	
T	6.22	11		

F 분포표에서 $F_{0.01}(2, 6) = 10.9$이므로 분산분석결과 요인 A는 유의수준 α=0.01에서 유의하다. 즉 가열온도에 따라 제품의 강도에 차이가 있음을 알 수 있다. ■

12.7 컴퓨터 활용

예제 12.1의 자료를 R을 이용하여 다음과 같이 분석할 수 있다.

```
> # 예제 12.1
> y<-c(1.93,2.38,2.20,2.25,2.55,2.72,2.75,2.70,2.40,
+      2.68,2.32,2.28,2.33,2.38,2.28,2.25)
> trt<-factor(rep(c("A1","A2","A3","A4"),each=4))
> y.lm<-lm(y~trt)
> anova(y.lm)
Analysis of Variance Table

Response: y
          Df Sum Sq  Mean Sq F value   Pr(>F)
trt        3 0.5240 0.174667  8.7846 0.002353 **
Residuals 12 0.2386 0.019883
---
Signif. codes:  0 '***' 0.001 '**' 0.01 '*' 0.05 '.' 0.1 ' ' 1

> # 예제 12.2
> y.mean<-tapply(y,trt,mean)
> y.lm.summary<-summary(y.lm)
> r<-table(trt)
> L<-y.mean-qt(0.975,df=df.residual(y.lm))*y.lm.summary$sigma/sqrt(r)
> U<-y.mean+qt(0.975,df=df.residual(y.lm))*y.lm.summary$sigma/sqrt(r)
> cbind(L,U)
         L        U
A1 2.036385 2.343615
A2 2.526385 2.833615
A3 2.266385 2.573615
A4 2.156385 2.463615
>
> # 예제 12.3
> library(agricolae)
> LSD.test(y.lm,"trt")

Study:

LSD t Test for y
```

```
Mean Square Error:  0.01988333

trt,  means and individual ( 95 %) CI

      y    std.err    r   LCL      UCL    Min. Max.
A1  2.19 0.09460444 4 1.983875 2.396125 1.93 2.38
A2 2.68 0.04453463 4 2.582967 2.777033 2.55 2.75
A3 2.42 0.09018500 4 2.223504 2.616496 2.28 2.68
A4 2.31 0.02857738 4 2.247735 2.372265 2.25 2.38

alpha: 0.05 ; Df Error: 12
Critical Value of t: 2.178813

Least Significant Difference 0.2172449
Means with the same letter are not significantly different.

Groups, Treatments and means
a        A2      2.68
b        A3      2.42
bc       A4      2.31
c        A1      2.19
>
```

예 12.1의 자료를 R을 이용하여 다음과 같이 분석할 수 있다.

```
> # 예 12.1
> y<-c(62,60,63,59,61,63,67,71,64,65,66 ,
+       68,66,71,67,68,68,56,62,60,61,63,64)
> trt<-factor(rep(c("A1","A2","A3","A4"),times=c(5,6,6,6)))
> y.lm<-lm(y~trt)
> anova(y.lm)
Analysis of Variance Table

Response: y
          Df Sum Sq Mean Sq F value    Pr(>F)
trt        3 218.61  72.870  13.313 6.491e-05 ***
Residuals 19 104.00   5.474
---
Signif. codes:  0 '***' 0.001 '**' 0.01 '*' 0.05 '.' 0.1 ' ' 1
```

```
>
> y.mean<-tapply(y,trt,mean)
> y.lm.summary<-summary(y.lm)
> r<-table(trt)
> L<-y.mean-qt(0.975,df=df.residual(y.lm))*y.lm.summary$sigma/sqrt(r)
> U<-y.mean+qt(0.975,df=df.residual(y.lm))*y.lm.summary$sigma/sqrt(r)
> cbind(L,U)
          L        U
A1 58.81008 63.18992
A2 64.00088 67.99912
A3 66.00088 69.99912
A4 59.00088 62.99912
```

예제 12.4의 자료를 R을 이용하여 다음과 같이 분석할 수 있다.

```
> # 예제 12.4
>
> y<-c(98.0,99.0,98.6,97.6,97.7,98.0,98.2,97.3,96.5,97.9,96.9,96.7)
> trt1<-factor(rep(c("A1","A2","A3"),each=4))
> trt2<-factor(rep(c("B1","B2","B3","B4"),times=3))
> y.lm<-lm(y~trt1+trt2)
> anova(y.lm)
Analysis of Variance Table

Response: y
          Df  Sum Sq  Mean Sq  F value   Pr(>F)
trt1       2    3.44  1.72000  18.4286  0.002744 **
trt2       3    2.22  0.74000   7.9286  0.016470 *
Residuals  6    0.56  0.09333
---
Signif. codes:  0 '***' 0.001 '**' 0.01 '*' 0.05 '.' 0.1 ' ' 1
```

연습문제

12.1 실험설계의 기본원리로는 어떤 것들이 있는가? 각각에 대해 간단히 설명하여라.

12.2 완전확률화실험의 장점이 아닌 것은?

① 처리의 수나 반복 수에 제한이 없다.
② 처리별 반복수가 다른 경우에도 통계분석이 용이하다.
③ 결측치(missing value)가 있는 경우에도 통계분석이 용이하다.
④ 실험단위가 이질적인 경우에도 효과적이다.

12.3 다음 중 일원배치법 구조모형의 오차항이 가정에 해당하지 않는 것은?

① 정규성　② 독립성
③ 중심성　④ 등분산성

12.4 화학약품의 수율을 향상시키기 위하여 반응온도 200°C, 220°C, 240°C에서 반복 4회의 일원배치법 실험을 실시하였다. 이때 잔차제곱합의 자유도는 얼마인가?

① 9　② 10　③ 11　④ 12

12.5 반복 2회의 2수준 일원배치법 실험에서 각 수준에서의 특성값들의 합계가 15, 25이다. 요인 A 에 의한 변동은 얼마인가?

① 15　② 20　③ 25　④ 40

12.6 3개의 서로 다른 형태의 유리관에 대해서 각 유리관 형태에서 8개를 랜덤하게 선택하여 cathode warm-up time(초)을 랜덤한 순서로 측정하여 얻은 실험자료가 다음과 같다.

유리관 형태									
	A_1	19	20	23	20	26	18	18	35
	A_2	20	20	32	27	40	24	22	18
	A_3	16	15	18	26	19	17	19	18

① 분산분석표를 작성하여라.
② 각각의 모평균에 대한 95% 신뢰구간을 구하여라.
③ 유의수준 $\alpha = 0.05$ 에서 최소유의차(LSD)를 구하여라. 실험결과를 얻기

전에 유리관 형태 A_1 과 A_2 의 비교에 관심이 있는 경우에 차이가 있다고 판단하는가?

12.7 교습방법에 따라서 학생들의 성취도가 달라지는가를 조사하기 위해서 30명의 학생을 다음의 5개의 그룹에 각 6명씩 랜덤하게 할당하였다.

처리	교습방법의 묘사
1	현재의 교재
2	선생님과 교재 A
3	기계와 교재 A
4	선생님과 교재 B
5	기계와 교재 B

학기말에 평가 점수가 기록되었고 통계량의 일부가 다음과 같다.

	처 리				
	1	2	3	4	5
합 계	120	600	720	240	420

처리변동=340, 총변동=465

① 구조모형과 검정할 가설을 세워라.

② 분산분석표를 작성하고 유의수준 $\alpha = 0.05$ 에서 처리효과가 있는지를 검정하여라.

12.8 3개의 처리를 갖는 일원배치 완전랜덤화설계법의 실험결과 다음과 같은 자료를 얻었다. 제곱합을 계산하고 분산분석표를 작성하여라.

처리1	19	18	21	18		
처리2	16	11	13	14	11	
처리3	13	16	28	11	15	11

12.9 제품의 합성수율에 대한 영향을 조사할 목적으로, 랜덤하게 5일간(B_1 $B_2, \cdots, B_5$)을 택하고, 각 일마다 촉매량(A_1, A_2, A_3)로 랜덤하게 변화시켜 실험한 후 수율을 조사한 결과 다음과 같다. 분석하여라.

촉매량 \ 실험일	B_1	B_2	B_3	B_4	B_5
A_1	78.3	77.1	78.2	78.1	77.7
A_2	79.3	78.2	80.1	79.7	79.3
A_3	77.0	78.0	77.4	78.4	77.1

12.10 다음 일원배치 랜덤화블록계획법의 결과 얻은 자료에 대해 분산분석표를 작성하고 처리간 차이가 있는지, 블록 간 차이가 있는지를 $\alpha = 0.05$에서 검정하여라.

블록 \ 처리	1	2	3
1	35	19	21
2	24	14	16
3	28	14	21
4	21	13	14

CHAPTER 13

회귀분석

13.1 회귀분석의 기본 개념

자연이나 사회현상의 규명에 있어서 관련된 변수들 사이의 상호연관성에 관심을 갖게 되는 경우가 흔히 있다. 예를 들어 대기의 매연 농도와 호흡기질환 발생빈도, 국민총소득과 자동차 등록 대수, 제품을 제조할 때의 공정온도와 제품강도 사이의 관계가 관심의 대상이 되는 경우이다. 이 경우에 우리가 관심이 있는 변수 Y를 반응변수(response variable) 또는 종속변수(dependent variable)로 부르며, 반응변수 Y를 설명하는 데에 도움이 되리라 기대되는 변수 x는 회귀변수(regressor variable), 독립변수(independent variable), 설명변수(explanatory variable) 등으로 부른다. 데이터를 통하여 변수들 사이의 연관성 여부와 그 관계를 알아낼 수 있다면 설명변수들의 변화로부터 반응변수의 변화를 예측하는 데 도움을 줄 수 있을 것이다.

상관분석(correlation analysis)은 두 확률변수 사이의 선형관계의 있고 없음에 대하여 분석하는 것이다. 상관분석에서는 두 변수 사이의 선형관계가 있고 없음에 대한 추론이 그 주요목적이며, 변수들 사이에 구체적으로 어떠한 함수 관계가 있는가를 파악하고자 하는 것은 아니다. 그러나 설명변수의 값으로부터 반응변수의 값을 예측하고자 하는 경우가 흔히 있다. 예를 들어 가계소득으로부터 저축을 예측한다든지, 혹은 화학공정에서 수율을 공정온도로부터 예측하고자 하는 경우이다. 이러한 경우 어떤 통계적 모형을 가정하고, 데이터로부터 이 모형을 추정하여 예측 또는 통계적 추론을 하는 통계적 분석방법이 회귀분석(regression analysis)이다.

회귀분석은 일반적으로 통계적 모형의 설정으로부터 시작된다. 예를 들어 어떤 화학공정에서 공정온도(x)가 증가하면 수율(Y)이 향상되는 경향이 있다는 사실이 알려져 있는 경우를 가정해 보자. 두 변수 사이에는 어느 정도의 직선관계가 있지만 수율이 공정온도만으로 완벽히 설명되지 않는다면 수율은 공정온도와의 관계에서 결정되는 부분과 미지의 오차의 합으로 되어 있다고 생각 할 수 있다. 경향을 반영하는 부분을 수학적 모형을 이용하여 표현하면 다음과 같은 단순선형회귀모형(simple linear regression model)으로 나타낼 수 있다.

$$Y = \beta_0 + \beta_1 x + \varepsilon \tag{13.1}$$

모형 (13.1)은 반응변수 Y를 설명변수 x에 대한 일차식으로 설명하려는 회귀모형이며, ε은 측정오차이다. 그리고 Y를 설명하는 변수 x는 실험자가 오차 없이 그 값을 정확히 조절할 수 있다고 가정한다. 반면에 주어진 x값에 대응되는 반응변수 Y의 값을 측정하는 데는 항상 오차가 존재하며, 이 오차를 ε으로 표기한 것이다. 그리고 β_0와 β_1은 알지 못하는 값으로서 우리가 데이터 분석을 거쳐 그 값을 추정하려는 상수이며, 회귀계수(regression coefficient), 또는 모수(parameter)라고 부른다.

단순선형회귀모형을 분석하는 절차를 단순회귀분석이라 한다. 하지만 반응변수를 설명하는 데 있어 하나의 설명변수로는 충분하지 않은 경우가 대부분이며, 설명력 있는 여러 개의 설명변수들을 잘 선택하여 이들의 함수로써 회귀모형을 만들어야 할 때가 많다. 예를 들어 주가를 설명하는 변수에는 기업의 순이익 이외에도 내부유보, 부채비율, 매출액 등 많은 변수가 있을 수 있다. 이와 같이 반응변수의 변화를 설명하기 위하여 k개($k \geq 2$)의 설명변수가 사용된 경우를 다중선형회귀모형(multiple linear regression model)이라 하며 다음과 같이 쓸 수 있다.

$$Y = \beta_0 + \beta_1 x_1 + \beta_2 x_2 + \cdots + \beta_k x_k + \varepsilon \tag{13.2}$$

물론 $k = 1$일 때 모형 (13.2)는 단순선형회귀모형이 된다.

선형회귀모형이라 할 때에는 언제나 모형이 회귀계수인 β_i들에 대하여 선형임을 뜻한다. 따라서 다음과 같은 모형도 선형회귀모형의 범주에 속한다.

$$Y = \beta_0 + \beta_1 x + \beta_2 x^2 + \cdots + \beta_k x^k + \varepsilon \tag{13.3}$$

특히 모형 (13.3)과 같은 형식을 다항회귀모형(polynomial regression model)이라

부르며, 반응변수와 설명변수와의 관계가 곡선인 경우를 포함하고자 할 때 사용된다.

선형회귀모형이 아닌 경우를 비선형회귀모형(nonlinear regression model)이라 하며, 예를 들면 다음과 같다.

$$Y=\beta_0(1-\exp(-\beta_1 x))+\varepsilon$$

$$Y=\frac{\exp(\beta_1 x)}{1+\exp(\beta_1 x)}+\varepsilon$$

이와 같은 회귀모형을 바탕으로 다양한 회귀분석의 활용이 가능하다. 예를 들면 반응변수에 영향을 주리라 기대되는 많은 설명변수들 중에서 핵심적인 소수의 설명변수를 선별할 수 있으며, 반응변수와 설명변수들 사이의 관계식을 도출하여 이를 예측하는 데 사용할 수 있고, 바람직한 반응변수를 위한 설명변수들의 최적 조건을 선정하기 위한 목적으로도 사용할 수 있다. 우선 앞으로 다루게 될 회귀분석의 절차에 대하여 간략히 정리해 보기로 하자.

- **단계 1.** 반응변수와 설명변수들의 관계를 적절히 설명해 주리라 기대되는 모형을 설정한다. 이때 모형에는 오차항에 대한 가정이 포함된다.
- **단계 2.** 데이터를 통하여 회귀계수를 추정함으로써 적합된 모형(fitted model)을 도출한다. 이때 흔히 최소제곱법이 활용된다.
- **단계 3.** 추정된 회귀계수와 회귀식에 대하여 신뢰구간, 유의성 검정 등과 같은 통계적 추론을 실시한다.
- **단계 4.** 가정된 모형에 대한 타당성을 확인하기 위해서 잔차 그림을 통해서 오차항에 대한 가정의 적절성을 검토한다. 이때 문제가 발견되면 변수 변환 등 조치를 취한 후 적절한 전 단계로 돌아간다.
- **단계 5.** 최종적으로 도출된 회귀식을 이용하여 반응변수값을 예측하거나 최적조건을 구하는 데 활용한다.

13.2 산점도

반응변수와 설명변수들 사이에 관계식을 유도하기 전에 먼저 결정해야 할 일은 관계식의 함수형태가 직선식인지 곡선관계를 반영하는 이차식인지 등을 결정하는 일이다. 이러한 관계식의 함수형태는 자료에 대한 이론적 토대, 경험 혹은 산점도에 의

해 결정될 수 있다. 이중 특히 산점도는 자료의 개략적인 형태를 한눈에 보여 주기 때문에 관계식의 함수형태를 결정하는데 가장 손쉽게 사용될 수 있다. 산점도(scatter diagram)란 n쌍의 관측값 (x_i, y_i), $i = 1, \cdots, n$들을 이차원 좌표평면에 점으로 표시한 것이다. 보통 설명변수 x를 수평축에, 반응변수 y를 수직축에 표시한다.

예제 13.1 어떤 화학공정의 결과 얻어진 산출량에 미치는 공정온도의 영향에 대한 연구가 행해져 실험결과를 다음과 같은 코드화된 표 13.1의 자료를 얻게 되었다. 산점도를 그려서 공정온도 x와 산출량 y의 관계를 시각적으로 파악하라.

표 13.1 화학공정의 공정온도와 산출량

시행순서(i)	공정온도(x)	산출량 (y)
1	3	6
2	2	5
3	6	12
4	8	17
5	4	9
6	5	11
7	6	14
8	3	7
9	7	15
10	6	13

풀이 공정온도를 독립변수 x로 하고 산출량을 종속변수 Y로 택하여 산점도를 그려보면 그림 13.1과 같다. 그림 13.1은 공정온도 x의 증가에 따라 산출량 y가 점점 증가하는 관계를 명확하게 제시하고 있고, 대략 그 관계가 직선임을 짐작할 수 있다.

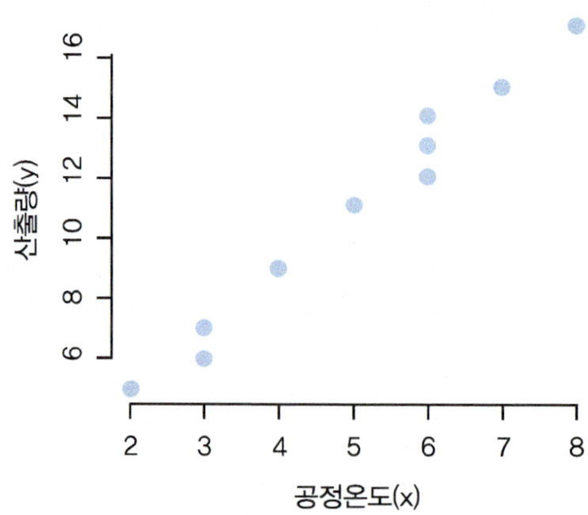

그림 13.1 공정온도와 산출량의 산점도 ■

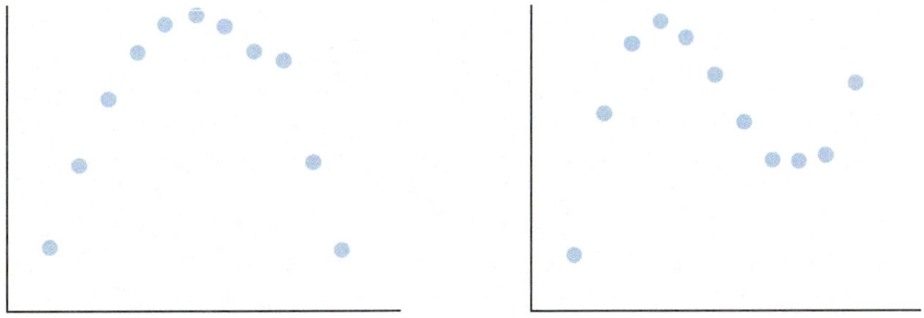

그림 13.2 곡선관계를 나타내는 자료의 산점도

그러나 선형관계가 완벽하지는 않다. 예를 들면 $x=6$에서의 흩어진 세 개의 점은 산출량 Y의 모든 변이도가 공정온도 x만으로는 설명이 되지 않는 것을 말한다. 이러한 관계를 통계적 관계(statistical relation)라 부른다.

그림 13.2와 같은 산점도를 얻었을 경우에는 x와 Y의 통계적인 관계가 직선이 아니라 곡선임을 나타낸다.

13.3 상관분석

단순회귀분석에서는 독립변수 x의 값이 실험자에 의해 조절될 수 있는 경우에 임의로 고정된 x의 값에서 주어진 자료를 이용하여 종속변수 Y의 설명 또는 예측을 위한 독립변수 x의 영향력을 결정하기 위한 분석이 수행된다. 대조적으로 실험자의 중요 목적이 두 확률변수의 선형 관계가 얼마나 강한지를 연구하는 것일 때도 있다. 예를 들면 의류제조회사에서는 허리 둘레 X와 허리에서 다리까지의 길이 Y가 어떻게 변하는지에 관심이 있을지도 모른다. 오토바이 헬멧 제조회사에서는 머리 길이 X와 둘레 Y가 가능한 고객의 모집단에서 어떻게 변하는가를 알고 싶을 것이다. 사회학의 한 분야에서는 아버지의 학력 X와 아들의 학력 Y를 관련시키기를 원할지 모른다. 이 각각의 경우에 고려중인 어느 변수들도 자료수집 전에 조절할 수가 없다. n개의 실험단위의 표본에서 얻은 X와 Y의 측정값으로 이루어진 자료 집합을 이변량 확률표본 $(X_1, Y_1), \cdots, (X_n, Y_n)$으로 생각할 수 있다. 여기서 서로 다른 쌍들은 독립이다. 이 경우에 변수들 간의 선형관계가 있는지의 분석을 상관분석(correlation analysis)이라 한다.

주어진 이변량 확률표본에 있는 변수 x와 Y의 간단한 종류의 연관성은 산점도의

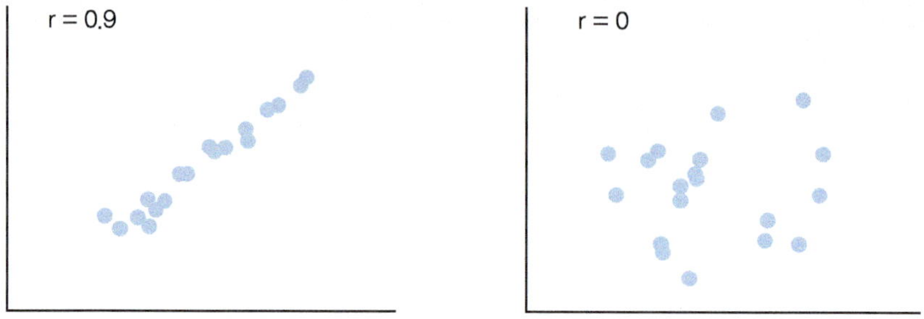

그림 13.3 상관관계

작성에 의해 쉽게 알 수 있다. 직선 둘레의 적은 정도의 산포(그림 13.3 (a))는 매우 강한 관련성을 암시하고, 아주 많은 정도의 산포(그림 13.3 (b))는 연관성이 적음을 나타낸다. 이 관계의 수치적인 측도는 표본상관계수(sample correlation coefficient)라 불린다. 이 표본상관계수 r은 다음과 같이 정의된다.

표본상관계수 r

$$r=\frac{\sum(X_i-\overline{X})(Y_i-\overline{Y})}{\sqrt{\left[\sum(X_i-\overline{X})^2\right]\left[\sum(Y_i-\overline{Y})^2\right]}} \tag{13.4}$$

여기서 $(X_1,\ Y_1),\ \cdots,\ (X_n,\ Y_n)$은 n쌍의 관측값이다.

11장에서 이변량분포에 대한 모집단 상관계수 ρ는

$$\rho=\frac{Cov(X,\ Y)}{\sigma_X\sigma_Y}$$

에 의해 정의되었다. 표본상관계수 r는 모집단 상관계수 ρ의 표본 대응값이다. 즉 $Cov(X,\ Y)$, σ_X^2, σ_Y^2 대신 표본에서 얻은 값인 표본 공분산과 확률변수 x와 확률변수 Y의 표본 분산인 $\sum(X_i-\overline{X})(Y_i-\overline{Y})/(n-1)$, $\sum(X_i-\overline{X})^2/(n-1)$, $\sum(Y_i-\overline{Y})^2/(n-1)$를 대입하여 얻어진다. 따라서 r을 ρ의 추정량으로 간주할 수 있다. r의 간편계산법은

$$r=\frac{S_{XY}}{\sqrt{S_{XX}S_{YY}}}=\frac{\sum X_iY_i-(\sum X_i)(\sum Y_i)/n}{\sqrt{\left[\sum X_i^2-(\sum X_i)^2/n\right]\left[\sum Y_i^2-(\sum Y_i)^2/n\right]}}$$

이다.

공식 (13.4)의 분모는 언제나 양의 값을 갖지만 분자는 음이 될 수도 있고 양이 될

수도 있다. 덧붙여 분자의 절댓값은 절대로 분모보다 크지 않다는 사실을 증명할 수 있다. 따라서 상관계수 r의 값은 언제나 -1에서 $+1$ 사이에 있다. 특히 r의 값이 -1이면 두 변수 간의 관계가 완벽한 역선형 관계, 즉 하나가 감소하면 다른 하나는 증가하고 또 반대로 하나가 증가하면 다른 하나는 감소하는 관계다. 반대로 r의 값이 $+1$이면 완벽한 정선형 관계로서 두 변수는 같이 증감한다. 상관계수값이 0이면 두 변수 간에 선형 관계는 없다. 따라서 상관계수의 절댓값이 1에 가까우면 두 변수 간에는 상호 종속성, 또는 상호 관련성이 매우 크다고 할 수 있으며, 반대로 상관계수의 절댓값이 0에 아주 가까우면 두 변수 간에는 상호 종속성, 또는 상호 관련성이 없다고 할 수 있다. 그러나 상관계수의 값이 어느 정도나 0에 가까워야 두 변수가 서로 무관하다고, 또는 서로 독립적이라고 할 수 있는지는 쉽게 말할 수 없다. 대체로 상관계수의 절댓값이 0.7 이상은 되어야 강한 상관관계가 있다고 할 수 있으며 이런 경우라야 상호 연관성을 탐색할 가치가 있다. 그러나 사회 경제 분야의 데이터에서는 상관계수가 ±0.5를 넘는 경우가 드물기 때문에 이렇게 낮은 상관도라도 분석을 계속 진행한다. 그러나 ±0.5 이하의 약한 상관관계는 이를테면 정교한 화학 실험 등에서는 분석할 가치가 없는 값이다. ±0.5 정도의 상관관계라고 해봐야 회귀분석 시 모형으로 설명될 수 있는 데이터의 변화 패턴은 불과 25% 정도다.

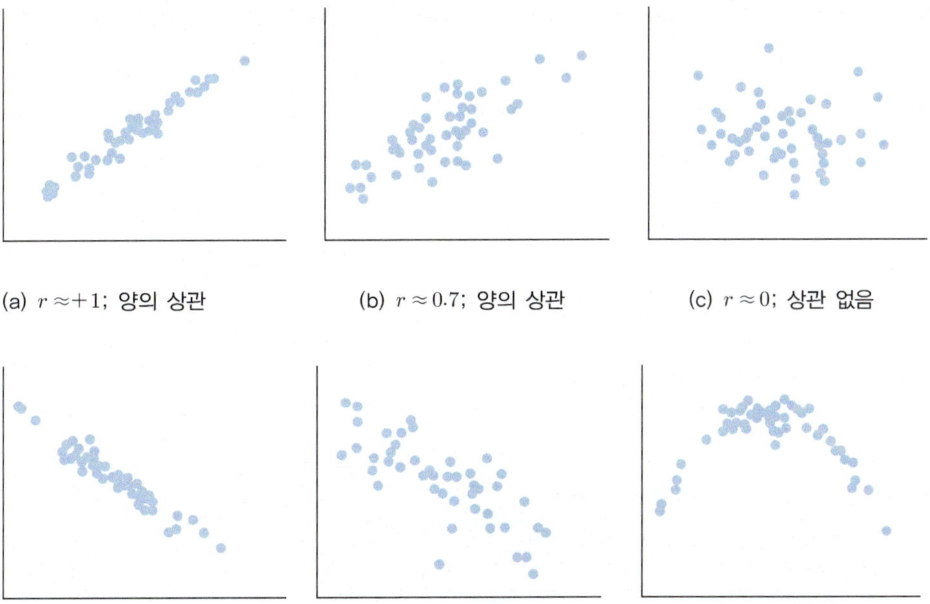

(a) $r \approx +1$; 양의 상관 (b) $r \approx 0.7$; 양의 상관 (c) $r \approx 0$; 상관 없음

(d) $r \approx -1$; 음의 상관 (e) $r \approx -0.5$; 음의 상관 (f) $r \approx 0$; 비선형상관

그림 13.4 여러 가지 상관관계

그림 13.4에 선형 상관에 대한 몇 가지 예를 도시하였다. 특히 (f)의 산점도를 보면 두 변수 간의 관계가 곡선적이며, 아주 강한 연관관계를 보여 주고 있다. 하지만 피어슨 상관계수는 오로지 직선형의 상관만을 탐지하기 때문에 이런 경우 r값은 0에 가깝게 나온다. 따라서 두 변수 간 상관관계를 파악하기 위해서는 산점도를 그려 보는 것이 중요하다. 그리고 상관도가 높더라도 변수 간의 인과성을 쉽게 말할 수는 없다. 즉, 두 변수 간의 연관성이 높더라도 어느 한 변수가 다른 변수의 원인이라는 말은 못한다.

때로 두 변수 간의 상관관계의 유무를 통계적으로 검증할 필요가 있다. 이런 검증은 표본상관계수 r을 기초로 모집단 상관계수 ρ가 0인지 아닌지를 확인하는 형식을 취한다. 즉, X와 Y 간에 선형 상관관계가 있는지 알고 싶다면 귀무가설을 다음과 같이 설정한다.

$$H_0 : \rho = 0$$

만일 검증 결과 귀무가설을 기각하게 되면 두 변수 간에는 선형 상관관계가 존재하는 것이고, 귀무가설을 기각하지 못한다면 두 변수 간에는 서로 아무 관련성이 없다고 판단한다.

표본에서 계산한 상관계수 r은 데이터가 추출된 모집단의 진짜 상관계수 ρ의 추정값이다. 즉, 데이터 (x, y)들이 추출된 모집단의 상관계수를 ρ라고 했을 때, $\hat{\rho} = r$이다.

이러한 경우 (X, Y)가 이변량 정규분포(bivariate normal distribution)를 따른다는 가정하에서 상관계수 r의 표준오차는

$$s_r = \sqrt{\frac{1-r^2}{n-2}}, \quad \text{자유도} = n-2$$

이다. 따라서 귀무가설 $\rho = 0$하에서 r/s_r은 자유도 $n-2$의 t분포를 따르므로, 검증 절차는 다음과 같이 요약할 수 있다.

선형 상관도에 대한 검증 I

귀무가설: $H_0 : \rho = 0$

검증통계량의 값: $t = \dfrac{r}{s_r} = \dfrac{r\sqrt{n-2}}{\sqrt{1-r^2}}$ (13.5)

대립가설	유의수준 α에 대한 기각역
$H_1 : \rho > 0$	$t > t_\alpha(n-2)$
$H_1 : \rho < 0$	$t < -t_\alpha(n-2)$
$H_1 : \rho \neq 0$	$\lvert t\rvert > t_{\alpha/2}(n-2)$

예제 13.2 공기 중 공해물질들 간에는 밀접한 연관 관계가 있다고 한다. 표 13.2의 데이터는 어떤 지역에서 오존 농도 X(ppm)와 탄소 농도 $Y(\text{mg/m}^3)$를 16회 측정한 것이다. 오존 농도 X와 탄소 농도 Y 간에 상관관계가 존재하는가?

풀이 다음은 상관계수를 구하는 데 필요한 통계량들이다.

표 13.2 오존과 탄소 농도 데이터

x	y	x	y
0.066	4.6	0.112	8.0
0.088	11.6	0.055	7.0
0.120	9.5	0.154	20.6
0.050	6.3	0.074	16.6
0.162	13.8	0.111	9.2
0.186	15.4	0.140	17.9
0.057	2.5	0.071	2.8
0.100	11.8	0.110	13.0

$$n = 16$$
$$\sum x_i = 1.656, \qquad \sum y_i = 170.6,$$
$$\sum x^2 = 0.196912, \quad \sum x_i y_i = 20.0397, \qquad \sum y_i^2 = 2253.56.$$

따라서, 피어슨 상관계수는 다음과 같다.

$$\begin{aligned} r &= \frac{16(20.0397) - (1.656)(170.6)}{\sqrt{16(0.196912) - 1.656^2}\sqrt{16(2253.56) - 170.6^2}} \\ &= \frac{38.1216}{(0.6389)(83.3823)} = 0.716 \end{aligned}$$

유의수준 0.01에서 $H_0 : \rho = 0$ 대 $H_1 : \rho > 0$을 검증해 보자. 검증통계량 t의 값은 다음과 같다.

$$t = \frac{0.716\sqrt{14}}{\sqrt{1 - 0.716^2}} = 3.84$$

그리고 임계값은 $t_{0.01}(14) = 2.624$다. 따라서 귀무가설을 기각하며, 두 농도는 양의 상관관계에 있다고 결론 내린다.

13.4 단순선형회귀분석

13.4.1 단순선형회귀모형의 기본 가정

반응변수에 영향을 주는 설명변수의 수가 1개이고 두 변수 사이의 관계가 직선인 단순선형회귀분석에 대하여 알아보기로 하자. 13.1절에서 언급된 바와 같이 Y를 반응변수, x를 설명변수라 할 때 단순선형회귀모형은 다음과 같이 표현된다.

단순선형회귀모형

$$Y = \beta_0 + \beta_1 x + \varepsilon \tag{13.6}$$

여기서 ε는 오차항이며 $N(0, \sigma^2)$을 따른다고 가정하고, 오차 분산 σ^2의 값은 알지 못한다. β_0, β_1는 회귀계수로 데이터에서 추정해야 할 모수이다.

모형 (13.6)의 의미는 주어진 회귀변수의 값 x에서 반응변수 Y의 값들이 모집단을 이루는데, 모집단은 정규분포를 따르고, 평균이 $\beta_0 + \beta_1 x$로 직선상의 한 값으로 주어지고, 분산은 σ^2으로 설명변수의 값에 관계없이 동일하다. 즉, 반응변수의 분포 모양은 동일하다. 예를 들면, 화학공정의 예에서 반응온도를 150도로 고정시키고 공정을 반복하여 진행하면 얻어질 산출량들의 분포가 평균이 $\beta_0 + 150\beta_1$이고 분산이 σ^2인 종모양의 정규분포를 따르는데, 반응온도를 160로 고정시켜도 평균은 직선상의 점인 $\beta_0 + 160\beta_1$로 달라지지만, 분포의 모양은 동일하게 된다.

모형 (13.6)을 전제로 두 변수 (x, Y)에 대한 n개의 관측값 $(x_1, Y_1), (x_2, Y_2), \cdots, (x_n, Y_n)$을 얻었다고 가정하면 모형 (13.6)은 다시 (13.7)과 같이 표현될 수 있다.

$$Y_i = \beta_0 + \beta_1 x_i + \varepsilon_i,\ \ i = 1, \cdots, n \tag{13.7}$$

여기서 오차항 ε_i들은 서로 독립이며 평균이 0이고 분산이 σ^2인 동일한 정규분포를 따른다고 가정하기로 하자. 이때 Y_i의 분포는 오차의 분포의 중심을 $\beta_0 + \beta_1 x_i$만큼 이동한 분포와 동일하기에, 역시 정규분포를 따르며, $Y_i \sim N(\beta_0 + \beta_1 x_i, \sigma^2)$, $i = 1, 2, \cdots, n$이다. 이를 수리적으로 확인하기 위해서 모형 (13.7)의 양변에 기댓값

을 취하면

$$E(Y_i) = \beta_0 + \beta_1 x_i\,, \quad i = 1, 2, \cdots, n \tag{13.8}$$

가 되고, Y_i의 분산은 오차 ε_i의 분산과 동일하여 σ^2이 된다.

13.4.2 최소제곱법에 의한 회귀계수의 추정

회귀분석에서 우리가 시도하는 첫 번째 분석 과정은 (13.8)의 두 회귀계수 β_0과 β_1을 추정하는 것이다. 단순선형회귀분석에서 β_0는 흔히 절편(intercept), β_1은 독립변수 x에 대한 **기울기**(slope)라 부른다. 자료로부터 β_0, β_1의 추정값을 구하여 그것들을 각각 b_0, b_1으로 표기한다고 가정하자. 이때, 우리가 자료로부터 추정하려던 회귀식은

$$\hat{y_i} = b_0 + b_1 x_i\,, \quad i = 1, 2, \cdots, n \tag{13.9}$$

과 같이 표기되며, **적합된 회귀선**(fitted regression line)이라 부른다. 식 (13.9)에서 $\hat{y_i}$은 회귀변수의 값이 x_i일 때 적합된 회귀선에 의거한 반응변수 Y_i의 기댓값에 대한 추정값이다. 원래의 값 y_i와 적합된 회귀선에 의하여 추정된 $\hat{y_i}$의 값이 일치하는 경우는 거의 없으며, 특히 이 두 값의 차이를 **잔차**(residual)라 부른다. 앞으로 잔차는 e_i로 표기한다.

$$e_i = y_i - \hat{y_i}\,, \quad i = 1, 2, \cdots, n \tag{13.10}$$

잔차는 오차 ε_i의 추정값이며, 회귀선이 자료에 얼마나 잘 적합되는지를 판단하는 중요한 도구이다.

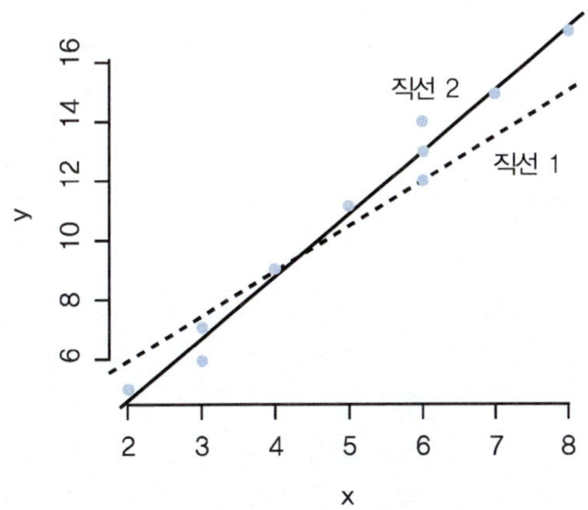

그림 13.5 추정된 회귀직선 비교

n쌍의 자료점 $(x_1, y_1), (x_2, y_2), \cdots, (x_n, y_n)$을 가지고 산점도를 그려본 결과, 대충 자료점들이 선형성을 보였다고 하자. 이제 자료들로부터 회귀직선의 기울기와 절편을 추정해야 한다. 그림 13.5의 산점도에 그려진 직선 1과 직선 2 중에서 어느 직선이 자료를 잘 설명한다고 생각하는가? 직선 2 둘레에 자료점들이 더 몰려 있기 때문에 대부분의 사람들이 직선 2를 선택할 것이다. 이 비교 방법을 계량적으로 표현한 보편적인 방법이 **최소제곱법**(least squares method)에 의한 추정방법이다. **최소제곱법**을 사용하여 회귀계수 β_0, β_1을 추정해 보자. 최소 제곱법은 주어진 자료에 잘 적합되는 회귀계수를 찾는 한 가지 방법으로, 오차들의 제곱합을 최소로 하는 회귀계수의 추정값을 구한다. 즉, 각각의 자료점에서 추정된 회귀직선 사이의 거리의 제곱을 모두 합한 값이 최소가 되도록 회귀계수들이 추정된다. 즉, 오차의 제곱합

$$\sum_{i=1}^{n} \epsilon_i^2 = \sum_{i=1}^{n} [y_i - (\beta_0 + \beta_1 x_i)]^2 \equiv Q \tag{13.11}$$

을 최소화하도록 β_0과 β_1을 구하는 방법이다. 식 (13.11)을 최소화하기 위해서 Q를 β_0와 β_1에 대하여 각각 편미분한 후 결과 되는 식을 0으로 놓으면 (13.12)와 같은 연립방정식을 얻으며, 이 식을 정규방정식(normal equations)이라 부른다.

$$\frac{\partial Q}{\partial \beta_0} = 0 \quad \Leftrightarrow \quad \sum_{i=1}^{n} [y_i - (\beta_0 + \beta_1 x_i)] = 0 \tag{13.12}$$

$$\frac{\partial Q}{\partial \beta_1} = 0 \quad \Leftrightarrow \quad \sum_{i=1}^{n} x_i [y_i - (\beta_0 + \beta_1 x_i)] = 0$$

연립방정식 (13.12)를 β_0와 β_1에 대하여 풀어, 그 결과를 b_0와 b_1으로 표기하면 다음과 같은 β_0와 β_1에 대한 최소제곱추정량(least squares estimator)을 구할 수 있다.

최소제곱추정량 b_1 & b_0

$$b_1 = \frac{S_{xy}}{S_{xx}}, \qquad b_0 = \bar{y} - b_1 \bar{x} \tag{13.13}$$

여기서

$$\bar{y} = \sum_{i=1}^{n} y_i / n, \qquad \bar{x} = \sum_{i=1}^{n} x_i / n$$

$$S_{xy} = \sum_{i=1}^{n}(x_i - \overline{x})(y_i - \overline{y}) = \sum_{i=1}^{n} x_i y_i - n\overline{x}\overline{y}$$

$$S_{xx} = \sum_{i=1}^{n}(x_i - \overline{x})(x_i - \overline{x}) = \sum_{i=1}^{n}(x_i - \overline{x})^2 = \sum_{i=1}^{n} x_i^2 - n\overline{x}^2$$

이며, b_0와 b_1은 각각 β_0, β_1에 대한 불편추정량(unbiased estimator)이다.

예제 13.3 화학공정에서 어떤 생성물의 불순도는 화학물질을 얼마나 빨리 휘저어 주는가에 따라 달라진다고 한다. 표 13.3은 휘젓는 장치의 회전률(x)과 그때 발생하는 불순도(Y)를 측정한 데이터이다. 산점도를 그려보고, 단순선형회귀모형 $y = \beta_0 + \beta_1 x + \varepsilon$을 가정하여 회귀계수와 적합된 회귀직선을 구하여라.

표 13.3 생성물의 불순도 데이터

x(rpm)	20	22	24	26	28	30	32	34	36	38	40	42
Y(%)	8.4	9.5	11.8	10.4	13.3	14.8	13.2	14.7	16.4	16.5	18.9	18.5

풀이 그림 13.6은 생성물의 불순도 데이터에 대한 산점도이다. 이 산점도를 보면 x와 Y 간에는 선형 관계가 존재하는 것을 알 수 있다. 따라서 회귀모형 $y = \beta_0 + \beta_1 x + \varepsilon$이 데이터에 잘 적합될 것으로 기대된다.

최소제곱법을 사용하여 회귀계수를 구해 보자.

$$n = 12, \quad \overline{x} = 31, \quad \overline{y} = 13.87$$

$$S_{xx} = 572, \quad S_{xy} = 261.2$$

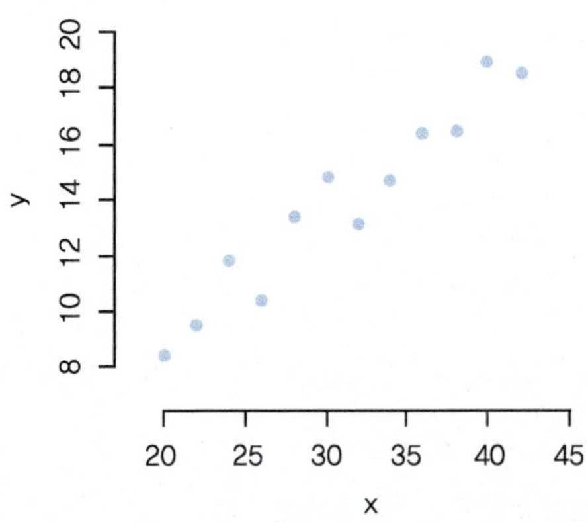

그림 13.6 생성물의 불순도 데이터에 대한 산점도

따라서 추정된 회귀계수와 적합된 회귀직선은 다음과 같다.

$$\hat{\beta_1} = b_1 = \frac{S_{xy}}{S_{xx}} = \frac{261.2}{572} = 0.4566$$

$$\hat{\beta_0} = b_0 = \bar{y} - b_1 \bar{x} = 13.87 - 0.4566 \times 31 = -0.289$$

$$\hat{y} = -0.289 + 0.4566x$$

■

13.4.3 분산분석

단순선형회귀모형을 설정하고, 데이터를 통하여 회귀계수를 추정함으로써 적합된 회귀직선을 구한 후에는 적합된 회귀선이 얼마나 데이터에 잘 들어 맞는지를 확인해 보아야 한다. 적합된 회귀직선이 통계적으로 유의하지 않은 경우에는 더 이상의 분석이 의미가 없기 때문이다.

만일 두 변수 사이에 전혀 회귀 관계가 없다면 반응변수의 값은 설명변수 값의 변화에 전혀 영향을 받지 않아야 한다. 다시 말해서 두 변수 사이에 회귀관계가 없다면 β_1의 값은 0이 될 것이며, 이 경우 축소된 모형은

$$y_i = \beta_0 + \varepsilon_i \tag{13.14}$$

와 같이 쓸 수 있다. 모형 (13.14) 하에서 최소제곱법으로 β_0의 추정량 b_0을 구해 보면 $b_0 = \bar{y}$가 되며, 평균에 의해서 설명할 수 없는 부분인 총편차는 $y_i - \bar{y}$가 된다. 이제 총편차를 회귀직선에 의해서 설명할 수 없는 부분과 설명할 수 있는 부분으로 분해하여 보자.

$$y_i - \bar{y} = (y_i - \hat{y}_i) + (\hat{y}_i - \bar{y}) \tag{13.15}$$

식 (13.15)의 의미를 다시 살펴보면

(관측값과 평균과의 차이)

=(관측값과 적합된 값과의 차이)+(적합된 값과 평균과의 차이)

라 할 수 있다. 관측값과 적합된 값과의 차이는 바로 잔차이므로 이 값은 작으면 작을수록 좋다. 따라서 회귀선이 데이터에 잘 적합 되려면 회귀선에 의해 설명 안 되는 부분인 잔차의 제곱합이 작아야 한다. 식 (13.15)의 양변을 제곱하여 합하면 제곱합의 분할 형태로 귀착되어 식 (13.16)을 얻게 되며, 이때 총제곱합이 회귀직선에 의

해 설명 안 되는 잔차제곱합과 회귀직선에 의해 설명되는 회귀제곱합으로 분할되었다고 한다.

단순선형회귀모형의 총변동의 분할

$$\sum_{i=1}^{n}(y_i - \bar{y})^2 = \sum_{i=1}^{n}(y_i - \hat{y}_i)^2 + \sum_{i=1}^{n}(\hat{y}_i - \bar{y})^2 \quad (13.16)$$

$$\Leftrightarrow \quad SS_T \quad = \quad SS_E \quad + \quad SS_R$$

$$\Leftrightarrow \quad \text{총제곱합} \quad = \quad \text{잔차제곱합} + \text{회귀제곱합}$$

그리고 총제곱합의 자유도는 다음과 같이 잔차제곱합의 자유도와 회귀제곱합의 자유도의 합으로 분해된다. 여기서 회귀제곱합인 $SS_R = b_1^2 S_{xx}$ 이어서 y_i 들의 하나의 선형함수인 b_1^2에 비례하는 것으로 표현되어서, 자유도가 1이다. 잔차제곱합은 $\hat{y_i}$ 를 구하기 위해서 n개의 관측치들 중에서 β_0와 β_1을 추정하는데에 2개를 사용하기 때문에 자유도가 $n-2$이다.

$$n-1 = (n-2) + \ 1 \quad (13.17)$$

$$\phi_T = \phi_E \quad + \ \phi_R$$

또한 회귀평균제곱 MS_R과 잔차평균제곱 MS_E는 SS_R과 SS_E를 각각의 자유도로 나누어 구한다.

지금부터 반응변수와 설명변수 사이에 회귀직선이 의미가 있는지를 검정하는 방법인 유의성 검정에 대하여 알아보기로 하자. 이미 모형 (13.14)에서 언급된 바와 같이 직선관계가 존재하지 않는다면 β_1은 0이 될 것이다. 따라서 귀무가설과 대립가설은 다음과 같이 세운다.

$$H_0: \text{회귀 관계가 없다} \quad \Leftrightarrow \quad H_0: \beta_1 = 0$$

$$H_1: \text{회귀 관계가 있다} \quad \Leftrightarrow \quad H_1: \beta_1 \neq 0$$

귀무가설이 옳으면 검정통계량 $F_0 = MS_R / MS_E$는 자유도$(1, n-2)$인 F 분포를 따르는 것이 알려져 있으므로 기각역은 $F_0 > F_\alpha(1, n-2)$으로 주어진다. 이상의 결과를 요약하면 다음과 같은 분산분석표를 작성할 수 있다.

표 13.4 분산분석표: 회귀의 유의성 검정

요인	제곱합	자유도	평균제곱	EMS	F_0
회귀	SS_R	1	MS_R	$\sigma^2+\beta_1^2 S_{xx}$	MS_R/MS_E
오차	SS_E	$n-2$	MS_E	σ^2	
계	SS_T	$n-1$			

위의 분산분석표에서 평균제곱의 기댓값인 EMS 항목을 보면 β_1이 0이 아니면 MS_R의 기댓값이 MS_E의 기댓값보다 크기 때문에, F_0의 값이 커질 것으로 예상됨을 알 수 있다. 다시 말해서 F_0의 값이 크면 추정된 회귀직선이 유의하다고 할 수 있다. 또한 $E(MS_E)=\sigma^2$이므로 MS_E는 오차분산 σ^2에 대한 불편추정량이다.

결정계수(coefficient of determination) R^2는 회귀선에 의해 반응변수가 설명되어지는 정도를 나타낸 것으로 총제곱합 중에서 회귀제곱합이 차지하는 비율로 다음과 같이 정의한다.

결정계수

$$R^2=\frac{SS_R}{SS_T} \tag{13.18}$$

결정계수 R^2의 값은 언제나 0 이상이고 1 이하이다. R^2의 값이 0에 가까우면 추정된 회귀직선이 데이터를 잘 설명하지 못하는 것을 의미하고 1에 가까울수록 회귀직선이 데이터를 잘 설명하는 것이 된다. 단순회귀분석의 경우에는 두 변수 사이의 피어슨 상관계수의 제곱이 사실상 결정계수이다.

예제 13.4 앞에서 다룬 예제 13.3의 데이터에서 회귀의 유의성을 검정해 보아라.

풀이 적합된 회귀직선이 $\hat{y}=-0.2879+0.4556x$이므로 식 (13.16)을 이용하여 총제곱합과 회귀제곱합을 구하면

$$SS_T=\sum y_i^2-n\bar{y}^2=127.73,$$
$$SS_R=b_1^2 S_{xx}=.4566^2\times 572=119.26$$

이 되며, 잔차제곱합은

$$SS_E = SS_T - SS_R = 127.73 - 119.26 = 8.47$$

이다. 이러한 결과를 정리하면 표 13.4와 같은 분산분석표를 작성할 수 있다. 유의수준을 0.01이라 할 때 F 분포표에서 $F_{0.01}(1,10) = 10.0$이므로 귀무가설을 기각하고 $\beta_1 \neq 0$이라고 결론 내린다. 다시 말해서 추정된 회귀직선이 유의(significant)하다고 판단한다. 한편 결정계수 $R^2 = 119.26/127.73 = 0.9337$이므로 적합된 회귀직선은 93% 정도의 설명력을 갖는다. ■

회귀직선의 기울기인 b_1은 서로 독립이고 정규분포를 따르는 Y_i 들의 선형함수로 표현이 되기 때문에, b_1의 분포는 정규분포인

표 13.5 생성물의 불순도 데이터에 대한 분산분석표: 회귀의 유의성 검정

요인	제곱합	자유도	평균제곱	F_0
회귀	119.26	1	119.26	140.80
오차	8.47	10	0.847	
	127.73	11		

$$b_1 \sim N\left(\beta_1,\ \frac{\sigma^2}{S_{xx}}\right) \tag{13.21}$$

이다. 또한 주어진 설명변수의 값 x에서의 예측치인 $\hat{y} = b_0 + b_1 x$도 서로 독립인 Y_i 들의 선형함수로 표현이 되기 때문에 정규분포를 따르고, $\hat{y}$의 분포는

$$\hat{y} \sim N\left(\beta_0 + \beta_1 x,\ \sigma^2\left(\frac{1}{n} + \frac{(x-\bar{x})^2}{S_{xx}}\right)\right) \tag{13.22}$$

이다

따라서 회귀계수 β_1과 $x = x_1$에서의 반응변수의 기댓값 EY에 대한 $100(1-\alpha)\%$ 신뢰구간은 다음과 같이 구해진다.

① β_1에 대한 $100(1-\alpha)\%$ 신뢰구간

$$\left[b_1 \pm t_{\alpha/2}(n-2)\sqrt{\frac{MS_E}{S_{xx}}}\right]$$

② $x = x_1$ 에서 EY에 대한 $100(1-\alpha)\%$ 신뢰구간

$$\left[(b_0 + b_1 x_1) \pm t_{\alpha/2}(n-2)\sqrt{MS_E\left(\frac{1}{n} + \frac{(x_1 - \overline{x})^2}{S_{xx}}\right)}\right]$$

$x = x_1$ 에서의 관측될 미래의 관측치인 반응변수 Y에 대한 $100(1-\alpha)\%$ 신뢰구간은 불확실성이 모평균인 EY보다 오차만큼 더 커지기 때문에 분산의 추정치가 MS_E만큼 커져서, 다음과 같이 주어진다.

③ $x = x_1$ 에서 관측될 반응변수 Y에 대한 $100(1-\alpha)\%$ 신뢰구간

$$\left[(b_0 + b_1 x_1) \pm t_{\alpha/2}(n-2)\sqrt{MS_E\left(\frac{1}{n} + \frac{(x_1 - \overline{x})^2}{S_{xx}} + 1\right)}\right]$$

예제 13.5 앞에서 다룬 예제 13.3 데이터에서 회귀계수 β_1에 대한 95% 신뢰구간은 다음과 같다.

$$\left[0.4566 \pm (2.228)\sqrt{\frac{0.847}{572.0}}\right] = [0.4566 \pm 0.0857]$$

$$\Leftrightarrow \quad (0.3709, 0.5423)$$

실험을 하지 않은 $x_h = 33$에서 $E(Y_h)$의 95% 신뢰구간을 구해 보자. 앞의 예에서 계산한 결과를 이용하면 $\widehat{y_h} = b_0 + b_1 \times 33 = 14.78$이다. 다음으로 $s(\widehat{y_h})$를 구할 필요가 있다.

$$\begin{aligned} s^2(\widehat{y_h}) &= MS_E(1/n + (x_h - \overline{x})^2/S_{xx}) \\ &= 0.845(1/12 + (33-31)^2/372) = .0763 \end{aligned}$$

이고 $s(\widehat{y_h}) = .276$이다. $E(Y_h)$의 95% 신뢰구간은 $14.78 \pm 2.228 \times .276 \leftrightarrow (14.164, 15.398)$이다. 그림 13.7은 $E(Y)$의 95% 신뢰구간을 나타내고, 그림 13.8은 미래의 관측치인 Y의 95% 신뢰구간을 나타내는데, $x = \overline{x}$에서 가장 짧고 x가 $\overline{x}$에서 멀어짐에 따라 점점 길어짐을 알 수 있다.

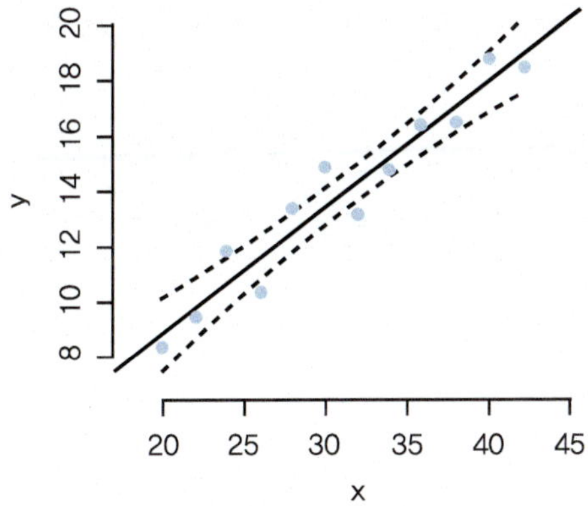

그림 13.7 EY의 95% 신뢰대

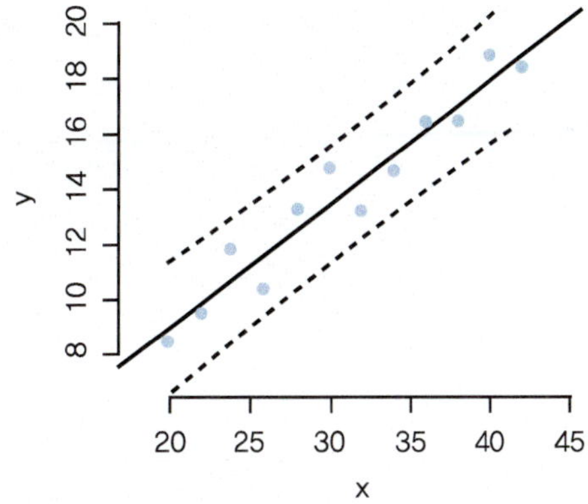

그림 13.8 Y의 95% 신뢰대

13.5 다중선형회귀분석

다중선형회귀분석은 설명변수가 둘 이상인 경우를 말한다. 예를 들어 중고차의 가격이 반응변수인 경우 이를 설명하기 위하여 사용기간, 주행거리, 차종 등 여러 설명변수를 이용하여 분석하였다면 이를 다중선형회귀분석이라고 한다.

13.1절에서 언급한 바 있지만, k개의 설명변수 $x_1, x_2, \cdots, x_k$과 반응변수 Y에 대한 다중선형회귀모형은 (13.23)과 같이 쓸 수 있다.

$$Y = \beta_0 + \beta_1 x_1 + \beta_2 x_2 + \cdots + \beta_k x_k + \varepsilon, \qquad \varepsilon \sim N(0, \sigma^2) \tag{13.23}$$

다중선형회귀모형 (13.23)에 대응되는 데이터의 구조는 표 13.5에 나와 있다.

표 13.6의 데이터 구조에서 관측된 데이터의 수는 n개로, 이 값은 $k+1$ 이상이어야 한다. 다시 말해서 $n \geq k+1$을 만족하여야 한다. 연립방정식에서 방정식의 개수보다 미지수의 개수가 더 많으면 해를 구할 수 없듯이 회귀분석에서도 관측된

표 13.6 다중선형회귀에 대한 데이터 구조

설명변수				반응변수
x_1	x_2	$\cdots$	x_k	Y
x_{11}	x_{21}	$\cdots$	x_{k1}	y_1
x_{12}	x_{22}	$\cdots$	x_{k2}	y_2
$\vdots$	$\vdots$	$\ddots$	$\vdots$	$\vdots$
x_{1n}	x_{2n}	$\cdots$	x_{kn}	y_n

데이터의 수 n이 추정해야 할 회귀계수들의 개수 $k+1$개보다 작으면 정상적인 분석을 할 수 없다. 임의로 고정된 독립변수의 값 x_1, …, x_k에서 종속변수 Y의 기댓값은 $E(Y) = \beta_0 + \beta_1 x_1 + \cdots + \beta_k x_k$이다. 모형 (13.23)에서 미지의 회귀계수 β_0, β_1, …, β_k는 최소제곱법에 의해 주어진 표본자료로부터 구해진다. 따라서 각각의 관찰점에서의 n개의 편차의 제곱의 합

$$Q = \sum_{j=1}^{n} (y_j - (\beta_0 + \beta_1 x_{1j} + \cdots + \beta_k x_{kj}))^2 \tag{13.24}$$

을 최소로 하는 β_0, β_1, …, β_k를 찾아야 한다. 이들의 최소제곱추정량 b_0, b_1, b_2, …, b_k는 다음의 정규방정식

$$\begin{aligned} nb_0 + b_1 \sum x_{1j} + \cdots + b_k \sum x_{kj} &= \sum y_j \\ b_0 \sum x_{1j} + b_1 \sum x_{1j}^2 + \cdots + b_k \sum x_{1j} x_{kj} &= \sum x_{1j} y_j \\ &\vdots \\ b_0 \sum x_{kj} + b_1 \sum x_{1j} x_{kj} + \cdots + b_k \sum x_{kj}^2 &= \sum x_{kj} y_j \end{aligned}$$

의 해이다.

다중회귀모형의 분산분석과 회귀계수에 관한 추론, 고려된 독립변수들 중에서 어느 것이 모형에 포함시켜야 할 정도로 중요한가를 결정하는 변수선택방법은 잘 알려져 있지만 대수학적 공식이 복잡해 행렬대수학(matrix algebra)을 필요로 하기에 다중회귀모형에 대한 통계적 분석의 토의는 이 책의 범주를 벗어난다.

예제 13.6 화학공정에서 생성되는 반응물질의 오염도(Y)와 이와 관련된 두 가지의 공정변수인 반응온도(x_1)와 촉매 공급률(x_2)에 대한 16개의 데이터가 표 13.6에 주어져 있다. 다중회귀식을 추정하여라.

풀이

(1) 모형의 설정

이 데이터에 다음과 같은 다중회귀모형을 설정하기로 하자.

$$Y = \beta_0 + \beta_1 x_1 + \beta_2 x_2 + \varepsilon$$

(2) 적합된 회귀식의 도출

최소제곱법을 이용하여 회귀계수를 추정해 보자.

표 13.7의 자료로부터

표 13.7 오염도 데이터

반응온도 (x_1,℃)	촉매공급률 ($x_2, lb/hr$)	오염도 (ppm)
80	8	2256
93	9	2340
100	10	2426
82	12	2293
90	11	2330
99	8	2368
81	8	2250
96	10	2409
94	12	2364
93	11	2379
97	13	2440
95	11	2364
100	8	2404
85	12	2317
86	9	2309
87	12	2328

$$\sum x_{i1} = 1458,\ \sum x_{i2} = 164,\ \sum y_i = 37577$$
$$\sum x_{1j}^2 = 133{,}560,\ \sum x_{1j}x_{2j} = 14{,}946,\ \sum x_{1j}y_j = 3{,}429{,}550$$
$$\sum x_{2j}^2 = 1{,}726,\ \sum x_{2j}y_j = 385{,}562$$

따라서 정규방정식은

$$\begin{aligned} 16b_0 + 1458b_1 + 164b_2 &= 37577 \\ 1458b_0 + 133560b_1 + 14946b_2 &= 3429550 \\ 164b_0 + 14946b_1 + 1726b_2 &= 385562 \end{aligned}$$

이고, 연립하여 풀면 $b_0 = 1566.08, b_1 = 7.62,\ b_2 = 8.58$이 되어

$$\hat{y} = 1566.08 + 7.62\,x_1 + 8.58\,x_2$$

가 된다. 이 식은 촉매공급율 x_2를 고정하고 반응온도 x_1를 한 단위 증가시키면 평균 오염도는 7.62 단위 증가되리라는 것을 의미한다. 마찬가지로 반응온도 x_1을 고정하고 촉매공급율 x_2를 한단위 증가시키면 평균 오염도는 8.58 단위 증가한다. ■

예제 13.6은 두 개의 독립변수 x_1, x_2를 갖는 다중회귀분석을 설명한다. 한 개의 독립변수를 갖는 경우의 단순회귀분석은 앞 절에서 설명되었다. 한 개의 독립변수를 갖는 경우에 산점도가 곡선관계를 나타내는 경우가 있다. 그러한 곡선관계를 다루는 가장 간단한 대안은 단순선형모형 $Y_i = \beta_0 + \beta_1 x_i + \varepsilon_i$에 x_i^2항을 넣는 것이다. 이 경우에

$$Y_j = \beta_0 + \beta_1 x_j + \beta_2 x_j^2 + \varepsilon_j,\ j = 1,\ \cdots,\ n \tag{13.25}$$

을 얻는데 회귀함수인 종속변수 Y의 기댓값은 독립변수 x의 2차함수이다. 이 모형을 이차다항회귀모형(quadratic polynomial regression model)이라 한다. 일반적으로 k차 다항회귀모형

$$Y_j = \beta_0 + \beta_1 x_j + \cdots + \beta_k x_j^k + \varepsilon_j,\ j = 1,\ \cdots,\ n$$

은 독립변수가 k개 있는 다중회귀모형으로 다음과 같이 바꾸어 생각해 주면 간편하다.

$$\begin{aligned} x_{1j} &= x_j \\ x_{2j} &= x_j^2 \\ &\vdots \\ x_{kj} &= x_j^k,\ j = 1,\ \cdots,\ n \end{aligned}$$

따라서 다항회귀분석은 다중회귀분석의 기법을 그대로 사용한다.

13.6 잔차분석을 통한 모형의 적절성

지금까지 데이터를 바탕으로 모형을 설정하여 회귀식을 추정하고 추정된 회귀선의 정도(precision)를 검토하는 분석과정에 대하여 알아보았다. 이러한 분석과정은 설정된 모형과 가정이 적절하다는 전제하에서 이루어진 것이다. 설정된 모형이나 가정에 어떤 문제가 있는가를 파악해 보기 위한 간결한 방법은 오차항이 $N(0, \sigma^2)$ 분포를 따르는지를 시각적으로 검토하는 것이다. 예를 들면, 회귀함수가 1차 모형이 아니라 곡선효과를 나타내는 이차모형이 적절한 모형이라면 오차항의 기댓값은 0이 아니라 곡선효과를 반영하는 x^2에 비례하여, 오차항들이 0을 둘레로 랜덤하게 나타나지 않고, 체계적인 곡선의 형태로 나타날 것이다. 그런데 오차는 우리가 구할 수가 없다. 예를 들면, 단순회귀모형을 가정하는 경우에는 오차가 $\epsilon_i = y_i - \beta_0 - \beta_1 x_i$이고

회귀계수 β_0, β_1이 미지이기 때문이다. 그런데 β_0, β_1 대신에 최소제곱추정치인 b_0, b_1를 대체하여 구한 잔차 e_i는 우리가 구할 수 있고, 오차의 추정치로 간주할 수 있다. 잔차는 오차의 추정치로 잔차의 기댓값은 0이지만, 잔차의 분산은 오차와는 달리 설명변수의 값에 따라서 다르다. 따라서 잔차를 표준화한 표준화 잔차(studentized residual)의 그림을 통해서 오차항이 $N(0,\sigma^2)$ 분포를 따르는지를 시각적으로 검토할 수 있는데, 이를 잔차분석(residual analysis)라 한다.

오차의 정규성을 살펴보기 위해서 표준화 잔차의 정규확률그림(normal probability plot)을 그려본다. 정률확률그림이 대략적으로 직선의 형태이면, 정규성을 가정할 수 있다. 오차의 기댓값이 0이고 등분산 가정을 확인하기 위해서는 표준화 잔차와 설명변수의 값 혹은 예측치의 값에 대한 산점도 그림이 0을 둘레로 수평밴드 내에서 랜덤하게 움직이는 모양을 나타내야 한다. 그림 13.9의 (a) 형태가 가정된 모형의 적절성을 반영하는 가장 이상적인 잔차그림이다. 잔차그림이 (b) 형태로 주어지면, 예측치의 값이 커짐에 따라서 표준화 잔차의 퍼짐이 넓어짐을 확인할 수 있어서, 오차의 등분산 가정을 의심하게 되고, 이 경우의 해결책은 반응변수 y를 $\sqrt{y}$, $1/y$, $\ln y$ 등으로 변환하여, 변환된 반응변수를 새로운 반응변수로 취하여 분석하는 것이다. 잔차그림이 (c)는 표준화 잔차들이 조직적인 형태들을 나타내는 것을 보여 준다. x축을 중심으로 랜덤하게 분포하는 대신 잔차들이 처음에는 꾸준히 증가한 다음에 감소한다. 따라서 (c)는 가정된 회귀직선의 부적당함을 나타내고, 곡선효과를 반영하는 가장 간단한 모형인 이차모형이 고려되어야 함을 제시한다.

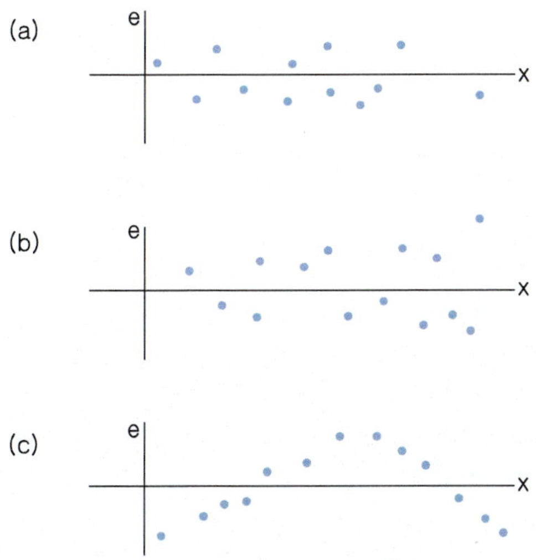

그림 13.9 표준화 잔차그림

13.7 컴퓨터 활용

```
> # 예제 13.1
> x<-c(3,2,6,8,4,5,6,3,7,6)
> y<-c(6,5,12,17,9,11,14,7,15,13)
> plot(x,y,pch=16)
```

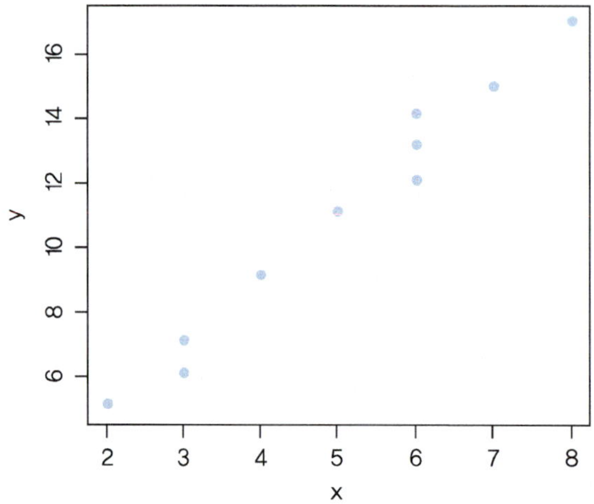


```
> # 예제 13.2
> x<-c(0.066,0.088,0.120,0.050,0.162,0.186,0.057,0.100,
+        0.112,0.055,0.154,0.074,0.111,0.140,0.071,0.110)
> y<-c( 4.6,11.6, 9.5, 6.3,13.8,15.4, 2.5,11.8,
+        8.0,7.0,20.6,16.6, 9.2,17.9, 2.8,13.0)
> cor(x,y)
[1] 0.7155355
> cor.test(x,y)

        Pearson's product-moment correlation

data:  x and y
t = 3.8325, df = 14, p-value = 0.00183
alternative hypothesis: true correlation is not equal to 0
95 percent confidence interval:
 0.3406608 0.8941061
sample estimates:
      cor
0.7155355
```

```
>
> # 예제 13.3
> x<-c(20,22,24,26,28,30,32,34,36,38,40,42)
> y<-c(8.4,9.5,11.8,10.4,13.3,14.8,13.2,14.7,16.4,16.5,18.9,18.5)
> y.lm<-lm(y~x)
> summary(y.lm)
Call:
lm(formula = y ~ x)

Residuals:
    Min      1Q  Median      3Q     Max
-1.1834 -0.5432 -0.3233  0.8333  1.3900

Coefficients:
            Estimate Std. Error t value Pr(>|t|)
(Intercept) -0.28928    1.22079  -0.237    0.817
x            0.45664    0.03844  11.880 3.21e-07 ***
---
Signif. codes:  0 '***' 0.001 '**' 0.01 '*' 0.05 '.' 0.1 ' ' 1

Residual standard error: 0.9193 on 10 degrees of freedom
Multiple R-squared:  0.9338,    Adjusted R-squared:  0.9272
F-statistic: 141.1 on 1 and 10 DF,  p-value: 3.211e-07

>
> # 예제 13.4
> anova(y.lm)
Analysis of Variance Table

Response: y
          Df  Sum Sq Mean Sq F value    Pr(>F)
x          1 119.275 119.275  141.13 3.211e-07 ***
Residuals 10   8.451   0.845
---
Signif. codes:  0 '***' 0.001 '**' 0.01 '*' 0.05 '.' 0.1 ' ' 1
>
> # 예제 13.5
> confint(y.lm)
                2.5 %    97.5 %
(Intercept) -3.009365 2.4308107
x            0.370997 0.5422898
```

```
> predict(y.lm,data.frame(x=33),interval="confidence")
       fit      lwr      upr
1 14.77995 14.16433 15.39558
>
> # 예제 13.6
> x1<-c(80,93,100,82,90,99,81,96,
+        94,93,97,95,100,85,86,87)
> x2<-c(8,9,10,12,11,8,8,10,12,11,13,11,8,12,9,12)
> y<-c(2256,2340,2426,2293,2330,2368,2250,2409,
+        2364,2379,2440,2364,2404,2317,2309,2328)
> ex13.6<-data.frame(x1=x1,x2=x2,y=y)
> y.lm<-lm(y~x1+x2,data = ex13.6)
> summary(y.lm)

Call:
lm(formula = y ~ x1 + x2, data = ex13.6)

Residuals:
     Min       1Q    Median      3Q       Max
-21.4972  -13.1978  -0.4736   10.5558   25.4299

Coefficients:
            Estimate Std. Error t value Pr(>|t|)
(Intercept) 1566.0778    61.5918   25.43 1.80e-12 ***
x1             7.6213     0.6184   12.32 1.52e-08 ***
x2             8.5848     2.4387    3.52  0.00376 **
---
Signif. codes:  0 ‘***’ 0.001 ‘**’ 0.01 ‘*’ 0.05 ‘.’ 0.1 ‘ ’ 1

Residual standard error: 16.36 on 13 degrees of freedom
Multiple R-squared:  0.927,     Adjusted R-squared:  0.9157
F-statistic:  82.5 on 2 and 13 DF,  p-value: 4.1e-08

> anova(y.lm)
Analysis of Variance Table

Response: y
          Df  Sum Sq  Mean Sq F value    Pr(>F)
x1         1   40841    40841  152.617  1.474e-08 ***
x2         1    3316     3316   12.392  0.003765 **
Residuals 13    3479      268
```

```
---
Signif. codes:  0 '***' 0.001 '**' 0.01 '*' 0.05 '.' 0.1 ' ' 1
> plot(predict(y.lm),rstudent(y.lm),
+      xlab=expression(hat(y)),ylab="studentized residual",pch=16)
> abline(v=0)
> abline(h=0)
> qqnorm(rstudent(y.lm))
> qqline(rstudent(y.lm))
```

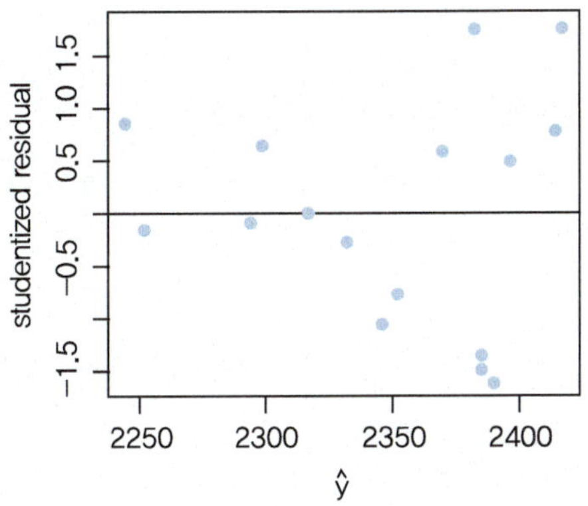

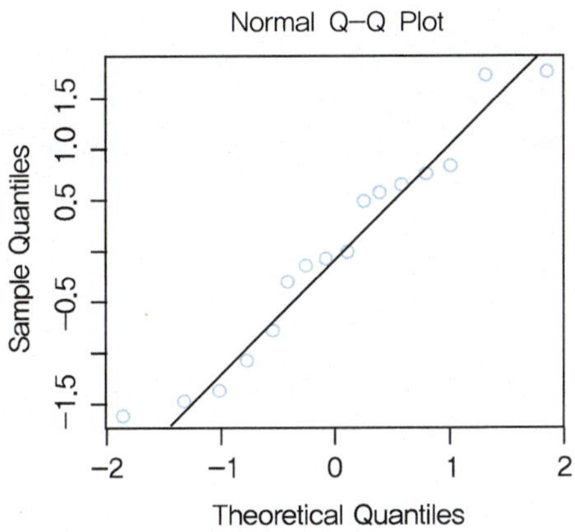

연습문제

13.1 다음 경우에 독립변수 x와 종속변수 Y를 구분하라.

(1) 기능공 훈련소에서 새로 입소한 기능공의 훈련기간과 정교한 기술을 요구하는 작업의 능률 사이의 관계를 알고자 할 때

(2) 화학자가 페인트의 건조시간과 건조과정을 가속화시킨다는 한 화학약품 첨가물의 양 사이의 관계를 연구하고자 할 때

(3) 연구의 목적이 흡연자의 혈액에 있는 탄소 일산화물(carbon monoside)의 수준과 그들이 평균 하루에 피는 담배의 양에 관련시키는 것일 때

(4) 농경학자가 곰팡이의 성장률과 그 주변의 습도와의 관계를 연구할 때

(5) 시장 분석학자가 상품 광고비는 물론 판촉활동에 들어간 모든 경비와 그 결과 얻어진 상품판매액과 관련성을 알고자 할 때

13.2 다음 다섯 쌍의 자료 (X_i, Y_i)가 주어졌을 때

X_i	1	2	3	4	5
Y_i	0.9	2.1	2.5	3.3	3.8

(1) 산점도를 그려라.

(2) 대충 눈으로 보아 자료를 잘 적합시키는 직선을 그려라.

(3) 최소제곱추정값 $\widehat{\beta_0}$와 $\widehat{\beta_1}$를 구하고 적합된 회귀직선을 그려라.

13.3 문제 13.2에서,

(1) 잔차를 구하고 합이 영이 됨을 보여라.

(2) 잔차제곱합을 i) 잔차의 제곱의 합과 ii) 공식 $SS_E = S_{YY} - b_1^2 S_{XX}$에 의해 계산하여라.

(3) σ^2을 추정하여라.

13.4 조간신문에 소형승용차의 중고차 가격이 다음과 같이 목록되었다. 여기서 X는 사용연수이고 Y는 가격(단위: 백만 원)이다.

X	1	2	3	4	5	6
Y	3.5	2.4	1.6	1.0	0.8	0.5

(1) 산점도를 그려라.

(2) 최소제곱법에 의해 회귀직선을 추정하고 이를 산점도 위에 그려라.

(3) 회귀직선의 기울기 β_1에 대한 95% 신뢰구간을 구하여라.

13.5 문제 13.4에서,

(1) 적합된 회귀직선으로부터 4년된 중고차의 평균판매가격에 대한 추정값을 구하고 95% 신뢰구간을 구하여라.

(2) 자료에 근거하여 8년된 중고차의 가격을 예측할 수 있겠는지 논하여라.

13.6 화학공정의 산출량에 마치는 용도의 영향에 대한 연구가 행하여져서 대한 코드화된 자료를 얻었다.

X	−5	−4	−3	−2	−1	0	1	2	3	4	5
Y	1	5	4	7	10	8	9	13	14	13	18

(1) 단순회귀모형 $Y=\beta_0+\beta_1 X+\epsilon$을 가정할 때 β_0, β_1의 최소제곱추정값은? 주어진 설명변수의 값 x에서의 반응변수의 모평균의 예측치 $\hat{y}$는?

(2) 분산분석표를 작성하고 가설 $H_0 : \beta_1 = 0$을 유의수준 $\alpha = 0.05$에서 검정하여라.

(3) β_1에 대한 95% 신뢰구간은?

(4) $X=3$에서 Y의 모평균에 대한 95% 신뢰구간은?

(5) 표준화 잔차의 정규확률그림을 그리고, 오차의 정규성을 평가하여라.

(6) 예측치와 표준화 잔차의 산점도를 R-프로그램을 이용하여 그리고, 단순선형회귀모형의 적절성을 평가하여라.

13.7 어떤 제품의 반죽의 습도가 완제품의 밀도에 영향을 주리라 기대될 때 반죽의 습도가 조절되어 다음 자료에서와 같이 그에 해당되는 완제품의 밀도가 측정되었다.

습도 (X)	4.7	5.0	5.2	5.9	5.3	5.6	5.1	5.4
밀도 (Y)	3	3.4	4.0	10	5.5	7.0	3.6	6.0

(1) 모형 $Y=\beta_0+\beta_1 X+\varepsilon$를 자료에 적합시켜라.

(2) β_1에 대한 95% 신뢰구간을 구하여라.

(3) 예측치와 표준화 잔차의 산점도를 R-프로그램을 이용하여 그리고, 단순선형회귀모형의 적절성을 평가하여라.

13.8 어떤 비료의 양 X와 그 결과 얻어진 농작물의 생산량 Y 사이의 관계를 결

정하는 실험에서 얻어진 자료를 이용하여 다음 통계량을 얻었다.

$$n = 15,\ \overline{X} = 10.8,\ \overline{Y} = 122.7,\ S_{xx} = 70.6,\ S_{yy} = 98.5,\ S_{xy} = 68.3$$

단순선형회귀모형을 가정할 때

(1) 최소제곱법에 의해 회귀직선을 추정하여라.

(2) MSE를 계산하고 σ^2을 추정하여라.

13.9 단순회귀모형에서 (X_i, Y_i), $i = 1, \cdots, n$ 사이의 표본상관계수 r^2 결정계수 R^2과 같음을 보여라. r^2이 $(Y_i, \hat{Y}_i)$, $i = 1, \cdots, n$ 사이의 표본상관계수 $r^2_{Y\hat{Y}}$와도 같은가?

13.10 최근 몇 명의 Miss America에 대한 키 X와 몸무게 Y의 기록이 다음과 같이 얻어졌다.

키 (inches)	65	67	66	65.5	65	66.5	66	67	66	69	67	68
몸무게 (pounds)	114	120	116	118	115	124	124	115	116	135	125	121

(1) 산점도를 그려라.

(2) 표본상관계수의 r을 계산하여라.

(3) $(X_i,\ Y_i)$가 이변량 정규분포로부터의 확률표본이라 가정할 때 가설 $H_0 : \rho = 0$을 검정하여라.(유의수준 1%)

13.11 회귀직선을 최소제곱법에 의해 적합시킨 결과 다음과 같이 예측치와 잔차를 얻었다.

$\hat{y}_i$	11.3	14.8	18.4	22	25.5	27.0	31.2	32.7	34.1	36.2	39.8	43.4	45.5	46.2	46.9	46.9
e_i	−0.3	0.2	−5.4	2.0	0.5	5.0	−9.2	6.3	12.9	−4.2	−14.8	7.6	−1.5	16.8	1.1	−16.9

예측값과 잔차의 산점도를 그려보고 단순선형회귀모형의 적절성을 시각적으로 평가하여라.

13.12 페니실린 제조 과정에서 중요한 화학의 산출량이 설탕농도에서 어느 정도 종속되는지를 알아보기 위한 실험을 실시하여 단순회귀모형에 적합시킨 결과 다음 예측값과 잔차를 얻었다(실험순서는 가로 안의 숫자로 행하여졌다).

예측값	2.2 (9)	3.1 (6)	2.5 (13)	3.3 (1)	2.3 (7)	3.6 (14)	2.6 (8)	2.5 (3)	3.0 (12)	3.2 (4)	2.9 (11)	3.3 (2)	2.7 (10)	3.2 (5)
잔차	−1	−2	3	−3	−1	5	0	0	3	−2	2	−5	0	1

(1) 잔차와 예측값, 잔차와 실험순서에 대한 산점도를 그려라.

(2) 기본 가정이 위배된 듯한가?

13.13 다음 자료가 주어졌을 때 다중회귀모형 $Y=\beta_0+\beta_1X_1+\beta_2X_2+\epsilon$의 회귀계수를 최소제곱법에 의해 추정하여라.

X_1	2	2	3	4	4
X_2	1	1	0	0	3
Y	12	10	9	13	20

CHAPTER 14

범주형 자료분석

14.1 범주형 자료

변수가 취할 수 있는 값이 **범주**(category)로 주어지는 경우에 그 변수를 **범주형 변수**(categorical variable)라고 하며, **범주형 자료**(categorical data)란 범주형 변수로 이루어진 자료이다. 즉 자료 집합이 범주에 대한 도수(frequency counts)로 구성될 수 있도록 관측값이 범주에 따라 분류된다. 그러한 자료들은 질적(qualitative)변수들을 다루는 모든 분야, 특히 사회과학 분야에서 흔히 나타난다. 종교 선호도의 연구에서 불교, 기독교, 천주교 등으로 분류되고 직장에 대한 만족도 조사에서 고용된 사람들은 만족, 보통, 불만 등으로 출신지역에서는 서울, 충남, 경기, … 등으로 분류된다. 또한 공장에서 생산된 제조품에 대해서는 합격품, 약간 불량, 불량품 등으로 분류될 수 있다. 이 모든 예에서 각각의 범주는 질적인 특징에 의해 정의된다. 범주들은 또한 수치의 측도를 갖는 관측값의 어느 특정한 범위에 의해 정의될 수 있다. 가령 월급이 액수에 따라 많음, 보통, 적음으로 분류될 수 있고 강우량이 많음, 적당, 적음으로 분류될 수 있다. 이 생각을 좀 더 발전시키면, 계급구간으로 나누어진 측정값의 빈도수 분포는 계급구간이 범주로 정의된 범주형 자료의 형태로 볼 수 있다.

가장 간단한 범주형 자료의 형태는 어느 특정한 성질을 가지고 있는가 없는가에 따라 정의되는 오직 두 가지의 범주를 갖는다. 이 경우의 자료의 모형으로 이항분포가 갖는 역할과 관련되는 추론 과정은 8장에서 이미 다루었다. 이 장의 목적은 여러 개의 범주를 갖는 자료를 분석하기 위해서 사용되는 방법을 공부하는 것이다. 대표적인 몇 가지 예를 생각하자.

예 14.1 소비자 선호도: 유명회사의 노트북 PC가 네 종류의 색으로 팔리고, 시장연구자는 여러 색의 인기도를 조사하려 한다. 표 14.1에는 최근 판매된 노트북 PC 중에 랜덤하게 선택된 200대의 노트북 PC색에 따른 도수가 주어져 있다. 첫 번째 단계로 연구자는 모든 네 가지 색의 노트북 PC가 똑같이 인기가 있다는 가설을 검정하고 싶을지 모른다.

표 14.1 유명회사 노트북 PC의 네가지 색에 대한 판매자료

베이지	밤색	검정	흑색	계
20	40	65	75	200

예 14.2 유전학 모형: 한 교배 실험의 결과 얻은 식물은 A, B, C라 불리는 3 유전자형의 하나일 수 있다. 유전학의 이론에 따르면 A, B, C의 비율은 1 : 2 : 1이다. 실제로 실험을 한 결과 표 14.2의 자료를 얻었다. 실험자료가 유전학 이론을 뒷받침하는가?

표 14.2 식물의 유전인자형에 따른 분류

유전인자형			계
A	B	C	
18	44	28	90

예 14.3 보험청구에 대한 포아송 분포: 보험 계리사는 20대 미혼남성 운전자의 자동차 사고로 인한 보험 청구의 도수를 연구하려 한다. 200명의 해당 운전자를 랜덤하게 추출하여 4년에 걸친 청구횟수의 도수분포를 기록한 결과 표 14.3의 자료를 얻었다. 포아송 분포가 이 자료를 잘 설명하는 듯한가?

표 14.3 자동차 사고에 따른 보험청구 도수의 분포

청구횟수	0	1	2	3	4	5	6	7	계
도수	22	53	58	39	20	5	2	1	200

14.2 다항모형

앞의 예에서 보여 준 자료에 적합한 확률모형을 만들기 위해서 베르누이 시행의 모

형을 일반화시켜 시행의 결과가 여러 범주 중의 하나로 분류될 수 있도록 해야 한다. 그러한 시행을 **다항시행**이라 부른다.

- 다항시행

(1) 각 시행의 결과는 $1,2,\cdots,k$라 번호가 붙은 k개의 서로 배반인 범주 또는 칸 중 어느 하나에 속한다.

(2) 한 시행의 결과가 i번째 칸에 속할 확률은 p_i, $i=1,2,\cdots,k$이고 $\sum_{i=1}^{k} p_i = 1$이다. 이 칸 확률은 모두 시행에서 항상 똑같다.

(3) 시행은 모두 독립이다.

$k=2$인 경우에는 다항시행의 정의는 베르누이 시행과 일치한다. 다항시행을 n번 반복할 때 칸 $1,2,\cdots,k$의 도수는 $n_1,\cdots,n_k$로 각각 표시된다. 시행이 실제로 실시되기 전에 이들은 확률변수 $N_1,\cdots,N_k$로 기본 구조가 표 14.4에 주어져 있다.

- 다항분포

n 다항시행의 칸 도수 $N_1,\cdots,N_k$의 결합 확률 분포는 각각의 칸 확률 $p_1,\cdots,p_k$를 모수로 갖는 다항분포라 부른다. 결합확률함수는

$$P(N_1=n_1,\cdots,N_k=n_k)=\frac{n!}{n_1!\cdots n_k!}p_1^{n_1}\cdots p_k^{n_k},\quad \sum_{i=1}^{k} n_i = n$$

이다. 모수들은 $p_i \geq 0$이고 $\sum_{i=1}^{k} p_i = 1$이다. 기호로는

$$(N_1,\cdots,N_k) \sim M(n,p_1,\cdots,p_k)$$

다항분포의 k개의 확률변수 $N_1,\cdots,N_k$는 $\sum_{i=1}^{k} N_i = n$에 의해 제약된다. 즉 임의의 $k-1$변수의 값이 결정되면 나머지 한 확률변수의 값은 자동적으로 결정된다. 이 특

표 14.4 다항시행 자료의 구조

칸	1	2	$\cdots$	k	계
확률	p_1	p_2	$\cdots$	p_k	1
n 시행도수	N_1	N_2	$\cdots$	N_k	n

징은 $N_1,\cdots,N_k$와 관련된 자유도가 $k-1$이라는 사실로 이해될 수 있다.

첫 번째 칸을 '성공'으로 지정하고 나머지 칸을 한데 모아 하나의 칸으로 만들어 '실패'로 지정하면 확률변수 N_1은 n개의 베르누이 시행에서 성공의 횟수를 뜻하게 되어 확률변수 N_1은 이항분포 (n_1,p_1)을 따른다. 따라서 $E(N_1)=np_1$, $Var(N_1) = np_1(1-p_1)$이다. 똑같은 이론을 i번째 칸에 적용시키면

$$E(N_i)=np_i,\quad Var(N_i)=np_i(1-p_i),\ i=1,2,\cdots,k$$

이다. 첫 번째 결과

$$\text{기대 칸 도수} = n \cdot (\text{칸확률})$$

는 14.3절에서 논의될 적합도 검정에 중요한 역할을 할 것이다. 모든 칸 도수의 합이 n으로 고정되어 있기 때문에, 칸 도수들이 음의 공분산을 갖는 것은 놀랄 만한 사실이 아니다. 공분산은 $Cov(N_i,\ N_j)=-np_ip_j,\ i\neq j$이다.

14.3 피어슨 적합도 검정

자료가 다항 시행의 결과로 얻어지고 귀무가설이 미지의 칸 확률의 구조를 지정하는 예 14.1, 14.2, 14.3에서 설명된 종류의 문제를 논의하자. 우리의 주요 목적은 귀무가설에 의하여 주어진 모형이 자료를 잘 적합시키는가를 검정하는 것이고 이것이 **적합도 검정**(test for goodness of fit)이라 불린다. 귀무가설에 의해 칸 확률이 주어지는 경우와 정하여지지 않는 경우를 구분하여 논의한다.

14.3.1 칸 확률이 H_0에 의해 결정되는 경우

칸 확률이 지정된 귀무가설은

$$H_0: p_{1,} = p_{10,}\ \cdots, p_k = p_{k0},\ \sum_{i=1}^{k} p_{i0} = 1$$

형태이다. 예 14.1에서 모든 네 가지 색의 노트북 PC가 똑같이 인기가 있다는 시장 연구자의 귀무가설은 $H_0: p_{1,}=\frac{1}{4},\cdots,p_5=\frac{1}{4}$을 예 14.2에서는 $H_0: p_{1,}=\frac{1}{4}$,

$p_2 = \frac{2}{4}$, $p_3 = \frac{1}{4}$ 형태를 가정한다.

귀무가설 H_0가 사실일 때에 칸의 기대도수는 표본의 크기 n과 칸 확률 p_{i0}의 곱인 $n \cdot p_{i0}, i = 1, \cdots, k$이다. 관측한 칸 도수와 귀무가설 H_0하에서의 기대도수 사이에 차이가 많다면 귀무가설 H_0를 의심하게 된다. 이를 결정하는 유용한 측도는

$$\chi^2 = \sum_{i=1}^{k} \frac{(n_i - np_{i0})^2}{np_{i0}} = \sum_{i=1}^{k} \frac{(O_i - E_i)^2}{E_i}$$

로 주어진다. 여기서 O_i와 E_i는 i번째 칸의 관측된 칸 도수와 기대도수를 각각 나타낸다. 귀무가설 H_0가 사실이면 χ^2은 자유도가 $k-1$인 카이제곱분포로 근사된다. 귀무가설 H_0가 사실이 아니면 O_i와 E_i 사이의 차이가 크기를 기대하기 때문에 유의수준 α의 기각역은 $\chi^2 \geq \chi^2_\alpha(k-1)$이다.

- **피어슨 적합도 검정**

$H_0 : p_1 = p_{10}, \cdots, p_k = p_{k0}$

$H_1 : H_0$가 사실이 아니다.

검정통계량 : $\chi^2 = \sum_{i=1}^{k} \frac{(n_i - np_{i0})^2}{np_{i0}} = \sum_{i=1}^{k} \frac{(O_i - E_i)^2}{E_i}$

기각역 : $\chi^2 \geq \chi^2_\alpha(k-1)$

예 14.1의 연속 예 14.1의 귀무가설이다. 이를 $\alpha = 0.05$에서 검정하여라. 검정통계량을 위한 계산은 다음 표 14.5에 주어져 있다.

표 14.5 표 14.1의 자료에 대한 적합도 검정

칸	베이지	밤색	검정	흑색	계
관측도수 O_i	20	40	65	75	200
H_0하의 확률	0.25	0.25	0.25	0.25	1
기대도수	50	50	50	50	200
$\frac{(O_i - E_i)^2}{E_i}$	$\frac{30^2}{50}$	$\frac{10^2}{50}$	$\frac{15^2}{50}$	$\frac{25^2}{50}$	

자유도 = 4−1 = 3

$\chi^2 = 37 > \chi^2_{0.05}(3) = 7.81$이기 때문에 귀무가설 H_0를 기각하고 소비자의 색깔

의 선호도에 차이가 있다고 결론을 내린다. ■

14.3.2 칸 확률이 H_0에 의해 결정되지 않는 경우

칸의 기대도수를 계산하기 위해서는 귀무가설 H_0에 의해 결정되어지지 않는 모수를 알아야 할 필요가 있을 때가 종종 있다. 예 14.3이 그러한 경우 중의 하나다. 거기서 포아송 분포로부터 칸 확률을 알기 위해서는 포아송 확률변수의 기댓값인 모수 m을 알아야 한다. 이 경우에 규칙은 먼저 관측도수의 자료로부터 미지의 모수를 추정하여 그 추정값에 근거하여 칸 확률을 계산하는 것이다. 기대도수와 χ^2-검정통계량은 칸 확률이 H_0에 의해 결정되는 경우와 마찬가지 방법으로 계산되지만 χ^2분포에 대한 자유도의 수는 추정된 모수의 수만큼 줄어들어야 한다. 즉

자유도 = (칸의 수) − 1− (추정된 모수의 수)

예 14.3의 연속 포아송 모형이 표 14.3에 주어진 자료를 잘 설명하는지를 검정하자. 귀무가설은 $H_0: Poi,\ m$: 미지이다. m은 포아송 분포의 기댓값이기 때문에 표 14.3으로부터 표본평균에 의해 추정될 수 있다. 따라서

$$\bar{x} = \frac{(0\times 22)+(1\times 53)+\cdots+(7\times 1)}{200} = \frac{410}{200} = 2.05 \simeq 2.0$$

포아송 분포로부터 $m=2$에 대응하는 칸 확률을 찾아 $n=200$을 곱하여 기대도수를 구한다. 이 값이 표 14.6에 주어져 있다.

표 14.6 보험청구자료의 포아송 모형으로의 χ^2-적합

청구횟수	0	1	2	3	4	5	6	7	계
관측도수 O_i	22	53	58	39	20	5	2	1	200
$Poi(2)$	0.135	0.271	0.271	0.180	0.090	0.036	0.012	0.005	1.00
기대도수 E_i	27.0	54.2	54.2	36.0	18.0	7.2	2.4	1.0	
$\dfrac{(O_i-E_i)^2}{E_i}$	0.926	0.027	0.266	0.250	0.222	0.672	0.638	0.000	3.00

자유도 = 6−1−1 = 4

일반적으로 n이 충분히 클 경우, 기대도수 $np_i \le 5$일 때는 이들을 한데 모아 바로 앞의 칸과 한데 묶어 한 칸으로 처리한다. 따라서 청구횟수 5, 6, 7이 한 칸으로

묶였다. $\chi^2_{0.05}(4) = 9.487$이 계산된 $\chi^2 = 3.00$보다 크기 때문에 귀무가설 H_0가 유의수준 $\alpha = 0.05$에서 기각되지 않고 포아송 모형이 자료를 잘 설명한다고 결론을 내린다. ■

14.4 분할표

두 개 이상의 범주형 변수로 이루어진 자료를 생각하자. 즉 각각의 표본의 원소에 대하여 둘 또는 그 이상의 특징이 관측되어 자료가 각각의 특징의 수준에 따라 동시에 분류된다. 예를 들면 프로야구 타자의 표본은 각각의 소속팀과 타율대에 따라 분류될 수 있고 가수는 성별과 히트곡의 장르에 따라, 고용원은 각각의 학벌과 직업에 따라 분류될 수 있다. 이와 같이 두 개 이상의 범주형 변수에 따라 분류된 도수표를 **분할표**(contingency tables)라 한다. 범주형 변수 A가 r개의 범주 $A_1, \cdots, A_r$를 갖고 범주형 변수 B가 c개의 범주 $B_1, \cdots, B_c$를 갖는다고 하자. A 범주들은 행으로 B 범주들은 열로 정리함으로 각각의 칸은 한 개의 A 범주와 한 개의 B 범주의 교차점으로 정의된다. 크기 n인 표본의 각각의 원소들은 이 칸 중의 하나에 속하게 되고 따라서 각각의 칸에 속하는 모든 원소의 개수를 합하여 표 14.7에서와 같은 도수표를 얻는데 이를 $r \times c$ 분할표라 한다. 여기서

$$N_{ij} = A_iB_j\text{의 도수}$$
$$N_{i.} = i\text{번째 행의 합계 또는 } A_i\text{의 도수}$$
$$N_{.j} = j\text{번째 열의 합계 또는 } B_j\text{의 도수}$$

이다. 전체 모집단에 대한 미지의 칸 확률은 표 14.8에 주어져 있다. 여기서

표 14.7 $r \times c$ 분할표

	B_1	B_2	$\cdots$	B_c	계
A_1	N_{11}	N_{12}	$\cdots$	N_{1c}	$N_{1.}$
A_2	N_{21}	N_{22}	$\cdots$	N_{2c}	$N_{2.}$
$\vdots$	$\vdots$	$\vdots$		$\vdots$	$\vdots$
A_r	N_{r1}	N_{r2}	$\cdots$	N_{rc}	$N_{r.}$
계	$N_{.1}$	$N_{.2}$	$\cdots$	$N_{.c}$	n

표 14.8 칸 확률

	B_1	B_2	$\cdots$	B_c	계
A_1	p_{11}	$p12$	$\cdots$	p_{1c}	$p_{1.}$
A_2	p_{21}	p_{22}	$\cdots$	p_{2c}	$p_{2.}$
$\vdots$	$\vdots$	$\vdots$		$\vdots$	$\vdots$
A_r	p_{r1}	p_{r2}	$\cdots$	p_{rc}	$p_{r.}$
계	$p_{.1}$	$p_{.2}$	$\cdots$	$p_{.c}$	1

$p_{ij} = P(A_i, B_j)$, A_i와 B_j가 동시에 일어날 확률

$p_{i.} = P(A_i)$, i번째 행 A_i가 일어날 확률

$p_{.j} = P(B_j)$, j번째 열 B_j가 일어날 확률

이다. 두 개의 범주형 변수 A와 B가 서로 독립이라는 귀무가설을 검정하는 데 관심이 있다. 두 개의 변수가 서로 독립이라는 사실은 결합확률이 각각의 주변확률의 곱과 같다는 사실과 동치이기 때문에 독립성 검정의 귀무가설은

$$H_0 : P(A_i B_j) = P(A_i)P(B_j),\ i = 1, \cdots, r,\ j = 1, \cdots, c$$

즉

$$H_0 : \text{모든 } (i,j)\text{에 대하여 } p_{ij} = p_i\, p_j$$

이다.

이제 독립성 검정은 14.3절의 요약된 개념으로 실시할 수 있다. 모형에 대한 칸 확률이 결정되지 않았기 때문에 자료로부터 추정되어야 한다.

$p_{i.} = P(A_i)$이기 때문에 $p_{i.}$의 자연스러운 추정량은 A_i의 표본상대도수인

$$\hat{p}_{i.} = \frac{N_{i.}}{n}$$

이다. 마찬가지로 $p_{.j}$는

$$\hat{p}.j = \frac{N_{.j}}{n}$$

로 추정되어 귀무가설 H_0하에서 (i, j)칸에 대한 확률은

$$\hat{p}_{ij} = \hat{p}_i \cdot \hat{p}_j = \frac{N_{i.} \cdot N_{.j}}{n^2}$$

로 추정되고 기대도수는

$$E_{ij} = n \cdot \hat{p}_{ij} = \frac{N_{i.} \cdot N_{.j}}{n}$$

이다. 따라서 검정통계량은 $\chi^2 = \sum_{i=1}^{r}\sum_{j=1}^{c}\frac{(N_{ij}-E_{ij})^2}{E_{ij}}$ 이다. 귀무가설 H_0하에서 검정통계량 χ^2은 카이제곱분포로 근사된다. $\sum_{i=1}^{r}p_{i.}=1$, $\sum_{i=1}^{c}p_{.j}=1$이라는 제약조건 때문에 실제로 $r-1$개의 모수 $p_{i.}$와 $c-1$개의 모수 $p_{.j}$를 추정하였기에 자유도는

$$rc-1-(r-1)-(c-1)=(r-1)(c-1)$$

이다. 따라서 다음 결과를 얻는다.

- 독립성 검정

H_0 :모든 (i,j)에 대하여 $p_{ij}=p_i\, p_j$

H_1 : H_0가 사실이 아니다.

기각역 : $\chi^2 = \sum_{i=1}^{r}\sum_{j=1}^{c}\frac{(N_{ij}-E_{ij})^2}{E_{ij}} \geq \chi^2_\alpha(r-1)(c-1)$,

$$E_{ij}=\frac{N_{i.}N_{.j}}{n}$$

예 14.4 500명의 성인을 랜덤표본으로 택하여 정당 선호도와 최근 경제정책의 지지도를 조사한 결과 표 14.9의 분할표를 얻었다.

표 14.9 정당 선호도와 정책 지지도의 분할표

	지지	무관심	반대	계
민주당	138 (115.04)	83 (85.50)	64 (84.86)	285
새누리당	64 (86.86)	67 (64.50)	84 (63.64)	215
계	202	150	148	500

H_0: 정당 선호도와 정책 지지도가 서로 독립이다.

H_1: H_0가 사실이 아니다.

를 $\alpha=0.05$에서 검정하자. 먼저 표 14.9의 자료로부터 H_0하의 기대도수는 $E_{ij}=\frac{N_{i.}N_{.j}}{n}$을 이용하여 표 14.7의 가로 안에 있는 기대도수를 얻는다.

χ^2-검정통계량은 $\chi^2 = \dfrac{(138-115.14)^2}{115.14} + \cdots + \dfrac{(84-63.64)^2}{63.64} = 22.152$이고 $\chi^2_{0.05}((2-1)(3-1)) = 5.991$보다 크기 때문에 귀무가설 H_0를 기각하여 정당선호도와 정책지지도는 서로 관련이 있다고 결론을 내린다. ■

14.5 동질성 검정

14.4절의 독립성 검정은 크기 n인 하나의 랜덤표본이 두 개의 범주형 변수에 의해 동시에 분류된다. 따라서 그 결과로 얻은 분할표의 각각의 행의 도수합 $N_{i.}$와 열의 도수합 $N_{.j}$도 확률변수이다. 또 다른 표본설계는 모집단을 한 범주형 변수가 취하는 값에 따라 몇 개의 부차 모집단(sub populations) 또는 층(strata)으로 나누어 각 층에서 표본의 크기가 미리 결정된 표본을 선택하는 것이다. 예 14.4의 내용과 비교하여 생각하면 국민회의를 선호하는 모집단에서 200명의 랜덤표본을 민자당을 선호하는 모 집단에서 300명의 랜덤표본을 택하여 이 표본들을 정책 선호도에 따라 분류하는 것이다. 여기에서 얻어지는 도수표도 분할표라 불리지만 각 행의 합이 확률추출법의 결과라기보다는 미리 정해진 표본의 크기들을 나타낸다. 우리의 목적은 범주에 대한 확률이 각각의 부차 모집단에서 모두 똑같은지를 결정하는 것이다. 즉 모집단이 칸 확률에 대해서 동질적인지를 검정하고 싶다.

서로 독립인 크기 $n_1, \cdots, n_r$의 랜덤표본이 r개의 모집단에서 각각 택하여졌다 하자. 각각의 표본을 범주 $B_1, \cdots, B_c$로 분류한 결과 표 14.10에 보인 $r \times c$ 분할표를 얻는다. 여기서 행의 합은 고정된 표본크기이다. 각각의 모집단 내에서 여러 B 범주에 대한 확률이 표 14.11에 있다. 여기서 w_{ij}는 모집단 A_i 내에서의 범주 B_j가 일어날 확률 $w_{ij} = P(B_j \mid A_i)$이다. 표 14.11의 각 행에 있는 확률의 합이 1이지만 열의 합은 아무런 의미를 갖지 않는 것을 주목하자.

표 14.10 고정된 행의 합을 갖는 $r \times c$분할표

	B_1	B_2	$\cdots$	B_c	계
A_1	N_{11}	N_{12}	$\cdots$	N_{1c}	$n_{1.}$
$\vdots$	$\vdots$	$\vdots$		$\vdots$	$\vdots$
A_r	N_{r1}	N_{r2}	$\cdots$	N_{rc}	$n_{r.}$
계	$N_{.1}$	$N_{.2}$	$\cdots$	$N_{.c}$	n

표 14.11 각각의 모집단 내에서의 B 범주의 확률

	B_1	B_2	$\cdots$	B_c	계
A_1	w_{11}	N_{12}	$\cdots$	w_{1c}	1
$\vdots$	$\vdots$	$\vdots$		$\vdots$	$\vdots$
A_r	w_{r1}	w_{r2}	$\cdots$	w_{rc}	1

모든 r개의 모집단에서 각각의 B 범주의 확률이 같다는 동질성의 귀무가설은 $H_0 : w_{1j} = w_{2j} = \cdots = w_{rj},\ j = 1, \cdots, c$이다. H_0하에서 범주 B_j의 확률은 합동표본들로부터 전체 표본에 있는 n개의 원소 중에서 $N_{.j}$개가 범주 B_j로 분류되었다는 것을 관측함으로써 추정할 수 있다. 추정된 확률은

$$\hat{w}_{1j} = \hat{w}_{2j} = \cdots = \hat{w}_{rj} = \frac{N_{.j}}{n}$$

이고 H_0하에서 (i, j)칸의 추정된 기대도수는

$$\begin{aligned} E_{ij} &= (A_i \text{ 집단의 표본크기}) \times (\text{추정된 } A_i \text{ 내에서의 확률}) \\ &= n_i \hat{w}_{ij} = \frac{n_i N_{.j}}{n} \end{aligned}$$

이다. 검정통계량은

$$\chi^2 = \sum_{i=1}^{r} \sum_{j=1}^{c} \frac{(N_{ij} - E_{ij})^2}{E_{ij}}$$

로 주어진다. r개의 부차 모집단의 각각이 c개의 칸을 가지고 있어서 통계량에서 자유도 $c-1$을 기여하여 전체 자유도 $r(c-1)$인데 여기서 추정된 모수의 수만큼 감해 주어야 한다. c개의 열 확률을 추정했고, 그들의 합이 1이기 때문에 추정된 모수의 수는 $c-1$이다. 따라서 자유도는

$$r(c-1) - (c-1) = (r-1)(c-1)$$

이고 다음 결과를 얻는다.

• 동질성 검정

$H_0 : w_{1j} = w_{2j} = \cdots = w_{rj},\ j = 1, \cdots, c$

H_1: H_0가 사실이 아니다.

$$\text{기각역 : } \chi^2 = \sum_{i=1}^{r}\sum_{j=1}^{c}\frac{(N_{ij}-E_{ij})^2}{E_{ij}} \geq X^2((r-1)(c-1)),\ E_{ij} = \frac{n_i N_{.j}}{n}$$

예 14.5 다른 직업을 가진 집단에서 알코올중독자의 비율을 비교하기 위한 조사가 착수되어 성직자, 교육자, 회사중역, 상인 집단에서 랜덤표본을 택해 조사한 결과 표 14.10의 분할표를 얻었다.

H_0 : 네 가지 집단 내에서 알코올중독자의 비율이 똑같다.

H_1 : H_0가 사실이 아니다.

를 $\alpha = 0.05$에서 검정하자. 표 14.12의 자료로부터 H_0하의 기대도수는 $E_{ij} = \frac{n_i N_{.j}}{n}$ 이므로 표 14.12의 괄호 안에 있는 기대도수를 얻는다. χ^2-검정통계량은

$$\chi^2 = \frac{(32-58.25)^2}{58.25} + \frac{(268-241.75)^2}{241.75} + \cdots + \frac{(267-282.04)^2}{282.04} = 20.59$$

이고 $\chi^2_{0.05}((4-1)(2-1)) = 7.815$보다 훨씬 크기 때문에 귀무가설이 $\alpha = 0.05$에서 기각되어 알코올중독자의 비율이 직업에 따라 차이가 있다고 결론을 내린다.

표 14.12 알코올중독자와 직업의 분할표

	알콜중독	정상	계
성직자	32(58.25)	268(241.75)	300
교육자	51(48.54)	199(201.46)	250
중역	67(58.25)	233(241.75)	300
상인	83(67.96)	267(282.04)	350
계	233	967	1200

■

14.6 컴퓨터 활용

```
> ## 예 14.1
> ex14.1<-as.table(c(20,40,65,75))
```

```
> chisq.test(ex14.1)
        Chi-squared test for given probabilities

data:  ex14.1
X-squared = 37, df = 3, p-value = 4.601e-08



> ## 예 14.4
> ex14.4<-as.table(matrix(c(138,83,64,64,67,84),ncol=3,byrow=T))
> chisq.test(ex14.4)

        Pearson's Chi-squared test

data:  ex14.4
X-squared = 22.1525, df = 2, p-value = 1.548e-05



> ## 예 14.5
> ex14.5<-as.table(matrix(c(32,51,67,83,268,199,233,267),ncol=2))
> chisq.test(ex14.5)

        Pearson's Chi-squared test

data:  ex14.5
X-squared = 20.5967, df = 3, p-value = 0.0001277
```

연습문제

14.1 자유도가 6인 χ^2 분포곡선에서 다음 수치의 오른쪽의 면적을 구하여라.

(1) 1.64

(2) 8.12

(3) 16

14.2 주사위를 60회 던져서 나온 눈의 수가 다음과 같았다. 이 주사위가 균일하다고 할 수 있는지 유의수준 $\alpha = 0.05$에서 검정하여라.

눈의 수	1	2	3	4	5	6
관측수	11	8	8	11	12	10

14.3 다음 표는 한 결혼식장에서 결혼식을 올린 부부수를 분기별로 기록한 결과이다. 1~3월 동안 탄생된 부부의 수가 다른 3분기 중 각각의 어느 한 분기에서 탄생된 부부수의 두 배라는 주장이 있다. 유의수준 $\alpha = 0.05$에서 위의 자료가 앞의 주장에 모순되는지를 검정하여라.

분기	1~3월	4~6월	7~9월	10~12월
부부 수	109	60	57	74

14.4 각각 세 마리의 토끼로 구성된 80개의 한 배 새끼들을 조사한 결과, 배당수놈 토끼의 수의 분포에 대해 다음 표를 얻었다.

배당 수놈의 수	0	1	2	3	계
배의 수	24	30	17	9	80

토끼의 성별에 대해 베르누이 시행의 모형을 적용할 때 배당 수놈수의 확률분포는 $n = 3$이고 $p =$수놈 출생 확률인 이항분포를 따른다고 가정하자.

(1) 이 자료로부터 모수 p를

$$p = \frac{80\text{배에 있는 총 수놈의 수}}{80\text{배에 있는 총 토끼의 수}}$$

로 추정하여라.

(2) 이항분포가 자료를 잘 적합시키는지를 유의수준 $\alpha = 0.05$에서 검정하여라.

14.5 공장에서 기계고장의 수를 교대(shift)마다 기록하여 170교대에 다음 자료를 얻었다.

기계 고장의 수	0	1	2	3	4	5	6	계
교대의 수	77	38	33	10	8	3	1	170

(1) 이 자료를 잘 설명하는 확률 모형은?

(2) 포아송 분포가 위 자료를 잘 설명하는지 유의수준 $\alpha = 0.05$ 에서 검정하여라.

14.6 어느 대학교의 대학 신문사에서는 학생회 회칙 개정안에 대한 대학생들의 호응도를 알아보기 위해 350명의 랜덤표본을 취하여 조사한 결과 다음 자료를 얻었다.(유의수준 5%에서 검정하라.)

	찬성	무관심	반대	계
남학생	93	72	21	186
여학생	55	79	30	164
계	148	151	51	350

회칙 개정안이 남학생과 여학생에게 다르게 호응을 얻고 있는 듯한가?

14.7 남녀 간의 오른손/왼손/양손 사용자의 비율에 차이가 있는지 알아보기 위해 설문조사를 한 결과 다음 자료를 얻었다.

	오른손잡이	왼손잡이	양손잡이	계
남학생	925	115	30	1070
여학생	1050	180	20	1250
계	1975	295	50	2320

남녀 간의 오른손/왼손/양손 사용자의 비율에 차이가 있는지 유의수준 $\alpha = 0.05$ 에서 검정하여라.

14.8 혈액형과 눈색깔 사이에 연관성을 조사하기 위해 400명을 조사한 결과 아래의 2×4 분할표를 얻었다.

	혈액형				합계
눈색깔	O	A	B	AB	
갈색	80	95	40	25	240
푸른색	40	65	50	5	160
계	120	160	90	30	400

혈액형과 눈색깔 사이에 연관성이 있는가? 유의수준 $\alpha = 0.05$에서 검정하여라.

14.9 의학 연구가가 컴퓨터 모니터를 매일 일정시간 보는 직업을 가진 남성은 남아보다 여아를 가질 확률이 높다고 주장한다. 400쌍의 신혼부부를 랜덤표본으로 택해 다음 자료를 얻었다.

	남아	여아
컴퓨터 관련 종사자	45	85
컴퓨터 관련 비종사자	157	113

이 자료가 컴퓨터 전자파에 대한 노출이 남여아의 출생비율과 연관이 있다는 것을 입증하는가? 유의수준 $\alpha = 0.05$에서 검정하여라.

14.10 부모의 비만과 자식의 비만 간의 상관성을 조사하기 위해 임의로 210 가정을 조사한 결과 다음의 자료를 얻었다.

부모 \ 자식	비만	정상
비만	98	52
정상	37	23

이 자료가 부모의 비만과 자식의 비만 간에 상관성이 있다는 것을 입증하는가?

유의수준 $\alpha = 0.05$에서 검정하여라.

CHAPTER

15

비모수 통계

15.1 비모수 통계

지금까지 소개한 대부분의 가설검정 방법은 정규모집단에서 얻어진 표본자료에 적용 가능한 것이었다. 예를 들어 8장과 9장에서 다룬 바 있는 모평균에 대한 t-검정, 모분산에 대한 χ^2-검정 및 분산비에 대한 F검정 등이 그 예이다. 이와 같이 주어진 형태의 모집단의 분포를 지정하는 미지의 모수에 대한 통계적 추론방법을 일반적으로 **모수적**(parametric) 방법이라 부른다.

반면 모집단의 분포에 대해서 연속성 및 대칭성 등과 같은 일반적인 가정 이외에는 다른 어떤 가정도 필요치 않는 통계적인 추론 기법을 **비모수적**(non-parametric)인 방법이라 부른다.

최근 비모수적인 검정이 자주 사용되는 이유로는 크게 다음 세 가지 점을 들 수 있다.

첫째, 무엇보다 검정에 필요한 계산이 비교적 간편하다는 점이고,

둘째, 자료가 정량적인 측정치가 아닌 경우에도 적용 가능하다는 것으로 예를 들어 "예" 또는 "아니오"와 같은 정상적인 자료 또는 순서만으로 정의된 자료 등에 이 방법을 적용할 수 있다는 점이다.

셋째, 가장 중요한 장점은 비모수적 방법은 기존의 모수적 방법에 비하여 모집단의 분포에 대해서 훨씬 약한 가정을 요구하며 따라서 그 적용범위가 상대적으로 넓다는 점이다.

반면 비모수적 방법의 단점으로 지적되는 것은 일반적으로 표본에 포함된 모든 정보를 이용하지 않는다는 점이다. 따라서 모수적인 방법이 적용될 수 있는 경우에는 비모수적인 방법의 효율성이 상대적으로 다소 떨어진다는 점이다. 예를 들어 전통적인 비모수적 검정법은 주로 관측값의 **부호**(sign)의 **순위**(rank)만을 사용하므로 모집단의 분포가 정확히 정규분포를 따를 때는 정규분포 가정에서 얻어진 제일 좋은 모수적인 방법에 비하여 효율이 떨어진다.

따라서 만약 모수적 방법과 비모수적 방법을 모두 적용할 수 있는 경우에는 빠르고 쉬운 비모수적인 방법보다는 보다 효율적인 모수적 방법을 사용하는 것이 좋으나 정규모집단의 가정이 의심스러운 경우나 자료의 형태가 수치적인 측정치가 아닌 부호(sign)나 순위(rank)만으로 주어졌을 때는 비모수적인 기법을 사용하는 것이 좋겠다.

이 장에서는 비모수적 방법 가운데 가장 대표적인 **윌콕슨의 순위합검정**(Wilcoxon rank sum test)과 **윌콕슨의 부호화된 순위검정**(Wilcoxon signed rank test)에 대해서 알아보기로 하겠다.

15.2 윌콕슨의 순위합검정: 독립표본

독립표본을 이용한 두 모집단의 비교문제는 이미 9장에서 t-검정법을 이용하여 다룬 바 있다. 표본의 크기가 작을 경우 이들 모수적 방법을 적용하기 위해서는 등분산과 정규모집단의 가정이 필수적이었다. 이 절에서는 정규모집단의 가정이 성립하지 않는 경우에도 쉽게 적용할 수 있는 대표적인 비모수검정법인 **윌콕슨의 순위합검정법**(Wilcoxon rank sum test)을 소개한다.

먼저 두 개의 처리 A와 B를 비교 연구하기 위하여 $n = n_A + n_B$개의 실험단위를 크기가 n_A, n_B인 두 개의 그룹으로 임의로 분할한 뒤 n_A개의 단위에는 처리 A를 적용하고 나머지 n_B개의 단위에는 처리 B를 적용한다. 실험 후에 얻어진 반응값을 각각 다음과 같이 표시하자.

$$\text{처리 A: } X_1, X_2, \cdots, X_{n_A}$$
$$\text{처리 B: } Y_1, Y_2, \cdots, Y_{n_B}$$

이들 두 조의 실험값은 각 처리에 해당하는 두 개의 모집단에서 얻어진 확률표본으로 볼 수 있다. 만약 크기가 큰 반응값이 더 좋은 처리를 의미한다고 가정할 때 검정하고자 하는 귀무가설 H_0는 두 개의 처리의 효과에 별 차이가 없다는 것이고 대립가설 H_1은 처리 A가 처리 B에 비해서 보다 효과적이라는 것이다. 여기서 각 모집단의 분포는 연속분포임을 가정한다. 이를 다음과 같이 요약할 수 있다.

- 모형: 두 모집단의 분포가 연속이며
- 가설: H_0 : 두 모집단의 분포가 같다.
  H_1 : 모집단 A의 분포가 모집단 B의 분포에서 우측으로 평행이동되어 있다.

여기서 모집단의 형태에 대해서는 연속성 이외에는 다른 어떠한 가정도 없다는 점에 유의하자. 이는 9장에서 취급된 모수적인 방법이 분산이 같은 정규모집단을 가정했던 것과는 좋은 대조를 이룬다. 그림 15.1은 두 개의 가설 H_0와 H_1의 관계를 그림으로 나타낸 것이다.

그러면 윌콕슨의 순위합검정의 기본 개념을 알아보자. 먼저 두 조의 관측값을 각기 다른 표시를 사용하여(예를 들어 ● 표와 ×표) 서로 겹쳐서 크기순으로 나열해 보자. 만약 H_0가 참이라면, 즉 두 개의 표본이 같은 분포에서 얻어진 경우라면 두 조의 표본값이 골고루 잘 섞여 있을 것이다. 그러나 만약 두 번째 표본에 큰 값이 많을 경우에는 두 번째 표본의 모집단이 첫 번째 모집단보다 우측으로 이동되어 있음을 나타낼 것이다. 이들 두 경우를 그림 15.2처럼 두 조의 관측값을 모두 합하여 크기순으로 좌에서 우로 번호를 매겨 나타내 보자.

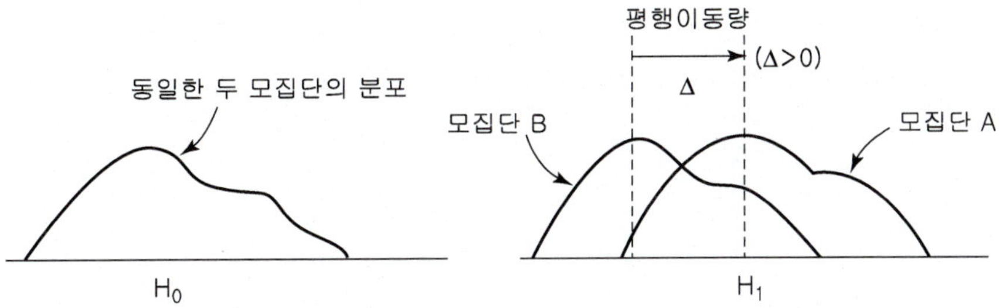

그림 15.1 평행이동 Δ로 표시된 가설 H_0와 H_1의 관계

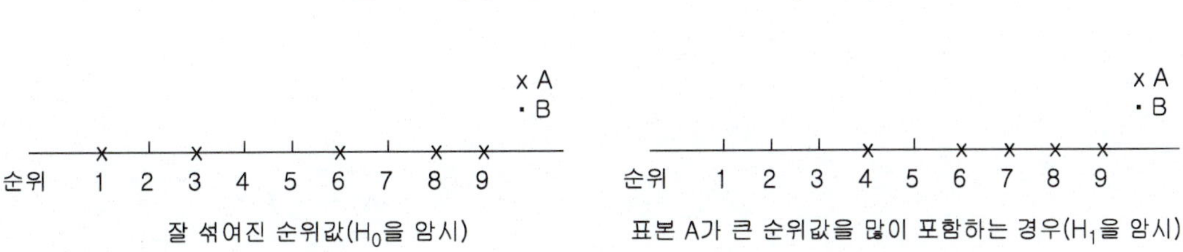

그림 15.2 두 표본의 결합표본의 도표와 결합순위

이들 번호를 **결합표본의 순위**(combined sample rank)라 부른다. 그림 15.2(a)에서는 크고 작은 순위들이 두 표본에 골고루 할당되어 있는 반면, 그림 15.2(b)에서는 크기가 큰 순위들이 대체로 표본 A에 할당되어 있음을 알 수 있다. 따라서 첫 번째 표본 A의 **순위합**(rank sum)을 검정통계량으로 사용할 때 이들 통계량의 값이 크다는 것은 모집단 A가 모집단 B보다 우측에 위치함을 나타낸다고 할 수 있다. 그러면 이들 순위합을 이용한 검정법을 구체적으로 알아보기로 하자.

먼저 유의수준이 주어졌을 때 순위합 검정의 기각역을 결정하려면 귀무가설 H_0가 참일 때 순위합 통계량의 분포를 알아야 한다. 이를 다음 예제를 이용하여 설명해 보자.

예제 15.1 두 종류 담배와 니코틴 함유량을 밀리그램(mg) 단위로 측정한 결과가 다음과 같이 주어졌다.

A 담배	3.18	3.91	
B 담배	3.55	2.76	2.13

이를 이용하여 유의수준 $\alpha = 0.05$에서 담배 A가 담배 B에 비하여 니코틴 함유량이 많은지를 검정하여라.

풀이 검정하고자 하는 가설을 다음과 같이 나타낼 수 있다.

$$H_0 : \Delta = 0$$
$$H_1 : \Delta > 0$$

순위합검정을 하기 위해 먼저 두 표본을 합한 후 작은 값에서 큰 값으로 순위를 매긴다.

결합표본의 순서화된 자료	2.13	2.76	3.18	3.55	3.91
순 위	1	2	3	4	5
종 류	B	B	A	B	A

$$A\text{의 순위합: } W_A = 3 + 5 = 8$$

$$B\text{의 순위합: } W_B = 1 + 2 + 4 = 7$$

담배 A의 니코틴 측정치가 B에 비해 크면 A의 순위합이 커지므로 기각역은 다음과 같다.

$$W_A \geq c \text{이면 } H_0 \text{를 기각}$$

여기서 임계값 c를 결정하기 위해서 귀무가설이 참일 때 W_A의 분포를 알아보자. 만약 두 개의 표본이 모두 동일한 모집단에서 선택되었다면 $\{1,2,3,4,5\}$에서 임의로 뽑은 두 개의 수들이 A의 순위가 될 확률은 모두 같게 되며 총 $\binom{5}{2}=10$개의 가능한 조합이 있으므로 이들 확률은 $1/10=0.1$이 된다(표 15.1 참조).

표 15.1 표본 A에 대한 순위합들의 조합(n_A=2, n_B=3)

A의 순위	W_A 순위합	확 률
(1, 2)	3	1/10
(1, 3)	4	1/10
(1, 4)	5	1/10
(1, 5)	6	1/10
(2, 3)	5	1/10
(2, 4)	6	1/10
(2, 5)	7	1/10
(3, 4)	7	1/10
(3, 5)	8	1/10
(4, 5)	9	1/10

표 15.1을 이용하여 귀무가설이 참일 때 W_A의 분포를 구해 보면 다음과 같다.

$n_A=2,\ n_B=3$일 때 순위합 W_A의 분포

W_A	3	4	5	6	7	8	9
확률	.1	.1	.2	.2	.2	.1	.1

이 경우 순위합의 값은 W_A=8이므로 유의확률값은 $P(W_A \geq 8)=.1+.1=.2$이고 이는 주어진 유의수준 $\alpha=0.05$보다 크므로 H_0를 기각할 수 없게 된다. 즉 순위합검정에 의하면 두 종류의 담배 A, B의 평균 니코틴 함유량에 유의한 차이가 있다고 볼 수 없다. ■

예제 15.1에서 본 바와 같이 순위합 W_A의 분포를 결정하는 법은 표본의 크기가 커짐에 따라서 점점 복잡해지므로 부록 B에 주어진 표 5를 이용하는 것이 편리하며

대표본에서는 정규근사를 이용하는 것이 좋다.

표 5를 효과적으로 이용하려면 우선 순위합 W_A와 W_B 에 대한 몇 가지 성질을 알아보자. 먼저 두 순위합의 총계 $(W_A + W_B)$ 는 일정하여 결합표본의 크기가 n일 때 1부터 n까지의 정수의 합 $1+2+\cdots+n = n(n+1)/2$으로 주어진다.

일반적으로 윌콕슨 순위합검정 절차를 다음과 같이 요약할 수 있다.

- **윌콕슨 순위합검정**

$X_1, X_2, \cdots, X_{n_A}$, $Y_1, Y_2, \cdots, Y_{n_B}$를 각각 모집단 A, B에서 추출된 서로 독립인 확률표본이라 할 때($n_A \le n_B$),

$$H_0: \text{두 모집단의 분포가 같다.} \ (\Delta = 0)$$

는 가설을 검정하기 위해서

(1) 먼저 크기 $n = n_A + n_B$인 결합표본을 크기 순으로 나열한 후 순위를 매긴다.

(2) 표본 A의 순위합 W_A를 계산한다.

(3) 만약 대립가설이

① H_1: 모집단 A가 모집단 B의 우측으로 이동된 경우($\Delta > 0$), 기각역은 $W_A \ge c$이고 c는 $P(W_A \ge c) \le \alpha$를 만족하는 최솟값으로 선택하며

② H_1: 모집단 A가 모집단 B의 좌측으로 이동된 경우($\Delta < 0$), 기각역은 $W_A \le c$이고 c는 $P(W_A \le c) \le \alpha$를 만족하는 최댓값으로 선택하며

③ H_1: 두 모집단이 서로 같지 않은 경우($\Delta \ne 0$) 기각역은 $W_A \ge c_1$ 또는 $W_A \le c_2$이며 여기서 c_1과 c_2는 $P(W_A \ge c_1) = P(W_A \le c_2) \le \alpha/2$를 만족하는 최소·최댓값으로 각각 선택한다.

예를 들어 예제 15.1에서는

$$\begin{aligned} W_A + W_B &= (3+5)+(1+2+4) \\ &= 1+2+3+4+5 = 15 \end{aligned}$$

따라서 검정통계량으로 W_A 대신 W_B를 이용하여 검정하여도 무방하며 이 책에서는 항상 표본의 크기가 작은 표본의 순위합을 W_A로 정하여 검정통계량으로 이용한

다($n_A \leq n_B$). 둘째로 W_A의 분포가 대칭적이란 것으로 W_A가 $n_A(n_A+n_B+1)/2$에 대해서 대칭이며 W_B는 $n_B(n_A+n_B+1)/2$에 대해서 대칭이 된다는 것이다. 그러면 부록 B의 표 5를 이용한 순위합검정법의 예를 들어보자.

예제 15.2 두 개의 도시에 대기 중 이산화탄소의 함유량의 차이를 비교하기 위하여 도시 A에서 다섯 개의 표본을, 도시 B에서 일곱 개의 표본을 각각 취하여 대기 중 이산화탄소의 함유량을 측정한 결과 다음과 같은 결과를 얻었다.

도시 A	4.7	6.4	4.1	3.7	3.9		
도시 B	7.6	11.1	6.8	9.8	4.9	6.1	15.1

이 자료를 이용하여 도시 B가 도시 A보다 이산화탄소 함유량이 많다고 볼 수 있는지 유의수준 $\alpha = 0.05$에서 검정하여라.

풀이 먼저 결합표본을 순서대로 나열한 후 순위를 매긴 후 표본의 크기가 작은 첫 번째 표본의 순위합을 구한다.

결합표본의 순서화된 자료	<u>3.7</u>	<u>3.9</u>	<u>4.1</u>	<u>4.7</u>	4.9	6.1	<u>6.4</u>	6.8	7.6	9.8	11.1	15.1
순 위	<u>1</u>	<u>2</u>	<u>3</u>	<u>4</u>	5	6	<u>7</u>	8	9	10	11	12

여기서 첫 번째 표본에 속하는 관측치와 순위는 __로 표시하였다.

따라서 순위합통계량의 값은

$$W_A = 1 + 2 + 3 + 4 + 7 = 17$$

이며

H_0: 두 모집단의 분포가 같다($\Delta = 0$)

H_1: 모집단 A의 분포가 모집단 B의 분포의 왼쪽에 위치한다.($\Delta < 0$)

를 검정할 경우 기각역은

$$W_A \leq c$$

이며 표 5에서 $n_A = 5$, $n_B = 7$일 경우

$$P(W_A \le 21) = 0.037,\ P(W_A \le 22) = 0.053$$

이므로 $c = 22$를 임계값으로 선택한다. 따라서 $W_A = 17 \le 22$이므로 유의수준 5%에서 H_0를 기각한다. 즉 도시 A의 이산화탄소 함유량이 도시 B보다 유의하게 작다고 볼 수 있다. ■

• 대표본근사

표본의 크기가 클 경우는 순위합통계량 W_A의 분포가 다음과 같은 정규분포로 근사됨이 알려져 있다.

• 월콕슨 순위합통계량의 분포에 대한 대표본근사

H_0가 참일 때

$$E[W_A] = n_A(n_A + n_B + 1)/2$$
$$Var[W_A] = n_A n_B(n_A + n_B + 1)/12$$

이며 n_A, n_B가 클 경우

$$Z = \frac{W_A - n_A(n_A + n_B + 1)/2}{\sqrt{n_A n_B(n_A + n_B + 1)/12}} \text{ 이면}$$

Z는 근사적으로 정규분포 $N(0,1)$을 따른다.

따라서 Z 통계량 기각역은 표준정규분포를 이용하여 결정할 수 있다. 예를 들어 $n_A = 9$, $n_B = 10$인 경우 유의수준 $\alpha = 0.05$에서의 단측검정에 대한 근사적인 기각역은

$$Z = \frac{W_A - 9(20)/2}{\sqrt{9 \times 10 \times 20/12}} = \frac{W_A - 90}{12.247} \ge 1.645 = Z_\alpha$$

로 주어지며 이는 $W_A \ge 110.1$와 같다. 반면 표 5를 이용하면 $P[W_A \ge 110] = 0.056$, $P[W_A \ge 111] = 0.047$을 얻게 되며, 이는 유의수준 α=0.05와 상당히 근사한 것을 알 수 있다.

15.3 윌콕슨의 부호화된 순위검정: 짝지어진 표본

두 개의 짝지어진 표본의 비교에 대해서는 이미 9.4절에서 차이에 대한 t 검정을 이용한 검정법을 공부한 바 있다. 표본의 크기가 작을 경우 이 검정법이 성립하려면 짝지어진 표본에서의 차이들이 정규분포를 따른다는 가정이 필요하였다. 이 장에서는 정규분포의 가정이 성립되지 않는 경우에 안전하게 사용할 수 있는 비모수적인 기법으로 **부호검정**(sign test)과 **윌콕슨의 부호화된 순위검정법**(Wilcoxon signed rank test)을 소개한다.

우선 짝지어진 표본의 비교실험에서 얻어진 자료의 구조는 표 15.2와 같이 주어지며 여기서 i번째 짝의 관측치는 $(X_{1i},\ X_{2i})$로 표시된다. 이 경우 관심이 있는 귀무가설은 두 모집단 사이에 차이가 없다는 것이다. 즉 H_0: 두 처리 간의 효과에 차이가 없다.

표 15.2 짝지어진 표본의 자료

짝	1	2	…	n
처리 A	X_{11}	X_{12}	…	X_{1n}
처리 B	X_{21}	X_{22}	…	X_{2n}
차이 $A-B$	D_1	D_2	…	D_n

15.3.1 부호검정

이 방법의 장점은 무엇보다 이해하기 쉽고 적용하기에 간편하다는 것으로 반응값의 차이의 부호(sign)만을 이용한 검정법이다. 검정통계량으로는

$$\begin{aligned} S &= \text{처리 } A\text{가 처리 } B\text{에 비해서 반응값이 큰 짝의 개수} \\ &= D_1,\ D_2,\ \cdots,\ D_n \text{ 중에서 양의 부호의 개수} \end{aligned}$$

로 주어진다. 만약 두 처리효과가 서로 비슷할 경우 반응값의 차이 D_i가 양이 될 확률은 음이 될 확률과 같으므로 귀무가설은

$$H_0 : P[D>0] = 0.5 = P[D<0]$$

인 형태가 된다. 양의 부호를 성공으로 간주할 경우 검정통계량 S는 n번 시행에서의 성공횟수가 되며 따라서 귀무가설 H_0가 참이면 이항분포 $B(n,\ 0.5)$를 하게 된다. 만약 대립가설이 처리 A가 처리 B에 비해서 높은 반응값을 갖는 것이라면

$H_1 : P[D > 0] > 0.5$로 나타낼 수 있고 기각역은 S의 큰 값으로 하는 것이 타당할 것이다. 한편 양측검정인 경우에는

$$H_1 : P[D > 0] \neq 0.5$$

로 나타낼 수 있으며 양측검정에 해당하는 기각역을 사용해야 한다. 부호검정의 절차를 예를 들어 설명해 보자.

예제 15.3 자동차의 스파크 플러그를 생산하는 두 회사의 제품의 성능을 비교하기 위하여 소형차에서 대형차에 이르는 열 대의 자동차를 표본으로 선택하여 주행거리 시험을 하였다. 각 자동차마다 한 번은 A 회사제품을 사용하고 다른 한 번은 B 회사의 제품을 사용하여 주행거리를 측정한 결과가 아래와 같다(단위 1000km).

표 15.3

차번호	1	2	3	4	5	6	7	8	9	10
제품 A	26.4	10.3	15.8	16.5	32.5	8.3	22.1	30.1	12.9	12.6
제품 B	24.3	9.8	16.9	17.2	30.5	7.9	22.4	28.6	13.1	11.6
차이 $A-B$	+2.1	+.5	−1.1	−.7	+2.0	+.4	−.3	+1.5	−.2	+1.0

이를 이용하여 A회사 제품이 B 회사 제품보다 주행거리 면에서 우수한지 유의수준 $\alpha = 0.05$에서 부호검정을 이용하여 검정하여라.

풀이 이들 열 개의 표본 중 +부호가 여섯 개 있으므로 검정통계량의 값은 $S = 6$이다. 검정하고자 하는 가설은

H_0: 제품 A와 B사이에 차이가 없다. 즉 $P[D > 0] = 0.5$

H_1: 제품 A가 B보다 우수하다. 즉 $P[D > 0] > 0.5$

이므로 S값이 크면 H_0를 기각하게 된다. 여기서 $n = 10$, $p = 0.5$일 때 이항분포를 이용하면 $P[S \geq 8] = 0.055$, $P[S \geq 9] = 0.011$를 얻게 되므로 유의수준 $\alpha = 0.05$인 경우 기각역은 $S \geq 9$가 되며 S의 실제 관측값은 $S = 6$이므로 H_0를 기각할 수 없게 된다. 즉 두 회사 제품 간에 유의한 차이가 없다는 결론을 얻는다. ■

대표본에서 부호검정법을 사용할 경우에는 이항분포에 대한 정규근사를 이용하여

기각역을 설정할 수 있다. 즉 n이 큰 경우($n \geq 30$) 이항분포 $B(n, .5)$는 평균이 $n/2$, 표준편차가 $\sqrt{n/4}$인 정규분포 $N(n/2, n/4)$로 근사된다.

부호검정법은 계산이 간편한 것 이외에도 적용범위가 넓은 장점을 가지고 있다. 예를 들어 두 반응값 간 차이를 정량적으로 정확히 측정하기 곤란한 경우에도 흔흔 시각적 비교나 그 외 다른 비교방법을 통하여 두 반응들 간 우열을 결정할 수 있다면 부호검정법을 적용할 수 있다.

15.3.2 윌콕슨의 부호화된 순위검정

15.3.1절에서 언급한 것과 같이 부호검정법은 비록 반응값의 차이를 수치적으로 측정할 수 없더라도 그 부호를 결정할 수 있는 자료에도 적용 가능함을 알았다. 그러나 차이에 대한 수치적인 측정이 가능한 경우 부호검정법을 사용하면 상당한 정보의 손실을 보게 되는데 이는 부호검정에서는 짝지어진 자료의 차이들의 크기는 무시하고 단지 그 부호만을 이용하기 때문이다. 예를 들어 그림 15.3에서와 같은 두 가지 경우를 생각해 보자. 두 경우 모두 $n = 6$개의 자료점과 그 중 네 개의 양의 부호를 갖게 되어 부호검정을 적용하면 똑같은 결론을 얻는다. 그러나 두 번째의 경우 (b)가 양의 차이들이 음의 차이보다 원점으로부터 훨씬 많이 우측으로 치우쳐 있기 때문에 경우 (a)에 비해서 큰 차이가 있음을 알 수 있다.

따라서 부호검정에서와 같이 모든 양의 부호값에 똑같은 가중값을 주는 대신 원점에서보다 멀리 떨어진 부호에는 보다 많은 가중값을 할당하는 것이 합리적일 것이다. 바로 이러한 생각이 윌콕슨의 부호화된 순위검정법이 도입되는 배경이 되었다. 부호화된 순위검정법에서는 먼저 짝지어진 자료의 차이를 그 크기(절댓값)에 따라 순서대로 나열한 후 양의 관측값에 해당하는 순위들을 모두 합하여서 검정통계량을 만든다. 예를 들어 예 15.3에서 사용한 주행거리 자료를 다시 이용하면 표 15.3의 마지막 행에 나타난 차이들을 우선 절댓값의 크기 순서로 나열하여 순위를 할당한 후 각 자료에 해당하는 부호를 기록한다. 이때 부호화된 순위통계량은 T^+는 다음과 같다.

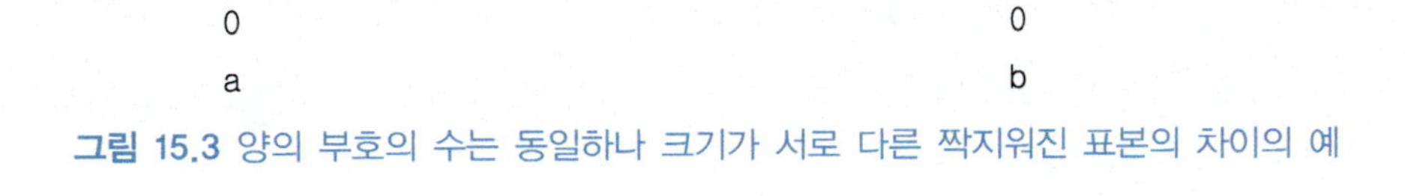

그림 15.3 양의 부호의 수는 동일하나 크기가 서로 다른 짝지워진 표본의 차이의 예

$$\begin{aligned} T^{+} &= \text{양의 값을 갖는 관측값의 순위의 합} \\ &= 3+4+6+8+9+10=40 \end{aligned}$$

짝지어진 차이	2.1	.5	−1.1	−.7	2.0	.4	−.3	1.5	−.2	1.0
순서화된 절댓값	.2	.3	.4	.5	.7	1.0	1.1	1.5	2.0	2.1
순위	1	2	3	4	5	6	7	8	9	10
부호	−	−	+	+	−	+	−	+	+	+

만약 두 개의 처리효과에 차이가 없다는 귀무가설이 참이라면 짝지어진 차이 $D_1, \cdots, D_n$ 은 원점에 대해서 대칭인 모집단에서 추출된 확률표본이 될 것이다. 반면 처리 A가 B보다 좋다는 대립가설이 성립하면 이들의 분포가 원점에서 우측으로 이동되어 있을 것이다. 따라서 대립가설 H_1가 참이라면 양의 부호가 많아질 뿐 아니라 순위도 커질 것을 기대할 수 있다. 따라서 단측검정인 경우에는 T^{+}의 값이 커지므로 기각역은 $T^{+} \geq c$ 인 형태가 될 것이다. 따라서 부호화된 순위검정의 절차를 다음과 같이 요약할 수 있다.

• 부호화된 순위검정의 절차

(1) 우선 차이를 계산한다. $D_i = X_{1i} - X_{2i} \quad i = 1, \cdots, n$

(2) D_i의 절댓값 $|D_i|$를 크기순으로 나열한 뒤 순위를 할당한 후 해당하는 부호를 표시한다.

(3) 부호화된 순위통계량 T^{+}=양의 차이의 순위합을 계산한다.

(4) 대립가설의 종류에 따라서 기각역을 T^{+}의 오른쪽, 왼쪽 또는 양쪽으로 설정한다.

귀무가설이 성립할 때 T^{+}의 분포는 부록 B 표 6을 참조하면 된다. 표 6에서는 T^{+}의 분포가 $n(n+1)/4$에 대해서 대칭임이 알려져 있으므로 $x^* = n(n+1)/4 - x$일 때

$$P(T^{+} \geq x) = P(T^{+} \leq x^*)$$

임을 알 수 있다. 이들 표를 사용하는 법을 알아보기 위해서 표 15.3의 주행거리 자료를 부호화된 순위검정법을 이용하여 검정해 보자.

예제 15.4 표 15.3에 주어진 주행거리 자료를 이용하여 A 회사 제품이 B 회사 제품보다 주행거리 면에서 우수한지 유의수준 α=0.05에서 윌콕슨의 부호화된 순위검정법으로 검

정하여라.

풀이 이 경우 n=10이고 T^+의 관측값은 40이며 부록 B 표 6에서 $P[T^+ \geq 40] = 0.116$을 얻게 된다. 따라서 유의수준 α=0.05에서 H_0를 기각할 수 없게 되어 두 회사 제품 간에 유의한 차이가 없다고 할 수 있다. ■

표본의 크기가 커짐에 따라 T^+의 분포는 평균이 $n(n+1)/4$, 분산이 $n(n+1)(2n+1)/24$ 정규분포에 가까워짐이 알려져 있으므로 대표본에서는 표 6 대신 정규분포를 이용하여 기각역을 결정해 주면 된다.

• **부호화된 순위검정의 대표본근사**

H_0이 참이면 Z 통계량

$$Z = \frac{T^+ - n(n+1)/4}{\sqrt{n(n+1)(2n+1)/24}}$$

의 분포는 근사적으로 $N(0, 1)$이다.

부호검정과 같이 차이가 영인 경우는 표본에서 제외하며 차이 값의 크기가 동일한 경우에는 평균값을 이용하여 순위를 할당한다. 예를 들어 다섯 번째와 여섯 번째 차이의 절댓값이 일치할 경우 각각 5.5 순위를 할당한다.

예제 15.5 두 개의 음료수의 맛에 대한 소비자의 선호도를 비교하기 위해서 열 명의 소비자를 상대로 미각실험을 실시하여 각 음료수의 맛을 0 에서 100까지 점수를 매겼다. 미각실험 결과가 아래와 같이 주어졌을 때 부호화 순위검정법을 이용하여 두 음료수 간 맛의 차이가 있는지를 유의수준 $\alpha = 0.05$에서 검정하자.

열 명의 소비자에 의한 음료수의 점수

음료수 A	70	85	73	75	65	50	80	71	80	51
음료수 B	65	41	45	80	84	50	71	52	42	78
차이	5	44	28	−5	−19	0	9	19	38	−27

풀이 먼저 0이 아닌 차이들을 절댓값의 크기순으로 나열한 후 순위와 부호를 할당해 보면

순서화된 절댓값과 부호	−5	5	9	19	−19	−27	28	38	44
순 위	1.5	1.5	3	4.5	4.5	6	7	8	9

0이 아닌 차이의 개수는 $n=10-1=9$이며 두 개의 중복이 있는 경우이다. 이 경우 부호화된 순위통계량 T^+를 계산하면

$$T^+ = 1.5+3+4.5+7+8+9=33$$

으로 주어진다. 한편 표 6에서 $n=9$일 때를 참조하면

$$P(T^+ \geq 39) = P(T^+ \leq 6) = 0.027$$
$$P(T^+ \geq 40) = P(T^+ \leq 5) = 0.02$$

이므로 기각역은 $T^+ \geq 40$ 또는 $T^+ \leq 5$가 되어 관측된 실제 T^+값은 기각역에 속하지 않게 된다. 따라서 유의수준 $\alpha=0.05$에서 H_0를 기각할 수 없게 되어 두 음료수는 맛에서 유의한 차이는 없다고 할 수 있다. ■

15.4 Spearman의 순위상관계수

13.7절에서 두 정량변수 사이의 선형 상관성의 척도로서 표본상관계수를 이용한 검정방법을 다루었다. 만약 두 변수 X, Y가 모두 순위변수인 경우 두 변수 사이의 상관성을 측정하는 척도로서 Spearman의 **순위상관계수** r_s가 있다. r_s를 이용한 상관성 검정절차는 다음과 같다.

• Spearman 순위상관성 검정

1. 자료 $x_1, \cdots, x_n$의 순위(rank)를 매긴다.
2. 자료 $y_1, \cdots, y_n$의 순위를 매긴다.
3. $d_i=$ (x_i순위 − y_i순위)를 구한다.
4. $r_s = 1-6\sum d_i^2/n(n^2-1)$를 계산한다.
5. 가설 $H_0: \rho_s = 0$, $H_1: \rho_s > 0$에 대하여

   $r_s > c_{\alpha,n}$이면 기각한다.

단 $c_{\alpha,n}$는 표 9의 순위상관계수검정의 단측검정 기각치이다.

6. $n > 20$ 이면 귀무가설 $H_0 : \rho_s = 0$ 하에서 근사적으로
$r_s \sim N(0, 1/(n-1))$ 임을 이용하여
$Z = \sqrt{n-1}\, r_s > z_\alpha$ 이면 기각한다.

예 15.6 어느 회사의 신입사원 10명의 입사성적순위와 입사 1년 후 근무평점순위를 조사한 결과 아래와 같이 주어졌다.

표 15.4 순위상관계수의 계산

사원	x_i	y_i	x_i 순위	y_i 순위	d_i	d_i^2
1	83	90	5	2	3	9
2	79	80	7	6	1	1
3	71	76	9	8	1	1
4	90	88	2	3	−1	1
5	87	86	3	4	−1	1
6	70	77	10	7	3	9
7	92	84	1	5	−4	16
8	77	70	8	9	−1	1
9	81	65	6	10	−4	16
10	85	95	4	1	3	9

$$\sum d_i^2 = 64$$

위 자료를 이용하여 Spearman 순위상관검정을 하면 다음과 같다.

$$r_s = 1 - 6(64)/20(20^2 - 1) = .952$$

H_0 : 입사성적과 근무평점은 서로 무관하다.

H_1 : 입사성적이 높아짐에 따라 근무평점도 높아지는 경향이 있다.

유의수준 5%에서 단측검정을 할 경우 기각역은 부록 B 표 7에 의하여 $c_{0.05,10} = 0.546$ 이므로 $r_s > c_{0.05,10}$ 이다. 따라서 입사성적이 높아짐에 따라 입사 후 근무평점도 높아지는 경향이 있다. ■

15.5 컴퓨터 활용

```
> ## 예 15.1
> A<-c(3.18,3.91)
> B<-c(3.55,2.76,2.13)
> wilcox.test(A,B,alternative="greater")

        Wilcoxon rank sum test

data:  A and B
W = 5, p-value = 0.2
alternative hypothesis: true location shift is greater than 0



> ## 예 15.2
> A<-c(4.7,6.4,4.1,3.7,3.9)
> B<-c(7.6,11.1,6.8,9.8,4.9,6.1,15.1)
> wilcox.test(A,B,alternative="less")

        Wilcoxon rank sum test

data:  A and B
W = 2, p-value = 0.005051
alternative hypothesis: true location shift is less than 0

> ## 예 15.3 / 예 15.4
> A<-c(26.4,10.3,15.8,16.5,32.5,8.3,22.1,30.1,12.9,12.6)
> B<-c(24.3,9.8,16.9,17.2,30.5,7.9,22.4,28.6,13.1,11.6)
> n<-length(A)
> x<-sum(A>B)
> binom.test(x,n,alternative="greater")

        Exact binomial test

data:  x and n
number of successes = 6, number of trials = 10, p-value = 0.377
alternative hypothesis: true probability of success is greater than 0.5
95 percent confidence interval:
 0.3035372 1.0000000
sample estimates:
```

```
probability of success
                  0.6

> wilcox.test(A,B,alternative="greater",paired=TRUE)

        Wilcoxon signed rank test

data:  A and B
V = 40, p-value = 0.1162
alternative hypothesis: true location shift is greater than 0



> ## 예 15.5
  > A<-c(70,85,73,75,65,50,80,71,80,51)
  > B<-c(65,41,45,80,84,50,71,52,42,78)
  > wilcox.test(A-B)

          Wilcoxon signed rank test with continuity correction

  data:  A - B
  V = 33, p-value = 0.2353
  alternative hypothesis: true location is not equal to 0
```

연습문제

15.1 어느 담배 제조회사가 담배 B의 타르 함유량이 담배 A의 타르 함유량보다 작다고 주장한다. 이 주장을 검정하기 위해 두 종류의 담배의 타르 함유량을 밀리그램(mg) 단위로 측정한 결과 다음과 같이 주어졌다.

A 담배	12	9	13	11	14
B 담배	8	10	7		

담배회사의 주장의 근거가 있는 것인지 유의수준 0.05에서 윌콕슨의 순위합 검정법을 이용하여 판정하여라.

15.2 수학 보충수업의 효과를 측정할 목적으로 수학능력이 비슷한 12명의 학생 중에서 다섯 명을 임의로 추출하여 보충수업을 받게 하였다. 이들 12명의 학기말 수학시험 성적이 다음과 같이 주어졌다.

보충수업을 받은 학생	87	69	78	91	80		
보충수업을 받지 않은 학생	75	88	64	82	93	79	67

윌콕슨의 순위합 검정을 이용하여 유의수준 0.05에서 보충수업이 수학성적에 영향을 마치는지를 검정하여라.

15.3 어느 페인트 제조업자가 페인트 건초속도를 단축시킬 수 있는 새로운 첨가제를 개발했다고 주장한다. 이를 경청하기 위해 12개의 나무판을 준비하여 각 나무의 한쪽 면은 기존의 첨가제를 이용한 페인트를 칠하고 다른 한쪽에는 새로운 첨가제를 사용한 페인트를 칠하였다. 측정된 페인트의 건조시간은 다음과 같이 주어졌다.

	페인트 건조시간(단위: 시간)	
나무판	새로운 첨가제	기존의 첨가제
1	6.4	6.6
2	5.8	7.8
3	7.4	7.8
4	5.5	5.7
5	6.3	6.0
6	7.8	8.4
7	8.6	8.8
8	8.2	8.4
9	7.0	7.3
10	4.9	5.8
11	5.9	5.8
12	6.5	6.5

(1) 새로운 페인트 첨가제가 기존의 첨가제보다 건조시간을 단축시키는지를 유의수준 α=0.05에서 부호검정을 이용하여 검정하여라.

(2) 유의수준 α=0.05에서 윌콕슨의 부호화된 순위검정을 이용하여 페인트 제조업자의 주장이 옳은지를 판정하여라.

15.4 다섯 명의 흡연자에 대해서 담배를 끊기 전의 체중과 담배를 끊고 5주 후의 체중을 측정한 결과가 다음과 같이 주어졌다(단위: kg).

	1	2	3	4	5
금연 이전	66	80	69	52	75
금연 이후	71	82	68	56	72

윌콕슨의 부호화된 순위검정법을 이용하여 담배를 끊는 것이 체중에 아무런 영향을 주지 않는다는 가설과 체중을 증가시킨다는 대립가설을 유의수준 α =0.05에서 검정하여라.

15.5 백화점과 소형소매상을 대상으로 여덟 가지 품목에 대하여 가격 조사를 실시한 결과 다음 자료를 얻었다(단위: 원).

(1) 백화점 가격이 소형 소매상보다 비싸다는 주장을 유의수준 5%에서 t-검정으로 판정하여라.

(2) 위 가정을 유의수준 5%에서 부호 검정으로 검정하여라.

(3) 위 주장에 대해 유의수준 1%에서 윌콕슨의 부호화된 순위검정을 실시하여라.

15.6 새로 개발된 약 B가 기존의 약 A보다 체중 증가에 더 효과적인지 비교하기 위해 체중과 건강 상태가 비슷한 쥐 16마리에 실험을 하였다. 16마리를 임의로 여덟 마리씩 두 집단으로 나누어 4주간 약 A와 B를 각각 투약하여 다음의 체중 증가 자료를 얻었다.

A	2.4	4.2	1.6	4.4	3.2	1.2	2.1	2.3
B	5.1	4.8	4.6	3.6	3.9	3.8	5.4	4.8

(1) 이 경우 적절한 검정 방법은 무엇인가? 그 이유는?

(2) 위 방법을 사용하여 유의수준 5%에서 B가 A보다 더 많은 체중 증가를 가져오는지 검정하여라.

15.7 O 회사와 K 회사가 골프공을 생산한다. 두 회사제품 중에서 어느 제품이 더 멀리 날아가는지 조사하려고 각 회사제품을 무작위로 선택하여 타실험을 한 결과 다음 자료를 얻었다.

O	250	265	270	280	265	
K	260	245	256	260	238	260

(1) 이 경우 적절한 비모수적 검정법을 제시하고 그 이유를 설명하여라.

(2) 유의수준 5%에서 검정을 실시하고 결과를 말하여라.

15.8 당뇨병 환자 12명을 대상으로 투약 이전과 투약 3시간 이후의 혈당량을 측정하여 다음 결과를 얻었다.

환자	혈당량	
	투여 전	투여 후
1	102	105
2	144	140
3	132	135
4	131	122
5	112	112
6	194	180
7	144	135
8	108	110
9	224	198
10	192	180
11	137	139
12	187	189

(1) 투약 후 혈당량이 낮아지는지를 검정하는 적절한 비모수적 검정법을 제시하고 그 이유를 설명하여라.

(2) 유의수준 5%에서 검정을 실시하고 결과를 말하여라.

15.9 다음은 쇼크로 응급실에 실려 온 환자들의 병원도착 시 측정한 심장박동수 자료이다.

사망군	102	122	106	140	82	175	135	
퇴원군	95	76	81	97	74	86	81	98

(1) 병원에서 사망한 환자군과 치료 후 퇴원한 환자군의 심장 박동수에 차이가 있는지를 검정하는 적절한 비모수적방법을 제시하고 그 이유를 설명하여라.

(2) 유의수준 5%에서 검정을 실시하고 결과를 말하여라.

15.10 다음은 10명의 학생들의 지능지수(IQ)와 통계학점수를 조사한 결과이다. 지능지수가 높은 학생의 통계학점수가 높은 경향이 있는지 적절한 비모수적 방법으로 유의수준 5%로 검정하여라.

학생	IQ	통계학점수
1	95	85
2	80	72
3	100	82
4	125	92
5	105	76
6	96	83
7	120	90
8	140	70
9	85	40
10	130	95

CHAPTER 16

표본조사

16.1 서론

대부분의 통계분석에서는 관심 모집단 전체를 조사하는 것이 불가능할 경우나 조사비용과 시간을 절감하기 위하여 모집단의 일부를 **표본**(sample)으로 추출하여 모집단의 특성을 연구하게 된다. 이와 같이 모집단의 특성을 연구하기 위해 그 일부인 표본을 추출하여 조사하는 것을 **표본조사**(sample survey)라 하고 추출되는 모집단의 원소를 추출단위(sampling unit)라 한다.

반면에 모집단 전체를 모두 조사하는 것을 **전수조사**(census)라 한다. 전수조사와 비교할 때 표본조사의 장점은 모집단의 일부분만을 조사하기 때문에 조사비용과 시간을 절감할 수 있다는 점과 아울러 조사규모가 작으므로 조사업무 관리의 효율성이 증대되어 경우에 따라서는 오히려 전수조사보다 정확성이 높은 결과를 얻을 수도 있다는 점이다.

표본조사를 할 때 가장 중요한 문제는 모집단 전체를 잘 대표할 수 있는 표본을 어떻게 뽑는가 하는 것이다. 이 장에서는 표본조사의 절차를 간략히 소개한 후 표본조사에서 발생할 수 있는 오차를 줄일 수 있는 효율적인 표본설계 및 분석방법을 알아보기로 하겠다.

16.2 표본조사

관심 모집단을 잘 대표할 수 있는 표본을 효율적으로 추출하여 모집단의 특성을 정확히 추정하기 위해서는 대체로 다음의 과정을 거쳐 표본조사를 하게 된다.

- 모집단의 설정

먼저 연구목적에 맞는 목표 모집단을 명확히 설정하여야 한다. 예를 들어 대졸자의 취업률을 조사할 경우 조사대상에서 전문대를 포함시킬지 대학원진학을 취업으로 포함할 것인지 등의 여부를 명확히 하여야 한다.

- 표본설계

일단 모집단이 정해지면 전체 모집단을 잘 대표할 수 있는 표본을 어떤 방법으로 추출할지, 또 추출된 표본자료를 어떻게 분석할지를 결정해야 한다. 이 과정을 **표본설계**(sample design)라 한다.

표본설계의 목적은 주어진 조사비용과 시간으로 원하는 정보를 가장 효율적으로 얻는데 있다. 이를 위해서 전체 모집단을 잘 대표하는 표본을 추출하는 방법에는 크게 객관적인 확률을 이용한 **확률추출법**(probability sampling)과 확률을 사용하지 않는 비확률추출법(non-probability sampling)이 있다. 이 두 가지 방법 중 오직 확률추출법만이 추정량의 정확도를 계산할 수 있는 장점을 가지고 있기 때문에 현재 거의 모든 표본조사에서 확률추출법이 사용되고 있다.

현재 가장 많이 사용되는 기본적 확률추출법으로는 **단순임의추출법**(simple random sampling), **층화추출법**(stratified random sampling), **집락추출법**(cluster sampling), **계통추출법**(systematic sampling) 등이 있다. 또한 대규모 표본조사에는 이들 기본적 추출방법을 두 개 이상 결합한 복합적인 추출방법을 많이 사용하고 있다.

16.3 단순임의추출법

이 방법은 확률추출법 중 가장 기본적인 방법으로서 모두 N개의 추출 단위로 이루어진 모집단에서 n개의 표본을 **비복원추출**(sampling without replacement)할 때 가능한 표본의 수는 ${}_NC_n$개이고 이들 표본이 선택될 확률이 모두 동일하도록 추출하는 방법을 말하고 이와 같이 추출된 표본을 **단순임의표본**(simple random sample)이라 한다.

단순임의표본을 얻는 실제적 방법은 난수표(random number table)를 이용하면 되는데 먼저 모든 추출단위에 차례로 번호를 매긴 후 부록의 난수표에서 1부터 N까지의 숫자 중에서 n개를 비복원으로 차례로 추출하면 된다. 이때 반복되는 숫자는 버리고 뽑힌 n개의 난수에 해당하는 추출단위를 표본으로 선택하면 된다. 예를 들어 200명의 학생 중에서 다섯 명을 추출한다고 하자. 먼저 학생들을 1번에서 200번까지 번호를 매긴 후 부록의 난수표에서 임의의 행이나 열을 따라서 200보다 작은 세 자리 숫자를 차례로 다섯 개 선택하면 된다. 예를 들어 첫째 열을 사용하면 다음 다섯 개의 숫자를 얻게 된다.

$$100,\quad 84,\quad 128,\quad 118,\quad 98$$

이들 숫자에 해당하는 학생을 표본으로 선택하면 크기 $n=5$인 단순임의표본을 얻게 된다.

이제 단순임의추출법으로 표본자료 $X_1,\cdots,X_n$을 얻고 나면 평균 μ와 모분산 σ^2에 대한 불편추정량으로 각각 표본평균

$$\overline{X}=\sum_{i=1}^{n}X_i/n$$

와 표본분산

$$s^2=\sum_{i=1}^{n}(X_i-\overline{X})^2/(n-1)$$

을 사용하게 된다. 이때 **복원추출**(sampling with replacement)된 경우는

$$\widehat{var}(\overline{X})=s^2/n$$

이고 **비복원추출**의 경우는

$$\widehat{Var}(\overline{X})=\frac{s^2}{n}(1-f),\ f=n/N$$

가 됨이 알려져 있다. 이때 $f=n/N$, $1-f=1-n/N$를 각각 **표본비율**(sampling fraction), **유한 모집단 수정항**(finite population correction factor)이라 한다. 위 식에서 같은 크기의 표본의 경우 비복원추출법이 복원추출보다 더 작은 분산을 갖는

보다 효율적 방법임을 알 수 있다. 따라서 표본의 크기 n이 클 경우 모평균 μ에 대한 95% 근사신뢰구간은 아래와 같이 주어진다.

$$\overline{X} \pm 2 \cdot \left[\frac{s^2}{n}(1-f)\right]^{1/2}$$

위의 공식을 이용하면 모분산 σ^2이 주어졌을 때 95% 신뢰도에서 목표정도(desired precision) d를 달성하기 위해 필요한 표본의 크기 n은

$$2\frac{\sigma}{\sqrt{n}}(1-n/N)^{1/2} = d$$

을 n에 대해 풀면 다음 공식을 얻게 된다.

$$n = n_0/(1+n_0/N),\ n_0 = (2\sigma/d)^2$$

이때 σ^2를 모를 경우는 과거조사 자료나 예비조사 자료를 이용한 근삿값을 사용하면 된다.

예제 16.1 어느 대학교에서 900명의 학생들의 한 달 평균 용돈을 조사하기 위해 90명의 학생을 단순임의추출하여 다음 자료를 얻었다.

$$\overline{X} = 5\text{만 원},\quad s = 2\text{만 원}$$

전체 대학생들의 월평균 용돈에 대한 95% 신뢰구간을 구하여라.

풀이

$$\begin{aligned}\overline{X} \pm 2\left(\frac{s^2}{n}(1-f)\right)^{1/2} &= 5 \pm 2\left(\frac{2^2}{30}\left(1-\frac{90}{900}\right)\right)^{1/2}\\ &= 5 \pm 0.4(\text{만 원})\end{aligned}$$

월평균 용돈을 95%의 신뢰도로 목표정도 2천 원 이내로 추정하려면 얼마의 표본을 추출해야 하는가?

$(2\sigma/d)^2 = \left(2 \times \frac{2}{0.2}\right)^2 = 400$이므로

$$n = 400/(1+400/900) = 227(\text{명})$$

■

16.4 층화추출법

전체 모집단이 서로 이질적인(heterogeneous) 경우 단순임의추출법을 사용하면 추정량의 분산이 매우 커지는 단점이 있다. 이때 모집단을 동질적인(homogeneous) 층(strata)으로 나눈 다음 각 층에서 단순임의표본을 독립적으로 추출하는 방법을 **층화추출법**이라 한다. 이 방법은 주로 각 층별 추정값이 필요한 경우나 조사업무의 편리를 위한 경우 많이 사용된다.

층화추출법의 가장 큰 장점은 층 내부를 동질화하고 층간에는 서로 이질적으로 할 경우 단순임의추출법보다 추정량의 정확도가 높아진다는 점과 조사 비용과 시간을 절약할 수 있다는 점이다.

예를 들어 어느 고등학교 학생들의 평균신장을 조사하려 할 때 같은 학년 내의 신장의 변동이 학년간의 변동에 비해 작으므로 학년별로 층화하여 각 학년별로 독립적으로 표본추출하는 것이 전학년을 한 번에 표본추출하는 것보다 더 정확한 결과를 얻게 된다.

크기가 N인 전체 모집단을 h개의 층으로 나누었을 때 각층의 크기를 N_i, 평균과 분산을 각각 μ_i, σ_i^2라 하자. 각 층에서 크기가 n_i인 표본을 단순임의추출법으로 추출할 때 각 층의 표본평균을 $\overline{X_i}$ 표본분산을 s_i^2라 하자. 이때 전체 모집단의 평균 μ는 층별 모평균 μ_i의 가중평균

$$\mu = \sum_{i=1}^{h} \frac{N_i}{N} \mu_i$$

로 주어지므로 μ에 대한 불편추정량은

$$\overline{X}_{st} = \sum_{i=1}^{h} \frac{N_i}{N} \overline{X}_i$$

로 주어지고 $\overline{X}_{st}$의 분산은 층별표본의 독립성을 이용하면

$$\begin{aligned} Var(\overline{X}_{st}) &= \sum_{i=1}^{h} \left(\frac{N_i}{N}\right) Var(\overline{X}_i) \\ &= \sum_{i=1}^{h} \left(\frac{N_i}{N}\right) \frac{\sigma_i^2}{n_i} \left(1 - \frac{n_i}{N_i}\right) \end{aligned}$$

로 주어진다. 따라서 모분산 σ_i^2 대신 표본분산 s_i^2을 사용하면 모평균 μ에 대한 95% 근사신뢰구간은 아래와 같이 주어진다.

$$\overline{X}_{st} \pm 2 \cdot \left[\sum_{i=1}^{h} \left(\frac{N_i}{N} \right)^2 \left(1 - \frac{n_i}{N_i} \right) \frac{s_i^2}{n_i} \right]^{1/2}$$

예제 16.2 어느 소도시의 각 가구당 월평균 외식비를 조사하기 위해 이 지역을 소득 수준이 비슷하나 세 개의 지역으로 나누어 각 지역에서 100가구씩 총 300가구를 단순임의추출하여 다음 결과를 얻었다.(단위: 만원)

지역	N_i	$\overline{X}_i$	s_i
1	5000	4	3
2	3000	6	2
3	4000	9	4

가구당 월평균 외식비에 대한 95% 신뢰구간을 구하여라.

풀이

$$\overline{X}_{st} \pm 2 \cdot \left[\sum_{i=1}^{h} \left(\frac{N_i}{N} \right)^2 \left(1 - \frac{n_i}{N} \right) \frac{s_i^2}{n_i} \right]^{1/2} = 6.16 \pm 0.4(\text{만원})$$ ■

16.5 표본배분

전체표본의 크기 n이 주어졌을 때 각 층별 표본의 크기 n_i를 효율적으로 배정하는 방법은 층화추출에서 중요한 문제로서, 이 절에서는 각 층의 크기와 분산을 고려한 두 가지 배정법에 대해서 알아보기로 하자.

- 비례배정법(proportional allocation)

각 층의 표본의 크기를 층의 크기에 비례해서 할당하는 방법을 비례배정법이라 한다.

$$n_i = \left(\frac{N_i}{N} \right) n \,, i = 1, \cdots, h$$

- 최적 배정법(optimal allocation)

이 방법은 층화추출법에 의한 모평균의 추정량 $\overline{X}_{st}$의 분산을 최소로 하는 배정 방법으로 각 층별 표본의 크기를 층의 크기 N_i와 층별변동 σ_i에 비례하도록 정하는 방법이다.

$$n_i = n(N_i\sigma_i)/(\sum_{i=1}^{h} N_i\sigma_i), i = 1, \cdots, h$$

위 식에서 층별 분산이 비슷할 경우 비례배정이 최적배정임을 알 수 있다.

예제 16.3 예 16.2의 표본조사에서 추정량의 정확도를 높이기 위해 총 $n = 1000$가구 조사하려 한다. 최적 배정을 사용할 때 각 층별 표본의 크기를 정하여라.

풀이

$$\sum_{i=1}^{3} N_i\sigma_i = (5\times3+3\times2+4\times4)\bullet 1000 = 37{,}000$$ 이므로

$$n_1 = 1000 \bullet 3 \bullet 5000/37000 = 405$$
$$n_2 = 1000 \bullet 2 \bullet 3000/37000 = 162$$
$$n_3 = 1000 \bullet 4 \bullet 4000/37000 = 433$$

■

16.6 기타 표본추출법

집락추출법(cluster sampling)이란 모집단을 몇 개의 집락(cluster)으로 나누어 전체 집락 중에서 몇 개의 집락을 표본추출하고 일단 추출된 집락은 전수조사하거나 다시 표본조사하는 방법을 말한다. 추출 집락을 전수조사하는 경우를 **일단집락추출**(single-stage cluster sampling)이라 하고 다시 표본조사 하는 경우를 **이단집락추출**(two-stage cluster sampling)이라 한다.

이 방법은 일단 뽑힌 집락은 전수조사하므로 가능한 집락 안은 이질적이고 집락 간에는 동질적일수록 효율적인 표본설계가 되어 층화추출과는 반대의 경우에 많이 사용되는 추출방법이다.

계통추출(systematic sampling)은 표본을 시간적 또는 공간적으로 일정한 간격으로 규칙적으로 추출하는 방법을 말한다. 즉 크기 N인 모집단에서 n개의 표본을 추

출할 때 처음 $k=n/N$개의 추출단위 중에 하나를 임의로 추출한 다음 매 k번째 표본을 차례로 추출하면 된다. 이 방법은 표본추출이 용이하고 모집단을 고르게 추출할 수 있다는 장점이 있어 주로 생산라인에서 품질관리나 검사를 위한 표본추출에 많이 활용되고 있다.

이들 방법에 의한 표본의 분석법은 이 책의 수준을 넘으므로 참고문헌을 참조하기 바란다.

연습문제

16.1 다음의 문제에서 모집단과 추출 단위를 정의하고 적절한 표본추출방법을 제시하여라.

(1) 시장 선거에서 특정 후보의 지지율을 조사하려 한다.

(2) 제약회사에서 생산되는 항생제의 품질관리를 위해 수시로 표본조사를 하고자 한다.

(3) 새로운 입시제도에 대한 학부모와 수험생의 찬반 여론조사를 하고자 한다.

(4) 서울 시내 가구당 월별 평균 교육비를 조사하려 한다.

16.2 어느 도시의 총가구수는 1000가구이다. 가구당 평균 식구수를 조사하기 위해 100가구를 조사한 결과 표본평균 3.5, 표준편차 1.2를 얻었다. 가구당 평균 식구수에 대한 95% 신뢰구간을 구하여라.

16.3 텔레비전 방송국에서 특정 프로그램의 시청률을 추정하기 위하여 200명의 시청자를 임의로 추출하여 시청여부를 조사한 결과 이중 75명이 시청하였다. 전체시청률에 대한 95% 신뢰구간을 구하여라.

16.4 어느 대학의 총학생수는 2000명이다. 주당 공부시간을 알아보기 위해 학년별로 25명씩 층화추출하여 총 100명을 조사하여 다음의 자료를 얻었다.

학년	N_i	n_i	$\overline{X}_i$	s_i
1	500	25	10	5
2	500	25	12	6
3	500	25	15	8
4	500	25	20	10

이 학교 전체학생의 주당 평균 공부시간에 대한 95% 신뢰구간을 구하여라.

16.5 어느 대학교의 졸업생의 취업률을 조사하기 위해 남여 각 50명씩 표본조사를 실시한 결과 다음 결과를 얻었다.

성별	N_i	n_i	X_i(취업한 수)
남	2000	50	40
여	1000	50	30

전체 졸업생의 취업률에 대한 95% 신뢰구간을 구하여라.

16.6 문제 16.4에서 400명을 최적분배로 층화추출을 하려고 할 때 학년별 표본 크기를 정하여라.

16.7 문제 16.5를 예비조사로 이용하여 졸업생 400명을 층화추출하려고 한다. 남녀 각각 몇 명씩 분배하는 것이 좋은가?

16.8 한 대학교에서 학생회에서 제안한 안건에 대해서 학생들의 찬성률을 조사하기 위해서 학년별로 총 120명을 조사한 결과 다음의 결과를 얻었다.

학년	N_i	n_i	X_i
1	3600	30	28
2	3500	30	27
3	3200	30	24
4	3000	30	15

전체 학생들의 찬성률을 추정하고 95% 신뢰구간을 구하여라.

16.9 문제 16.8을 예비조사로 이용하여 졸업생 800명을 층화추출하려고 한다. 학년별로 각각 몇 명씩 분배하는 것이 좋은가?

16.10 단순임의추출에서 다음의 식이 성립함을 증명하여라.

$$Var(\overline{X}) = \frac{\sigma^2}{n}\left(1 - \frac{n}{N}\right)$$

부록 A

A.1 R의 기초

R은 단순한 통계처리를 위한 소프트웨어라기보다는 통계 계산과 그래픽을 위한 언어이자 환경이라고 할 수 있다. 모든 소프트웨어는 공유되어야 한다는 기본이념을 가지고 있는 GNU project의 하나로 전 세계 어디에서나 상용목적이 아닌 이상은 무료로 사용할 수 있다. 또한 사용자가 쉽게 자신의 코드를 라이브러리 형태로 만들 수 있게 되어 있으며 이를 전 세계 사람들이 공유할 수 있도록 repository를 제공하고 있다.

R은 일반적인 통계처리 소프트웨어보다는 이용에 있어서 진입장벽이 높은 편이다. 이는 line interpreter의 형식으로 되어 있어 코드를 직접 작성하여 한 줄씩 실행을 시켜야 하기 때문이다. 그러나 자료의 구조와 몇 가지 기본적인 자료를 다루는 함수들, 외부자료를 읽어오는 함수, 그리고 그래프를 그리는 함수들을 숙지하게 되면 이 책의 각 장에 있는 컴퓨터 활용 부분에 나와 있는 기초적인 분석을 시작할 수 있게 된다.

A.1.1 R을 설치, 시작하는 방법

R은 무료로 배포되고 있는 R 홈페이지인 www.r-project.org에서 다운로드받을 수 있다. CRAN은 R repository로 R 프로그램뿐 아니라 세계각국의 사람들이 개발해 놓은 라이브러리들이 저장되어 있는 곳이다. R은 Windows, Linux, 그리고 Mac OS X의 모든 OS에서 사용가능하도록 되어 있다. 사용자의 OS에 맞는 프로그램을 설치하면 된다. Windows용 프로그램의 경우 자동설치가 되도록 되어 있다. 설치 후에는 바탕화면에 R icon이 생기게 된다. R icon을 이용하여 R을 시작하면 다음과 같은 화면이 나오고 R Console 창에 명령어를 입력하면 된다.

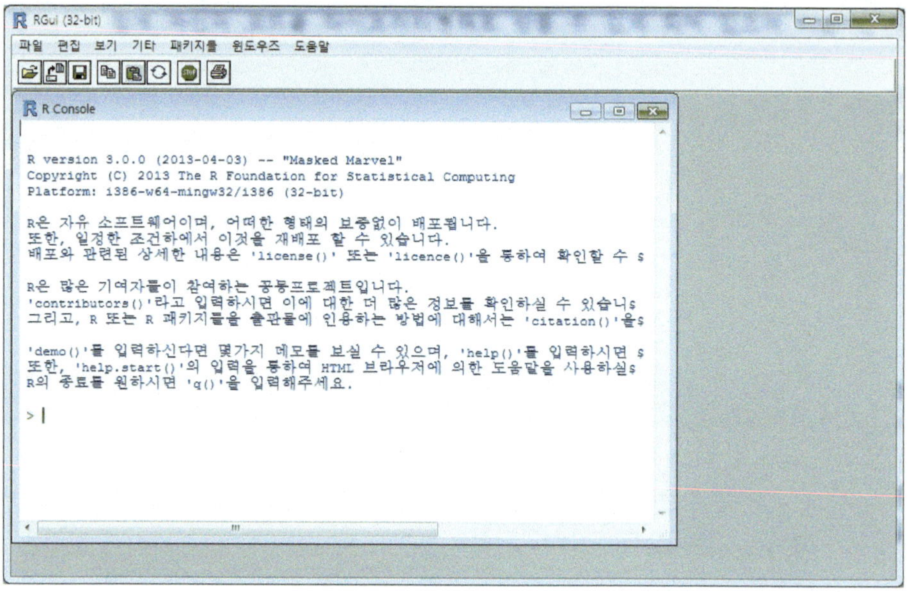

A.1.2 자료구조

R에 자료를 저장하는 방식은 vector, matrix, data frame, list로 크게 4가지로 구별할 수 있다. vector는 숫자나 문자들을 1차원으로 나열한 방식으로 c라는 연결함수(concatenate function)을 이용하여 다음과 같이 정의할 수 있다.

```
> a<-c(1,2,3,4,5)
> a
[1] 1 2 3 4 5
```

matrix는 숫자나 문자들을 2차원의 행렬형태로 나타내는 방식으로 matrix라는 함수를 이용하여 다음과 같이 정의할 수 있다.

```
> X<-matrix(c(42,52,48,58,4,5,4,3),ncol=2)
> X
     [,1] [,2]
[1,]   42    4
[2,]   52    5
[3,]   48    4
[4,]   58    3
```

matrix로 저장된 자료의 일부를 꺼내는 방법은 [,] 안에 원하는 위치의 정보를 넣어주는 것이다. X 행렬의 1열2행의 자료를 꺼내는 방법은 다음과 같다.

```
> X[1,2]
[1] 4
```

X 행렬의 1행 전체를 꺼내는 방법은 다음과 같고,

```
> X[,1]
[1] 42 52 48 58
```

X 행렬의 2행 전체를 꺼내는 방법은

```
> X[,2]
[1] 4 5 4 3
```

이다. 이와 비슷하게 X 행렬의 1열 전체, 2열 전체를 꺼내는 방법은

```
> X[1,]
[1] 42  4
> X[2,]
[1] 52  5
```

이다. X의 1열과 2열의 첫 번째 행 원소만을 꺼내는 방법은

```
> X[1:2,1]
[1] 42 52
```

이다. 이와 같이 [,]안에 원하는 행과 열의 정보를 넣어주면 된다.

data frame은 R에서 분석자료를 위한 형태로 가장 널리 쓰이고 있는 것으로 data.frame이라는 함수로 정의할 수 있다.

```
> Y<-data.frame(V1=c(42,52,48,58),V2=c(4,5,4,3))
> Y
  V1 V2
```

```
1 42  4
2 52  5
3 48  4
4 58  3
```

data frame에서는 matrix와는 달리 각 행을 변수로 인식을 하고 각각 이름을 붙여 주게 된다. 정의된 data frame Y에는 첫 번째 행에는 V1, 두 번째 행에는 V2이라는 이름이 붙여져 있다.

data frame에서도 matrix와 같은 방법으로 자료를 뽑아낼 수 있다.

```
> Y[,1]
[1] 42 52 48 58
> Y[,2]
[1] 4 5 4 3
```

또한 data frame은 각각의 행을 변수로 인식을 하고 있기 때문에 다음과 같이 변수의 이름을 이용하여 자료를 뽑아낼 수도 있다.

```
> Y$V1
[1] 42 52 48 58
> Y$V2
[1] 4 5 4 3
```

matrix와 data frame의 차이는 다음의 예에서 확인할 수 있다.

```
> X<-matrix(c(42,52,48,58,"A","B","C","D"),ncol=2)
> Y<-data.frame(V1=c(42,52,48,58),V2=c("A","B","C","D"))
> X
     [,1] [,2]
[1,] "42" "A"
[2,] "52" "B"
[3,] "48" "C"
[4,] "58" "D"
> Y
  V1 V2
1 42  A
2 52  B
```

```
3 48  C
4 58  D
```

X와 Y 모두 4*2의 행렬 형태로 자료가 저장되어 있으나 matrix인 X에서는 문자인 두 번째 행의 자료형태를 따라 원소들이 모두 문자로 바뀌어 있고 data frame인 Y에서는 숫자자료는 숫자자료 그대로, 문자자료는 문자자료 그대로 남아 있다. 즉, data frame은 각 행을 각각의 변수로 하여 숫자변수는 숫자변수로, 문자변수는 범주형 변수로 인식을 하고 있게 된다. X에는 "A"로 나타난 반면, Y에는 인용부호 없이 A로 표현한 것이 이를 나타내는 것이다.

A.1.3 기초 통계량 계산

기초 통계량을 계산하는 함수들은 다음과 같다.

```
> a<-c(1,2,3,4,5)
> mean(a)
[1] 3
> var(a)
[1] 2.5
> sd(a)
[1] 1.581139
```

인자가 vector로 주어진 경우 각각 원소들의 평균, 분산, 표준편차를 계산해 준다. 인자가 data frame인 경우에는 각 변수별 평균, 분산공분산 행렬, 그리고 상관계수 행렬을 계산해 준다.

```
> Y<-data.frame(V1=c(42,52,48,58),V2=c(4,5,4,3))
> mean(Y)
V1 V2
50  4
> var(Y)
         V1         V2
V1 45.33333 -2.0000000
V2 -2.00000  0.6666667
> cor(Y)
           V1         V2
```

```
V1  1.0000000 -0.3638034
V2 -0.3638034  1.0000000
```

인자가 matrix인 경우에는 matrix 내의 원소 전체의 평균을 구해 준다.

```
> X<-matrix(c(42,52,48,58,4,5,4,3),ncol=2)
> mean(X)
[1] 27
```

matrix의 각 행별 평균, 분산, 표준편차 등을 구하기 위해서는 다음과 같은 명령을 사용하면 된다.

```
> apply(X,2,mean)
[1] 50  4
> apply(X,2,var)
[1] 45.3333333  0.6666667
> apply(X,2,sd)
[1] 6.7330033 0.8164966
```

두 변수의 공분산과 상관계수를 구하기 위해서는 cov, cor의 함수를 이용하면 된다.

```
> cov(X[,1],X[,2])
[1] -2
> cor(X[,1],X[,2])
[1] -0.3638034
```

A.1.4 외부자료 읽어오기

엑셀에서 csv 형태로 저장된 파일을 R에서 읽어들이는 방법은 다음과 같다(첫 번째 열은 변수이름이 있고 두 번째 열부터 자료들이 들어가 있는 파일임).

```
> tips<-read.csv("c:/tips.csv")
```

read.csv의 인자인 파일 이름은 파일이 저장되어 있는 directory의 이름 전체가 포함되어야 한다. 즉 위의 명령어를 위해서는 tips.csv 파일이 c:/내에 있어야 한다. (directory를 쓰는 방식도 windows 방식인 c:₩가 아니고 unix 방식인 c:/가 되어야 한다.)

일단 자료를 읽어들인 후 자료가 정확하게 읽혀서 저장되었는지를 확인하는 방법은 head와 tail 명령어를 이용하여 읽어들여진 자료의 처음과 끝을 확인하는 것이다.

```
> head(tips)
  OBS  TOTBILL  TIP    SEX    SMOKER  DAY  TIME    SIZE TIPRATE
1   1    16.99  1.01  Female   No     Sun  Night    2     5.94
2   2    10.34  1.66   Male    No     Sun  Night    3    16.05
3   3    21.01  3.50   Male    No     Sun  Night    3    16.66
4   4    23.68  3.31   Male    No     Sun  Night    2    13.98
5   5    24.59  3.61  Female   No     Sun  Night    4    14.68
6   6    25.29  4.71   Male    No     Sun  Night    4    18.62
> tail(tips)
    OBS  TOTBILL  TIP    SEX    SMOKER  DAY   TIME   SIZE TIPRATE
239 239    35.83  4.67  Female    No    Sat   Night    3   13.03
240 240    29.03  5.92   Male     No    Sat   Night    3   20.39
241 241    27.18  2.00  Female   Yes    Sat   Night    2    7.36
242 242    22.67  2.00   Male    Yes    Sat   Night    2    8.82
243 243    17.82  1.75   Male     No    Sat   Night    2    9.82
244 244    18.78  3.00  Female    No    Thur  Night    2   15.97
```

부록

B 분포표

B.1 표준정규분포표

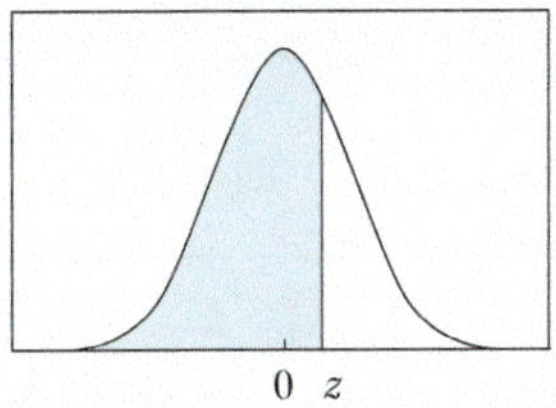

표의 숫자는 z와 같거나 작은 확률, 즉 $P(Z<z)$를 나타낸다.

z	.00	.01	.02	.03	.04	.05	.06	.07	.08	.09
0.0	.5000	.5040	.5080	.5120	.5160	.5199	.5239	.5279	.5319	.5359
0.1	.5398	.5438	.5478	.5517	.5557	.5596	.5636	.5675	.5714	.5753
0.2	.5793	.5832	.5871	.5910	.5948	.5987	.6026	.6064	.6103	.6141
0.3	.6179	.6217	.6255	.6293	.6331	.6368	.6406	.6443	.6480	.6517
0.4	.6554	.6591	.6628	.6664	.6700	.6736	.6772	.6808	.6844	.6879
0.5	.6915	.6950	.6985	.7019	.7054	.7088	.7123	.7157	.7190	.7224
0.6	.7257	.7291	.7324	.7357	.7389	.7422	.7454	.7486	.7517	.7549
0.7	.7580	.7611	.7642	.7673	.7704	.7734	.7764	.7794	.7823	.7852
0.8	.7881	.7910	.7939	.7967	.7995	.8023	.8051	.8078	.8106	.8133
0.9	.8159	.8186	.8212	.8238	.8264	.8289	.8315	.8340	.8365	.8389
1.0	.8413	.8438	.8461	.8485	.8508	.8531	.8554	.8577	.8599	.8621
1.1	.8643	.8665	.8686	.8708	.8729	.8749	.8770	.8790	.8810	.8830
1.2	.8849	.8869	.8888	.8907	.8925	.8944	.8962	.8980	.8997	.9015
1.3	.9032	.9049	.9066	.9082	.9099	.9115	.9131	.9147	.9162	.9177
1.4	.9192	.9207	.9222	.9236	.9251	.9265	.9279	.9292	.9306	.9319
1.5	.9332	.9345	.9357	.9370	.9382	.9394	.9406	.9418	.9429	.9441
1.6	.9452	.9463	.9474	.9484	.9495	.9505	.9515	.9525	.9535	.9545
1.7	.9554	.9564	.9573	.9582	.9591	.9599	.9608	.9616	.9625	.9633
1.8	.9641	.9649	.9656	.9664	.9671	.9678	.9686	.9693	.9699	.9706
1.9	.9713	.9719	.9726	.9732	.9738	.9744	.9750	.9756	.9761	.9767
2.0	.9772	.9778	.9783	.9788	.9793	.9798	.9803	.9808	.9812	.9817
2.1	.9821	.9826	.9830	.9834	.9838	.9842	.9846	.9850	.9854	.9857
2.2	.9861	.9864	.9868	.9871	.9875	.9878	.9881	.9884	.9887	.9890
2.3	.9893	.9896	.9898	.9901	.9904	.9906	.9909	.9911	.9913	.9916
2.4	.9918	.9920	.9922	.9925	.9927	.9929	.9931	.9932	.9934	.9936
2.5	.9938	.9940	.9941	.9943	.9945	.9946	.9948	.9949	.9951	.9952
2.6	.9953	.9955	.9956	.9957	.9959	.9960	.9961	.9962	.9963	.9964
2.7	.9965	.9966	.9967	.9968	.9969	.9970	.9971	.9972	.9973	.9974
2.8	.9974	.9975	.9976	.9977	.9977	.9978	.9979	.9979	.9980	.9981
2.9	.9981	.9982	.9982	.9983	.9984	.9984	.9985	.9985	.9986	.9986
3.0	.9987	.9987	.9987	.9988	.9988	.9989	.9989	.9989	.9990	.9990
3.1	.9990	.9991	.9991	.9991	.9992	.9992	.9992	.9992	.9993	.9993
3.2	.9993	.9993	.9994	.9994	.9994	.9994	.9994	.9995	.9995	.9995
3.3	.9995	.9995	.9995	.9996	.9996	.9996	.9996	.9996	.9996	.9997
3.4	.9997	.9997	.9997	.9997	.9997	.9997	.9997	.9997	.9997	.9998

B.2 카이제곱분포표

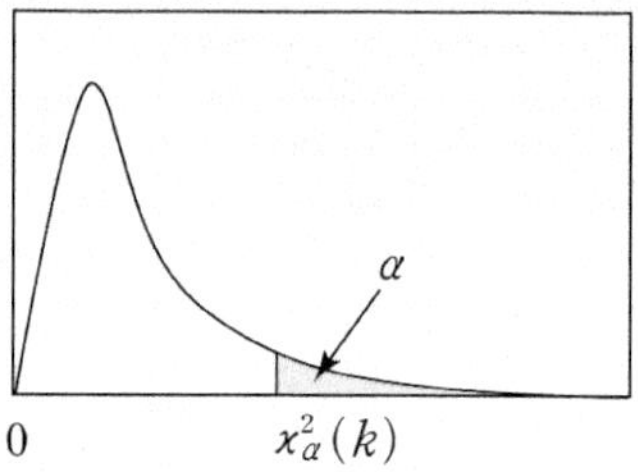

표의 숫자는 자유도 k와 주어진 α값에 대한 $\chi^2{}_\alpha(k)$의 값을 나타낸다.

k	α							
	.995	.99	.975	.95	.05	.025	.01	.005
1	.000039	.000157	.000982	.003932	3.84146	5.02390	6.63489	7.87944
2	.010025	.020100	.050636	.102586	5.99148	7.37778	9.21035	10.59653
3	.071724	.114832	.215795	.351846	7.81473	9.34840	11.34488	12.83807
4	.206990	.297110	.484419	.710721	9.48773	11.14326	13.27670	14.86017
5	.411740	.554300	.831211	1.14548	11.07048	12.83249	15.08632	16.74965
6	.675727	.872085	1.23734	1.63538	12.59158	14.44935	16.81187	18.54751
7	.989265	1.23903	1.68986	2.16735	14.06713	16.01277	18.47532	20.27774
8	1.34440	1.64651	2.17972	2.73263	15.50731	17.53454	20.09016	21.95486
9	1.73491	2.08789	2.70039	3.32512	16.91896	19.02278	21.66605	23.58927
10	2.15585	2.55820	3.24696	3.94030	18.30703	20.48320	23.20929	25.18805
11	2.60320	3.05350	3.81574	4.57481	19.67515	21.92002	24.72502	26.75686
12	3.07379	3.57055	4.40378	5.22603	21.02606	23.33666	26.21696	28.29966
13	3.56504	4.10690	5.00874	5.89186	22.36203	24.73558	27.68818	29.81932
14	4.07466	4.66042	5.62872	6.57063	23.68478	26.11893	29.14116	31.31943
15	4.60087	5.22936	6.26212	7.26093	24.99580	27.48836	30.57795	32.80149
16	5.14216	5.81220	6.90766	7.96164	26.29622	28.84532	31.99986	34.26705
17	5.69727	6.40774	7.56418	8.67175	27.58710	30.19098	33.40872	35.71838
18	6.26477	7.01490	8.23074	9.39045	28.86932	31.52641	34.80524	37.15639
19	6.84392	7.63270	8.90651	10.11701	30.14351	32.85234	36.19077	38.58212
20	7.43381	8.26037	9.59077	10.85080	31.41042	34.16958	37.56627	39.99686
21	8.03360	8.89717	10.28291	11.59132	32.67056	35.47886	38.93223	41.40094
22	8.64268	9.54249	10.98233	12.33801	33.92446	36.78068	40.28945	42.79566
23	9.26038	10.19569	11.68853	13.09051	35.17246	38.07561	41.63833	44.18139
24	9.88620	10.85635	12.40115	13.84842	36.41503	39.36406	42.97978	45.55836
25	10.51965	11.52395	13.11971	14.61140	37.65249	40.64650	44.31401	46.92797
26	11.16022	12.19818	13.84388	15.37916	38.88513	41.92314	45.64164	48.28978
27	11.80765	12.87847	14.57337	16.15139	40.11327	43.19452	46.96284	49.64504
28	12.46128	13.56467	15.30785	16.92788	41.33715	44.46079	48.27817	50.99356
29	13.12107	14.25641	16.04705	17.70838	42.55695	45.72228	49.58783	52.33550
30	13.78668	14.95346	16.79076	18.49267	43.77295	46.97922	50.89218	53.67187
40	20.70658	22.16420	24.43306	26.50930	55.75849	59.34168	63.69077	66.76605
50	27.99082	29.70673	32.35738	34.76424	67.50481	71.42019	76.15380	79.48984
60	35.53440	37.48480	40.48171	43.18797	79.08195	83.29771	88.37943	91.95181
70	43.27531	45.44170	48.75754	51.73926	90.53126	95.02315	100.42505	104.21477
80	51.17193	53.53998	57.15315	60.39146	101.87947	106.62854	112.32879	116.32093
90	59.19633	61.75402	65.64659	69.12602	113.14523	118.13591	124.11620	128.29868
100	67.32753	70.06500	74.22188	77.92944	124.34210	129.56125	135.80689	140.16971

B.3 t 분포표

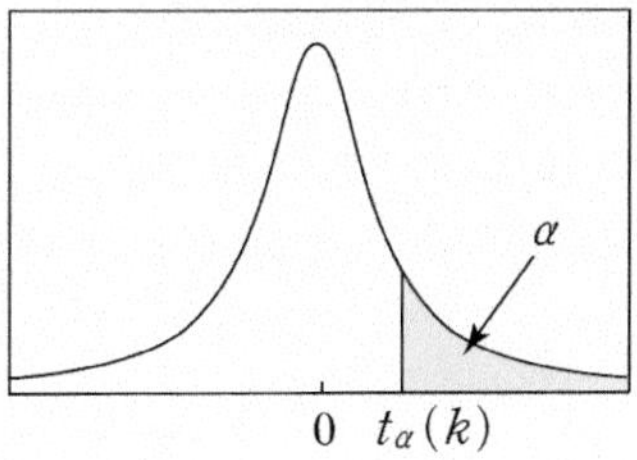

표의 숫자는 자유도 k와 주어진 α값에 대한 $t_\alpha(k)$의 값을 나타낸다.

k	α											
	.25	.20	.15	.10	.05	.025	.02	.01	.005	.0025	.001	.0005
1	1.000	1.376	1.963	3.078	6.314	12.71	15.89	31.82	63.66	127.3	318.3	636.6
2	0.816	1.061	1.386	1.886	2.920	4.303	4.849	6.965	9.925	14.09	22.33	31.60
3	0.765	0.978	1.250	1.638	2.353	3.182	3.482	4.541	5.841	7.453	10.21	12.92
4	0.741	0.941	1.190	1.533	2.132	2.776	2.999	3.747	4.604	5.598	7.173	8.610
5	0.727	0.920	1.156	1.476	2.015	2.571	2.757	3.365	4.032	4.773	5.894	6.869
6	0.718	0.906	1.134	1.440	1.943	2.447	2.612	3.143	3.707	4.317	5.208	5.959
7	0.711	0.896	1.119	1.415	1.895	2.365	2.517	2.998	3.499	4.029	4.785	5.408
8	0.706	0.889	1.108	1.397	1.860	2.306	2.449	2.896	3.355	3.833	4.501	5.041
9	0.703	0.883	1.100	1.383	1.833	2.262	2.398	2.821	3.250	3.690	4.297	4.781
10	0.700	0.879	1.093	1.372	1.812	2.228	2.359	2.764	3.169	3.581	4.144	4.587
11	0.697	0.876	1.088	1.363	1.796	2.201	2.328	2.718	3.106	3.497	4.025	4.437
12	0.695	0.873	1.083	1.356	1.782	2.179	2.303	2.681	3.055	3.428	3.930	4.318
13	0.694	0.870	1.079	1.350	1.771	2.160	2.282	2.650	3.012	3.372	3.852	4.221
14	0.692	0.868	1.076	1.345	1.761	2.145	2.264	2.624	2.977	3.326	3.787	4.140
15	0.691	0.866	1.074	1.341	1.753	2.131	2.249	2.602	2.947	3.286	3.733	4.073
16	0.690	0.865	1.071	1.337	1.746	2.120	2.235	2.583	2.921	3.252	3.686	4.015
17	0.689	0.863	1.069	1.333	1.740	2.110	2.224	2.567	2.898	3.222	3.646	3.965
18	0.688	0.862	1.067	1.330	1.734	2.101	2.214	2.552	2.878	3.197	3.610	3.922
19	0.688	0.861	1.066	1.328	1.729	2.093	2.205	2.539	2.861	3.174	3.579	3.883
20	0.687	0.860	1.064	1.325	1.725	2.086	2.197	2.528	2.845	3.153	3.552	3.850
21	0.686	0.859	1.063	1.323	1.721	2.080	2.189	2.518	2.831	3.135	3.527	3.819
22	0.686	0.858	1.061	1.321	1.717	2.074	2.183	2.508	2.819	3.119	3.505	3.792
23	0.685	0.858	1.060	1.319	1.714	2.069	2.177	2.500	2.807	3.104	3.485	3.768
24	0.685	0.857	1.059	1.318	1.711	2.064	2.172	2.492	2.797	3.091	3.467	3.745
25	0.684	0.856	1.058	1.316	1.708	2.060	2.167	2.485	2.787	3.078	3.450	3.725
26	0.684	0.856	1.058	1.315	1.706	2.056	2.162	2.479	2.779	3.067	3.435	3.707
27	0.684	0.855	1.057	1.314	1.703	2.052	2.158	2.473	2.771	3.057	3.421	3.689
28	0.683	0.855	1.056	1.313	1.701	2.048	2.154	2.467	2.763	3.047	3.408	3.674
29	0.683	0.854	1.055	1.311	1.699	2.045	2.150	2.462	2.756	3.038	3.396	3.660
30	0.683	0.854	1.055	1.310	1.697	2.042	2.147	2.457	2.750	3.030	3.385	3.646
40	0.681	0.851	1.050	1.303	1.684	2.021	2.123	2.423	2.704	2.971	3.307	3.551
50	0.679	0.849	1.047	1.299	1.676	2.009	2.109	2.403	2.678	2.937	3.261	3.496
60	0.679	0.848	1.045	1.296	1.671	2.000	2.099	2.390	2.660	2.915	3.232	3.460
70	0.678	0.847	1.044	1.294	1.667	1.994	2.093	2.381	2.648	2.899	3.211	3.435
80	0.678	0.846	1.043	1.292	1.664	1.990	2.088	2.374	2.639	2.887	3.195	3.416
90	0.677	0.846	1.042	1.291	1.662	1.987	2.084	2.368	2.632	2.878	3.183	3.402
100	0.677	0.845	1.042	1.290	1.660	1.984	2.081	2.364	2.626	2.871	3.174	3.390
1000	0.675	0.842	1.037	1.282	1.646	1.962	2.056	2.330	2.581	2.813	3.098	3.300
∞	0.674	0.842	1.036	1.282	1.645	1.960	2.054	2.326	2.576	2.807	3.090	3.290

B.4 F 분포표

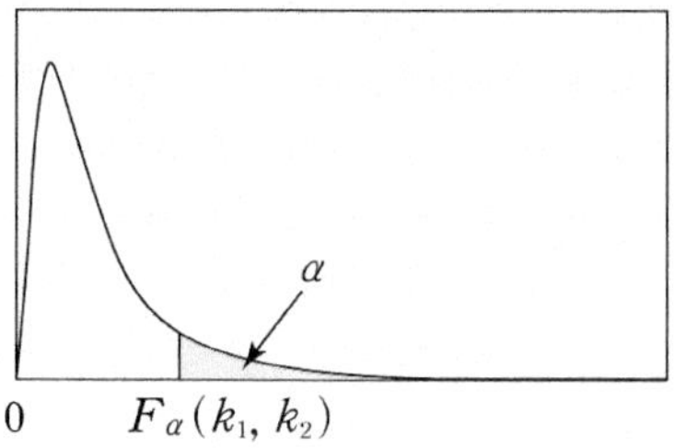

표의 숫자는 주어진 α값에 대한 $F_\alpha(k_1, k_2)$의 값을 나타낸다.

k_2	α	k_1								
		1	2	3	4	5	6	7	8	9
1	0.100	39.86	49.50	53.59	55.83	57.24	58.20	58.91	59.44	59.86
	0.050	161.45	199.50	215.71	224.58	230.16	233.99	236.77	238.88	240.54
	0.025	647.79	799.48	864.15	899.60	921.83	937.11	948.20	956.64	963.28
	0.010	4052	4999	5404	5624	5764	5859	5928	5981	6022
2	0.100	8.53	9.00	9.16	9.24	9.29	9.33	9.35	9.37	9.38
	0.050	18.51	19.00	19.16	19.25	19.30	19.33	19.35	19.37	19.38
	0.025	38.51	39.00	39.17	39.25	39.30	39.33	39.36	39.37	39.39
	0.010	98.50	99.00	99.16	99.25	99.30	99.33	99.36	99.38	99.39
3	0.100	5.54	5.46	5.39	5.34	5.31	5.28	5.27	5.25	5.24
	0.050	10.13	9.55	9.28	9.12	9.01	8.94	8.89	8.85	8.81
	0.025	17.44	16.04	15.44	15.10	14.88	14.73	14.62	14.54	14.47
	0.010	34.12	30.82	29.46	28.71	28.24	27.91	27.67	27.49	27.34
4	0.100	4.54	4.32	4.19	4.11	4.05	4.01	3.98	3.95	3.94
	0.050	7.71	6.94	6.59	6.39	6.26	6.16	6.09	6.04	6.00
	0.025	12.22	10.65	9.98	9.60	9.36	9.20	9.07	8.98	8.90
	0.010	21.20	18.00	16.69	15.98	15.52	15.21	14.98	14.80	14.66
5	0.100	4.06	3.78	3.62	3.52	3.45	3.40	3.37	3.34	3.32
	0.050	6.61	5.79	5.41	5.19	5.05	4.95	4.88	4.82	4.77
	0.025	10.01	8.43	7.76	7.39	7.15	6.98	6.85	6.76	6.68
	0.010	16.26	13.27	12.06	11.39	10.97	10.67	10.46	10.29	10.16

k_2	α	k_1								
		1	2	3	4	5	6	7	8	9
6	0.100	3.78	3.46	3.29	3.18	3.11	3.05	3.01	2.98	2.96
	0.050	5.99	5.14	4.76	4.53	4.39	4.28	4.21	4.15	4.10
	0.025	8.81	7.26	6.60	6.23	5.99	5.82	5.70	5.60	5.52
	0.010	13.75	10.92	9.78	9.15	8.75	8.47	8.26	8.10	7.98
7	0.100	3.59	3.26	3.07	2.96	2.88	2.83	2.78	2.75	2.72
	0.050	5.59	4.74	4.35	4.12	3.97	3.87	3.79	3.73	3.68
	0.025	8.07	6.54	5.89	5.52	5.29	5.12	4.99	4.90	4.82
	0.010	12.25	9.55	8.45	7.85	7.46	7.19	6.99	6.84	6.72
8	0.100	3.46	3.11	2.92	2.81	2.73	2.67	2.62	2.59	2.56
	0.050	5.32	4.46	4.07	3.84	3.69	3.58	3.50	3.44	3.39
	0.025	7.57	6.06	5.42	5.05	4.82	4.65	4.53	4.43	4.36
	0.010	11.26	8.65	7.59	7.01	6.63	6.37	6.18	6.03	5.91
9	0.100	3.36	3.01	2.81	2.69	2.61	2.55	2.51	2.47	2.44
	0.050	5.12	4.26	3.86	3.63	3.48	3.37	3.29	3.23	3.18
	0.025	7.21	5.71	5.08	4.72	4.48	4.32	4.20	4.10	4.03
	0.010	10.56	8.02	6.99	6.42	6.06	5.80	5.61	5.47	5.35
10	0.100	3.29	2.92	2.73	2.61	2.52	2.46	2.41	2.38	2.35
	0.050	4.96	4.10	3.71	3.48	3.33	3.22	3.14	3.07	3.02
	0.025	6.94	5.46	4.83	4.47	4.24	4.07	3.95	3.85	3.78
	0.010	10.04	7.56	6.55	5.99	5.64	5.39	5.20	5.06	4.94
11	0.100	3.23	2.86	2.66	2.54	2.45	2.39	2.34	2.30	2.27
	0.050	4.84	3.98	3.59	3.36	3.20	3.09	3.01	2.95	2.90
	0.025	6.72	5.26	4.63	4.28	4.04	3.88	3.76	3.66	3.59
	0.010	9.65	7.21	6.22	5.67	5.32	5.07	4.89	4.74	4.63
12	0.100	3.18	2.81	2.61	2.48	2.39	2.33	2.28	2.24	2.21
	0.050	4.75	3.89	3.49	3.26	3.11	3.00	2.91	2.85	2.80
	0.025	6.55	5.10	4.47	4.12	3.89	3.73	3.61	3.51	3.44
	0.010	9.33	6.93	5.95	5.41	5.06	4.82	4.64	4.50	4.39

k_2	α	k_1										
		10	12	15	20	25	30	40	50	60	120	1000
1	0.100	60.19	60.71	61.22	61.74	62.05	62.26	62.53	62.69	62.79	63.06	63.30
	0.050	241.88	243.90	245.95	248.02	249.26	250.10	251.14	251.77	252.20	253.25	254.19
	0.025	968.63	976.72	984.87	993.08	998.09	1001.4	1005.6	1008.1	1009.8	1014.0	1017.8
	0.010	6055.9	6106.7	6157.0	6208.7	6239.9	6260.4	6286.4	6302.3	6313.0	6339.5	6362.8
2	0.100	9.39	9.41	9.42	9.44	9.45	9.46	9.47	9.47	9.47	9.48	9.49
	0.050	19.40	19.41	19.43	19.45	19.46	19.46	19.47	19.48	19.48	19.49	19.49
	0.025	39.40	39.41	39.43	39.45	39.46	39.46	39.47	39.48	39.48	39.49	39.50
	0.010	99.40	99.42	99.43	99.45	99.46	99.47	99.48	99.48	99.48	99.49	99.50
3	0.100	5.23	5.22	5.20	5.18	5.17	5.17	5.16	5.15	5.15	5.14	5.13
	0.050	8.79	8.74	8.70	8.66	8.63	8.62	8.59	8.58	8.57	8.55	8.53
	0.025	14.42	14.34	14.25	14.17	14.12	14.08	14.04	14.01	13.99	13.95	13.91
	0.010	27.23	27.05	26.87	26.69	26.58	26.50	26.41	26.35	26.32	26.22	26.14
4	0.100	3.92	3.90	3.87	3.84	3.83	3.82	3.80	3.80	3.79	3.78	3.76
	0.050	5.96	5.91	5.86	5.80	5.77	5.75	5.72	5.70	5.69	5.66	5.63
	0.025	8.84	8.75	8.66	8.56	8.50	8.46	8.41	8.38	8.36	8.31	8.26
	0.010	14.55	14.37	14.20	14.02	13.91	13.84	13.75	13.69	13.65	13.56	13.47
5	0.100	3.30	3.27	3.24	3.21	3.19	3.17	3.16	3.15	3.14	3.12	3.11
	0.050	4.74	4.68	4.62	4.56	4.52	4.50	4.46	4.44	4.43	4.40	4.37
	0.025	6.62	6.52	6.43	6.33	6.27	6.23	6.18	6.14	6.12	6.07	6.02
	0.010	10.05	9.89	9.72	9.55	9.45	9.38	9.29	9.24	9.20	9.11	9.03
6	0.100	2.94	2.90	2.87	2.84	2.81	2.80	2.78	2.77	2.76	2.74	2.72
	0.050	4.06	4.00	3.94	3.87	3.83	3.81	3.77	3.75	3.74	3.70	3.67
	0.025	5.46	5.37	5.27	5.17	5.11	5.07	5.01	4.98	4.96	4.90	4.86
	0.010	7.87	7.72	7.56	7.40	7.30	7.23	7.14	7.09	7.06	6.97	6.89
7	0.100	2.70	2.67	2.63	2.59	2.57	2.56	2.54	2.52	2.51	2.49	2.47
	0.050	3.64	3.57	3.51	3.44	3.40	3.38	3.34	3.32	3.30	3.27	3.23
	0.025	4.76	4.67	4.57	4.47	4.40	4.36	4.31	4.28	4.25	4.20	4.15
	0.010	6.62	6.47	6.31	6.16	6.06	5.99	5.91	5.86	5.82	5.74	5.66
8	0.100	2.54	2.50	2.46	2.42	2.40	2.38	2.36	2.35	2.34	2.32	2.30
	0.050	3.35	3.28	3.22	3.15	3.11	3.08	3.04	3.02	3.01	2.97	2.93
	0.025	4.30	4.20	4.10	4.00	3.94	3.89	3.84	3.81	3.78	3.73	3.68
	0.010	5.81	5.67	5.52	5.36	5.26	5.20	5.12	5.07	5.03	4.95	4.87
9	0.100	2.42	2.38	2.34	2.30	2.27	2.25	2.23	2.22	2.21	2.18	2.16
	0.050	3.14	3.07	3.01	2.94	2.89	2.86	2.83	2.80	2.79	2.75	2.71
	0.025	3.96	3.87	3.77	3.67	3.60	3.56	3.51	3.47	3.45	3.39	3.34
	0.010	5.26	5.11	4.96	4.81	4.71	4.65	4.57	4.52	4.48	4.40	4.32
10	0.100	2.32	2.28	2.24	2.20	2.17	2.16	2.13	2.12	2.11	2.08	2.06
	0.050	2.98	2.91	2.85	2.77	2.73	2.70	2.66	2.64	2.62	2.58	2.54
	0.025	3.72	3.62	3.52	3.42	3.35	3.31	3.26	3.22	3.20	3.14	3.09
	0.010	4.85	4.71	4.56	4.41	4.31	4.25	4.17	4.12	4.08	4.00	3.92
11	0.100	2.25	2.21	2.17	2.12	2.10	2.08	2.05	2.04	2.03	2.00	1.98
	0.050	2.85	2.79	2.72	2.65	2.60	2.57	2.53	2.51	2.49	2.45	2.41
	0.025	3.53	3.43	3.33	3.23	3.16	3.12	3.06	3.03	3.00	2.94	2.89
	0.010	4.54	4.40	4.25	4.10	4.01	3.94	3.86	3.81	3.78	3.69	3.61
12	0.100	2.19	2.15	2.10	2.06	2.03	2.01	1.99	1.97	1.96	1.93	1.91
	0.050	2.75	2.69	2.62	2.54	2.50	2.47	2.43	2.40	2.38	2.34	2.30
	0.025	3.37	3.28	3.18	3.07	3.01	2.96	2.91	2.87	2.85	2.79	2.73
	0.010	4.30	4.16	4.01	3.86	3.76	3.70	3.62	3.57	3.54	3.45	3.37

k_2	α	k_1								
		1	2	3	4	5	6	7	8	9
13	0.100	3.14	2.76	2.56	2.43	2.35	2.28	2.23	2.20	2.16
	0.050	4.67	3.81	3.41	3.18	3.03	2.92	2.83	2.77	2.71
	0.025	6.41	4.97	4.35	4.00	3.77	3.60	3.48	3.39	3.31
	0.010	9.07	6.70	5.74	5.21	4.86	4.62	4.44	4.30	4.19
14	0.100	3.10	2.73	2.52	2.39	2.31	2.24	2.19	2.15	2.12
	0.050	4.60	3.74	3.34	3.11	2.96	2.85	2.76	2.70	2.65
	0.025	6.30	4.86	4.24	3.89	3.66	3.50	3.38	3.29	3.21
	0.010	8.86	6.51	5.56	5.04	4.69	4.46	4.28	4.14	4.03
15	0.100	3.07	2.70	2.49	2.36	2.27	2.21	2.16	2.12	2.09
	0.050	4.54	3.68	3.29	3.06	2.90	2.79	2.71	2.64	2.59
	0.025	6.20	4.77	4.15	3.80	3.58	3.41	3.29	3.20	3.12
	0.010	8.68	6.36	5.42	4.89	4.56	4.32	4.14	4.00	3.89
16	0.100	3.05	2.67	2.46	2.33	2.24	2.18	2.13	2.09	2.06
	0.050	4.49	3.63	3.24	3.01	2.85	2.74	2.66	2.59	2.54
	0.025	6.12	4.69	4.08	3.73	3.50	3.34	3.22	3.12	3.05
	0.010	8.53	6.23	5.29	4.77	4.44	4.20	4.03	3.89	3.78
17	0.100	3.03	2.64	2.44	2.31	2.22	2.15	2.10	2.06	2.03
	0.050	4.45	3.59	3.20	2.96	2.81	2.70	2.61	2.55	2.49
	0.025	6.04	4.62	4.01	3.66	3.44	3.28	3.16	3.06	2.98
	0.010	8.40	6.11	5.19	4.67	4.34	4.10	3.93	3.79	3.68
18	0.100	3.01	2.62	2.42	2.29	2.20	2.13	2.08	2.04	2.00
	0.050	4.41	3.55	3.16	2.93	2.77	2.66	2.58	2.51	2.46
	0.025	5.98	4.56	3.95	3.61	3.38	3.22	3.10	3.01	2.93
	0.010	8.29	6.01	5.09	4.58	4.25	4.01	3.84	3.71	3.60
19	0.100	2.99	2.61	2.40	2.27	2.18	2.11	2.06	2.02	1.98
	0.050	4.38	3.52	3.13	2.90	2.74	2.63	2.54	2.48	2.42
	0.025	5.92	4.51	3.90	3.56	3.33	3.17	3.05	2.96	2.88
	0.010	8.18	5.93	5.01	4.50	4.17	3.94	3.77	3.63	3.52
20	0.100	2.97	2.59	2.38	2.25	2.16	2.09	2.04	2.00	1.96
	0.050	4.35	3.49	3.10	2.87	2.71	2.60	2.51	2.45	2.39
	0.025	5.87	4.46	3.86	3.51	3.29	3.13	3.01	2.91	2.84
	0.010	8.10	5.85	4.94	4.43	4.10	3.87	3.70	3.56	3.46
21	0.100	2.96	2.57	2.36	2.23	2.14	2.08	2.02	1.98	1.95
	0.050	4.32	3.47	3.07	2.84	2.68	2.57	2.49	2.42	2.37
	0.025	5.83	4.42	3.82	3.48	3.25	3.09	2.97	2.87	2.80
	0.010	8.02	5.78	4.87	4.37	4.04	3.81	3.64	3.51	3.40
22	0.100	2.95	2.56	2.35	2.22	2.13	2.06	2.01	1.97	1.93
	0.050	4.30	3.44	3.05	2.82	2.66	2.55	2.46	2.40	2.34
	0.025	5.79	4.38	3.78	3.44	3.22	3.05	2.93	2.84	2.76
	0.010	7.95	5.72	4.82	4.31	3.99	3.76	3.59	3.45	3.35
23	0.100	2.94	2.55	2.34	2.21	2.11	2.05	1.99	1.95	1.92
	0.050	4.28	3.42	3.03	2.80	2.64	2.53	2.44	2.37	2.32
	0.025	5.75	4.35	3.75	3.41	3.18	3.02	2.90	2.81	2.73
	0.010	7.88	5.66	4.76	4.26	3.94	3.71	3.54	3.41	3.30
24	0.100	2.93	2.54	2.33	2.19	2.10	2.04	1.98	1.94	1.91
	0.050	4.26	3.40	3.01	2.78	2.62	2.51	2.42	2.36	2.30
	0.025	5.72	4.32	3.72	3.38	3.15	2.99	2.87	2.78	2.70
	0.010	7.82	5.61	4.72	4.22	3.90	3.67	3.50	3.36	3.26

k_2	α	k_1										
		10	12	15	20	25	30	40	50	60	120	1000
13	0.100	2.14	2.10	2.05	2.01	1.98	1.96	1.93	1.92	1.90	1.88	1.85
	0.050	2.67	2.60	2.53	2.46	2.41	2.38	2.34	2.31	2.30	2.25	2.21
	0.025	3.25	3.15	3.05	2.95	2.88	2.84	2.78	2.74	2.72	2.66	2.60
	0.010	4.10	3.96	3.82	3.66	3.57	3.51	3.43	3.38	3.34	3.25	3.18
14	0.100	2.10	2.05	2.01	1.96	1.93	1.91	1.89	1.87	1.86	1.83	1.80
	0.050	2.60	2.53	2.46	2.39	2.34	2.31	2.27	2.24	2.22	2.18	2.14
	0.025	3.15	3.05	2.95	2.84	2.78	2.73	2.67	2.64	2.61	2.55	2.50
	0.010	3.94	3.80	3.66	3.51	3.41	3.35	3.27	3.22	3.18	3.09	3.02
15	0.100	2.06	2.02	1.97	1.92	1.89	1.87	1.85	1.83	1.82	1.79	1.76
	0.050	2.54	2.48	2.40	2.33	2.28	2.25	2.20	2.18	2.16	2.11	2.07
	0.025	3.06	2.96	2.86	2.76	2.69	2.64	2.59	2.55	2.52	2.46	2.40
	0.010	3.80	3.67	3.52	3.37	3.28	3.21	3.13	3.08	3.05	2.96	2.88
16	0.100	2.03	1.99	1.94	1.89	1.86	1.84	1.81	1.79	1.78	1.75	1.72
	0.050	2.49	2.42	2.35	2.28	2.23	2.19	2.15	2.12	2.11	2.06	2.02
	0.025	2.99	2.89	2.79	2.68	2.61	2.57	2.51	2.47	2.45	2.38	2.32
	0.010	3.69	3.55	3.41	3.26	3.16	3.10	3.02	2.97	2.93	2.84	2.76
17	0.100	2.00	1.96	1.91	1.86	1.83	1.81	1.78	1.76	1.75	1.72	1.69
	0.050	2.45	2.38	2.31	2.23	2.18	2.15	2.10	2.08	2.06	2.01	1.97
	0.025	2.92	2.82	2.72	2.62	2.55	2.50	2.44	2.41	2.38	2.32	2.26
	0.010	3.59	3.46	3.31	3.16	3.07	3.00	2.92	2.87	2.83	2.75	2.66
18	0.100	1.98	1.93	1.89	1.84	1.80	1.78	1.75	1.74	1.72	1.69	1.66
	0.050	2.41	2.34	2.27	2.19	2.14	2.11	2.06	2.04	2.02	1.97	1.92
	0.025	2.87	2.77	2.67	2.56	2.49	2.44	2.38	2.35	2.32	2.26	2.20
	0.010	3.51	3.37	3.23	3.08	2.98	2.92	2.84	2.78	2.75	2.66	2.58
19	0.100	1.96	1.91	1.86	1.81	1.78	1.76	1.73	1.71	1.70	1.67	1.64
	0.050	2.38	2.31	2.23	2.16	2.11	2.07	2.03	2.00	1.98	1.93	1.88
	0.025	2.82	2.72	2.62	2.51	2.44	2.39	2.33	2.30	2.27	2.20	2.14
	0.010	3.43	3.30	3.15	3.00	2.91	2.84	2.76	2.71	2.67	2.58	2.50
20	0.100	1.94	1.89	1.84	1.79	1.76	1.74	1.71	1.69	1.68	1.64	1.61
	0.050	2.35	2.28	2.20	2.12	2.07	2.04	1.99	1.97	1.95	1.90	1.85
	0.025	2.77	2.68	2.57	2.46	2.40	2.35	2.29	2.25	2.22	2.16	2.09
	0.010	3.37	3.23	3.09	2.94	2.84	2.78	2.69	2.64	2.61	2.52	2.43
21	0.100	1.92	1.87	1.83	1.78	1.74	1.72	1.69	1.67	1.66	1.62	1.59
	0.050	2.32	2.25	2.18	2.10	2.05	2.01	1.96	1.94	1.92	1.87	1.82
	0.025	2.73	2.64	2.53	2.42	2.36	2.31	2.25	2.21	2.18	2.11	2.05
	0.010	3.31	3.17	3.03	2.88	2.79	2.72	2.64	2.58	2.55	2.46	2.37
22	0.100	1.90	1.86	1.81	1.76	1.73	1.70	1.67	1.65	1.64	1.60	1.57
	0.050	2.30	2.23	2.15	2.07	2.02	1.98	1.94	1.91	1.89	1.84	1.79
	0.025	2.70	2.60	2.50	2.39	2.32	2.27	2.21	2.17	2.14	2.08	2.01
	0.010	3.26	3.12	2.98	2.83	2.73	2.67	2.58	2.53	2.50	2.40	2.32
23	0.100	1.89	1.84	1.80	1.74	1.71	1.69	1.66	1.64	1.62	1.59	1.55
	0.050	2.27	2.20	2.13	2.05	2.00	1.96	1.91	1.88	1.86	1.81	1.76
	0.025	2.67	2.57	2.47	2.36	2.29	2.24	2.18	2.14	2.11	2.04	1.98
	0.010	3.21	3.07	2.93	2.78	2.69	2.62	2.54	2.48	2.45	2.35	2.27
24	0.100	1.88	1.83	1.78	1.73	1.70	1.67	1.64	1.62	1.61	1.57	1.54
	0.050	2.25	2.18	2.11	2.03	1.97	1.94	1.89	1.86	1.84	1.79	1.74
	0.025	2.64	2.54	2.44	2.33	2.26	2.21	2.15	2.11	2.08	2.01	1.94
	0.010	3.17	3.03	2.89	2.74	2.64	2.58	2.49	2.44	2.40	2.31	2.22

k_2	α	k_1								
		1	2	3	4	5	6	7	8	9
25	0.100	2.92	2.53	2.32	2.18	2.09	2.02	1.97	1.93	1.89
	0.050	4.24	3.39	2.99	2.76	2.60	2.49	2.40	2.34	2.28
	0.025	5.69	4.29	3.69	3.35	3.13	2.97	2.85	2.75	2.68
	0.010	7.77	5.57	4.68	4.18	3.85	3.63	3.46	3.32	3.22
26	0.100	2.91	2.52	2.31	2.17	2.08	2.01	1.96	1.92	1.88
	0.050	4.23	3.37	2.98	2.74	2.59	2.47	2.39	2.32	2.27
	0.025	5.66	4.27	3.67	3.33	3.10	2.94	2.82	2.73	2.65
	0.010	7.72	5.53	4.64	4.14	3.82	3.59	3.42	3.29	3.18
27	0.100	2.90	2.51	2.30	2.17	2.07	2.00	1.95	1.91	1.87
	0.050	4.21	3.35	2.96	2.73	2.57	2.46	2.37	2.31	2.25
	0.025	5.63	4.24	3.65	3.31	3.08	2.92	2.80	2.71	2.63
	0.010	7.68	5.49	4.60	4.11	3.78	3.56	3.39	3.26	3.15
28	0.100	2.89	2.50	2.29	2.16	2.06	2.00	1.94	1.90	1.87
	0.050	4.20	3.34	2.95	2.71	2.56	2.45	2.36	2.29	2.24
	0.025	5.61	4.22	3.63	3.29	3.06	2.90	2.78	2.69	2.61
	0.010	7.64	5.45	4.57	4.07	3.75	3.53	3.36	3.23	3.12
29	0.100	2.89	2.50	2.28	2.15	2.06	1.99	1.93	1.89	1.86
	0.050	4.18	3.33	2.93	2.70	2.55	2.43	2.35	2.28	2.22
	0.025	5.59	4.20	3.61	3.27	3.04	2.88	2.76	2.67	2.59
	0.010	7.60	5.42	4.54	4.04	3.73	3.50	3.33	3.20	3.09
30	0.100	2.88	2.49	2.28	2.14	2.05	1.98	1.93	1.88	1.85
	0.050	4.17	3.32	2.92	2.69	2.53	2.42	2.33	2.27	2.21
	0.025	5.57	4.18	3.59	3.25	3.03	2.87	2.75	2.65	2.57
	0.010	7.56	5.39	4.51	4.02	3.70	3.47	3.30	3.17	3.07
40	0.100	2.84	2.44	2.23	2.09	2.00	1.93	1.87	1.83	1.79
	0.050	4.08	3.23	2.84	2.61	2.45	2.34	2.25	2.18	2.12
	0.025	5.42	4.05	3.46	3.13	2.90	2.74	2.62	2.53	2.45
	0.010	7.31	5.18	4.31	3.83	3.51	3.29	3.12	2.99	2.89
50	0.100	2.81	2.41	2.20	2.06	1.97	1.90	1.84	1.80	1.76
	0.050	4.03	3.18	2.79	2.56	2.40	2.29	2.20	2.13	2.07
	0.025	5.34	3.97	3.39	3.05	2.83	2.67	2.55	2.46	2.38
	0.010	7.17	5.06	4.20	3.72	3.41	3.19	3.02	2.89	2.78
60	0.100	2.79	2.39	2.18	2.04	1.95	1.87	1.82	1.77	1.74
	0.050	4.00	3.15	2.76	2.53	2.37	2.25	2.17	2.10	2.04
	0.025	5.29	3.93	3.34	3.01	2.79	2.63	2.51	2.41	2.33
	0.010	7.08	4.98	4.13	3.65	3.34	3.12	2.95	2.82	2.72
100	0.100	2.76	2.36	2.14	2.00	1.91	1.83	1.78	1.73	1.69
	0.050	3.94	3.09	2.70	2.46	2.31	2.19	2.10	2.03	1.97
	0.025	5.18	3.83	3.25	2.92	2.70	2.54	2.42	2.32	2.24
	0.010	6.90	4.82	3.98	3.51	3.21	2.99	2.82	2.69	2.59
200	0.100	2.73	2.33	2.11	1.97	1.88	1.80	1.75	1.70	1.66
	0.050	3.89	3.04	2.65	2.42	2.26	2.14	2.06	1.98	1.93
	0.025	5.10	3.76	3.18	2.85	2.63	2.47	2.35	2.26	2.18
	0.010	6.76	4.71	3.88	3.41	3.11	2.89	2.73	2.60	2.50
1000	0.100	2.71	2.31	2.09	1.95	1.85	1.78	1.72	1.68	1.64
	0.050	3.85	3.00	2.61	2.38	2.22	2.11	2.02	1.95	1.89
	0.025	5.04	3.70	3.13	2.80	2.58	2.42	2.30	2.20	2.13
	0.010	6.66	4.63	3.80	3.34	3.04	2.82	2.66	2.53	2.43

k_2	α	k_1										
		10	12	15	20	25	30	40	50	60	120	1000
25	0.100	1.87	1.82	1.77	1.72	1.68	1.66	1.63	1.61	1.59	1.56	1.52
	0.050	2.24	2.16	2.09	2.01	1.96	1.92	1.87	1.84	1.82	1.77	1.72
	0.025	2.61	2.51	2.41	2.30	2.23	2.18	2.12	2.08	2.05	1.98	1.91
	0.010	3.13	2.99	2.85	2.70	2.60	2.54	2.45	2.40	2.36	2.27	2.18
26	0.100	1.86	1.81	1.76	1.71	1.67	1.65	1.61	1.59	1.58	1.54	1.51
	0.050	2.22	2.15	2.07	1.99	1.94	1.90	1.85	1.82	1.80	1.75	1.70
	0.025	2.59	2.49	2.39	2.28	2.21	2.16	2.09	2.05	2.03	1.95	1.89
	0.010	3.09	2.96	2.81	2.66	2.57	2.50	2.42	2.36	2.33	2.23	2.14
27	0.100	1.85	1.80	1.75	1.70	1.66	1.64	1.60	1.58	1.57	1.53	1.50
	0.050	2.20	2.13	2.06	1.97	1.92	1.88	1.84	1.81	1.79	1.73	1.68
	0.025	2.57	2.47	2.36	2.25	2.18	2.13	2.07	2.03	2.00	1.93	1.86
	0.010	3.06	2.93	2.78	2.63	2.54	2.47	2.38	2.33	2.29	2.20	2.11
28	0.100	1.84	1.79	1.74	1.69	1.65	1.63	1.59	1.57	1.56	1.52	1.48
	0.050	2.19	2.12	2.04	1.96	1.91	1.87	1.82	1.79	1.77	1.71	1.66
	0.025	2.55	2.45	2.34	2.23	2.16	2.11	2.05	2.01	1.98	1.91	1.84
	0.010	3.03	2.90	2.75	2.60	2.51	2.44	2.35	2.30	2.26	2.17	2.08
29	0.100	1.83	1.78	1.73	1.68	1.64	1.62	1.58	1.56	1.55	1.51	1.47
	0.050	2.18	2.10	2.03	1.94	1.89	1.85	1.81	1.77	1.75	1.70	1.65
	0.025	2.53	2.43	2.32	2.21	2.14	2.09	2.03	1.99	1.96	1.89	1.82
	0.010	3.00	2.87	2.73	2.57	2.48	2.41	2.33	2.27	2.23	2.14	2.05
30	0.100	1.82	1.77	1.72	1.67	1.63	1.61	1.57	1.55	1.54	1.50	1.46
	0.050	2.16	2.09	2.01	1.93	1.88	1.84	1.79	1.76	1.74	1.68	1.63
	0.025	2.51	2.41	2.31	2.20	2.12	2.07	2.01	1.97	1.94	1.87	1.80
	0.010	2.98	2.84	2.70	2.55	2.45	2.39	2.30	2.25	2.21	2.11	2.02
40	0.100	1.76	1.71	1.66	1.61	1.57	1.54	1.51	1.48	1.47	1.42	1.38
	0.050	2.08	2.00	1.92	1.84	1.78	1.74	1.69	1.66	1.64	1.58	1.52
	0.025	2.39	2.29	2.18	2.07	1.99	1.94	1.88	1.83	1.80	1.72	1.65
	0.010	2.80	2.66	2.52	2.37	2.27	2.20	2.11	2.06	2.02	1.92	1.82
50	0.100	1.73	1.68	1.63	1.57	1.53	1.50	1.46	1.44	1.42	1.38	1.33
	0.050	2.03	1.95	1.87	1.78	1.73	1.69	1.63	1.60	1.58	1.51	1.45
	0.025	2.32	2.22	2.11	1.99	1.92	1.87	1.80	1.75	1.72	1.64	1.56
	0.010	2.70	2.56	2.42	2.27	2.17	2.10	2.01	1.95	1.91	1.80	1.70
60	0.100	1.71	1.66	1.60	1.54	1.50	1.48	1.44	1.41	1.40	1.35	1.30
	0.050	1.99	1.92	1.84	1.75	1.69	1.65	1.59	1.56	1.53	1.47	1.40
	0.025	2.27	2.17	2.06	1.94	1.87	1.82	1.74	1.70	1.67	1.58	1.49
	0.010	2.63	2.50	2.35	2.20	2.10	2.03	1.94	1.88	1.84	1.73	1.62
100	0.100	1.66	1.61	1.56	1.49	1.45	1.42	1.38	1.35	1.34	1.28	1.22
	0.050	1.93	1.85	1.77	1.68	1.62	1.57	1.52	1.48	1.45	1.38	1.30
	0.025	2.18	2.08	1.97	1.85	1.77	1.71	1.64	1.59	1.56	1.46	1.36
	0.010	2.50	2.37	2.22	2.07	1.97	1.89	1.80	1.74	1.69	1.57	1.45
200	0.100	1.63	1.58	1.52	1.46	1.41	1.38	1.34	1.31	1.29	1.23	1.16
	0.050	1.88	1.80	1.72	1.62	1.56	1.52	1.46	1.41	1.39	1.30	1.21
	0.025	2.11	2.01	1.90	1.78	1.70	1.64	1.56	1.51	1.47	1.37	1.25
	0.010	2.41	2.27	2.13	1.97	1.87	1.79	1.69	1.63	1.58	1.45	1.30
1000	0.100	1.61	1.55	1.49	1.43	1.38	1.35	1.30	1.27	1.25	1.18	1.08
	0.050	1.84	1.76	1.68	1.58	1.52	1.47	1.41	1.36	1.33	1.24	1.11
	0.025	2.06	1.96	1.85	1.72	1.64	1.58	1.50	1.45	1.41	1.29	1.13
	0.010	2.34	2.20	2.06	1.90	1.79	1.72	1.61	1.54	1.50	1.35	1.16

B.5 Wilcoxon 순위합 검정표

n_1	p	$n_2=2$	3	4	5	6	7	8	9	10	11	12	13	14	15	16	17	18	19	20
2	.001	0	0	0	0	0	0	0	0	0	0	0	0	0	0	0	0	0	0	0
	.005	0	0	0	0	0	0	0	0	0	0	0	0	0	0	0	0	0	1	1
	.01	0	0	0	0	0	0	0	0	0	0	0	1	1	1	1	1	1	2	2
	.025	0	0	0	0	0	0	1	1	1	1	2	2	2	2	2	3	3	3	3
	.05	0	0	0	1	1	1	2	2	2	2	3	3	4	4	4	4	5	5	5
	.10	0	1	1	2	2	2	3	3	4	4	5	5	5	6	6	7	7	8	8
	.001	0	0	0	0	0	0	0	0	0	0	0	0	0	0	0	1	1	1	1
	.005	0	0	0	0	0	0	0	1	1	1	2	2	2	3	3	3	3	4	4
3	.01	0	0	0	0	0	1	1	2	2	2	3	3	3	4	4	5	5	5	6
	.025	0	0	0	1	2	2	3	3	4	4	5	5	6	6	7	7	8	8	9
	.05	0	1	1	2	3	3	4	5	5	6	6	7	8	8	9	10	10	11	12
	.10	1	2	2	3	4	5	6	6	7	8	9	10	11	11	12	13	14	15	16
	.001	0	0	0	0	0	0	0	0	1	1	1	2	2	2	3	3	4	4	4
	.005	0	0	0	0	1	1	2	2	3	3	4	4	5	6	6	7	7	8	9
4	.01	0	0	0	1	2	2	3	4	4	5	6	6	7	9	8	9	10	10	11
	.025	0	0	1	2	3	4	5	5	6	7	8	9	10	11	12	12	13	14	15
	.05	0	1	2	3	4	5	6	7	8	9	10	11	12	13	15	16	17	18	19
	.10	1	2	4	5	6	7	8	10	11	12	13	14	16	17	18	19	21	22	23
	.001	0	0	0	0	0	0	1	2	2	3	3	4	4	5	6	6	7	8	8
	.005	0	0	0	1	2	2	3	4	5	6	7	8	8	9	10	11	12	13	14
5	.01	0	0	1	2	3	4	5	6	7	8	9	10	11	12	13	14	15	16	17
	.025	0	1	2	3	4	6	7	8	9	10	12	13	14	15	16	18	19	20	21
	.05	1	2	3	5	6	7	9	10	12	13	14	16	17	19	20	21	23	24	26
	.10	2	3	5	6	8	9	11	13	14	16	18	19	21	23	24	26	28	29	31
	.001	0	0	0	0	0	0	2	3	4	5	5	6	7	8	9	10	11	12	13
	.005	0	0	1	2	3	4	5	6	7	8	10	11	12	13	14	16	17	18	19
6	.01	0	0	2	3	4	5	7	8	9	10	12	13	14	16	17	19	20	21	23
	.025	0	2	3	4	6	7	9	11	12	14	15	17	18	20	22	23	25	26	28
	.05	1	3	4	6	8	9	11	13	15	17	18	20	22	24	26	27	29	31	33
	.10	2	4	6	8	10	12	14	16	18	20	22	24	26	28	30	32	35	37	39
	.001	0	0	0	0	1	2	3	4	6	7	8	9	10	11	12	14	15	16	17
	.005	0	0	1	2	4	5	7	8	10	11	13	14	16	17	19	20	22	23	25
7	.01	0	1	2	4	5	7	8	10	12	13	15	17	18	20	22	24	25	27	29
	.025	0	2	4	6	7	9	11	13	15	17	19	21	23	25	27	29	31	33	35
	.05	1	3	5	7	9	12	14	16	18	20	22	25	27	29	31	34	36	38	40
	.10	2	5	7	9	12	14	17	19	22	24	27	29	32	34	37	39	42	44	47
	.001	0	0	0	1	2	3	5	6	7	9	10	12	13	15	16	18	19	21	22
	.005	0	0	2	3	5	7	8	10	12	14	16	18	19	21	23	25	27	29	31
8	.01	0	1	3	5	7	8	10	12	14	16	18	21	23	25	27	29	31	33	35
	.025	1	3	5	7	9	11	14	16	18	20	23	25	27	30	32	35	37	39	42
	.05	2	4	6	9	11	14	16	19	21	24	27	29	32	34	37	40	42	45	48
	.10	3	6	8	11	14	17	20	23	25	28	31	34	37	40	43	46	49	52	55
	.001	0	0	0	2	3	4	6	8	9	11	13	15	16	18	20	22	24	26	27
	.005	0	1	2	4	6	8	10	12	14	17	19	21	23	25	28	30	32	34	37
9	.01	0	2	4	6	8	10	12	15	17	19	22	24	27	29	32	34	37	39	41
	.025	1	3	5	8	11	13	16	18	21	24	27	29	32	35	38	40	43	46	49
	.05	2	5	7	10	13	16	19	22	25	28	31	34	37	40	43	46	49	52	55

n_1	p	$n_2=2$	3	4	5	6	7	8	9	10	11	12	13	14	15	16	17	18	19	20
	.10	3	6	10	13	16	19	23	26	29	32	36	39	42	46	49	53	56	59	63
	.001	0	0	1	2	4	6	7	9	11	13	15	18	20	22	24	26	28	30	33
	.005	0	1	3	5	7	10	12	14	17	19	22	25	27	30	32	35	38	40	43
10	.01	0	2	4	7	9	12	14	17	20	23	25	28	31	34	37	39	42	45	48
	.025	1	4	6	9	12	15	18	21	24	27	30	34	37	40	43	46	49	53	56
	.05	2	5	8	12	15	18	21	25	28	32	35	38	42	45	49	52	56	59	63
	.10	4	7	11	14	18	22	25	29	33	37	40	44	48	52	55	59	63	67	71
	.001	0	0	1	3	5	7	9	11	13	16	18	21	23	25	28	30	33	35	38
	.005	0	1	3	6	8	11	14	17	19	22	25	28	31	34	37	40	43	46	49
11	.01	0	2	5	8	10	13	16	19	23	26	29	32	35	38	42	45	48	51	54
	.025	1	4	7	10	14	17	20	24	27	31	34	38	41	45	48	52	56	59	63
	.05	2	6	9	13	17	20	24	28	32	35	39	43	47	51	55	58	62	66	70
	.10	4	8	12	16	20	24	28	32	37	41	45	49	53	58	62	66	70	74	79
	.001	0	0	1	3	5	8	10	13	15	18	21	24	26	29	32	35	38	41	43
	.005	0	2	4	7	10	13	16	19	22	25	28	32	35	38	42	45	48	52	55
12	.01	0	3	6	9	12	15	18	22	25	29	32	36	39	43	47	50	54	57	61
	.025	2	5	8	12	15	19	23	27	30	34	38	42	46	50	54	58	62	66	70
	.05	3	6	10	14	18	22	27	31	35	39	43	48	52	56	61	65	69	73	78
	.10	5	9	13	18	22	27	31	36	40	45	50	54	59	64	68	73	78	82	87
	.001	0	0	2	4	6	9	12	15	18	21	24	27	30	33	36	39	43	46	49
	.005	0	2	4	8	11	14	18	21	25	28	32	35	39	43	46	50	54	58	61
13	.01	1	3	6	10	13	17	21	24	28	32	36	40	44	48	52	56	60	64	68
	.025	2	5	9	13	17	21	25	29	34	38	42	46	51	55	60	64	68	73	77
	.05	3	7	11	16	20	25	29	34	38	43	48	52	57	62	66	71	76	81	85
	.10	5	10	14	19	24	29	34	39	44	49	54	59	64	69	75	80	85	90	95
	.001	0	0	2	4	7	10	13	16	20	23	26	30	33	37	40	44	47	51	55
	.005	0	2	5	8	12	16	19	23	27	31	35	39	43	47	51	55	59	64	68
14	.01	1	3	7	11	14	18	23	27	31	35	39	44	48	52	57	61	66	70	74
	.025	2	6	10	14	18	23	27	32	37	41	46	51	56	60	65	70	75	79	84
	.05	4	8	12	17	22	27	32	37	42	47	52	57	62	67	72	78	83	88	93
	.10	5	11	16	21	26	32	37	42	48	53	59	64	70	75	81	86	92	98	103
	.001	0	0	2	5	8	11	15	18	22	25	29	33	37	41	44	48	52	56	60
	.005	0	3	6	9	13	17	21	25	30	34	38	43	47	52	56	61	65	70	74
15	.01	1	4	8	12	16	20	25	29	34	38	43	48	52	57	62	67	71	76	81
	.025	2	6	11	15	20	25	30	35	40	45	50	55	60	65	71	76	81	86	91
	.05	4	8	13	19	24	29	34	40	45	51	56	62	67	73	78	84	89	95	101
	.10	6	11	17	23	28	34	40	46	52	58	64	69	75	81	87	93	99	105	111
	.001	0	0	3	6	9	12	16	20	24	28	32	36	40	44	49	53	57	61	66
	.005	0	3	6	10	14	19	23	28	32	37	42	46	51	56	61	66	71	75	80
16	.01	1	4	8	13	17	22	27	32	37	42	47	52	57	62	67	72	77	83	88
	.025	2	7	12	16	22	27	32	38	43	48	54	60	65	71	76	82	87	93	99
	.05	4	9	15	20	26	31	37	43	49	55	61	66	72	78	84	90	96	102	108
	.10	6	12	18	24	30	37	43	49	55	62	68	75	81	87	94	100	107	113	120
	.001	0	1	3	6	10	14	18	22	26	30	35	39	44	48	53	58	62	67	71
	.005	0	3	7	11	16	20	25	30	35	40	45	50	55	61	66	71	76	82	87
17	.01	1	5	9	14	19	24	29	34	39	45	50	56	61	67	72	78	83	89	94
	.025	3	7	12	18	23	29	35	40	46	52	58	64	70	76	82	88	94	100	106
	.05	4	10	16	21	27	34	40	46	52	58	65	71	78	84	90	97	103	110	116
	.10	7	13	19	26	32	39	46	53	59	66	73	80	86	93	100	107	114	121	128
	.001	0	1	4	7	11	15	19	24	28	33	38	43	47	52	57	62	67	72	77

n_1	p	$n_2=2$	3	4	5	6	7	8	9	10	11	12	13	14	15	16	17	18	19	20
	.005	0	3	7	12	17	22	27	32	38	43	48	54	59	65	71	76	82	88	93
18	.01	1	5	10	15	20	25	31	37	42	48	54	60	66	71	77	83	89	95	101
	.025	3	8	13	19	25	31	37	43	49	56	62	68	75	81	87	94	100	107	113
	.05	5	10	17	23	29	36	42	49	56	62	69	76	83	89	96	103	110	117	124
	.10	7	14	21	28	35	42	49	56	63	70	78	85	92	99	107	114	121	129	136
	.001	0	1	4	8	12	16	21	26	30	35	41	46	51	56	61	67	72	78	83
	.005	1	4	8	13	18	23	29	34	40	46	52	58	64	70	75	82	88	94	100
19	.01	2	5	10	16	21	27	33	39	45	51	57	64	70	78	83	89	95	102	108
	.025	3	8	14	20	26	33	39	46	53	59	66	73	79	86	93	100	107	114	120
	.05	5	11	18	24	31	38	45	52	59	66	73	81	88	95	102	110	117	124	131
	.10	8	15	22	29	37	44	52	59	67	74	82	90	98	105	113	121	129	136	144
	.001	0	1	4	8	13	17	22	27	33	38	43	49	55	60	66	71	77	83	89
	.005	1	4	9	14	19	25	31	37	43	49	55	61	68	74	80	87	93	100	106
20	.01	2	6	11	17	23	29	35	41	48	54	61	68	74	81	88	94	101	108	115
	.025	3	9	15	21	28	35	42	49	56	63	70	77	84	91	99	106	113	120	128
	.05	5	12	19	26	33	40	48	55	63	70	78	85	93	101	108	116	124	131	139
	.10	8	16	23	31	39	47	55	63	71	79	87	95	103	111	120	128	136	144	152

Source: Adapted from L. R. Verdooren, "Extended Tables of Critical Values for Wilcoxon's Test Statistic," *Biometrika*, 50(1963). 177-186; used by permission of the Biometrika Trustees. The adaptation is due to W. J. Conover, *Practical Nonparametric Statistics*, New Yark: Wiley, 1971. 384~388.

B.6 Wilcoxon 부호순위 통계량(W^+) 분포표 : [x, $P(W\leq x)$, $P(W\geq x)$]

$P_0(W^+ \geq x)=\alpha$이면 $w^+(\alpha, n)=x$

▶ n = 3

x	$P(W\leq x)$	$P(W\geq x)$
0	0.1250	1.0000
1	0.2500	0.8750
2	0.3750	0.7500
3	0.6250	0.6250
4	0.7500	0.3750
5	0.8750	0.2500
6	1.0000	0.1250

▶ n = 4

x	$P(W\leq x)$	$P(W\geq x)$
0	0.0625	1.0000
1	0.1250	0.9375
2	0.1875	0.8750
3	0.3125	0.8125
4	0.4375	0.6875
5	0.5625	0.5625
6	0.6875	0.4375
7	0.8125	0.3125
8	0.8750	0.1875
9	0.9375	0.1250
10	1.0000	0.0625

▶ n = 5

x	$P(W\leq x)$	$P(W\geq x)$
0	0.0313	1.0000
1	0.0625	0.9687
2	0.0938	0.9375
3	0.1563	0.9063
4	0.2188	0.8438
5	0.3125	0.7813
6	0.4063	0.6875
7	0.5000	0.5938
8	0.5938	0.5000
9	0.6875	0.4063
10	0.7813	0.3125
11	0.8438	0.2188
12	0.9063	0.1563
13	0.9375	0.0938
14	0.9688	0.0625
15	1.0000	0.0313

▶ n = 6

x	$P(W\leq x)$	$P(W\geq x)$
0	0.0156	1.0000
1	0.0313	0.8944
2	0.0469	0.9688
3	0.0781	0.9531
4	0.1094	0.9219
5	0.1563	0.8906
6	0.2188	0.8438
7	0.2813	0.7813
8	0.3438	0.7188
9	0.4219	0.6563
10	0.5000	0.5781
11	0.5781	0.5000
12	0.6563	0.4219
13	0.7188	0.3438
14	0.7813	0.2813
15	0.8438	0.2188
16	0.8906	0.1563
17	0.9219	0.1094
18	0.9531	0.0781
19	0.9688	0.0469
20	0.9844	0.0313
21	1.0000	0.0156

▶ n = 7

x	$P(W\leq x)$	$P(W\geq x)$
0	0.0078	1.0000
1	0.0156	0.9922
2	0.0234	0.9844
3	0.0391	0.9766
4	0.0547	0.9609
5	0.0781	0.9453
6	0.1094	0.9219
7	0.1484	0.8906
8	0.1875	0.8516
9	0.2344	0.8125
10	0.2891	0.7656
11	0.3438	0.7109
12	0.4063	0.6563
13	0.4688	0.5938
14	0.5313	0.5313
15	0.5938	0.4688
16	0.6563	0.4063
17	0.7109	0.3438
18	0.7656	0.2891
19	0.8125	0.2344
20	0.8516	0.1875
21	0.8906	0.1484
22	0.9219	0.1094
23	0.9453	0.0781
24	0.9609	0.0547
25	0.9766	0.0391
26	0.9844	0.0234
27	0.9922	0.0156
28	1.0000	0.0078

▶ n = 8

x	$P(W\leq x)$	$P(W\geq x)$
0	0.0039	1.0000
1	0.0078	0.9961
2	0.0117	0.9922
3	0.0195	0.9883
4	0.0273	0.9805
5	0.0391	0.9727
6	0.0547	0.9609
7	0.0742	0.9453
8	0.0977	0.9258
9	0.1250	0.9023
10	0.1563	0.8750
11	0.1914	0.8438
12	0.2305	0.8086
13	0.2734	0.7695
14	0.3203	0.7266
15	0.3711	0.6797
16	0.4219	0.6289
17	0.4727	0.5781
18	0.5273	0.5273
19	0.5781	0.4727
20	0.6289	0.4219
21	0.6797	0.3711
22	0.7266	0.3203
23	0.7695	0.2734
24	0.8086	0.2305
25	0.8438	0.1914
26	0.8750	0.1563
27	0.9023	0.1250
28	0.9258	0.0977
29	0.9453	0.0742
30	0.9609	0.0547
31	0.9727	0.0391
32	0.9805	0.0273
33	0.9883	0.0195
34	0.9922	0.0117
35	0.9961	0.0078
36	1.0000	0.0039

▶ n = 9

x	$P(W\leq x)$	$P(W\geq x)$
0	0.0020	1.0000
1	0.0039	0.9980
2	0.0059	0.9961
3	0.0098	0.9941
4	0.0137	0.9902
5	0.0195	0.9863
6	0.0273	0.9805
7	0.0371	0.9727
8	0.0488	0.9629
9	0.0645	0.9512
10	0.0820	0.9355
11	0.1016	0.9180
12	0.1250	0.8984
13	0.1504	0.8750
14	0.1797	0.8496
15	0.2129	0.8203
16	0.2480	0.7871
17	0.2852	0.7520
18	0.3262	0.7148
19	0.3672	0.6738
20	0.4102	0.6328
21	0.4551	0.5898
22	0.5000	0.5449
23	0.5449	0.5000
24	0.5898	0.4551
25	0.6328	0.4102
26	0.6738	0.3672
27	0.7148	0.3262
28	0.7520	0.2852
29	0.7871	0.2480
30	0.8203	0.2129
31	0.8496	0.1797
32	0.8750	0.1504
33	0.8984	0.1250
34	0.9180	0.1016
35	0.9355	0.0820
36	0.9512	0.0645
37	0.9629	0.0488
38	0.9727	0.0371
39	0.9805	0.0273
40	0.9863	0.0195
41	0.9902	0.0137
42	0.9941	0.0098
43	0.9961	0.0059
44	0.9980	0.0039
45	1.0000	0.0020

▶ n = 10

x	$P(W\leq x)$	$P(W\geq x)$
0	0.0010	1.0000
1	0.0020	0.9990
2	0.0029	0.9980
3	0.0049	0.9971
4	0.0068	0.9951
5	0.0098	0.9932
6	0.0137	0.9902
7	0.0186	0.9863
8	0.0244	0.9814
9	0.0322	0.9756
10	0.0420	0.9678
11	0.0527	0.9580
12	0.0654	0.9473
13	0.0801	0.9346
14	0.0967	0.9199
15	0.1162	0.9033
16	0.1377	0.8838
17	0.1611	0.8623
18	0.1875	0.8389
19	0.2158	0.8125
20	0.2461	0.7842
21	0.2783	0.7539
22	0.3125	0.7217
23	0.3477	0.6875
24	0.3848	0.6523
25	0.4229	0.6152
26	0.4609	0.5771
27	0.5000	0.5391
28	0.5391	0.5000
29	0.5771	0.4609
30	0.6152	0.4229
31	0.6523	0.3848
32	0.6875	0.3477
33	0.7217	0.3125

B.6 Wilcoxon 부호순위 통계량 분포표(계속) $\{x,\ P(W \leq x),\ P(W \geq x)\}$

x	$P(W \leq x)$	$P(W \geq x)$
34	0.7539	0.2783
35	0.7842	0.2461
36	0.8125	0.2158
37	0.8389	0.1875
38	0.8623	0.1611
39	0.8838	0.1377
40	0.9033	0.1162
41	0.9199	0.0967
42	0.9346	0.0801
43	0.9473	0.0654
44	0.9580	0.0527
45	0.9678	0.0420
46	0.9756	0.0322
47	0.9814	0.0244
48	0.9863	0.0186
49	0.9902	0.0137
50	0.9932	0.0098
51	0.9951	0.0068
52	0.9971	0.0049
53	0.9980	0.0029
54	0.9990	0.0020
55	1.0000	0.0010

▶ n = 11

x	$P(W \leq x)$	$P(W \geq x)$
0	0.0005	1.0000
1	0.0010	0.9995
2	0.0015	0.9990
3	0.0024	0.9985
4	0.0034	0.9976
5	0.0049	0.9966
6	0.0068	0.9951
7	0.0093	0.9932
8	0.0122	0.9907
9	0.0161	0.9878
10	0.0210	0.9839
11	0.0269	0.9790
12	0.0337	0.9731
13	0.0415	0.9663
14	0.0508	0.9585
15	0.0615	0.9492
16	0.0737	0.9385
17	0.0874	0.9263
18	0.1030	0.9126
19	0.1201	0.8970
20	0.1392	0.8799
21	0.1602	0.8608
22	0.1826	0.8398
23	0.2065	0.8174
24	0.2324	0.7935
25	0.2598	0.7676
26	0.2886	0.7402
27	0.3188	0.7114
28	0.3501	0.6812
29	0.3823	0.6499
30	0.4155	0.6177
31	0.4492	0.5845
32	0.4829	0.5508
33	0.5171	0.5171
34	0.5508	0.4829
35	0.5845	0.4492
36	0.6177	0.4155
37	0.6499	0.3823
38	0.6812	0.3501
39	0.7114	0.3188
40	0.7402	0.2886
41	0.7676	0.2598
42	0.7935	0.2324
43	0.8174	0.2065
44	0.8398	0.1826
45	0.8608	0.1602
46	0.8799	0.1392
47	0.8970	0.1201
48	0.9126	0.1030
49	0.9263	0.0874
50	0.9385	0.0737
51	0.9492	0.0615
52	0.9585	0.0508
53	0.9663	0.0415
54	0.9731	0.0337
55	0.9790	0.0269
56	0.9839	0.0210
57	0.9878	0.0161
58	0.9907	0.0122
59	0.9932	0.0093
60	0.9951	0.0068
61	0.9966	0.0049
62	0.9976	0.0034
63	0.9985	0.0024
64	0.9990	0.0015
65	0.9995	0.0010
66	1.0000	0.0005

▶ n = 12

x	$P(W \leq x)$	$P(W \geq x)$
0	0.0002	1.0000
1	0.0005	0.9998
2	0.0007	0.9995
3	0.0012	0.9993
4	0.0017	0.9988
5	0.0024	0.9983
6	0.0034	0.9976
7	0.0046	0.9966
8	0.0061	0.9954
9	0.0081	0.9939
10	0.0105	0.9919
11	0.0134	0.9895
12	0.0171	0.9866
13	0.0212	0.9829
14	0.0261	0.9788
15	0.0320	0.9739
16	0.0386	0.9680
17	0.0461	0.9614
18	0.0549	0.9539
19	0.0647	0.9451
20	0.0757	0.9353
21	0.0881	0.9243
22	0.1018	0.9119
23	0.1167	0.8982
24	0.1331	0.8833
25	0.1506	0.8669
26	0.1697	0.8494
27	0.1902	0.8303
28	0.2119	0.8098
29	0.2349	0.7881
30	0.2593	0.7651
31	0.2847	0.7407
32	0.3110	0.7153
33	0.3386	0.6890
34	0.3667	0.6614
35	0.3955	0.6333
36	0.4250	0.6045
37	0.4548	0.5750
38	0.4849	0.5452
39	0.5151	0.5151
40	0.5452	0.4849
41	0.5750	0.4548
42	0.6045	0.4250
43	0.6333	0.3955
44	0.6614	0.3667
45	0.6890	0.3386
46	0.7153	0.3110
47	0.7407	0.2847
48	0.7651	0.2593
49	0.7881	0.2349
50	0.8098	0.2119
51	0.8303	0.1902
52	0.8494	0.1697
53	0.8669	0.1506
54	0.8833	0.1331
55	0.8982	0.1167
56	0.9119	0.1018
57	0.9243	0.0881
58	0.9353	0.0757
59	0.9451	0.0647
60	0.9539	0.0549
61	0.9614	0.0461
62	0.9680	0.0386
63	0.9739	0.0320
64	0.9788	0.0261
65	0.9829	0.0212
66	0.9866	0.0171
67	0.9895	0.0134
68	0.9919	0.0105
69	0.9939	0.0081
70	0.9954	0.0061
71	0.9966	0.0046
72	0.9976	0.0034
73	0.9983	0.0024
74	0.9988	0.0017
75	0.9993	0.0012
76	0.9995	0.0007
77	0.9998	0.0005
78	1.0000	0.0002

▶ n = 13

x	$P(W \leq x)$	$P(W \geq x)$
0	0.0001	1.0000
1	0.0002	0.9999
2	0.0004	0.9998
3	0.0006	0.9996
4	0.0009	0.9994
5	0.0012	0.9991
6	0.0017	0.9988
7	0.0023	0.9983
8	0.0031	0.9977
9	0.0040	0.9969
10	0.0052	0.9960
11	0.0067	0.9948
12	0.0085	0.9933
13	0.0107	0.9915
14	0.0133	0.9893
15	0.0164	0.9867
16	0.0199	0.9836
17	0.0239	0.9801
18	0.0287	0.9761
19	0.0341	0.9713
20	0.0402	0.9659
21	0.0471	0.9598
22	0.0549	0.9529
23	0.0636	0.9451
24	0.0732	0.9364
25	0.0839	0.9268
26	0.0955	0.9161
27	0.1082	0.9045
28	0.1219	0.8918
29	0.1367	0.8781
30	0.1527	0.8633
31	0.1698	0.8473
32	0.1879	0.8302
33	0.2072	0.8121
34	0.2274	0.7928
35	0.2487	0.7726
36	0.2709	0.7513
37	0.2939	0.7291
38	0.3177	0.7061
39	0.3424	0.6823
40	0.3677	0.6576
41	0.3934	0.6323
42	0.4197	0.6066
43	0.4463	0.5803
44	0.4730	0.5537
45	0.5000	0.5270
46	0.5270	0.5000
47	0.5537	0.4730
48	0.5803	0.4463
49	0.6066	0.4197
50	0.6323	0.3934

B.6 Wilcoxon 부호순위 통계량 분포표 (계속) $\{x,\ P(W \leq x),\ P(W \geq x)\}$

x	$P(W \leq x)$	$P(W \geq x)$
51	0.6576	0.3677
52	0.6823	0.3424
53	0.7061	0.3177
54	0.7291	0.2939
55	0.7513	0.2709
56	0.7726	0.2487
57	0.7928	0.2274
58	0.8121	0.2072
59	0.8302	0.1879
60	0.8473	0.1698
61	0.8633	0.1527
62	0.8781	0.1367
63	0.8918	0.1219
64	0.9045	0.1082
65	0.9161	0.0955
66	0.9268	0.0839
67	0.9364	0.0732
68	0.9451	0.0636
69	0.9529	0.0549
70	0.9598	0.0471
71	0.9659	0.0402
72	0.9713	0.0341
73	0.9761	0.0287
74	0.9801	0.0239
75	0.9836	0.0199
76	0.9867	0.0164
77	0.9893	0.0133
78	0.9915	0.0107
79	0.9933	0.0085
80	0.9948	0.0067
81	0.9960	0.0052
82	0.9969	0.0040
83	0.9977	0.0031
84	0.9983	0.0023
85	0.9988	0.0017
86	0.9991	0.0012
87	0.9994	0.0009
88	0.9996	0.0006
89	0.9998	0.0004
90	0.9999	0.0002
91	1.0000	0.0001

▶ n = 14

x	$P(W \leq x)$	$P(W \geq x)$
0	0.0001	1.0000
1	0.0001	0.9999
2	0.0002	0.9999
3	0.0003	0.9998
4	0.0004	0.9997
5	0.0006	0.9996
6	0.0009	0.9994
7	0.0012	0.9991
8	0.0015	0.9988
9	0.0020	0.9985
10	0.0026	0.9980
11	0.0034	0.9974
12	0.0043	0.9966
13	0.0054	0.9957
14	0.0067	0.9946
15	0.0083	0.9933
16	0.0101	0.9917
17	0.0123	0.9899
18	0.0148	0.9877
19	0.0176	0.9852
20	0.0209	0.9824
21	0.0247	0.9791
22	0.0290	0.9753
23	0.0338	0.9710
24	0.0392	0.9662
25	0.0453	0.9608
26	0.0520	0.9547
27	0.0594	0.9480
28	0.0676	0.9406
29	0.0765	0.9324
30	0.0863	0.9235
31	0.0969	0.9137
32	0.1083	0.9031
33	0.1206	0.8917
34	0.1338	0.8794
35	0.1479	0.8662
36	0.1629	0.8521
37	0.1788	0.8371
38	0.1955	0.8212
39	0.2131	0.8045
40	0.2316	0.7869
41	0.2508	0.7684
42	0.2708	0.7492
43	0.2915	0.7292
44	0.3129	0.7085
45	0.3349	0.6871
46	0.3574	0.6651
47	0.3804	0.6426
48	0.4039	0.6196
49	0.4276	0.5961
50	0.4516	0.5724
51	0.4758	0.5484
52	0.5000	0.5242
53	0.5242	0.5000
54	0.5484	0.4758
55	0.5724	0.4516
56	0.5961	0.4276
57	0.6196	0.4039
58	0.6426	0.3804
59	0.6651	0.3574
60	0.6871	0.3349
61	0.7085	0.3129
62	0.7292	0.2915
63	0.7492	0.2708
64	0.7684	0.2508
65	0.7869	0.2316
66	0.8045	0.2131
67	0.8212	0.1955
68	0.8371	0.1788
69	0.8521	0.1629
70	0.8662	0.1479
71	0.8794	0.1338
72	0.8917	0.1206
73	0.9031	0.1083
74	0.9137	0.0969
75	0.9235	0.0863
76	0.9324	0.0765
77	0.9406	0.0676
78	0.9480	0.0594
79	0.9547	0.0520
80	0.9608	0.0453
81	0.9662	0.0392
82	0.9710	0.0338
83	0.9753	0.0290
84	0.9791	0.0247
85	0.9824	0.0209
86	0.9852	0.0176
87	0.9877	0.0148
88	0.9899	0.0123
89	0.9917	0.0101
90	0.9933	0.0083
91	0.9946	0.0067
92	0.9957	0.0054
93	0.9966	0.0043
94	0.9974	0.0034
95	0.9980	0.0026
96	0.9985	0.0020
97	0.9988	0.0015
98	0.9991	0.0012
99	0.9994	0.0009
100	0.9996	0.0006
101	0.9997	0.0004
102	0.9998	0.0003
103	0.9999	0.0002
104	0.9999	0.0001
105	1.0000	0.0001

▶ n = 15

x	$P(W \leq x)$	$P(W \geq x)$
0	0.0000	1.0000
1	0.0001	1.0000
2	0.0001	0.9999
3	0.0002	0.9999
4	0.0002	0.9998
5	0.0003	0.9998
6	0.0004	0.9997
7	0.0006	0.9996
8	0.0008	0.9994
9	0.0010	0.9992
10	0.0013	0.9990
11	0.0017	0.9987
12	0.0021	0.9983
13	0.0027	0.9979
14	0.0034	0.9973
15	0.0042	0.9966
16	0.0051	0.9958
17	0.0062	0.9949
18	0.0075	0.9938
19	0.0090	0.9925
20	0.0108	0.9910
21	0.0128	0.9892
22	0.0151	0.9872
23	0.0177	0.9849
24	0.0206	0.9823
25	0.0240	0.9794
26	0.0277	0.9760
27	0.0319	0.9723
28	0.0365	0.9681
29	0.0416	0.9635
30	0.0473	0.9584
31	0.0535	0.9527
32	0.0603	0.9465
33	0.0677	0.9397
34	0.0757	0.9323
35	0.0844	0.9243
36	0.0938	0.9156
37	0.1039	0.9062
38	0.1147	0.8961
39	0.1262	0.8853
40	0.1384	0.8738
41	0.1514	0.8616
42	0.1651	0.8486
43	0.1796	0.8349
44	0.1947	0.8204
45	0.2106	0.8053
46	0.2271	0.7894
47	0.2444	0.7729
48	0.2622	0.7556
49	0.2807	0.7378
50	0.2997	0.7193
51	0.3193	0.7003
52	0.3394	0.6807
53	0.3599	0.6606
54	0.3808	0.6401
55	0.4020	0.6192
56	0.4235	0.5980
57	0.4452	0.5765
58	0.4670	0.5548
59	0.4890	0.5330
60	0.5110	0.5110
61	0.5330	0.4890
62	0.5548	0.4670
63	0.5765	0.4452
64	0.5980	0.4235
65	0.6192	0.4020
66	0.6401	0.3808
67	0.6606	0.3599
68	0.6807	0.3394
69	0.7003	0.3193
70	0.7193	0.2997
71	0.7378	0.2807
72	0.7556	0.2622
73	0.7729	0.2444
74	0.7894	0.2271

B.6 Wilcoxon 부호순위 통계량 분포표(계속) $\{x, \ P(W \leq x), \ P(W \geq x)\}$

75	0.8053	0.2106
76	0.8204	0.1947
77	0.8349	0.1796
78	0.8486	0.1651
79	0.8616	0.1514
80	0.8738	0.1384
81	0.8853	0.1262
82	0.8961	0.1147
83	0.9062	0.1039
84	0.9156	0.0938
85	0.9243	0.0844
86	0.9323	0.0757
87	0.9397	0.0677
88	0.9465	0.0603
89	0.9527	0.0535
90	0.9584	0.0473
91	0.9635	0.0416
92	0.9681	0.0365
93	0.9723	0.0319
94	0.9760	0.0277
95	0.9794	0.0240
96	0.9823	0.0206
97	0.9849	0.0177
98	0.9872	0.0151
99	0.9892	0.0128
100	0.9910	0.0108
101	0.9925	0.0090
102	0.9938	0.0075
103	0.9949	0.0062
104	0.9958	0.0051
105	0.9966	0.0042
106	0.9973	0.0034
107	0.9979	0.0027
108	0.9983	0.0021
109	0.9987	0.0017
110	0.9990	0.0013
111	0.9992	0.0010
112	0.9994	0.0008
113	0.9996	0.0006
114	0.9997	0.0004
115	0.9998	0.0003
116	0.9998	0.0002
117	0.9999	0.0002
118	0.9999	0.0001
119	1.0000	0.0001
120	1.0000	0.0000

B.7 순위상관검정표

$\alpha(2)$:	0.50	0.20	0.10	0.05	0.02	0.01	0.005	0.002	0.001
$\alpha(1)$:	0.25	0.10	0.05	0.025	0.01	0.005	0.0025	0.001	0.0005
n									
4	0.600	1.000	1.000						
5	0.500	0.800	0.900	1.000	1.000				
6	0.371	0.657	0.829	0.886	0.943	1.000	1.000		
7	0.321	0.571	0.714	0.786	0.893	0.929	0.964	1.000	1.000
8	0.310	0.524	0.643	0.738	0.833	0.881	0.905	0.952	0.976
9	0.267	0.483	0.600	0.700	0.783	0.833	0.867	0.917	0.933
10	0.248	0.455	0.564	0.648	0.745	0.794	0.830	0.879	0.903
11	0.236	0.427	0.536	0.618	0.709	0.755	0.800	0.845	0.873
12	0.217	0.406	0.503	0.587	0.678	0.727	0.769	0.818	0.846
13	0.209	0.385	0.484	0.560	0.648	0.703	0.747	0.791	0.824
14	0.200	0.367	0.464	0.538	0.626	0.679	0.723	0.771	0.802
15	0.189	0.354	0.446	0.521	0.604	0.654	0.700	0.750	0.779
16	0.182	0.341	0.429	0.503	0.582	0.635	0.679	0.729	0.762
17	0.176	0.328	0.414	0.485	0.566	0.615	0.662	0.713	0.748
18	0.170	0.317	0.401	0.472	0.550	0.600	0.643	0.695	0.728
19	0.165	0.309	0.391	0.460	0.535	0.584	0.628	0.677	0.712
20	0.161	0.299	0.380	0.447	0.520	0.570	0.612	0.662	0.696
21	0.156	0.292	0.370	0.435	0.508	0.556	0.599	0.648	0.681
22	0.152	0.284	0.361	0.425	0.496	0.544	0.586	0.634	0.667
23	0.148	0.278	0.353	0.415	0.486	0.532	0.573	0.622	0.654
24	0.144	0.271	0.344	0.406	0.476	0.521	0.562	0.610	0.642
25	0.142	0.265	0.337	0.398	0.466	0.511	0.551	0.598	0.630
26	0.138	0.259	0.331	0.390	0.457	0.501	0.541	0.587	0.619
27	0.136	0.255	0.324	0.382	0.448	0.491	0.531	0.577	0.608
28	0.133	0.250	0.317	0.375	0.440	0.483	0.522	0.567	0.598
29	0.130	0.245	0.312	0.368	0.433	0.475	0.513	0.558	0.589
30	0.128	0.240	0.306	0.362	0.425	0.467	0.504	0.549	0.580
31	0.126	0.236	0.301	0.356	0.418	0.459	0.496	0.541	0.571
32	0.124	0.232	0.296	0.350	0.412	0.452	0.489	0.533	0.563
33	0.121	0.229	0.291	0.345	0.405	0.446	0.482	0.525	0.554
34	0.120	0.225	0.287	0.340	0.399	0.439	0.475	0.517	0.547
35	0.118	0.222	0.283	0.335	0.394	0.433	0.468	0.510	0.539
36	0.116	0.219	0.279	0.330	0.388	0.427	0.462	0.504	0.533
37	0.114	0.216	0.275	0.325	0.383	0.421	0.456	0.497	0.526
38	0.113	0.212	0.271	0.321	0.378	0.415	0.450	0.491	0.519
39	0.111	0.210	0.267	0.317	0.373	0.410	0.444	0.485	0.513
40	0.110	0.207	0.264	0.313	0.368	0.405	0.439	0.479	0.507
41	0.108	0.204	0.261	0.309	0.364	0.400	0.433	0.473	0.501
42	0.107	0.202	0.257	0.305	0.359	0.395	0.428	0.468	0.495
43	0.105	0.199	0.254	0.301	0.355	0.391	0.423	0.463	0.490
44	0.104	0.197	0.251	0.298	0.351	0.386	0.419	0.458	0.484

α(2):	0.50	0.20	0.10	0.05	0.02	0.01	0.005	0.002	0.001
α(1):	0.25	0.10	0.05	0.025	0.01	0.005	0.0025	0.001	0.0005
n									
45	0.103	0.194	0.248	0.294	0.347	0.382	0.414	0.453	0.479
46	0.102	0.192	0.246	0.291	0.343	0.378	0.410	0.448	0.474
47	0.101	0.190	0.243	0.288	0.340	0.374	0.405	0.443	0.469
48	0.100	0.188	0.240	0.285	0.336	0.370	0.401	0.439	0.465
49	0.098	0.186	0.238	0.282	0.333	0.366	0.397	0.434	0.460
50	0.097	0.184	0.235	0.279	0.329	0.363	0.393	0.430	0.456
51	0.096	0.182	0.233	0.276	0.326	0.359	0.390	0.426	0.451
52	0.095	0.180	0.231	0.274	0.323	0.356	0.386	0.422	0.447
53	0.095	0.179	0.228	0.271	0.320	0.352	0.382	0.418	0.443
54	0.094	0.177	0.226	0.268	0.317	0.349	0.379	0.414	0.439
55	0.093	0.175	0.224	0.266	0.314	0.346	0.375	0.411	0.435
56	0.092	0.174	0.222	0.264	0.311	0.343	0.372	0.407	0.432
57	0.091	0.172	0.220	0.261	0.308	0.340	0.369	0.404	0.428
58	0.090	0.171	0.218	0.259	0.306	0.337	0.366	0.400	0.424
59	0.089	0.169	0.216	0.257	0.303	0.334	0.363	0.397	0.421
60	0.089	0.168	0.214	0.255	0.300	0.331	0.360	0.394	0.418
61	0.088	0.166	0.213	0.252	0.298	0.329	0.357	0.391	0.414
62	0.087	0.165	0.211	0.250	0.296	0.326	0.354	0.388	0.411
63	0.086	0.163	0.209	0.248	0.293	0.323	0.351	0.385	0.408
64	0.086	0.162	0.207	0.246	0.291	0.321	0.348	0.382	0.405
65	0.085	0.161	0.206	0.244	0.289	0.318	0.346	0.379	0.402
66	0.084	0.160	0.204	0.243	0.287	0.316	0.343	0.376	0.399
67	0.084	0.158	0.203	0.241	0.284	0.314	0.341	0.373	0.396
68	0.083	0.157	0.201	0.239	0.282	0.311	0.338	0.370	0.393
69	0.082	0.156	0.200	0.237	0.280	0.309	0.336	0.368	0.390
70	0.082	0.155	0.198	0.235	0.278	0.307	0.333	0.365	0.388
71	0.081	0.154	0.197	0.234	0.276	0.305	0.331	0.363	0.385
72	0.081	0.153	0.195	0.232	0.274	0.303	0.329	0.360	0.382
73	0.080	0.152	0.194	0.230	0.272	0.301	0.327	0.358	0.380
74	0.080	0.151	0.193	0.229	0.271	0.299	0.324	0.355	0.377
75	0.079	0.150	0.191	0.227	0.269	0.297	0.322	0.353	0.375
76	0.078	0.149	0.190	0.226	0.267	0.295	0.320	0.351	0.372
77	0.078	0.148	0.189	0.224	0.265	0.293	0.318	0.349	0.370
78	0.077	0.147	0.188	0.223	0.264	0.291	0.316	0.346	0.368
79	0.077	0.146	0.186	0.221	0.262	0.289	0.314	0.344	0.365
80	0.076	0.145	0.185	0.220	0.260	0.287	0.312	0.342	0.363
81	0.076	0.144	0.184	0.219	0.259	0.285	0.310	0.340	0.361
82	0.075	0.143	0.183	0.217	0.257	0.284	0.308	0.338	0.359
83	0.075	0.142	0.182	0.216	0.255	0.282	0.306	0.336	0.357
84	0.074	0.141	0.181	0.215	0.254	0.280	0.305	0.334	0.355
85	0.074	0.140	0.180	0.213	0.252	0.279	0.303	0.332	0.353
86	0.074	0.139	0.179	0.212	0.251	0.277	0.301	0.330	0.351
87	0.073	0.139	0.177	0.211	0.250	0.276	0.299	0.328	0.349

$\alpha(2)$:	0.50	0.20	0.10	0.05	0.02	0.01	0.005	0.002	0.001
$\alpha(1)$:	0.25	0.10	0.05	0.025	0.01	0.005	0.0025	0.001	0.0005
n									
88	0.073	0.138	0.176	0.210	0.248	0.274	0.298	0.327	0.347
89	0.072	0.137	0.175	0.209	0.247	0.272	0.296	0.325	0.345
90	0.072	0.136	0.174	0.207	0.245	0.271	0.294	0.323	0.343
91	0.072	0.135	0.173	0.206	0.244	0.269	0.293	0.321	0.341
92	0.071	0.135	0.173	0.205	0.243	0.268	0.291	0.319	0.339
93	0.071	0.134	0.172	0.204	0.241	0.267	0.290	0.318	0.338
94	0.070	0.133	0.171	0.203	0.240	0.265	0.288	0.316	0.336
95	0.070	0.133	0.170	0.202	0.239	0.264	0.287	0.314	0.334
96	0.070	0.132	0.169	0.201	0.238	0.262	0.285	0.313	0.332
97	0.069	0.131	0.168	0.200	0.236	0.261	0.284	0.311	0.331
98	0.069	0.130	0.167	0.199	0.235	0.260	0.282	0.310	0.329
99	0.068	0.130	0.166	0.198	0.234	0.258	0.281	0.308	0.327
100	0.068	0.129	0.165	0.197	0.233	0.257	0.279	0.307	0.326

Source: Jerrold H. Zar, *Biostatistical Analysis*, 2e, © 1984, pp. 577-578. Reprinted by permission of Prentice Hall, Inc., Englewood Cliffs, New Jersey.

부록

C 연습문제 정답

3. 확률

3.1

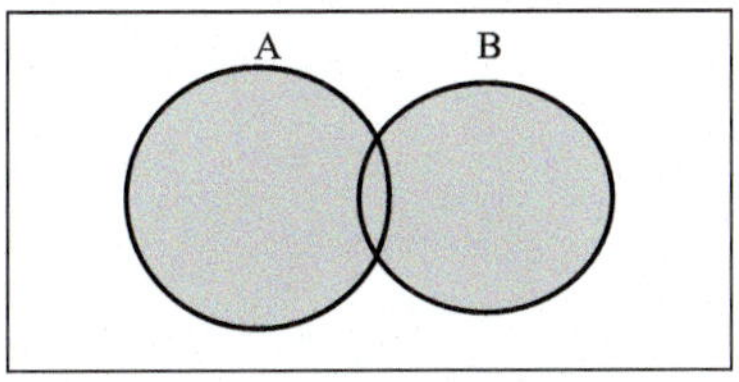

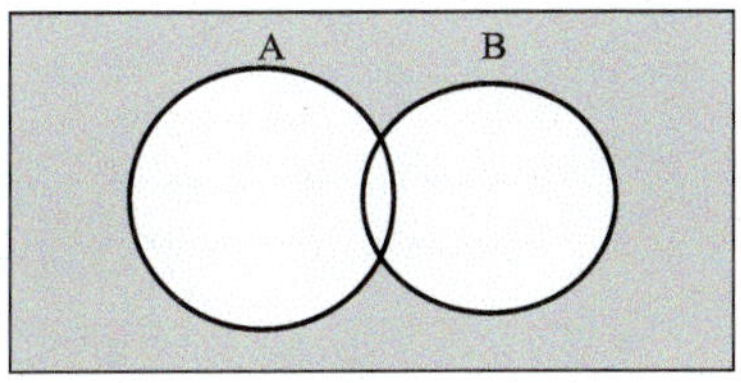

$(A \cup B)$ $(A \cup B)^c$

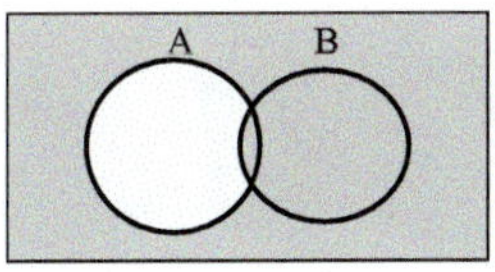

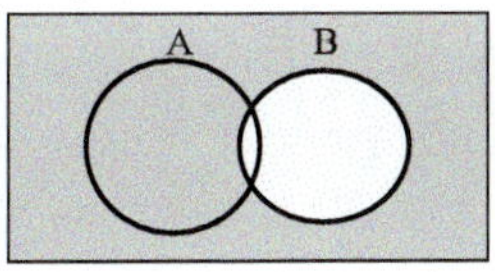

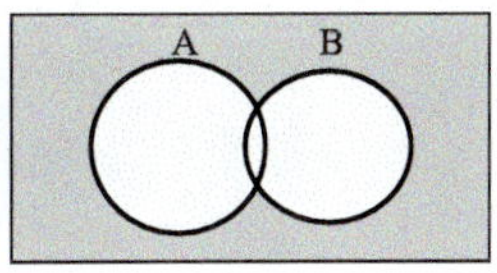

$\cap$ $=$ $A^c \ \cap \ B^c$ $A^c \cap B^c$

3.3 50400

3.5 1) 36 2) 26

3.7 (1) ${}_{10}C_7$ (2) 110

3.9 1) $A \subset B$이므로

$B = A \cup (B \cap A^c)$이고, $A \cap (B \cap A^c) = \varnothing$ 이므로

$P(B) = P(A) + P(B \cap A^c)$이다.

또한 $P(B \cap A^c) \geq 0$ 이므로 결국 $P(A) \leq P(B)$이다.

2) $A \cup B = A \cup (B \cap A^c)$이고 A와 $(B \cap A^c)$는 배반사건이다.

따라서 $P(A \cup B) = P(A) + P(B \cap A^c)$이다.

또한 $(B \cap A^c) \cup (A \cap B) = B$이고 $(B \cap A^c)$와 $(A \cap B)$는

배반사건이므로 $P(B \cap A^c) + P(A \cap B) = P(B)$이다.

이 식을 정리하여 대입하면 $P(A \cup B) = P(A) + P(B \cap A^c) =$

$P(A)+P(B)-P(A\cap B)$

3.11 1) $P(A\cap B^c)$

$=P(A)-P(A\cap B)$ ($\because (A\cap B^c)\cup(A\cap B)=A$, 두 사건 배반.)

$=P(A)-P(A)\times P(B)$ ($\because A$와 B 독립)

$=P(A)\times(1-P(B))$

$=P(A)\times P(B^c)$ $\therefore A$와 B^c는 독립사상이다.

2) $P(A^c\cap B^c)=P((A\cup B)^c)=1-P(A\cup B)$

$=1-(P(A)+P(B)-P(A\cap B))$

$=1-P(A)-P(B)-P(A)\times P(B)$ ($\because A$와 B 독립)

$=(1-P(A))\times(1-P(B))=P(A^c)\times P(B^c)$

$\therefore A^c$와 B^c는 독립사상이다.

3.13 (1) 병렬연결: $1-0.01^3$

(2) 직렬연결: 0.99^3

3.15 (1) 세 마리의 쥐를 각각 A, B, C라고 했을 때

s={(A: 공격 B: 공격 안 함 C: 공격 안 함), (A: 공격 안 함 B: 공격 C: 공격 안 함), (A: 공격 안 함 B: 공격 안 함 C: 공격), (A: 공격 B: 공격 C: 공격 안 함), (A: 공격 B: 공격 안 함 C: 공격), (A: 공격 안 함 B: 공격 C: 공격), (A: 공격 안 함 B: 공격 안 함 C: 공격 안 함), (A: 공격 B: 공격 C: 공격)}

(2) P(A: 공격 B: 공격 안 함 C: 공격 안 함)=0.096

P(A: 공격 안 함 B: 공격 C: 공격 안 함)=0.096

P(A: 공격 안 함 B: 공격 안 함 C: 공격)=0.096

P(A: 공격 B: 공격 C: 공격 안 함)=0.144

P(A: 공격 B: 공격 안 함 C: 공격)=0.144

P(A: 공격 안 함 B: 공격 C: 공격)=0.144

P(A: 공격 안 함 B: 공격 안 함 C: 공격 안 함)=0.064

P(A: 공격 B: 공격 C: 공격)=0.216

(3) 0.648 (4) 0.432

3.17 0.680394

3.19 증상 있는 남성이 정상일 확률 = $\dfrac{0.99\times 0.001}{0.99\times 0.001+0.001\times 0.9+0.009\times 0.9}$

증상 있는 남성이 폐암에 걸렸을 확률 =

$$\frac{0.9\times 0.001}{0.99\times 0.001+0.001\times 0.9+0.009\times 0.9}$$

4. 이산확률변수와 확률분포

4.1 $P(X=x)=\begin{cases}(\frac{1}{4})^x\frac{3}{4} & x=0,\ 1,\ 2,\ 3,\ \cdots \\ 0 & \text{그 밖에서}\end{cases}$

4.3 ${}_{18}C_{13}\times\frac{1}{2^{13}}\times\frac{1}{2^5}$=0.032684, 새 제품을 선호하는 경향이 있다.

4.5 1) 이항분포 이용

$$P(X\geq 3)=1-P(X\leq 2)=1-\sum_{x=0}^{2}{}_{100}C_x\times 0.05^x\times 0.95^{100-x}$$
$$=0.881737,$$
$$P(X=2)={}_{100}C_2\times 0.05^2\times 0.95^{98}=0.08118177$$

2) 포아송 분포 이용

$$P(X\geq 3)=1-P(X\leq 2)=\ 1-\sum_{x=0}^{2}\frac{e^{-5}5^x}{x!}=0.875348,$$

$$P(X=2)=\frac{e^{-5}5^2}{2!}=0.08422$$

서로 비슷함.

4.7 $P(X>8)=1-P(X\leq 8)=1-\sum_{x=0}^{8}\frac{e^{-4}4^x}{x!}=0.021363$

4.11 $p^3+3p^2q<p^5+5p^4q+10p^3q^2$ --> $1/2<p<1$

4.13 (1) X의 기대치=1.6,

분산=0.84

(2) 게임당 수입의 평균: 82만 원

표준편차: 18.3303만 원

4.15 (3) 5

4.17 (2) 0.1804

4.19 $E(X)=\frac{1}{P(1-P)}-1,\quad V(X)=\frac{3P^2-3P+1}{P^2(1-P)^2}-2$

5. 연속확률변수와 연속확률분포

5.1 (1) 0.43320 (2) 0.46407 (3) 0.97500 (4) 0.024998 (5) 0.9500 (6) 0.980194

5.3 (1) 0.03338 (2) 0.070638

5.5 (1) 0.53281 (2) 0.92698 (3) 0.15866 (4) 0.933193

5.7 0.98492

5.9 $\lambda=1$인 지수 분포의 확률밀도함수: $f(x)=e^{-x},\quad x\geq 0$

분포함수: $F(x)=1-e^{-x},\quad x\geq 0$

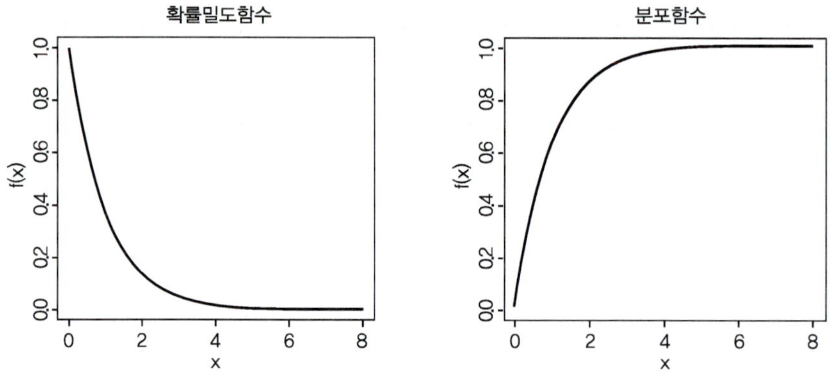

5.11 $E(X)=\dfrac{a+b}{2}$, $Var(X)=\dfrac{(b-a)^2}{12}$

5.13 0.98758

5.15 0.098353

5.17 0.0266

5.19 0.93025

6. 결합확률분포

6.1 (1) 0.15 (2) 0.4 (3) 0.22 (4) 0.46

6.3 (1) $p_{X,Y}(x,y)=\dfrac{e^{-\lambda}\lambda^x}{x!}\times\dfrac{e^{-\mu}\mu^y}{y!}$ $, x=0,1,2,..,y=0,1,2,..$

(2) $(e^{-\lambda}+e^{-\lambda}\lambda)\times(e^{-\mu}+e^{-\mu}\mu)$

(3) $\dfrac{e^{-(\lambda+\mu)}}{m!}\times(\lambda+\mu)^m$

6.5 (2) 독립이 아니다. $P(X=-4, Y=1)=1/4 \neq P(X=-4)P(Y=1)=\ 1/16$

(3) 1.5

6.7 $E(\overline{X}-\overline{Y})=-200$, $Var(\overline{X}-\overline{Y})=1400$

6.9 (1) $f_X(x)=12x^3-24x^2+12x$, $0\le x\le 1$
$f_Y(y)=12y^3-24y^2+12y, 0\le y\le 1$

(2) 독립이 아니다.

(3) $E(X)=\dfrac{2}{5}$, $Var(X)=\dfrac{1}{25}$

(4) $E(X+Y)=4/5$, $E(XY)=0.1333$

(5) $Cov(X,Y)=-0.0267$, $Corr(X,Y)=0.6675$.

6.11 X, Y는 서로 독립, Y, Z는 서로 독립이 아님.

6.13 (1) $E(\overline{X}) = \frac{1}{n}E(\sum_{i=1}^{n}X_i) = \frac{1}{n}\sum_{i=1}^{n}E(X_i) = \mu$

$$Var(\overline{X}) = Var(\frac{1}{n}\sum_{i=1}^{n}X_i) = \frac{1}{n^2}Var(\sum_{i=1}^{n}X_i) = \frac{1}{n^2}n\sigma^2 = \frac{\sigma^2}{n}$$

(2) $(n-1)S^2 = \sum_{i=1}^{n}(X_i - \mu + \mu - \overline{X})^2 = \sum_{i=1}^{n}(X_i - \mu)^2 - n(\overline{X} - \mu)^2$

$$(n-1)E(S^2) = \sum_{i=1}^{n}E(X_i - \mu)^2 - nE(\overline{X} - \mu)^2 = n\sigma^2 - n\,Var(\overline{X})$$
$$= (n-1)\sigma^2$$

$$E(S^2) = \sigma^2$$

6.15 0

6.17 $c = 6/5$, 13/320

7. 표본추출과 표본조사

1. (1) 모평균=15.4 , 모표준편차=5.426, (2) 15.4, 2.215
3. (1) (195.62, 204.38),
   (2) n=36, (195.1, 204.9), n=64 ; (196.33, 203.68)
5. (1) 0.6 (2) 0.22
7. (1) 0.1 (2) 0.05 (3) 0.01 (4) 0.495
9. (1) 0.05 (2) 0.99 (3) 0.99
11. (1) 0.05 (2) 0.05
13. (1) 0.5 (2) 0.515
15. (1) $p(\overline{X} > 55) = p(Z > 0.555) = 0.2895$
    (2) $p(45 < \overline{X} < 55) = p(-0.555 < Z < 0.555) = 0.421$
17. $S \sim b(100, 0.4)$, $p(30 \le S \le 45) = p(-10.5/\sqrt{24} < Z < 5.5/\sqrt{24}) = 0.8532$

8. 점추정

1. (1) 65.72, 4.53 (2) 65.1 (3) 66.05 (4) 0.7
3. 0.03, 0.0134
5. (1) $162 \pm 2 \cdot 5/\sqrt{50}$ = (160.58, 163.4) (2) $2 \times 1.96 \cdot 5/\sqrt{n} \le 1$, $n \ge 385$
7. (1) 180/2000=0.09 (2) $0.09 \pm 1.96(0.09 \cdot 0.91/2000)^{0.5}$ =(0.0775, 0.1025)
9. (1) 0.25 , $0.25 \pm 2.576(0.250.75/100)^{0.5}$=(0.1384, 0.361)
   (2) $(0.25 \cdot 0.75/n)^{0.5} < 0.01$, $n > 1875$

9. 일표본에 대한 구간추정

9.1 (79.296, 80.704)

9.3 n=96.04 ≈ n=97

9.5 (31.908, 38.912)

9.7 (1) $\hat{\mu} = \bar{x} = 120.6$

(2) $\widehat{\sigma^2} = s^2 = 27.16$

(3) (117.686, 123.714)

9.9 (1) $\hat{p} = 0.7$

(2) $\hat{p} \sim N(p, \dfrac{p(1-p)}{n})$

(3) (0.645, 0.755)

9.11 95% 신뢰구간 : (0.041, 0.159)

99% 신뢰구간 : (0.023, 0.177)

9.13 n=97

9.15 (74.8175, 96.7825)

10. 일표본에 대한 가설검정

10.1 $H_0 : p = 0.25 \quad vs \quad H_1 : p > 0.25$

$\alpha = P(reject\, H_0 \mid H_0\, is\ true) = 0.1018$

$\beta = P(Do\ not\ reject\, H_0 \mid p = 1/3) = 0.6732$

10.3 $H_0 : \mu = 3200 \quad vs \quad H_1 : \mu < 3200$

검정통계량 $t = -3.5 < z_{0.05} = 1.645$

⇒ H_0를 기각한다. 벽돌을 사용할 수 없다.

10.5 $t = -0.211 < t_{9,0.01} = 2.82$ ⇒ H_0를 기각하지 못한다.

10.7 $|Z| = |-1.78| < z_{0.025} = 1.96$ ⇒ H_0를 기각하지 못한다. 전국적인 비율과 같다.

10.9 $Z = 4.75 > z_{0.05} = 1.645$ ⇒ H_0를 기각한다. 공사를 강행한다.

10.11 (1) H_0를 기각하지 못한다. (2) H_0를 기각한다.

(3) H_0를 기각하지 못한다. (4) H_0를 기각한다.

(5) H_0를 기각하지 못한다. (6) H_0를 기각한다.

10.13 $|t| = |2.39| > t_{23,0.025} = 2.069$ ⇒ H_0를 기각한다.

σ^2의 95% 신뢰구간 : (11.05923, 36.0256)

σ의 95% 신뢰구간 : (3.3255, 6.0021)

10.15 (76170.13, 318074.8)

10.17 $z = -3.33 < -z_{0.01} = -2.33$ ⇒ H_0를 기각한다. 초등학생의 주장이 사실이다.

11. 이표본에 대한 통계추론

11.1 (1) $F = 0.166 < F_{0.025}(44,89) = 1.638$ $\Rightarrow$ H_0를 기각한다. 분산이 다르다.

(2) (−763.758, −506.242)

(3) (2)에서 구한 신뢰구간에 0이 포함되지 않으므로 치료비 차이가 있다.

11.3 (−0.373, 0.274)

11.5 (0.4625, 0.9375)

신뢰구간에 0이 포함되지 않으므로 색감의 차이가 존재한다.

11.7 검정통계량: $Z = -15.206$

유의확률: 1.613e−52 (1.613×10^{-52})

11.9 $t = -2.637 > -t_{4,0.01} = -3.747$ $\Rightarrow$ H_0를 기각하지 못한다.

11.11 (1) $\hat{p_1} = 0.529$, $\hat{p_2} = 0.875$

(2) (−0.487, −0.205)

(3) 검정통계량: $Z = -4.926$

유의확률: 4.1965e−07

11.13 $F = 0.585 < F_{0.01}(11,11) = 4.462$ $\Rightarrow$ H_0를 기각하지 못한다.

12. 실험계획법과 분산분석

12.1 ① 실험의 블록화: 실험의 처리내용을 제외하고 다른 조건을 동일하게 유지

② 실험의 랜덤화: 측정오차가 상쇄되며 자료의 독립성 보장

③ 실험의 반복: 오차를 추정하는 분산분석에 필요하다.

12.3 ③

12.5 ③

12.7 ① $y_{ij} = \mu + \alpha_i + \epsilon_{ij}$ $\quad i = 1, \ldots, 5 \quad j = 1, \ldots, 6$

$H_0 : \alpha_1 = \ldots\ldots = \alpha_5 = 0$ (교습방법에 따라서 평가의 차이가 없다)

H_1 : not H_0

②

출처	DF	SS	MS	F	P
교습방법	4	340	85	17	0.0000
error	25	125	5		
total	29	465			

유의 수준 5%에서 교습방법에 따라 학기말의 평가 점수가 차이가 난다고 할 수 있다.

12.9

출처	DF	SS	MS	F	P
day	4	1.8493	0.4623	1.44	0.307
촉매	2	8.6520	4.3260	13.44	0.003
error	8	2.5747	0.3218		
total	14	13.0760			

촉매라는 요인이 유의하게 나온다.

13. 회귀분석

13.1 (1) 독립변수 x = 훈련기간, Y = 작업의 능률

(2) 독립변수 x = 화학약품 첨가물, Y = 건조시간

(3) 독립변수 x = 하루에 피는 담배의 양, Y = 흡연자의 혈액에 있는 탄소 일산화물의 수준

(4) 독립변수 x = 습도, Y = 곰팡이의 성장률

(5) 독립변수 x = 모든 경비, Y = 상품 판매액

13.3 (1)

i	1	2	3	4	5
ϵ_i	-0.22	0.28	-0.02	0.08	-0.12

$$\sum_{i=1}^{5}\epsilon_i = -0.22+0.28-0.02+0.08-0.12=0$$

(2) i)

i	1	2	3	4	5
ϵ_i^2	0.0484	0.0784	0.0004	0.0064	0.0144

$$\sum_{i=1}^{5}\epsilon_i^2 = -0.22^2+0.28^2-0.02^2+0.08^2-0.12^2=0.148$$

ii) $SS_E=0.148$

(3) $\hat{\sigma^2}=MS_E=\dfrac{SS_E}{5-2}=\dfrac{0.148}{3}=0.049$

13.5 (1)

x_i	EY 추정값	EY 95% 신뢰구간
1	3.0904762	(2.3742354, 3.8067170)
2	2.507619	(1.9698961, 3.0453420)
3	1.9247619	(1.5037886, 2.3457352)
4	1.3419048	(0.9209315, 1.7628780)
5	0.7590476	(0.2213247, 1.2967705)
6	0.1761905	(−0.5400503, 0.8924313)

(2) $\hat{y}=3.6733-0.5829\times 8=-0.99.$

$$s^2(\hat{y_h})=MS_E(1/n+(x_h-\bar{x})^2/S_{xx})$$
$$=0.127(1/6+(8-3.5)^2/17.5)=.168$$

$E(Y_h)$의 95% 신뢰구간: $(-2.128, 0.148)$

13.7 (1) $\hat{y}=-26.8484+6.0969x$

(2) (4.187266, 8.006451)

(3) 표준화 잔차가 x축을 중심으로 랜덤하게 분포하는 대신 처음에는 감소한 다음에 증가한다. 따라서 가정된 회귀직선이 부적당함을 나타낸다.

13.9 단순회귀분석의 경우에는 두 변수 사이의 피어슨 상관계수의 제곱이 결정계수이다.

13.11 예측치의의 값이 커짐에 따라서 표준화 잔차의 퍼짐이 넓어짐을 확인할 수 있으며 오차의 등분산 가정을 의심하게 된다.

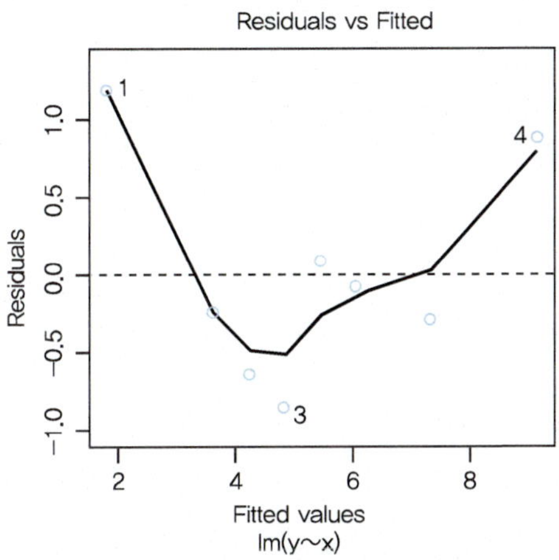

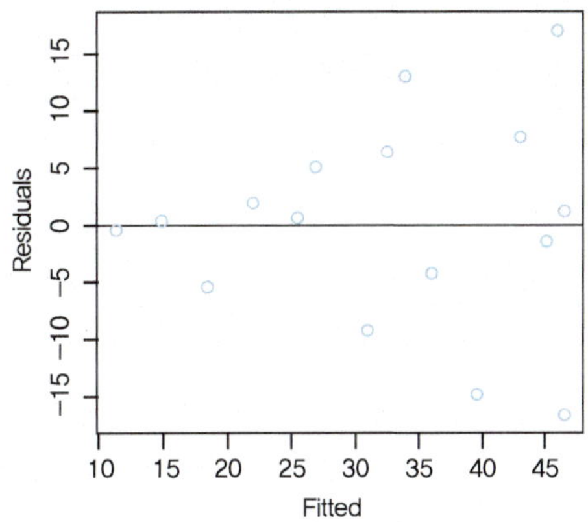

13.13 $\hat{y}=3.887+2.087\,x_1+2.652\,x_2$

14. 범주형 자료분석

1. $p(\chi^2(6)>1.64)=0.95$, $p(\chi^2(6)>8.12)=0.23$, $p(\chi^2(6)>16)=0.0137$

3. $\chi^2=\sum_{i=1}^{4}(o_i-e_i)^2/e_i=4.425<\chi^2_{0.05}(3)=7.81$, 귀무가설 주장이 근거가 있음.

5. (1) 평균 $m=1.04\sim1.0$ 인 포아송분포

(2) 고장수가 4,5,6 인 그룹을 하나로 묶어서 피어슨 적합도 검정실시.

$\chi^2=\sum_{i=0}^{4}(o_i-e_i)^2/e_i=28.24>\chi^2_{0.05}(5-1-1)=7.81$, 포아송분포를 따른다고 할 수 없음.

7. $\chi^2=\sum_{i=1}^{2}\sum_{j=1}^{3}(o_{ij}-e_{ij})^2/e_{ij}=10.33>\chi^2_{0.05}(2)=5.99$, 남녀 간 비율에 차이가 있다.

9. $\chi^2=\sum_{i=1}^{2}\sum_{j=1}^{2}(o_{ij}-e_{ij})^2/e_{ij}=19.44>\chi^2_{0.05}(1)=3.84$, 전자파노출과 남녀 출생비율 간 연관성이 있다.

15. 비모수 통계

1. $W_B = 8$, $p[W_B \le 8] = 0.071 > \alpha$. 기각못함

3. (1) $S = 9$, $n = 12 - 1 = 11$, $p[S \ge 9] = 0.113 > \alpha$. 유의한 차이 없음.

   (2) $T^+ = 10$, $p[T^+ \le 10] = 0.021 < \alpha$. 유의한 차이가 있음.

5. (1) $t = 2.06$, $p[t \ge 2.06] = 0.078 > \alpha$. 기각못함.

   (2) $S = 6$, $p[S \ge 69] = 0.145 > \alpha$. 차이없음.

   (3) $T^+ = 30$, $p[T^+ \ge 30] = 0.055 > \alpha$. 차이없음.

7. (1) 윌콕슨 순위합검정 (2) $W_O = 40$, $p[W_O \ge 40] = 0.041 < \alpha$.

   O 회사제품이 더 멀리간다.

9. (1) 윌콕슨 순위합검정 (2) $W_A = 80$, $p[W_A \ge 80] < 0.01 < \alpha/2 = 0.025$.

   유의한 차이가 있다.

16. 표본조사

1. (1) 유권자전체, 유권자, 단순임의추출, 지역별 층화추출

   (2) 생산되는 항생제전체, 항생제, 체계추출

   (3) 학부형 및 수험생전체, 학부형 및 수험생, 단순임의추출, 지역별 층화추출

   (4) 서울시 가구전체, 가구, 단순임의추출, 지역별 층화추출

3. 75/200 ±2*2[(75/200)(1−75/200)/200]$^{.5}$=0.375±0.068

5. (0.8*(2/3)+0.6*(1/3))±2*0.0435=0.733±0.087

7. $n_1 = 400 \cdot (800/1290) = 248$, $n_2 = 400 - 248 = 152$

9. $n_1 = 152$, $n_2 = 178$, $n_3 = 216$, $n_4 = 254$

찾아보기

[ㅁ]

[ㅂ]

[ㅅ]

[ㅇ]

[ㅈ]

[ㅊ]

[ㅌ]

[ㅍ]

[ㅎ]

[G]

[Q]

[S]

[기타]

| 저자 소개 |

이외숙

이화여자대학교 수학교육과(이학사)
이화여자대학교 대학원 수학과(이학석사)
미국 Indiana 대학교 수학과(통계학박사)
현 : 이화여자대학교 통계학과 교수
e-mail : oslee@ewha.ac.kr

임용빈

서울대학교 계산통계학과(이학사)
서울대학교 계산통계학과 대학원(이학석사)
미국 Purdue 대학교 통계학과(통계학박사)
미국 Louisiana 주립대학교 통계학과 조교수
현 : 이화여자대학교 통계학과 교수
e-mail : yblim@ewha.ac.kr

소병수

서울대학교 계산통계학과(이학사)
서울대학교 계산통계학과 대학원(이학석사)
미국 Berkeley 대학교 통계학과(통계학 박사)
미국 Purdue 대학교 통계학과 조교수
현 : 이화여자대학교 통계학과 교수
e-mail : bsso@ewha.ac.kr

이은경

이화여자대학교 통계학과(이학사)
이화여자대학교 대학원 통계학과(이학석사)
미국 Iowa 주립대학교 수학과(통계학박사)
현 : 이화여자대학교 통계학과 부교수
e-mail : lee.eunk@ewha.ac.kr

현대 통계학의 이해와 응용

| 저 자 | 이외숙 · 임용빈 · 소병수 · 이은경
| 발 행 인 | 김지영
| 발 행 처 | 자유아카데미
| 주 소 | 경기도 파주시 회동길 37-42 파주출판도시
| 전 화 | 031-955-1321
| 팩 스 | 031-955-1322
| 홈페이지 | www.freeaca.com
| 전자우편 | main@freeaca.com(대표)
editor@freeaca.com(편집)
crm@freeaca.com(영업)
| 등 록 | 제406-2003-017호, 1980. 7. 12
| 제1판1쇄 | 2014년 3월 2일 발행
| 제1판4쇄 | 2024년 7월 5일 발행
| 정 가 | 28,000원

저자와의 협의하에 인지생략

ISBN 978-89-7338-409-9 93310